Die Roten Waldameisen

Die Baumeister der großen Hügelbauten im Walde

Formica rufa L. und *Formica polyctena* FÖRST.

3., überarbeitete und erweiterte Auflage

Dieter Otto

Die Neue Brehm-Bücherei Bd. 293
Westarp Wissenschaften · Hohenwarsleben · 2005

Mit 39 Schwarzweiß-Abbildungen vom Verfasser, 38 Farbfotos von DIETER BRETZ sowie einem farbigen Bestimmungsschlüssel für hügelbauende Waldameisen Europas von DIETER BRETZ und PER DOUWES.

Titelbild: Arbeiterinnen von *Formica polyctena* beim Futteraustausch (Foto: D. BRETZ).

http://www.westarp.de

Satz und Layout: Gabi Severin
Druck und Bindung: Druckhaus Laun & Grzyb, Wolmirstedt

DIE NEUE BREHM-BÜCHEREI

293

Aus dem Vorwort zur ersten Auflage 1962

Über das Leben der Ameisen gibt es zahlreiche Bücher und Schriften. Sie alle geben einen Querschnitt durch die mannigfachen Lebenserscheinungen und Verhaltensweisen der ganzen großen Familie der Ameisen (Formicidae). Das vorliegende Buch beschränkt sich auf die Zeichnung des Lebensbildes der Roten Waldameisen. Die wirtschaftliche Bedeutung, die gerade den Roten Waldameisen im mitteleuropäischen Raume zukommt, die auffälligen Bauten ihrer individuenreichen Völker, die auch immer wieder das Interesse von Laien auf sich lenken, die merkwürdigen Instinkte und Handlungsweisen der Arbeitsameisen, all das hat dazu geführt, daß die Wissenschaftler besonders diese Ameisenarten oftmals und genau unter die Lupe genommen haben. So existiert heute im Fachschrifttum eine riesige Menge interessanter Veröffentlichungen, deren Ergebnisse aber leider weiteren Bevölkerungskreisen noch nicht zugänglich sind, zumal der Großteil der Erkenntnisse erst neueren Datums ist. Diese Ergebnisse und Mitteilungen zu sammeln, zu ordnen und zu sichten und einem größeren Kreis von Interessenten zugänglich zu machen, ist das Anliegen dieses Buches. Es wendet sich an Lehrer und Forstleute, an Studenten und Schüler, an Entomologen und Zoologen anderer Spezialgebiete, die sich aus zeitlichen Gründen nicht direkt mit dem weitverstreuten, umfangreichen Fachschrifttum vertraut machen konnten, es wendet sich überhaupt an alle Freunde der Natur.

Da der Großteil der mitgeteilten Ergebnisse verhältnismäßig jüngeren Datums ist, war es zweckmäßig und erforderlich, alle Aussagen durch die Angabe der Quelle zu belegen. Trotz allem stellt die angeführte Literatur nur eine Auswahl der bedeutendsten und wichtigsten Arbeiten dar, wobei besonders auf Angabe der neueren Arbeiten Wert gelegt wurde.

Über die wirtschaftliche Bedeutung der Roten Waldameisen ist bereits mehrfach geschrieben worden. Es ist besonders ein Verdienst Prof. GÖSSWALDs, durch zahlreiche Schriften und durch sein Buch »Die Rote Waldameise im Dienste der Waldhygiene« das Wissen um die Nützlichkeit dieser Ameisen verbreitet und weitestgehend populär gemacht zu haben. Infolgedessen erübrigt sich in dem vorliegenden Buch nochmals eine ausführliche Darstellung, und es wird hier nur das Wichtigste, wiederum unter besonderer Berücksichtigung der neuesten Ergebnisse, in einem besonderen Kapitel mitgeteilt.

Obwohl in bezug auf die Frage nach der systematischen Unterteilung der Roten Waldameisen-Gruppe sicherlich noch nicht das letzte Wort gesprochen worden ist, wurde der Arten- und Rassenfrage etwas mehr Raum gegeben. Da die Rassenprobleme recht kompliziert sind und sich bei den Fachleuten auch verschiedene Ansichten gegenüberstehen und ablösten, sind bei den Nichtspezialisten oft unklare und sich widersprechende Vorstellungen vorhanden. Eine ausführliche Darstellung der Ansichten erschien deshalb notwendig, zumal Klarheit auf dem Gebiet der Arten- und Rassenfrage Voraussetzung für das Verständnis für vieles andere in diesem Buch Mitgeteilte ist.

Mit Absicht sind die Morphologie, die Anatomie und die Histologie zugunsten der Darstellung von Verhaltensweisen nur kurz behandelt. Lange, detaillierte Beschreibungen würden den Rahmen dieses Buches sprengen. So wurden anatomische Angaben und Beschreibungen von Organen nur dann angeführt, wenn diese Organe besondere Funktionen für das soziale Leben haben oder wenn Ausbildung und Bau der Organe wesentlich vom allgemeinen Bauplan der Insekten abweichen.

Möge nun das Buch der Verbreitung der zahlreichen neuen wissenschaftlichen Kenntnisse vom Ameisenleben dienen, vielen Lesern einen Einblick in den Ablauf der interessanten biologischen Vorgänge verschaffen und neue Freunde für die Roten Waldameisen gewinnen helfen!

Eberswalde, 1962

Vorwort zur dritten Auflage

Die erste Auflage hatte schnell große Verbreitung gefunden. Naturfreunde machten Bekanntschaft mit dem interessanten Leben im Waldameisenvolk, und Leser mit beruflichem oder wissenschaftlichem Interesse fanden eine reiche Quelle an Fachinformation und Hinweisen auf weiterführende Literatur. Seit dem Erscheinen dieses Bandes der Neuen Brehm-Bücherei sind 43 Jahre vergangen, sodaß eine gründliche Überarbeitung notwendig wurde. So berücksichtigt die vorliegende dritte Auflage den Erkenntnisfortschritt der vergangenen 4 Jahrzehnte, der zu fast allen Themen, besonders aber zu den Fragen der Systematik, zu vielen sozialen Verhaltensweisen, zur Orientierung und zur Stellung im Ökosystem des Waldes zu beachten war. Geändert haben sich auch die Ansichten über die Bedeutung der Waldameisen für einen aktiven biologischen Forstschutz und über die Art der Maßnahmen zum Schutz und zur Hege ihrer Völker. Ein spezielles Anliegen des Verfassers ist es, die verhaltensphysiologischen und stofflichen Grundlagen für das soziale Zusammenleben und die Arbeitsteilung im Waldameisen-Volk darzustellen.

Die dritte Auflage hat eine besondere Aufwertung durch die Farbaufnahmen erhalten, die Herr Dipl. Biol. DIETER BRETZ, Vizepräsident der Deutschen Ameisenschutzwarte e.V. und Redakteur der Zeitschrift »Ameisenschutz aktuell« dankenswerterweise beigesteuert hat. Von ihm und Herrn PER DOUWES, Professor für Zoologie an der Universität Lund in Schweden, stammt auch der farbig bebilderte Bestimmungsschlüssel für die hügelbauenden Waldameisen-Arten Europas, der diesem Band als Kapitel 3 beigefügt ist.

Wenn nicht anders vermerkt, sind die Schwarzweiß-Abbildungen, Zeichnungen und Graphiken der 1. Auflage entnommen. Es sind Originale des Verfassers, die z.T. mit technischer Unterstützung seiner damaligen Mitarbeiter O. JARISCH, K. GRITZKA und H. SCHLENSTEDT gefertigt, bzw. nach Vorlagen umgezeichnet worden waren. Bei allen anderen Abbildungen ist die Quelle angegeben.

Berlin, im Mai 2005 Prof. Dr. DIETER OTTO

Inhaltsverzeichnis

1 Die hügelbauenden Ameisen des Waldes: Aufbau des Staates, Körperbau, morphologische Merkmale und Systematik

Die Familie der Ameisen (Formicidae), die ca. 9 500 Arten umfaßt (nach HÖLLDOBLER & WILSON 2001), gehört zur Klasse der Insekten, innerhalb deren sie in die Ordnung der Hautflügler (Hymenoptera), Unterordnung Aculeata, einzureihen ist.

Die Familie ist morphologisch charakterisiert durch die stielchenartige Verengung zwischen Brustabschnitt und Hinterleib, die eine aufrechte Schuppe trägt oder ein bis zwei knotenartige Anschwellungen aufweist.

Verhaltensbiologisch ist die Familie durch das Staatenleben aller ihrer Arten gekennzeichnet, d.h., die Ameisen leben in mehr oder weniger großen Gesellschaften zusammen, die ihre Eigenart dadurch erhalten, daß eine Funktionsteilung in eine oder mehrere eierproduzierende, geschlechtlich vollwertige Weibchen (Königinnen) und in eine große Zahl geschlechtsuntüchtiger, alle zum Gedeihen der Gemeinschaft notwendigen Arbeiten und Funktionen verrichtenden Weibchen (Arbeiterinnen) eingetreten ist. Männliche Tiere gibt es in dieser Gemeinschaft nur für kurze Zeit. Sie finden den Tod, sobald sie ihre Lebensaufgabe, die Begattung junger Königinnen, erfüllt haben. Eine solche Gemeinschaft von Geschlechts- und Arbeitsameisen heißt Ameisenvolk. Meist bewohnt das Volk einen selbst errichteten Bau, das Nest. Spaltet sich ein Volk in mehrere Tochtervölker auf (Ablegerbildung), die in der Nachbarschaft des Mutternestes eigene Nester beziehen, dann entsteht eine Kolonie.

Die Roten Waldameisen gehören in die Unterfamilie der Schuppenameisen (Formicinae), die durch die aufrechte Schuppe auf der stielchenartigen Verengung zwischen Bruststück und Hinterleib ausgezeichnet ist (Abb. 4). Genau genommen gehört das Stielchen samt Schuppe zum Hinterleib (Abdomen), da dessen vorderster Abschnitt (als Epinotum oder Propodeum) breit mit dem Bruststück (Thorax) zum Mesosoma verbunden ist. Den Teil des Abdomens, der hinter der Schuppe liegt, nennt man die Gaster (Abb. 3).

Innerhalb dieser Unterfamilie gehören die Roten Waldameisen zur Gattung *Formica* (Abb. 1). In der Gattung *Formica* finden sich im europäischen Raum die folgenden, als hügelbauende Waldameisen zusammengefaßten Arten. Sie sind taxonomisch nach KUTTER (1977) der Untergattung »*Formica* im engeren Sinne« (=*Formica* sensu stricto; *Formica* s.str.) oder aber auch anderen Untergattungen zuzuordnen, die in der Liste auf Seite 11 in Klammern genannt werden.

Ordnung	**Hymenoptera** Hautflügler			
Familie	**Formicidae** Ameisen	Apidae Bienen	Vespidae Faltenwespen	und andere
Unterfamilie	**Formicinae** Schuppenameisen	Myrmicinae Knotenameisen	Dolichoderinae	Ponerinae
Gattung	***Formica***	*Camponotus* Roßameisen	*Lasius* Wegameisen	und andere
Untergattung	***Formica* s.str.** *F. rufa*-Gruppe	*Coptoformica* Kerbameisen	*Raptiformica* Raubameisen	*Serviformica* Sklavenameisen
	hügelbauende Waldameisen (*Formica* s.str., *Coptoformica*, *Raptiformica*)			
Art	***rufa*** ***polyctena*** Rote Waldmeisen	*pratensis* Wiesenameise	*truncorum* Strunkameise	und andere (s. Liste S. 11)

Abb. 1: Übersicht über die systematische Stellung der Roten Waldameisen.

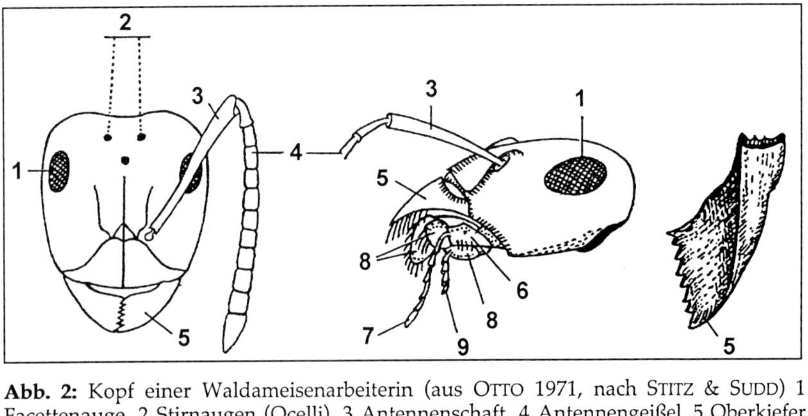

Abb. 2: Kopf einer Waldameisenarbeiterin (aus OTTO 1971, nach STITZ & SUDD) 1 Facettenauge, 2 Stirnaugen (Ocelli), 3 Antennenschaft, 4 Antennengeißel, 5 Oberkiefer (Mandibel), 6 Unterkiefer (Maxille), 7 Kieferntaster (Maxillarpalpus), 8 Zunge (Glossa), 9 Zungentaster (Labialpalpus).

Die Arten der Untergattung *Formica* s.str. werden auch als (weitere) *Formica rufa*-Gruppe zusammengefaßt. LINNÉ hielt sie 1761 zunächst alle für eine einzige Art, die er *Formica rufa* nannte. Ab 1850 folgten durch verschiedene Autoren unterschiedliche und wechselnde Artabgrenzungen und Namensgebungen (Zusammenstellung bei OTTO, 1966 b).

Aktuelle Liste der Waldameisen, die Nesthügel aus Pfanzenmaterial bewohnen (Foto 1, S. 36):

F. (*Formica* s.str.) *rufa* LINNÉ (1761)	(Große) Rote Waldameise
F. (*Formica* s.str.) *polyctena* FÖRSTER (1850)	Kahlrückige (Rote) Waldameise
F. (*Formica* s.str.) *aquilonia* YARROW (1955)	Schwach beborstete Gebirgswaldameise
F. (*Formica* s.str.) *lugubris* ZETTERSTEDT (1840)	Stark beborstete Gebirgswaldameise
F. (*Formica* s.str.) *paralugubris* SEIFERT (1996)	Schweizer Gebirgsameise
F. (*Formica* s.str.) *pratensis* RETZIUS (1783)	Wiesenameise
(mit einer ökomorphen Form *nigricans* EMERY (1909))	
F. (*Formica* s.str.) *truncorum* FABRIZIUS (1804)	Strunkameise
F. (*Formica* s.str.) *uralensis* RUZSKY (1895)	Uralameise
F. (*Coptoformica*) *exsecta* NYLANDER (1846)	Große Kerbameise
(weitere Arten z.B. *foreli* EMERY 1909, *pressilabris* NYLANDER 1846, *bruni* KUTTER 1966)	
F. (*Raptiformica*) *sanguinea* LATREILLE (1798)	Blutrote Raubameise

Diese Einteilung beruht auf den taxonomischen Arbeiten von YARROW (1955) und darauf aufbauend von BETREM (1960), KUTTER (1963, 1977), DOUWES (1979) und COLLINGWOOD (1979). Der aktuellste umfassende Bestimmungsschlüssel (auch für alle anderen Ameisenarten Europas) wurde von SEIFERT (1996a) ausgearbeitet. Weitere, relativ leicht handhabbare Bestimmungsschlüssel für die hügelbauenden Waldameisen finden sich bei OTTO, (1962 a), GÖßWALD (1985), BRETZ (1993) und TRAVAN (1996). Einen farbigen Bestimmungsschlüssel von BRETZ & DOUWES findet der Leser im Kapitel 3 dieses Buches.

Sowohl innerhalb dieser Arten als auch zwischen ihnen ist eine starke Variabilität zu verzeichnen, weswegen manchmal erst nach Betrachtung mehrerer Tiere eine Zuordnung möglich ist (s. z.B. DOUWES 1981). Die taxonomische Bewertung ist noch immer im Fluß. So wurde die Art *F. paralugubris* erst kürzlich von SEIFERT (1996b) als eigene von *F. lugubris* reproduktiv isolierte, vorherrschend polygyne Art aus den Westalpen beschrieben, die sich von *F. lugubris* durch kürzere Haare auf dem Pronotum unterscheidet. Und eine zweite Wiesenameisen-Art, nämlich *F. nicrigans* EMERY (1909) wurde von ihm nur als ökomorphe Form von *F. pratensis* eingestuft. Ähnliche Unsicherheiten gibt es auch in der Untergattung *Coptoformica* (SEIFERT 1996a, 2000). Genetische Analysen machen es wahrscheinlich, daß zurückliegend in der Populationsgeschichte der oben angeführten Arten der *F. rufa*-Gruppe mehrfach fertile Hybridisierungen stattgefunden haben (SEIFERT & GORPASHNAYA 2004). Einige Spezialisten der Ameisentaxonomie diskutieren noch, ob in Europa innerhalb der Untergattung *Formica* s.str. 6 oder 15 Arten zu unterscheiden sind (COLLINGWOOD & AGOSTI 1986; SEIFERT 1996a).

Die Völker der hügelbauenden Waldameisen können nur eine Königin (Monogynie) oder einige bis sehr viele (Polygynie) besitzen. Folglich haben sie auch unterschiedliche Strategien der Vermehrung und Verbreitung (siehe Kapitel 5) (ROSENGREEN & PAMILO 1983, BRETZ 1990-1996, SEIFERT 1996a).

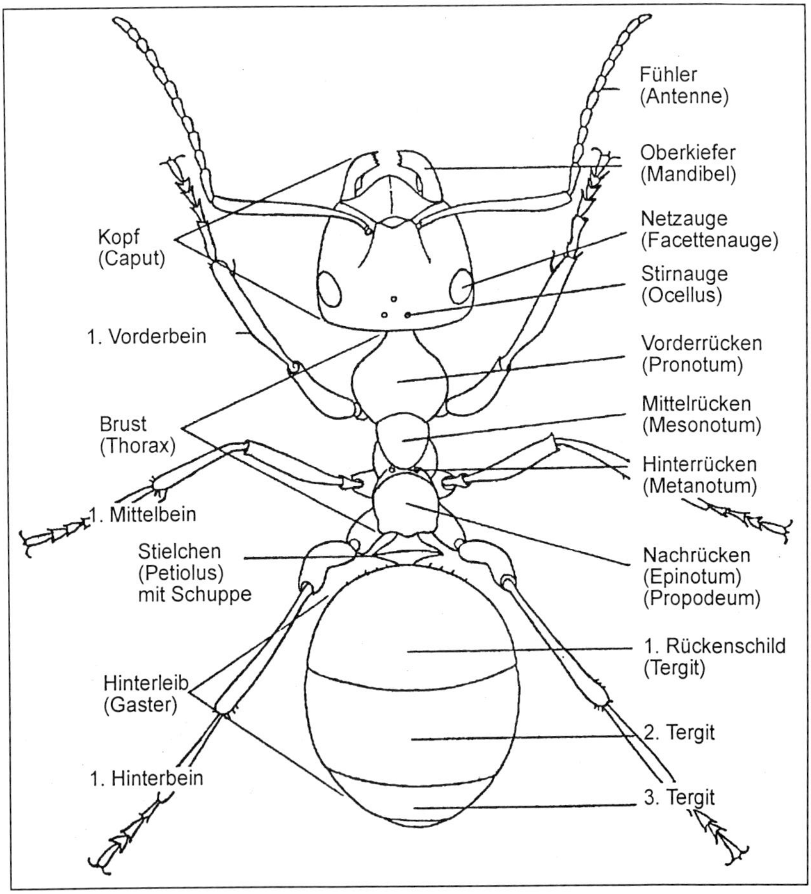

Abb. 3: Waldameisenarbeiterin, Schema der Körperteile (aus BRETZ 1993, nach GÖßWALD).

2 Die Roten Waldameisen (*F. rufa* und *F. polyctena*): Morphologische Merkmale, Verbreitung und systematische Untergliederung

Dem Titel entsprechend konzentrieren sich die Ausführungen in diesem Buch unter den hügelbauenden Ameisen des Waldes auf die Roten Waldameisen, also auf die Arten *F. rufa* L. und *F. polyctena* FÖRST.; das sind die beiden Arten, zu deren Erforschung der Verfasser selbst beigetragen hat und die zusammen die »engere *F. rufa*-Gruppe« bilden. Der Name »Rote Waldameisen« bezieht sich auf die rotbraune Färbung des oberen Brustabschnittes, die kaum oder nur in geringer Ausdehnung von einem blaßschwärzlichen, unscharf abgetrennten Fleck abgedeckt wird. Bei den größeren Arbeiterinnen von *F. rufa* ist dieser Fleck oft nur angedeutet, jedenfalls von geringerer Ausdehnung als bei der im Durchschnitt kleineren *F. polyctena*. Beiden Arten ist gemeinsam, daß der Kopf am Hinterhaupt keine abstehenden Haare aufweist. Sie unterscheiden sich darin, daß bei *F. polyctena* die Kopfunterseite keine bis höchstens 7 Haare trägt, der vordere obere Brustabschnitt ebenfalls keine bis höchstens 15. Dagegen hat *F. rufa* an der Kopfunterseite mindestens 10 lange Haare, der vordere obere Brustabschnitt weist mehr als 30 auf (Abb. 4). Diese Unterschiede sind mit einer guten Lupe (nicht unter 15facher Verstärkung) zu erkennen. Lange, abstehende Haare werden auch als Borsten bezeichnet.

Die Arbeiterinnen der Roten Waldameisen (Foto 2, S. 37) weisen eine unterschiedliche Größe auf, selbst innerhalb eines Volkes kann sie von 4 bis 9 mm schwanken. Die Kopfform der größeren Arbeiterinnen ist etwa quadratisch, während die kleineren schmalköpfiger sind. Der Kopf (Abb. 2) trägt neben den beiden Facettenaugen (Netzaugen) noch 3 in Dreiecksform stehende Stirn- oder Punktaugen (Ocellen) und zwei Fühler, bestehend aus je einem großen Schaftglied, das den Hinterrand des Kopfes um etwa ¼ seine Länge überragt, und aus je einer 11gliedrigen Fühlergeißel, deren Glieder nach dem Ende der Geißel zu in nur geringerem Maße kürzer und dicker werden, ohne jedoch eine Keule zu bilden. Die Mundwerkzeuge sind nach dem beißend-leckenden Typ der Insekten ausgebildet. Die Unterkiefer (Maxillen) sind unbezahnt, und die 2. Maxillen bilden eine Zunge. Die Oberkiefer (Mandibeln) sind dagegen sehr kräftige, mit je 8 Zähnen bewehrte Greif- und Kampfwerkzeuge. Die Färbung von Kopf und Thorax ist ein Rotbraun, wobei Stirn und Scheitel eine dunkle, schwarzbraune Zeichnung aufweisen. Wie bereits gesagt, kann auf dem Rücken des Brustabschnittes eine mehr oder weniger ausgedehnte, dunkle, unscharf abgesetzte Schattierung vorhanden sein. Der Hinterleib ist schwärzlichbraun, die Beine sind rotbraun.

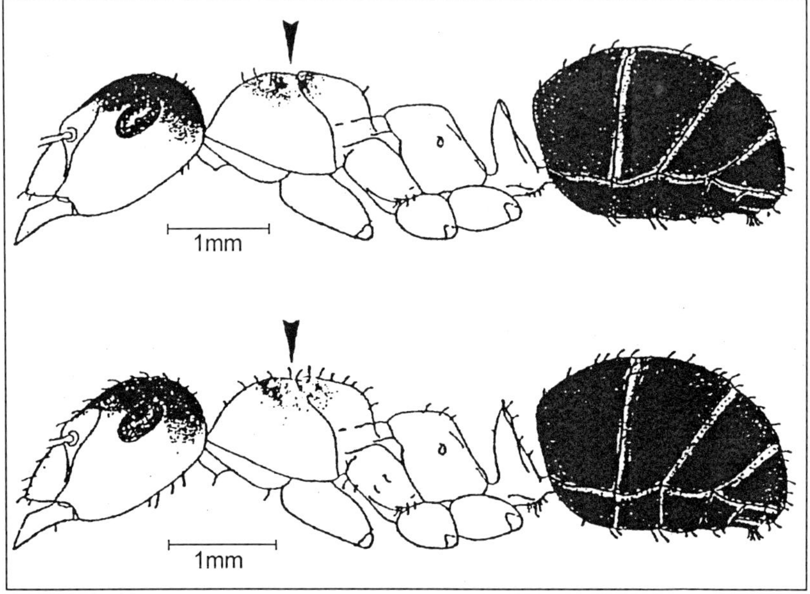

Abb. 4: Behaarungsmerkmale von *Formica polyctena* (oben) und von *Formica rufa* (unten) (aus BRETZ 1993, leicht verändert, s. auch Kap. 3).

Die Königin (Foto 3, S. 37) unterscheidet sich äußerlich von der Arbeiterin durch größere Körpermaße (9-11mm), durch den dickeren Brustabschnitt, der ja die kräftige Flügelmuskulatur beherbergen muß, und durch den stark glänzenden, eirunden, großen Hinterleib, in dem eine große Zahl Eischläuche Platz findet. Die Färbung entspricht der der Arbeiterin, nur daß der Thoraxfleck ausgeprägter und größer ist. Die jungen Königinnen haben 2 Paar durchscheinende, leicht bräunliche, mit hellbraunen Adern durchzogene Flügel. Diese werden nach der Begattung der Königin abgeworfen (Foto 10, S. 40), man kann die Abbruchstelle am Thorax danach noch deutlich erkennen.

Die Männchen, die etwa so groß wie die Königinnen und ständig geflügelt sind, besitzen einen relativ kleinen Kopf mit großen Komplex- und Stirnaugen (Foto 4, S. 37). Die Oberkiefer (Mandibeln) haben nur einen Spitzenzahn. Der Fühlerschaft überragt den Hinterrand des Kopfes etwa um die Hälfte seiner Länge. Der Hinterleib ist langgestreckt und walzenförmig, am unteren Teil des Hinterendes sind höckerartige Genitalanhänge sichtbar. Mit Ausnahme dieser Genitalanhänge und der Beine, die gelblich bis hellbräunlichrot erscheinen, ist die Färbung der Männchen durchweg schwarz.

Beide Arten kommen in West-, Mittel- und Osteuropa verbreitet im Flachland, im Mittelgebirge und unteren Teilen der Hochgebirge vor, wobei *F. rufa* noch etwas höhere Lagen erreicht. *F. rufa* hat auch ein ausgedehnteres Verbreitungsareal als *F. polyctena*; ihr Vorkommen erstreckt sich nördlich bis zum Süden Englands, Norwegens und Schwedens, westlich bis zu den Pyrenäen, östlich bis zum Baikalsee. (In höheren Lagen der Hochgebirge und in Nordeuropa werden sie von den Gebirgswaldameisen *F. lugubris* und *F. aquilonia* abgelöst).

Beide Arten bewohnen Nadel- und Mischwälder, aber auch Laubwälder, bevorzugen dabei lichtere Standorte in Waldrandnähe (Foto 1, S. 36), wobei volksstarke Nester von *F. polyctena* öfter auch im Bestandesinneren zu finden sind (OTTO 1968a, COLLINGWOOD 1979, GÖßWALD 1989, 1990, BRETZ 1990-1996, SEIFERT 1994, 1996a, BUSCHINGER 2000).

Bei der Erforschung von Lebensweise und ökologischer Bedeutung der Roten Waldameisen spielt die Frage, ob und inwieweit diese in verschiedene Untergruppen - Arten, Rassen, Hybridformen - aufzuteilen sind, die auch entsprechende biologische Unterschiede aufweisen, eine große Rolle.

Für die Roten Waldameisen wurde eine Vielzahl an Varietäten, Rassen, Unterarten usw. beschrieben, die zumeist auf Unterschiede in Farbnuancen, in der Ausdehnung des Thoraxfleckes und in der Behaarung beruhten. In den Bestimmungstabellen von STITZ (1939) werden 9 Varietäten angeführt (*rufa, emeryi, rufo-pratensis, nuda, piniphila, gaullei, polyctena, rufo-truncicola, santschii*). Eine Zusammenstellung findet sich bei GÖßWALD (1941), YARROW (1955) und BETREM (1960). Infolge der starken Variabilität der für die Differenzierung benutzten Merkmale konnten diese keine sichere Grundlage für eine taxonomische Aufteilung sein.

GÖßWALD zog biologische Unterschiede für die Untergliederung der Roten Waldameisen heran, indem er berücksichtigte, daß es Nester mit nur einer Königin (Monogynie), solche mit einigen und solche mit vielen Königinnen (Polygynie) gibt. Die Monogynie ist verbunden mit mäßiger Volksstärke trotz erhöhter Fruchtbarkeit der Königin, Monodomie (fehlende Zweignestbildung), Unverträglichkeit der Völker untereinander und Begründung eines neuen Staates mittels Sklavenameisen. Die Polygynie hat große Volksstärke trotz verminderter Fruchtbarkeit der Einzelkönigin, Polydomie (Koloniebildung), relative Verträglichkeit der

Völker untereinander und schließlich Nestervermehrung durch Ablegerbildung zur Folge (siehe Kapitel 5). Morphologisch geht bei den Arbeiterinnen mit steigender Königinnenzahl des Volkes eine fallende mittlere Körpergröße, eine geringere Zahl an Eischläuchen (Ovariolen) und »Nierenschläuchen« (Malpighigefäßen) und eine größere Ausdehnung des dunklen Thoraxfleckes parallel. Jedoch sind die Unterschiede relativ gering und die Merkmale bereits innerhalb eines Volkes sehr variabel, so daß es beim Vergleich zweier Formen Überschneidungen gibt und nur der Durchschnitt einer größeren Zahl untersuchter Arbeiterinnen einen Anhaltspunkt geben kann.

Auf Grund der biologischen Merkmale, die wohl sämtlich auf die Königinnenzahl zurückgeführt werden können, unter Ergänzung durch morphologische, physiologische (Resistenz, Eiablage) und ökologische Unterschiede bei den Arbeiterinnen, die letzten Endes ebenfalls aus der Mono- bzw. Polygynie abgeleitet werden können, hatte GÖßWALD (1941) als Arbeitsgrundlage die Trennung von 3 Gruppen vorgenommen:

Große Rote Waldameise	= *Formica rufa rufa* mit 1 Königin,
Mittlere Rote Waldameise	= *Formica rufa rufo-pratensis major* mit einigen Königinnen (ca. 20),
Kleine Rote Waldameise	= *Formica rufa rufo-pratensis minor* mit vielen Königinnen (ca. 5 000).

Von der letztgenannten Form sind noch einige Rassen und Varietäten beschrieben worden, so die »Fichtenrasse«, die »Kiefernrasse«, die »Sandwaldameise«, die »Moorameise« und die *»Formica minor pratensoides«* (GÖßWALD 1941b, 1951a, 1963).

Die Wahl der Arbeitsnamen erfolgte in Anlehnung an FOREL, der die Nominativform *Formica rufa rufa* L. nur für Völker mit ganz rotem Rücken oder mit höchstens kleinem Thoraxfleck bei den Arbeiterinnen verwandte. Völker, deren Arbeiterinnen einen ausgedehnten Thoraxfleck haben (meist in Verbindung mit etwas geringerer Körpergröße), rechnete FOREL zur Varietät *F. rufa rufo-pratensis.*

Da die Anzahl der im Nestinneren verborgenen Königinnen nicht direkt festgestellt werden kann, sondern aus Indizien erschlossen werde muß (Volksstärke, durchschnittliche Arbeiterinnengröße, Zweignestbildung), kann Monogynie, bzw. Polygynie nicht Unterscheidungmerkmal für den Taxonomen sein. Eine Bestimmung muß vor allem dann unsicher bleiben, wenn das Nest nicht selbst besichtigt werden kann, sondern nur einige eingesandte Probetiere vorliegen.

VAN BOVEN (1947), YARROW (1955) und BETREM (1960) richteten das Hauptaugenmerk neben Feinstruktur und Skulpturierung der Chitinoberfläche vor allem auf Behaarungsmerkmale. Auf dieser Basis teilten sie die Roten Waldameisen wieder in die schwach behaarte *F. polyctena* FÖRST. und in die etwas stärker behaarte *F. rufa* L. LANGE (1958, 1959a) bestätigte trotz großer Variabilität der Behaarung die Unterscheidbarkeit der beiden Arten auf dieser Basis. Er gab diesen Arten den deutschen Namen »Rote Waldameise« (*F. rufa*) und »Kahlrückige Waldameise« (*F. polyctena*). Für beide Arten wird der deutsche Sammelname »Rote Waldameisen« benutzt. Im deutschen Schrifttum wird erstere zuweilen auch »Große Rote Waldameise«, letztere auch »Kahlrückige Rote Waldameise« genannt.

Daß es sich dabei um zwei echte Arten handelt, schloß LANGE (1959b) u.a. auch aus Beobachtungen, nach denen Arbeiterinnen verschiedener Völker einer dieser beiden Arten sich unter bestimmten Bedingungen vereinigen ließen; beim Zusammenbringen von *F. rufa*- mit *F. polyctena*-Arbeiterinnen es jedoch stets zu heftigen Kämpfen kam, für deren Auslösung ein unterschiedlicher artspezifischer Duft verantwortlich gemacht werden konnte. Diese artspezifische Duftkomponente konnte mit Ether extrahiert und ihre Wirkung auf Ameisen geprüft werden.

Nach wie vor ist jedoch auch die Frage nach der Königinnenzahl und den damit in Zusammenhang stehenden biologischen Eigenheiten eines Volkes von besonderer Bedeutung. LANGE hat festgestellt, daß die *F. polyctena*-Völker polygyn sind, die *F. rufa*-Völker dagegen sowohl monogyn als auch polygyn sein können. Inzwischen sind auch monogyne *F. polyctena*-Völker bekannt geworden.

OTTO (1959b, 1960b) hat ein Verfahren entwickelt, das erlaubt, an der durchschnittlichen Arbeiterinnengröße und dem Größenverteilungsbild die Ein- oder Vielzahl an Königinnen in einem Volk zu erkennen. Daß sich die Mono- bzw. Polygynie eines Volkes in besonderem Maße in der Größe der Arbeiterinnen widerspiegelt, wurde bereits von GÖßWALD erkannt und durch die Namensgebung »Große«, »Mittlere« und »Kleine« Rote Waldameise gewürdigt. Da die Arbeiterinnengrößen jedoch schon innerhalb eines Volkes beträchtlich schwanken und die größten Tiere der kleinen Form größer als die kleinsten Tiere der großen Form sind, konnte man sich mit der Größenangabe nur auf allgemeine, augenscheinliche Schätzungen verlassen, denen dann die entsprechende Unsicherheit anhaftete. Selbst eine genaue, durch mikroskopische Messung gewonnene Angabe über die durchschnittliche Größe der Arbeiterinnen eines Volkes läßt in vielen Fällen keine genaue Entscheidung zu. In der Abb. 5 ist die Häufigkeit der Mittelwerte von 71 polygynen und von 38 monogynen Völkern graphisch dargestellt.

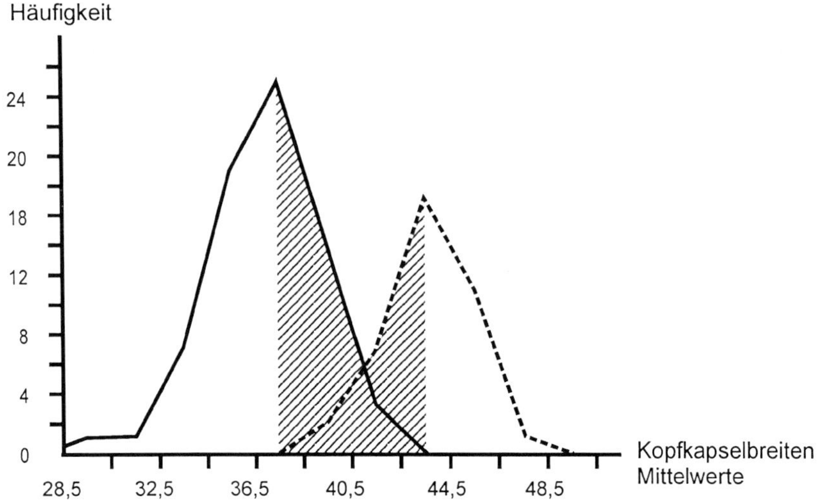

Abb. 5: Die mittlere Arbeiterinnengröße (Kopfkapselbreite) von 71 polygynen (links) und 38 monogynen (rechts) Völkern der Roten Waldameise. (1 Skalenteilstrich entspricht 0,042mm).

Die beiden Verteilungskurven überschneiden sich in einem größeren Bereiche. Möchte man von einem beliebigen Waldameisenvolk gern die Königinnenzahl feststellen, so kann man nach Ermittlung der Durchschnittsgröße (der durchschnittlichen Kopfkapselbreite) der Arbeiterinnen anhand der Abbildung nur dann eindeutige Auskunft erhalten, wenn dieser Durchschnittswert kleiner als 1,59mm (Fall von Polygynie) oder größer als 1,77mm (Fall von Monogynie) ist. Liegt der Wert zwischen diesen beiden Grenzgrößen, kann nicht entschieden werden, welcher Kurve er zugeordnet werden kann. Auf Grund mathematisch-statistischer Gesetzmäßigkeiten erstreckt sich die Unbestimmbarkeitszone bei Messung von nur 100 Tieren von 1,51-1,85mm durchschnittlicher Kopfkapselbreite, d.h. die Mittelwerte liegen in etwa 65% aller Fälle in diesem Bereich. Unsere Untersuchungen ergaben jedoch, daß es möglich ist, die Königinnenzahl sicherer zu bestimmen, wenn man nicht nur die durchschnittliche Arbeiterinnengröße, sondern das gesamte Größenverteilungsbild in einer Arbeiterinnenstichprobe eines Volkes berücksichtigt. Die Abb. 6 zeigt uns die Häufigkeit der Arbeiterinnen eines monogynen und eines polygynen Volkes in den einzelnen Größenklassen. Im Waldameisenvolk mit vielen Königinnen sind die mittelgroßen Tiere am häufigsten vertreten, die kleineren und größeren Tiere werden etwa gleichsinnig weniger, so daß eine etwa symmetrische Kurve entsteht. Das Volk mit nur einer Königin weist eine Häufigkeitsverschiebung nach der Seite der größeren Tiere hin auf. Der Gipfel der Kurve ist daher nach rechts verschoben, während die Kurve auf der linken Seite sehr lang und flach ausschweift.

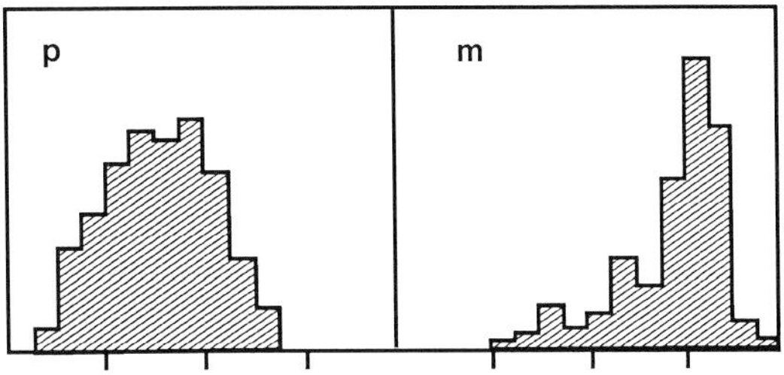

Abb. 6: Das Verteilungsbild der Arbeiterinnengröße in einem polygynen (p) und einem monogynen (m) Volk der Roten Waldameisen.

Auf der Grundlage dieser Erscheinung konnte ein Bestimmungsverfahren entwickelt werden. Es beruht auf der Diskriminanz-Analyse, einem mathematisch-statistischen Verfahren zu Entscheidung, ob ein Objekt in die eine oder eine andere Gruppe einzuordnen ist, wenn dies erst bei Berücksichtigung mehrerer Merkmale möglich ist. Man mißt von einem vorliegenden Volk die Kopfkapselbreite von 100 Arbeiterinnen, ermittelt aus den Meßwerten das Größenverteilungsbild, bzw. man errechnet den Mittelwert und Maßzahlen für die Schiefe (S) und für die Steilgipfligkeit (Exzeß E) der Kurven und kann daraus Auskunft gewinnen, ob das Volk mono- oder polygyn ist. Wegen ihrer Kompliziertheit wird diese Methode allerdings nur für wissenschaftliche Untersuchungen angewandt werden können.

Auf diese Weise wurden in der Schorfheide (im Nordosten von Berlin) 111 Völker analysiert: Von 48 *F. rufa*-Völkern waren 32 monogyn, 13 polygyn und 3 in der Einschätzung unsicher. Von 63 *F. polyctena*-Völkern waren 56 polygyn und nur 3 hatten nur eine Königin; die restlichen 4 waren nicht sicher zu bestimmen, erwiesen sich bei direkten Kontrollen dann als polygyn.

Zusammenfassend läßt sich also sagen: Der deutsche Name »Rote Waldameise« bezeichnet 2 Arten, die an Kopf und Thorax nicht bis schwach behaarte *F. polyctena* FÖRST. und die an diesen Körperstellen etwas stärker behaarte *F. rufa* L. Bei beiden Arten gibt es Völker mit nur einer Königin und solche mit zahlreichen Königinnen im Nest, wobei jedoch bei *F. polyctena* die monogyne Form nur selten zu finden ist.

Über die Ursache des Zusammenhanges zwischen Arbeiterinnengröße und Königinnenzahl haben wir heute folgende Vorstellung: Ob die Waldameisenarbeiterin groß oder klein wird, ist nicht in ihrem Erbgut festgelegt. Es entscheiden die Umweltbedingungen – vor allem die Ernährung – während der Larvenentwicklung über die zukünftige Größe der Imago. Wächst Brut der monogynen Form unter gleichen äußeren Bedingungen auf wie solche der polygynen, so bekommen die Arbeiterinnen aus beiden Herkünften eine gleiche Körpergröße (LANGE 1956). Dabei ist besonders die Ernährungslage während einer ganz bestimmten, kurzen aber kritischen Entwicklungsphase der Larven für die Intensität ihrer Weiterentwicklung ausschlaggebend (WILSON 1953, 1954). Wir wissen nun weiter, daß die Königinnen mit einem hochwertigen Drüsensekret der Arbeiterinnen gefüttert werden, das auch zur Aufzucht von Geschlechtstierlarven reichlich verfüttert wird (GÖßWALD & KLOFT 1958). Dieses Futter wird vorzugsweise an die Königinnen und erst in zweiter Linie an die Larven abgegeben (GÖßWALD & BIER 1954a, b, BIER 1954a, 1956, LANGE 1958c). Je nach dem Umfang, in dem auch die Arbeiterinnenbrut in den Genuß des Drüsensekrets gelangt, kommt es zu kleineren oder größeren Arbeiterinnen. Im polygynen Staat sind einige hundert, ja einige tausend Königinnen bevorzugte Konsumenten dieser Nahrung; im monogynen Staat steht den Larven infolge der geringen Nahrungskonkurrenz mehr Drüsensekret zur Verfügung, wodurch relativ mehr große Arbeiterinnen entstehen können, was in der ausgeprägten Rechts-Asymmetrie der Größenverteilungskurve zum Ausdruck kommt (siehe auch Kapitel 5 und 8).

GÖßWALD (1981) bezog zur Charakterisierung beider Arten Unterschiede in der Lebensweise und im Verhalten sowie in Ökologie und Verbreitung ein. Wegen der Überschneidungen suchten er und seine Mitarbeiter nach immer weiteren Merkmalen zur Unterscheidung. Ein Versuch, biochemisch-chromatographische Analysen von Aminosäure-Mustern oder fluoreszierenden Inhaltsstoffen einzubeziehen, brachte keine Hilfe. Es konnten zwar 5 verschiedene Verteilungsmuster entdeckt werden, doch kamen diese in beiden Arten, allerdings mit unterschiedlicher Häufigkeit vor (GÖßWALD & SCHMIDT 1959, 1960). 1960 verwiesen beide auf Unterschiede beim Flügelabwurf und im Begattungsverhalten.

Entscheidend für eine taxonomische Art-Differenzierung können jedoch nur morphologische Merkmale sein. So basieren heute alle Bestimmungstabellen vor allem auf Behaarungsmerkmalen. Eine schärfere Unterscheidung der Arten auf dieser Basis erzielte SEIFERT (1991) durch eine Kombination von mindestens 5 verschiedenen Behaarungsmerkmalen, die er zu einem geometrischen Mittelwert H(5) zusammenfaßte. H(5) errechnet sich aus der 5. Wurzel des Produktes aus der »Länge des längsten Haares an der Unterseite des Kopfes« x »Länge des längsten Haares des Pronotums (Vorderrücken)« x »Hälfte der Anzahl abstehender Haare an der Kopfunterseite« x »Anzahl abstehender Haare einer Pronotumhälfte» x »Anzahl abstehender Haare einer Hälfte des Propodeums (Nachrücken, Epinotum)«.

F. polyctena zeichnet sich durch H(5)-Werte <14,5 aus. Die H(5)-Werte für *F. rufa* sind größer als 25.

Mit dieser Methode konnte SEIFERT 260 Völker der Roten Waldameise aus größeren, zusammenhängenden Wäldern sehr gut in *F. rufa* und *F. polyctena* trennen (siehe Abb. 7, starke Linie).

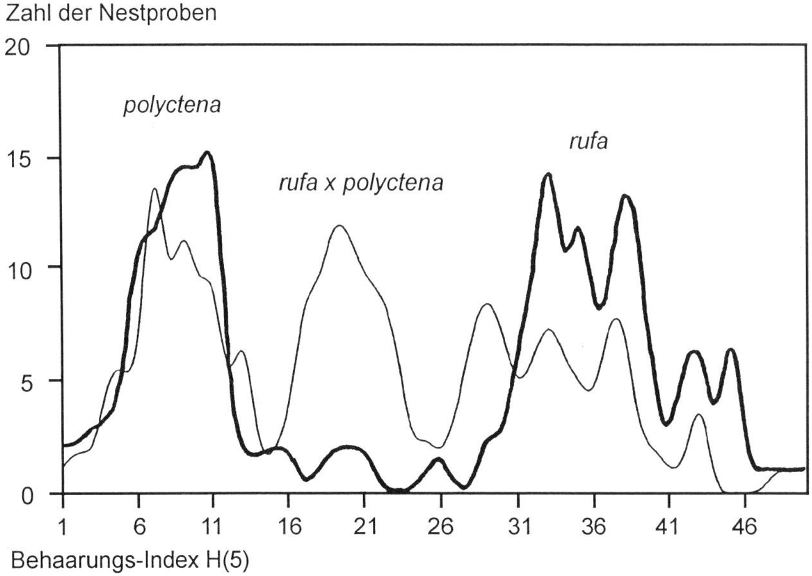

Abb. 7: Der Behaarungs-Index H(5) nach SEIFERT von 260 Völkern der Roten Waldameise aus größeren, zusammenhängenden Waldkomplexen (dicke Linie) und von 256 Völkern aus kleinflächigen, isolierten Waldbeständen der Oberlausitz (zerissene, »körnige« Waldlandstruktur) (dünne Linie) mit einer Hybridform (nach einer Grafik von HÖFENER et al., 1996).

Auf diese Weise konnte SEIFERT (1991) insgesamt von 429 Völkern in ostdeutschen Wäldern 164 (38,2%) der Gruppe mit kleinen H(5)-Werten zuodnen, sie erwiesen sich als *F. polyctena*. 195 Proben (45%) entsprachen *F. rufa* mit großen H(5)-Werten. Es zeigte sich jedoch, zwischen beiden deutlich abgesetzt, eine dritte, intermediäre Gruppe, bestehend aus 70 Völkern (16,3%) (vgl. Abb. 7, dünne Linie), die SEIFERT für ein Kreuzungsprodukt aus beiden Stammarten, also für einen fertilen Hybriden hält. In den kleinflächigen isolierten Waldbiotopen (zerissene »grobkörnige Waldlandstruktur«), die für die Oberlausitz typisch sind und die sowohl *F. polyctena*- als auch *F. rufa*-Nester aufweisen, kommt diese Hybridform mit 28,9% (74 von 256 Völkern) nach HÖFNER, SEIFERT & KRÜGER (1996) besonder häufig vor (Abb. 7, dünne Linie). In größeren, zusammenhängenden Waldkomplexen mit größerem Abstand der Elternvölker ist die Hybridform seltener. Unter 260 Völkern aus solchen Beständen waren nur 6,6% Hybriden (dicke Linie). In einer Modellrechnung konnte die geringe Häufigkeit von Hybridvölkern in großflächigen Wäldern und die größere Häufigkeit in kleinflächig aufgeteilten Waldlandsystemen nachvollzogen werden (HÖFENER et al. 1996). Hinsichtlich der Größenverteilung der Arbeiterinnen liegt die Hybridform der *F. rufa* näher als der *F. polyctena,* weshalb eine Einbeziehung des Faktors »Kopfkapselbreite« in die Trennformel H zwar eine schärfere Abgrenzung von Hybrid zu *F. polyctena* gibt, nicht aber zu *F. rufa.*

Auch die biologischen Eigenschaften der Hybridform liegen zwischen denen der Eltern, so z.B. die Volksstärke und die Häufigkeit von Mono-, bzw. Polygynie. Mittels der oben (S. 19) dargestellten Diskriminanzanalyse von OTTO ermittelte SEIFERT, wieviele der Ameisenvölker innerhalb der 3 Gruppen monogyn sind: Unter den 195 *F. rufa*-Völkern waren es 75,9%, unter den 164 *F. polyctena*-Völkern waren es 2,4% und unter den 70 Hybrid-Völkern waren es 14,3%. Dieser Prozentsatz spiegelt die Vermischung von *rufa*-Genen mit *polyctena*-Genen wider und bringt nach Überlegungen von SEIFERT den Hybriden besonders in den kleinflächigen, isolierten Waldbiotopen einen Überlebensvorteil. Denn dem Hybrid stehen beide Vermehrungs- und Ausbreitungsstrategien zur Verfügung: die Kolonievermehrung der polygynen Völker durch Zweignestbildung zur Nutzung eines guten, aber begrenzten Standortes, anderseits durch den relativ hohen Anteil von ca. 15% monogynen Völkern die Fähigkeit zu weiten Dispersionsflügen der Geschlechtstiere und zur unabhängigen Koloniegründung mittels Sklavenameisen in entfernten Arealen (s. dazu Kapitel 5).

Wenn die intermediäre Zwischenform tatsächlich ein Kreuzungsprodukt von *rufa* und *polyctena* ist, das mittlere, von den Eltern aber deutlich abgesetzte Merkmale hat und das seinerseits fertile Geschlechtstiere hervorbringt mit Genen beider Eltern, darf man nach dem Verständnis der Taxonomen die beiden Elternformen nicht als verschiedene Arten (Spezies) bezeichnen. Denn es können nach der gültigen Art-Definition zwei verschiedene Arten nicht fertile Nachkommen zeugen. So kommt schließlich der Vorschlag wieder in die Diskussion, *rufa* und *polyctena* doch nur als Varietäten oder Unterarten einer einzigen Art »*Formica rufa*« anzusehen. SEIFERT (1991, 1994, 1999, auch HÖFENER et al. 1996) schlägt deshalb folgende Gruppierungen vor:

Formica rufa rufa
(mit einer Monogynie-Frequenz von ca. 76% in der Oberlausitz)

Formica rufa polyctena
(mit einer Monogynie-Frequenz von ca. 2,5% in der Oberlausitz)

und die Hybridform
Formica rufa rufa x *Formica rufa polyctena*
(mit einer Monogynie-Frequenz von 14,3% in der Oberlausitz)

Eine Ähnlichkeit mit der Einteilung der Roten Waldameisen durch GÖẞWALD in eine Große, Kleine und Mittlere Rote Waldameise (s.S. 16) drängt sich auf.

Mit der Frage, ob die Formen der Roten Waldameisen als gute Arten oder als Unterarten oder Ökotypen bezeichnet werden müssen, mögen sich die Taxonomen weiter beschäftigen. Für den Naturfreund, für den im Naturschutz oder in der Ameisenhege Tätigen ist dies nicht von entscheidender Bedeutung. In diesem Buch werden wir weiterhin von den Arten *F. rufa* und *F. polyctena* sprechen. Anhand der Bestimmungstabelle wird eine befriedigende Zuordnung der Ameisenproben möglich sein. Zusätzlich kann vor Ort eine einigermaßen sichere Entscheidung über Monogynie oder Polygynie eines Volkes getroffen werden, indem die durchschnittliche Größe der Arbeiterinnen, die Häufigkeit sehr großer Arbeiterinnen, die Volksstärke, die Zweignestbildung bzw. die Isolation des Nestes bewertet wird. Eine direkte Bestätigung einer Polygynie läßt sich im Frühjahr während der Sonnungsperiode (s. Kapitel 4) finden, wenn die Königinnen in der Sonnungstraube an der Nestoberfläche erscheinen.

3 Farbiger Bestimmungsschlüssel für hügelbauende Waldameisen

von DIETER BRETZ & PER DOUWES

Hügelbauende Waldameisen, die durch Zusammentragen von Bestandsabfall (Vegetabilien) auffällige Nesthügel errichten, kann man weder an Form und Größe ihrer Nestkuppeln noch an dem Baumaterial unterscheiden. Waldameisenarbeiterinnen sehen äußerlich alle mehr oder weniger gleich aus. Sie sind rotbraun gefärbt und z.T. schwarz pigmentiert. Mit bloßem Auge können die einzelnen Arten nicht erkannt werden.

In dem folgenden farbigen dichotomen Bestimmungsschlüssel wird versucht, anhand von charakteristischen Makrofotos und ergänzendem Text die Waldameisen-Determination zu erleichtern.

Die digitalen Makrofotos wurden mit Nikon SMZ-2T (Mikroskop), Olympus DP10 (Digitalkamera) und analySIS (Software) erstellt sowie anschließend mit Photoshop nachbearbeitet.

Hinweise zum Bildschlüssel

Bei der Bestimmung werden im nachfolgenden Bildschlüssel ausschließlich Arbeiterinnen berücksichtigt, da sie – im Gegensatz zu den geflügelten Geschlechtstieren – fast während des gesamten Jahres zu finden sind. Zur sicheren Unterscheidung der verschiedenen Waldameisenarten braucht man Hilfsmittel, z.B. mindestens 15-20fach vergrößernde Lupen. Sehr gut eignet sich die Unversal-Taschenlupe Octoscop L der Firma EMO/Wetzlar mit 8 Vergrößerungsmöglichkeiten (bis 28x).

Für die Bestimmung kann man einzelne Waldameisen von der Nestkuppel oder aus der unmittelbaren Nestumgebung ab- bzw. aufsammeln. Man klemmt die Waldameise mit den Beinen zwischen Daumen und Zeigefinger der linken Hand. Zur sicheren Fixierung genügen die Beine einer Seite. Mit der Lupe sucht man die charakteristischen Merkmale.

Verschiedene Kopfpartien, z.B. Hinterhaupt (= Occipitalrand) und Kopfunterseite, können unterschiedlich behaart bzw. beborstet sein. Die Mesosoma-Beborstung und die Pigmentierung des Pronotums sind bei der Waldameisen-Bestimmung besonders zu berücksichtigen; dabei ist zu beachten, ob der Pigmentfleck ausgedehnt, scharf begrenzt oder nur verwaschen ist. Die Beborstung von Kopfunter- und Mesosomaoberseite ist am besten zu erkennen, wenn man die Ameise im Profil gegen den hellen Himmel betrachtet. Anschließend wird das unversehrte Tier wieder am Nest ausgesetzt.

In dem konzipierten dichotomen Schlüssel sind die wesentlichsten Differenzierungsmerkmale jeweils in Form von farbigen Makrofotos gegenübergestellt und durch Markierungspfeile besonders gekennzeichnet. Es wird von hügelbauenden Waldameisen ausgegangen, die zunächst in vier Untergattungen aufgeschlüsselt werden. Lediglich die Untergattung »*Formica* sensu stricto« (Waldameisen im engeren Sinne) wird bis zur Art bestimmt.

Mit Hilfe der in der Übersicht für jede einzelne Waldameisenart zusammengefaßten Merkmale kann die Bestimmung in Zweifelsfällen überprüft werden. Leicht verwechselbare Arten sind in der Übersicht angegeben und können verglichen werden.

In jedem Einzelfall ist jedoch eine kritische Einstellung angebracht, denn gerade der Laie sieht oft die Ameisendeterminierung zu problemlos. Selbstverständlich sollten bei der Bestimmung auch Erkenntnisse aus der Biologie und Ökologie der in Frage kommenden Arten herangezogen werden.

Auch ein Bestimmungsspezialist (Taxonom) trifft immer wieder auf Ameisenproben, die auf Anhieb nicht eindeutig zugeordnet werden können. Dabei hilft nur die Bestimmung mehrerer Tiere bzw. eine exakte Nachbestimmung unter einem Stereo-Mikroskop. Wie überall so gilt auch hier: Übung macht den Meister. Wenn man mit einer Ameisenprobe nicht zu einem eindeutigen Ergebnis kommt, wenn noch Zweifel an der richtigen Determinierung bleiben, dann besteht die Möglichkeit, die Ameisenprobe (ca. 10 Exemplare) an einen Spezialisten der Deutschen Ameisenschutzwarte (DASW) zur Nachbestimmung zu senden. Entsprechende Adressen sind im Internet unter www.ameisenschutzwarte.de mit dem Link »Wissenschaftlicher Beirat« nachzuschlagen.

Auf das Standardwerk zur Ameisenbestimmung von B. SEIFERT »Ameisen beobachten, bestimmen« (Naturbuch Verlag, Augsburg, 1996, 352 S.) wird Bezug genommen.

Bildschlüssel: Welche Waldameise ist das?

Zunächst schaut man der Waldameise ins Gesicht,

1 dabei zuerst auf den Vorderrand des Kopfschildes (Clypeus),

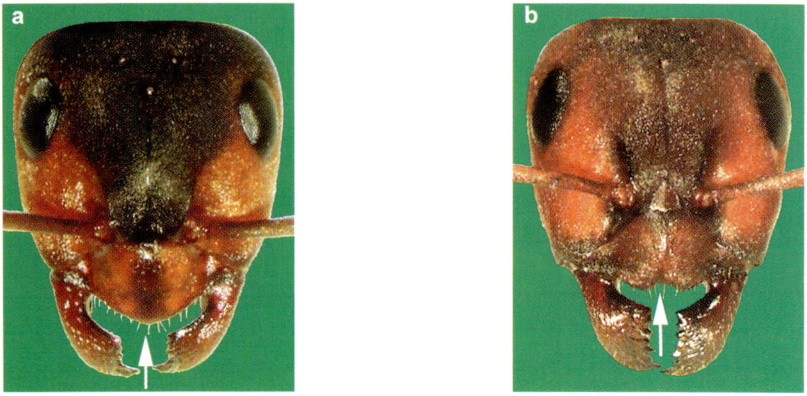

a) Vorderrand des Kopfschildes spitz zulaufend oder rundlich, aber nicht eingekerbt
→ **2**

b) Vorderrand des Kopfschildes deutlich eingekerbt
→ **Untergattung: *Raptiformica*,** nur eine Art: **Blutrote Raubameise, *Formica (R.) sanguinea***

2 dann auf den Hinterrand des Kopfes,

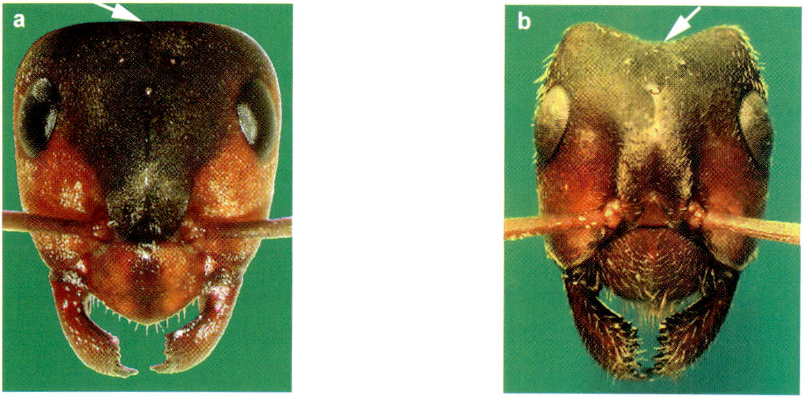

a) Hinterrand des Kopfes nicht oder nur schwach eingebuchtet, keine deutliche Delle
→ **3**

b) Hinterrand des Kopfes tief eingebuchtet, deutliche Delle
→ **Untergattung: *Coptoformica*,** meist **Große Kerbameise, *Formica (C.) exsecta***

Zur Unterscheidung der 4 übrigen sehr seltenen *Coptoformica*-Arten s. SEIFERT 1996a, S. 205 ff.

3 danach auf die Färbung des Kopfes,

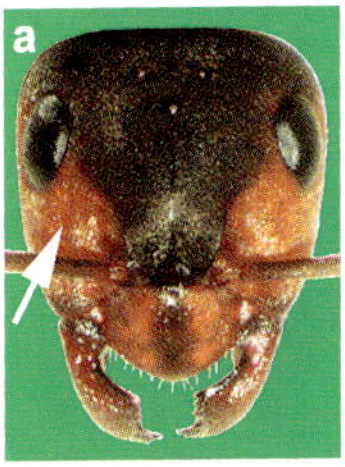

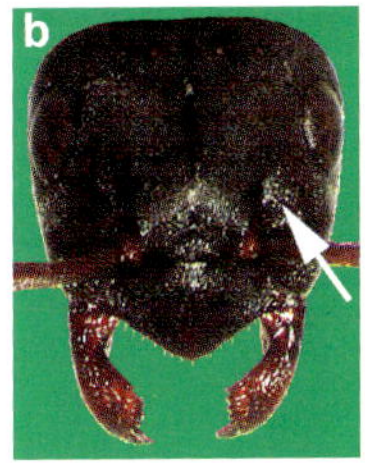

a) Wange rotbraun, Kopf nur z.T. mit schwarzer Pigmentierung (Maske) → **4**

b) Kopf ganz schwarz, Unterseite schwarz oder dunkelbraun
→ **Uralameise *Formica* (*F.* s.str.) *uralensis***

4 jetzt auf das Stirndreieck,

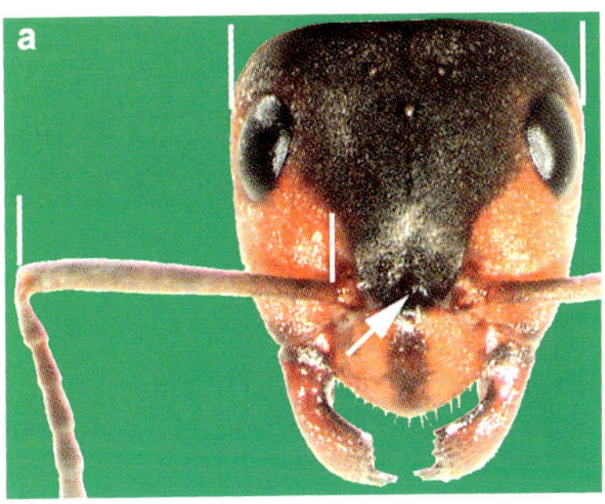

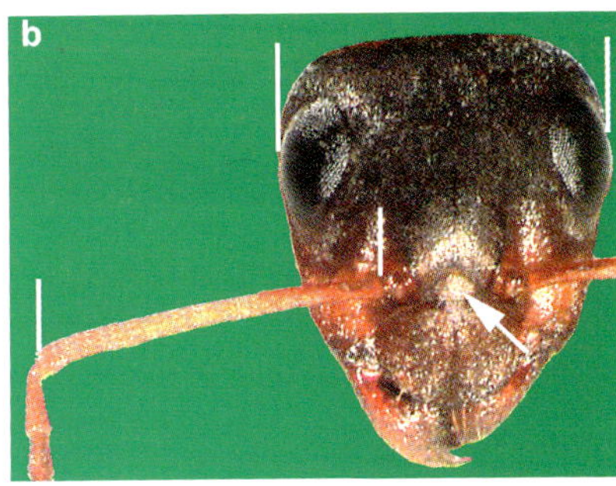

a) Stirndreieck deutlich stärker glänzend als die Umgebung, Fühlerschaftlänge entspricht ± der Kopfbreite → **5**

b) Stirndreieck matt oder nicht deutlich von der umgebenden Oberflächenstruktur abgesetzt, Fühlerschaft länger als Kopfbreite
→ **Untergattung: *Serviformica***

Zur Unterscheidung der 10 *Serviformica*-Arten s. SEIFERT 1996a, S. 206 ff.

5 nun auf die Behaarung des Kopfhinterrandes (Hinterhaupt).

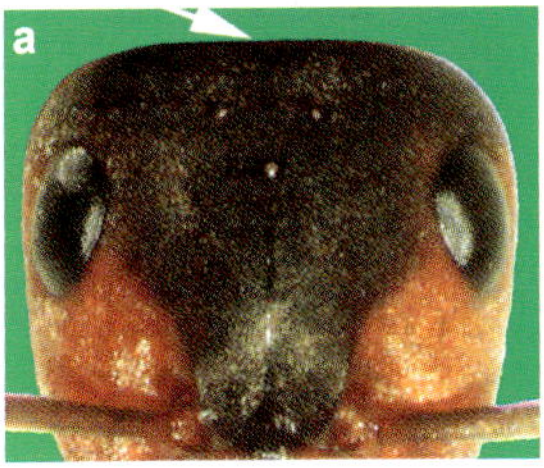

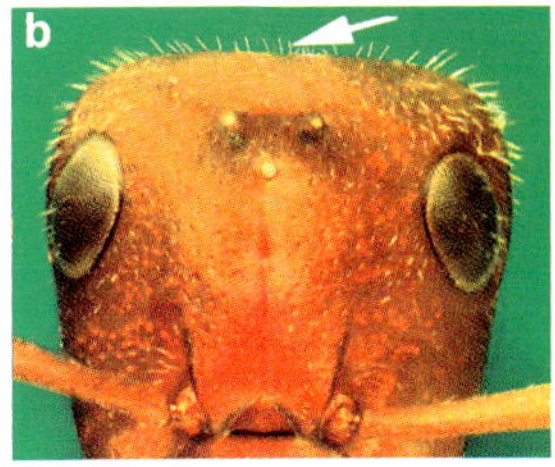

a) Kopf ohne abstehende Haare am Hinterhaupt → **6**

b) Kopf mit abstehenden Haaren am Hinterhaupt, mind. an den Hinterhauptsecken → **7**

6 Jetzt betrachtet man die Waldameise im Seitenprofil und überprüft die Behaarung der Kopfunterseite und die Beborstung des Mesosomas.

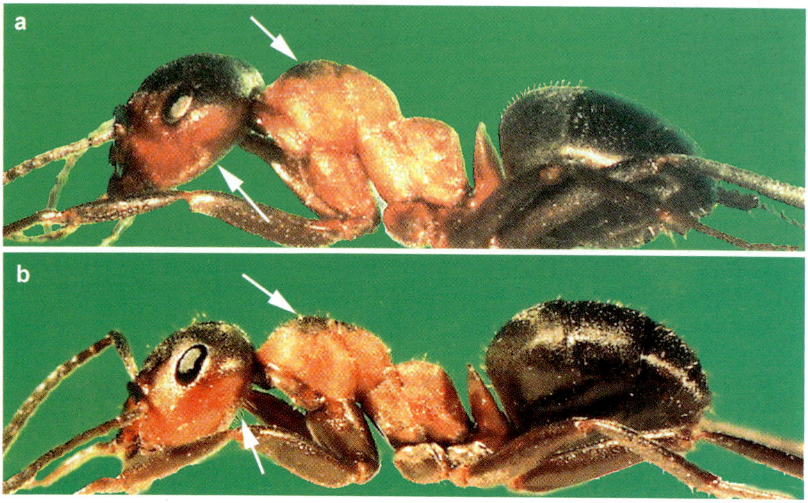

a) Kopfunterseite mit höchstens 7 kurzen Haaren, Pronotum mit höchstens 15 Borsten, oft ganz unbehaart (kahl) → **Kahlrückige Waldameise, *Formica* (F. s.str.) *polyctena***

b) Kopfunterseite mit mind. 10 langen Haaren, Pronotum mit mind. 30 Borsten → **Rote Waldameise, *Formica* (F. s.str.) *rufa***

In manchen Regionen gibt es Hybriden zwischen *F. polyctena* und *F. rufa* (s. SEIFERT 1996a, S. 203/320).

7 Man schaut noch einmal auf den behaarten Kopfhinterrand.

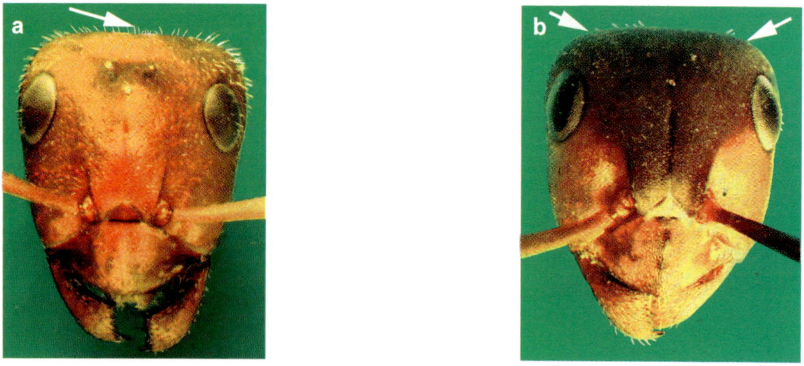

a) Dichter Haarkranz am Hinterhaupt **→ 8**

b) Haare nur an den Hinterhauptsecken → **Schwach beborstete Gebirgswaldameise, *Formica* (F. s.str.) *aquilonia***

8 Man achtet im Seitenprofil auf die Pigmentierung.

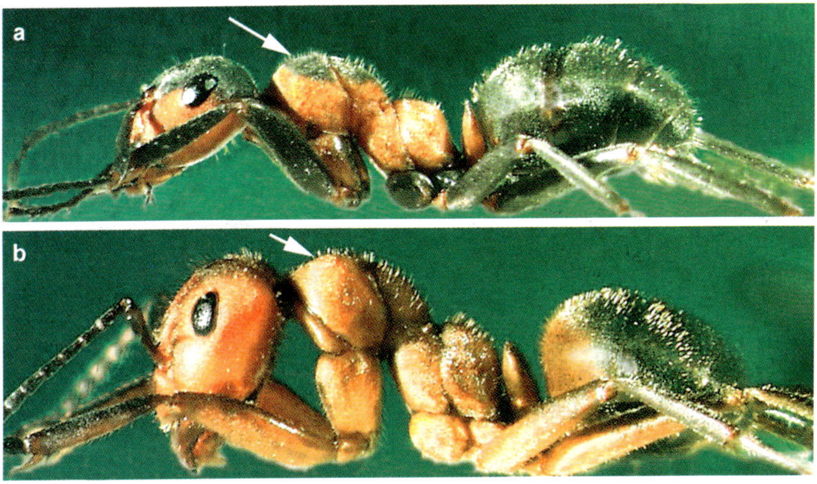

a) Kopf rotbraun und schwarz, Mesosoma mit schwarzem Fleck → **9**

b) Kopf und Mesosoma rostrot bis rötlich-gelb, ohne schwarze Pigmentierung, gleichmäßig dicht behaart → **Strunkameise, *Formica* (F. s.str.) *truncorum***

9 Man achtet besonders auf den Randbereich der Mesosoma-Pigmentierung.

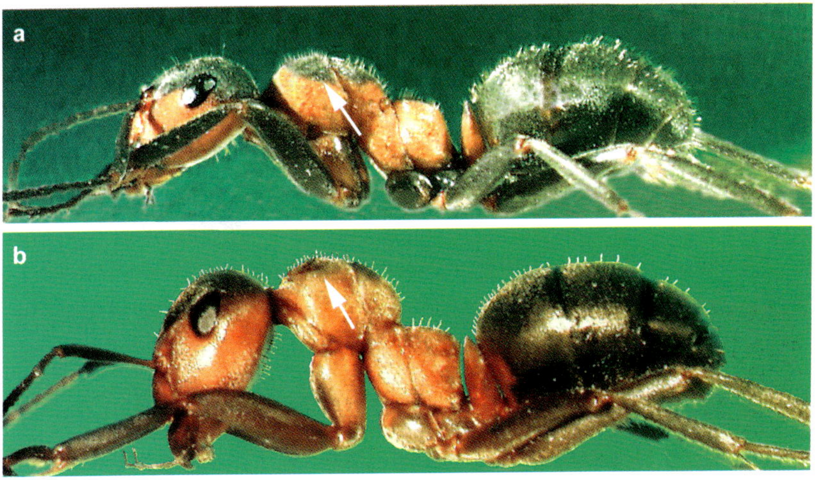

a) Ausgedehnter schwarzer Fleck am Mesosoma, scharf umgrenzt
→ **Wiesen-Waldameise, *Formica* (F. s.str.) *pratensis***

b) Schwarzer Fleck am Mesosoma verwaschen, undeutlich umgrenzt
→ **Stark beborstete Gebirgswaldameise, *Formica* (F. s.str.) *lugubris***

Übersicht über die hügelbauenden Waldameisenarten

Kontrolle der Artbestimmung durch Überprüfung von **Beborstung** bzw. **Behaarung** und **Pigmentierung** an **Augen, Hinterhaupt, Kopfunterseite** und **Mesosoma**.

A Blutrote Raubameise, *Formica (Raptiformica) sanguinea* LATREILLE 1798

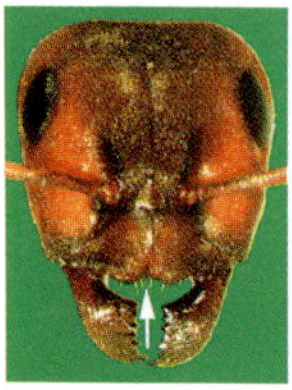

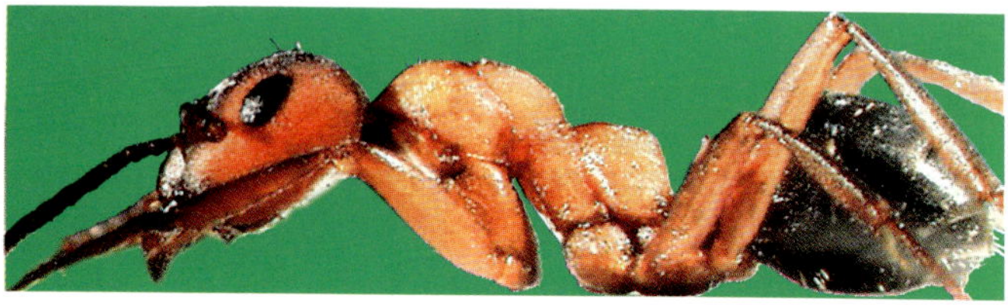

Augen unbehaart, Hinterhaupt ohne abstehende Haare; **Vorderrand des Kopfschildes in der Mitte eingebuchtet**; Kopfunterseite mit wenigen Borsten; Mesosoma kahl, meist ohne schwarze Flecken auf Pronotum; Kopf, Mesosoma und Beine hell- bis dunkelrot; Mandibel, Stirn und Stirnleisten dunkelbraun oder nur leicht angedunkelt; Länge: 6,0-9,0mm. Eigentlich nicht mit anderen Waldameisenarten zu verwechseln!

B Große Kerbameise, *Formica (Coptoformica) exsecta* NYLANDER 1846

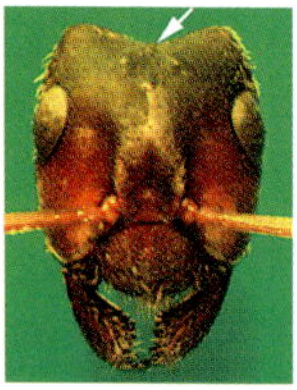

Augen deutlich abstehend behaart; Hinterhaupt ohne abstehende Haare, lediglich an den Occipitalecken behaart; **Hinterrand des Kopfes stark eingebuchtet**; Kopfunterseite ohne abstehende Borsten; Mesosoma kahl, nur vereinzelte Borsten; schwarze Flecken auf Pro- und Mesonotum schwach bis deutlich, aber undeutlich umgrenzt; hintere Kopfhälfte und Gaster schwarz bis braunschwarz; Mesosoma meist rotbraun; Länge: 4,5-7,5mm.
Eigentlich nicht mit anderen Waldameisenarten zu verwechseln!
Zur Unterscheidung von den übrigen 4 sehr seltenen *Coptoformica*-Arten s. SEIFERT 1996a, S. 205!

C Uralameise, *Formica (Formica sensu stricto) uralensis* RUZSKY 1895

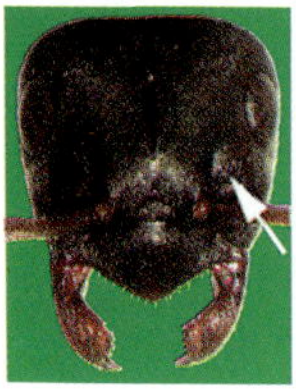

Augen unbehaart; Hinterhaupt ohne abstehende Haare; Kopfunterseite spärlich behaart; Mesosoma mit wenigen abstehenden Haaren; Pronotum schwarz, schwarzer Fleck auf Mesonotum, seitlich rotbraun; **Kopf vollkommen schwarz, auch die Wangen**; Länge: 4,5-8,0mm.
Eigentlich nicht mit anderen Waldameisenarten zu verwechseln!

D Kahlrückige Waldameise, *Formica (Formica* sensu stricto) *polyctena* Förster 1850

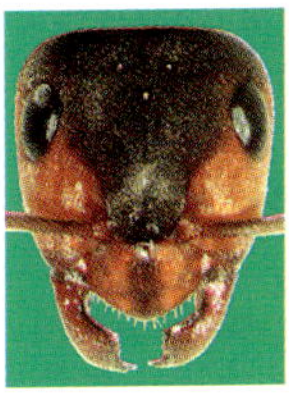
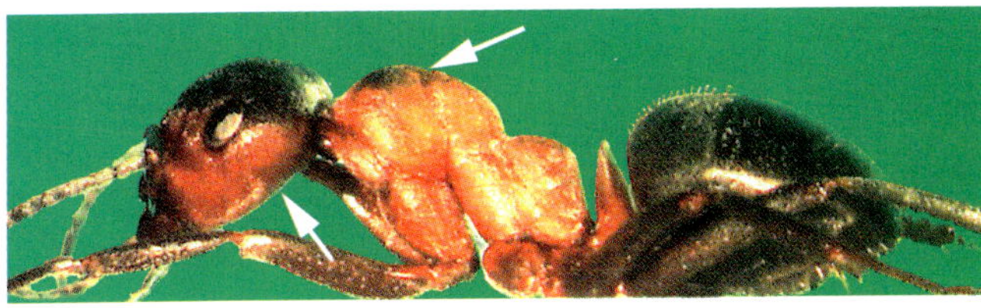

Augen unbehaart; Hinterhaupt ganz ohne abstehende Haare; **Kopfunterseite mit höchstens 7 kurzen Haaren; Pronotum oft ganz unbehaart oder mit höchstens 15 Borsten**; schwarze Flecken auf Pro- und Mesonotum schwach bis deutlich, aber undeutlich umgrenzt; Schuppe mit vereinzelten abstehenden Haaren; Stirn und Hinterhaupt schwarz; Wangen und Kopfschild ± rotbräunlich; Länge: 4,0-8,5mm.
Evtl. mit *Formica rufa* oder *Formica aquilonia* zu verwechseln.

E Rote Waldameise, *Formica (Formica* sensu stricto) *rufa* Linnaeus 1761

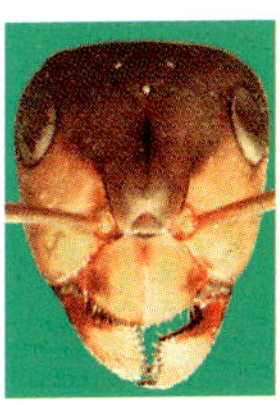

Augen unbehaart; Hinterhaupt ganz ohne abstehende Haare; **Kopfunterseite mit mindestens 10 deutlichen langen Haaren; Pronotum mit mindestens 30 Borsten**; schwarze Flecken auf Pro- und Mesonotum deutlich, verschieden groß, aber undeutlich umgrenzt; Schuppe seitlich behaart; Stirn und Hinterhaupt schwarz; Wangen und Kopfschild ± rotbräunlich; Länge: 4,5-9,0mm.
Es ist zu berücksichtigen, daß es in manchen Regionen Hybriden zwischen *F. rufa* und *F. polyctena* gibt. Evtl. mit *Formica polyctena* oder *Formica pratensis* zu verwechseln!

F Strunkameise, *Formica (Formica* sensu stricto) *truncorum* Fabricius 1804

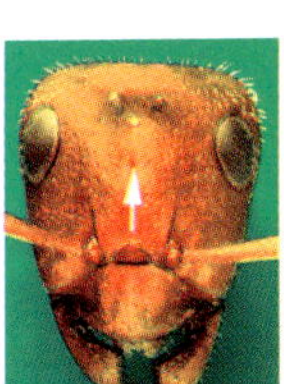

Augen deutlich abstehend behaart; Hinterhaupt mit einem Kranz abstehender Haare; Kopfunterseite mit einer Anzahl abstehender Haare; Mesosoma dicht abstehend behaart, **ohne schwarze Flecken auf Pro- und Mesonotum oder nur ganz schwach**; Schuppe reichlich behaart; **Kopf und Mesosoma leuchtend rostrot bis rötlichgelb; 1. Tergit vorn ± ausgedehnt rostrot,** sonst schwarz; Länge: 3,5-9,0mm.
Eigentlich nicht mit anderen Waldameisenarten zu verwechseln!

G Wiesen-Waldameise, *Formica (Formica* sensu stricto*) pratensis* Retzius 1783

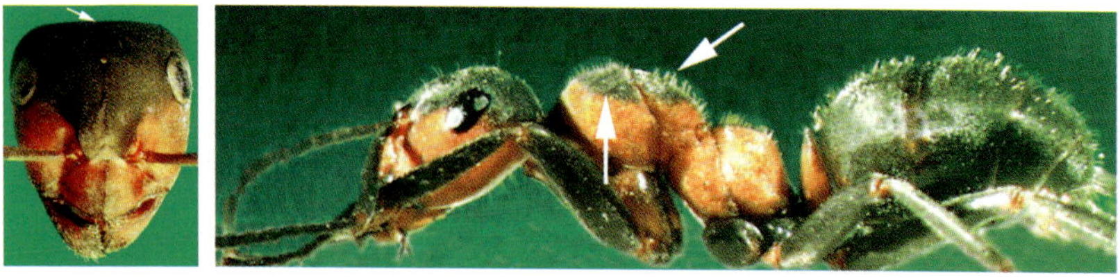

Augen deutlich abstehend behaart; **Hinterhaupt mit einem Kranz abstehender Haare**; Kopfunterseite mit einer Anzahl abstehender Haare; Kopfvorderfläche matter als bei *F. rufa* und *F. lugubris*, die Mikroskulptur ist stärker ausgeprägt; Mesosoma dicht abstehend behaart, **schwarze Flecken auf Pro- und Mesonotum tief schwarz und (zumeist) deutlich umgrenzt**; Schuppe reichlich behaart; Länge: 4,5-9,5mm.
Evtl. mit *Formica rufa* oder *Formica lugubris* zu verwechseln!

H Schwach beborstete Gebirgswaldameise, *Formica (Formica* sensu stricto*) aquilonia* Yarrow 1955

Augen deutlich abstehend behaart; **Hinterhaupt an den Ecken mit deutlich abstehenden Haaren**; Kopfunterseite mit einer Anzahl abstehender Haare; **Mesosoma weitgehend kahl**, höchstens vereinzelte Haare; schwarze Flecken auf Pro- und Mesonotum deutlich, verschieden groß und undeutlich umgrenzt; Schuppe seitlich behaart; Länge: 4,0-8,5mm.
Evtl. mit *Formica polyctena* oder *Formica lugubris* zu verwechseln!

I Stark beborstete Gebirgswaldameise, *Formica (Formica* sensu stricto*) lugubris* Zetterstedt 1840

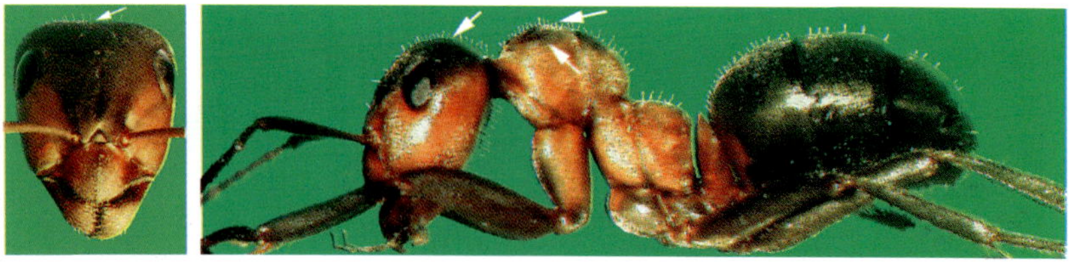

Augen deutlich abstehend behaart; **Hinterhaupt mit einem Kranz abstehender, vielfach langer Haare**; Kopfunterseite mit einer Anzahl abstehender Haare; Mikroskulptur und Gesamteindruck (nicht völlig matt) der Kopfvorderfläche etwa wie bei *F. rufa*; Mesosoma dicht abstehend behaart; schwarze Flecken auf Pro- und Mesonotum deutlich, verschieden groß und **undeutlich umgrenzt**; Schuppe dicht und ± lang behaart; Länge: 4,5-9,0mm.
Evtl. mit *Formica pratensis* zu verwechseln!

4 Der Jahresablauf in einem Volk der Roten Waldameisen

Die mit den Jahreszeiten wechselnden Außenbedingungen drängen dem Geschehen in den Nestern von *F. rufa* und *F. polyctena* einen entsprechenden Jahresrhythmus auf.

Die Ameisen als wechselwarme Tiere müssen in den Wintermonaten ihre Aktivität einstellen und Schutz vor dem Frost suchen. Sie ziehen sich bis in die tiefsten Nestbezirke zurück, und man müßte schon 0,5 bis 1m tief graben, wenn man die überwinternden Nestbewohner ausfindig machen wollte. Man trifft sie hier bewegungslos in kleinen Klümpchen zusammengeschart in den Gängen und Kammern (EIDMANN 1943). Häufig kann man lesen, daß sich die kältestarren Ameisen zu einer großen Überwinterungstraube zusammenschließen, so wie man es von den Honigbienen her kennt. Diese Schilderungen sind jedoch nicht zutreffend, die Ameisen verteilen sich vielmehr ziemlich breitflächig in den unteren Nestbereichen. Für eine einzige große Traube ist im Nest auch gar kein Platz, so daß sich die Nestbewohner schon deshalb auf die in den Mineralboden gegrabenen vielen walnussgroßen Kammern und die fingerdicken Gangsysteme verteilen müssen. In ihrer Winterruhe gestörte Tiere sind in der Lage, sich langsam zu bewegen; zu Verteidigungshandlungen kommt es jedoch nicht.

Die ersten wärmenden Frühlingssonnenstrahlen beenden die Winterruhe und locken die Tiere an die Nestoberfläche. In dichter Traube drängen sich die Ameisen dort in den erwärmenden und aktivierenden Sonnenstrahlen. Diese Sonnungstraube kann man nur wenige Tage in der zweiten Märzhälfte bis Anfang April beobachten (Foto 5 u. 6, S. 38).

Über die interessanten Verhaltensweisen der Arbeiterinnen während dieser Sonnungsperiode wird im Kapitel 6.4 noch ausführlich berichtet. Mehr und mehr Tiere beginnen mit der Verrichtung anderer Arbeiten, sie beschäftigen sich mit Ausbesserungsarbeiten am Nest, mit der Fürsorge für die neu abgelegten Eier, mit der Suche nach ersten Nahrungsquellen und anderem. Ein Teil der Tiere setzt sich jedoch auch noch längere Zeit den wärmenden Sonnenstrahlen aus. Diese haben, wie wir später noch hören werden, eine wichtige Funktion im sozialen Wärmehaushalt zu erfüllen.

Auch die Königinnen verlassen zur Zeit der Frühjahrssonnung die kühleren Bereiche in der Nesttiefe und suchen die obersten, tagsüber wärmeren Nestschichten auf. Mit etwas Glück und Aufmerksamkeit können wir sie mitten im Gewimmel der sich sonnenden Arbeiterinnen entdecken. Bereits in diesen Tagen beginnen die Königinnen mit der Eiablage, und mit der Erwärmung des Nestes ziehen sie sich wieder in seine Tiefe zurück, die sie nun das ganze Jahr hindurch nicht wieder verlassen. Die wenigen Sonnungstage im März sind die einzige Zeit im Jahr, zu der die begatteten Königinnen ans Tageslicht kommen und während der sie ein Beobachter zu Gesicht bekommen kann.

Ende März werden bereits die ersten Eier abgelegt. Diese erste Brut entwickelt sich unter normalen Verhältnissen zu Geschlechtstieren, so daß ab Ende April und während des Monats Mai die geflügelten Jungköniginnen und Männchen aus den Puppenkokons schlüpfen. Je nach klimatischer Lage und Witterungsverlauf verlassen sie Ende April bis Ende Juni bei schwülem Wetter und Sonnenschein das Nest zum Hochzeitsflug, bei dem sich die Geschlechter paarweise zur Begattung finden (Foto 7, 8 u. 9, S. 39). Normalerweise kommt es nur zu einer einzigen Begattung, während der dem Weibchen ein Spermienvorrat übertragen wird, der für die Befruchtung sämtlicher Eier ausreicht, die die Königin in ihrem Leben produziert. Es kommt jedoch auch vor, daß ein Männchen bis zu 3 Jungköniginnen begattet bzw. daß eine Jungkönigin mehrmals begattet wird.

Die Hochzeit hat fast alle Kräfte der Männchen verzehrt. Sie geben wenig später ihr kurzes Leben auf, während die begatteten Königinnen ihre Flügel abwerfen (Foto 10, S. 40) und nun versuchen müssen, die Voraussetzungen zu finden, die ihnen die Möglichkeit geben, Stammutter in einem Ameisenvolk zu werden. Von vielen Zehntausenden Jungköniginnen gelingt dies nur einigen wenigen. Diese verlassen dann das Volk, in dem sie Aufnahme gefunden haben, normalerweise nie wieder und dienen ihm in einem langen, etwa 15-20 Jahre währenden Königinnenleben durch die Produktion vieler Hunderttausender Eier.

Inzwischen ist in dem Nest, das die geflügelten Geschlechtstiere entlassen hat, das Leben weitergegangen.

Ab Ende Mai finden sich im Neste kleinere Puppenkokons (Foto 12, S. 41), aus denen nicht mehr Jungköniginnen oder Männchen, sondern Arbeiterinnen schlüpfen. Bis in den Monat September hinein ist das Leben im Volke ausgefüllt mit der Aufzucht von Arbeiterinnen, mit Nahrungserwerb, Nestbau, -instandhaltung und -reinigung, überhaupt mit allen den Arbeiten, die zur Erhaltung des Volkes notwendig sind. Im September bereits stellen die Königinnen die Eiablage wieder ein, sodaß das Volk ab Oktober ohne Brut ist. Die Arbeiterinnen benutzen das Nahrungsangebot im Herbst, um sich einen körpereigenen Nährstoffvorrat in Form mächtiger Fettablagerungen zuzulegen. Das fetthaltige Speichergewebe (Fettkörper) befindet sich hauptsächlich im Hinterleib der Arbeiterin, und nicht selten sieht man im Herbst Arbeiterinnen mit so stark angeschwollenem Hinterleib, daß die Segmentringe weit auseinandergetrieben sind und zwischen ihnen die hellen Zwischenhäute (Intersegmentalhäute) sichtbar werden.

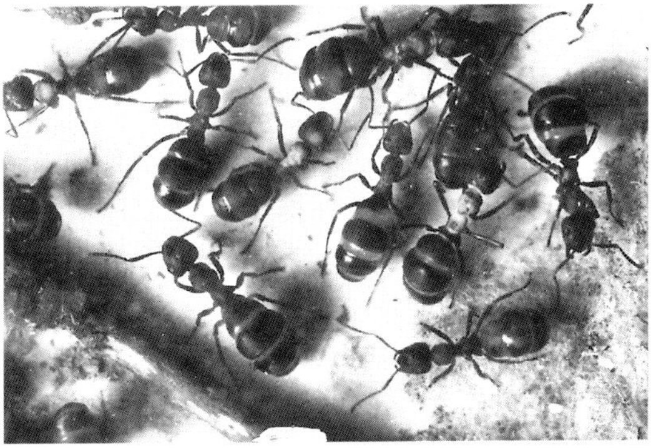

Abb. 8: Vor der Winterruhe dehnen im Fettkörper gespeicherte Nährstoffe den Hinterleib der Arbeiterinnen auf (Aufnahme durch die Glasscheibe eines Labornestes).

Dieser Nährstoffvorrat, der nicht nur aus Fettstoffen, sondern auch aus Eiweißen und Kohlenhydraten besteht, dient weniger zur Ernährung während der Winterruhe – die Tiere verbrauchen in der Zeit der Kältestarre nur ein äußerstes Minimum an Energie – als vielmehr zur Bestreitung der vielerlei Aufgaben im zeitigen Frühjahr, wenn einerseits bereits im März die Nestbauarbeiten beginnen, der Wärmehaushalt im Nest wieder eingerichtet und die erste Brut, die Geschlechtstierbrut, die besondere Ansprüche an die Ernährung stellt, gefüttert werden muß, andererseits jedoch das Nahrungsangebot in der Nestumgebung noch sehr spärlich ist.

Im November schließlich werden die Lebensäußerungen des Volkes mit den fallenden Außentemperaturen mehr und mehr eingeschränkt, die Temperaturregulierung des Nestes wird aufgegeben, und die Tiere ziehen sich wieder in die Nesttiefe zur Winterruhe zurück, nicht ohne die schützende Deckschicht des Nestes besonders gut abgedichtet zu haben.

Somit hat sich der Kreislauf des Jahres geschlossen. Als seine Hauptstationen lernten wir kennen die Sonnung im März, die Aufzucht von Geschlechtstieren im April und Mai, den Hochzeitsflug im Mai und

Anfang Juni, die Aufzucht von Arbeiterinnen im Juni, Juli, August und September, die Speicherung von Nährstoffen im Oktober und November, die Winterruhe vom November bis März.

Dieser Jahreszyklus wird durch den jahreszeitlichen Wechsel der Außenfaktoren gesteuert. Ein außergewöhnlicher Witterungsverlauf kann zu besonderen Erscheinungen führen. So konnten im warmen Herbst des Jahres 2000 auf einem *F. rufa*-Nest männliche Geschlechtstiere beobachtet werden. In ihrem Bericht (MÖLLER 2001) schreibt die Beobachterin dazu: »Der November 2000 war einer der mildesten und sonnenreichsten der vergangenen 100 Jahre. Die sehr offene Lage des Nestes am Waldrand hat die Wirkung von Temperatur und Sonnenschein sicherlich verstärkt. Im Hinblick auf die Überwinterung und die im Frühjahr zu erwartende Entwicklung von Königinnen oder Männchen ist diese ›zusätzliche‹ Geschlechtstierbrut als für das Volk energetisch ungünstig anzusehen. Wertvolle Nahrungsreserven wurden insbesondere in Form von Drüsensekret im Herbst für die Fütterung der männlichen Larven ›sinnlos‹ vergeudet.«

Foto 1: Einzelnest der monogynen *Formica rufa*.

Foto 2: Arbeiterin in Seitenansicht (*F. polyctena*).

Foto 3: Königin nach Abwurf der Flügel (*F. polyctena*).

Foto 4: Männchen (*F. pratensis*).

Foto 5: Frühjahrssonnung: Die Ameisen bilden auf der Nestoberfläche eine dichte, dunkle Traube und lassen sich von der Sonne erwärmen (*F. rufa*, polygyn).

Foto 6: Sonnungstraube in Nahaufnahme.

Foto 7: Männchen schwärmen aus zum Hochzeitsflug (*F. polyctena*).

Foto 8: Jungfräuliche Königinnen starten zum Hochzeitsflug (*F. poyctena*).

Foto 9: Die Paarung (*F. polyctena*).

Foto 10: Die begattete Königin wirft die Flügel ab (*F. polyctena*).

Foto 11: Nestkolonie der polygynen *F. polyctena*.

Foto 12: Lager von Puppenkokons.

Foto 13: Die Larven wie auch die anderen Brutstadien werden von den Arbeiterinnen in die jeweils optimale Wärmezone des Nestes getragen (*F. pratensis*).

Foto 14: Die Ameisen erweisen sich bei der Körperreinigung sehr gelenkig (*F. paralugubris*).

Foto 15: Die Fühler werden zur Reinigung durch einen Borstenkamm am Tibienende des Vorderbeines gezogen (*F. paralugubris*).

Foto 16: Eine Königin wird gefüttert (*F. pratensis*).

Foto 17: *F. polyctena* Arbeiterinnen bei ihrer Rindenlauskolonie (*Lachnus roboris*).

Foto 18: Die Ameisen lecken auch gern austretende Baumsäfte auf (*F. polyctena* an Bergahorn).

Foto 19: Solche riesigen Nester zeugen von der enormen Leistung ihrer Erbauer (*F. polyctena,* Nest am Rennsteig/ Thür.).

Foto 20: An besonnten Stellen bleibt die Nestkuppel flach (*F. polyctena*).

Foto 21: Arbeiterin schleppt Baumaterial heran (*F. polyctena*).

Foto 22: Das Baumaterial muß auch über Hindernisse und bergauf getragen werden (*F.(R.) sanguinea*).

Foto 23: Wie dieses Steinchen werden auch kleine Harzklümpchen als Baustoff zum Nest transportiert (*F. lugubris*).

Foto 24: Typische Körperstellung der Arbeiterin, um einem Feind Gift entgegenzuspritzen (*F. pratensis*).

Foto 25: Tote Arbeiterinnen werden aus dem Nest geschafft (*F. polyctena*).

5 Die Fortpflanzung

Die Fortpflanzung muß im Insektenstaat zweierlei Aufgaben erfüllen: die Erhaltung und Vermehrung der Individuenzahl in einem Volke und die Erhaltung, Vermehrung und Ausbreitung der Völker. Wir müssen also bei unserer Betrachtung eine Vermehrung der Individuen und eine Vermehrung der Völker unterscheiden, und wir werden im folgenden zunächst die Erzeugung von Einzeltieren, von Arbeiterin und Königin und Männchen und anschließend die Entstehung neuer Völker besprechen.

Ausgangspunkt der Entwicklung der Individuen ist die Entstehung und Entwicklung des Eies. Das Ei der Roten Waldameisen ist langgestreckt walzenförmig bis schwach elliptisch, es hat eine Länge von 0,61-0,73mm und wird von einer dünnen chitinigen Eihülle (dem Chorion) umgeben. Sein Entstehungsort ist einer der Eischläuche (Ovariolen) des paarigen Eierstockes (Ovariums) der Königin. Der Hinterleib einer Königin birgt etwa 90 bis 270 solcher Eischläuche (STITZ 1939, GÖßWALD 1942b), die in 2 Paketen, dem rechten und dem linken Ovar, zusammenliegen. Die Schläuche der rechten wie auch der linken Seite führen jeweils in einen kurzen Eileiter, beide Eileiter vereinigen sich zu einem gemeinsamen Ausführungsgang, der an der Hinterleibsspitze nach außen mündet.

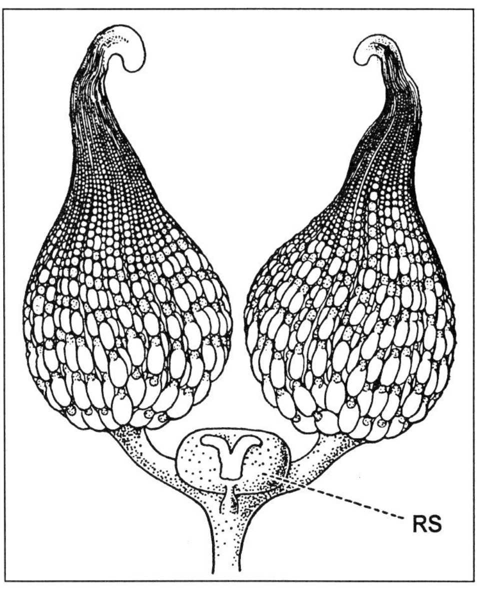

Abb. 9: Ovarium einer Königin (RS = Receptaculum seminis).

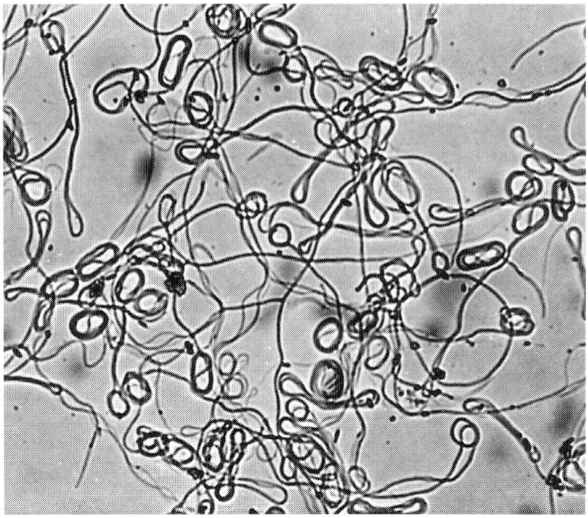

Abb. 10: Spermien aus dem Sammelreservoir (Receptaculum seminis) einer Königin.

An dem der Hinterleibsspitze abgewandten Ende sind die Eischläuche verjüngt. An dieser Stelle befinden sich Urgeschlechtszellen in ständiger Teilung und Vermehrung. Das dadurch entstehende Zellmaterial schiebt sich in den Schlauch hinein und sondert sich dabei in 3 Zellformen, die sich in charakteristischer Weise anordnen, so daß wir in der Mitte des Eischlauches etwa folgendes Bild vorfinden: Die großen Eizellen liegen perlschnurartig hintereinander. Sie sind jeweils voneinander getrennt durch eine Gruppe kleinerer Zellen, die Nährzellen. Sehr kleine epithelartige Zellen bilden schließlich ein Häutchen um je eine Eizelle und die kopfwärts gelegenen Nährzellen. In der Nähe des Eileiters nehmen die Eizellen auf Kosten der Nährzellen beträchtlich an Größe zu, die schließlich ganz verschwinden.

Während das Ei bei der Ablage den unpaaren Eileiter passiert, wird es mit einer Samenzelle versehen. In eine muskulöse, taschenförmige Einfaltung dieses unpaaren Teiles des Ausführungsganges mündet nämlich ein ebenfalls muskulöser Gang, der die Verbindung zwischen diesem und dem Sammelreservoir (dem Receptaculum seminis) für die männlichen Fortpflanzungszellen (die Spermatozoen oder Spermien) herstellt. Wir haben ja bereits erfahren, daß die Königinnen nur ein einziges Mal in ihrem Leben, nämlich während des Hochzeitsfluges, begattet werden. Bei der Begattung erhält das Weibchen vom Männchen eine riesige Menge Spermien, die sie in dem nierenförmigen, etwa 1mm breiten und 0,6mm hohen Receptaculum seminis speichert (Abb. 9). Gut entwickelte Drüsen, die in das Reservoir münden, sorgen mit ihrem Sekret für die Ernährung der Samenzellen, so daß diesen über viele Jahre ihre Aktivität erhalten bleibt. Ein Muskelmechanismus, den ADAM (1913) im einzelnen beschrieben hat, bewirkt nun, daß bei jeder Eiablage eine winzige Portion von 3 bis 4 Spermien aus dem Reservoir an das Ei gelangt.

Zur Zeit der Eiablage weist die Eizelle neben dem männlichen Spermiumkern noch einen unreduzierten Eikern mit doppeltem Chromosomensatz auf. Erst unmittelbar nach der Eiablage setzt die Reifung des Eikerns ein; durch Bildung von 3 Richtungskernen, die bald zugrunde gehen, entsteht ein haploider Eikern, der nun mit dem Spermiumkern verschmelzen kann.

Wie wir bereits aus Kap. 4 wissen, währt die Eiablage von Ende März bis Anfang September, also 5 bis 6 Monate. In dieser Zeit beträgt die Eiproduktion einer Königin der monogynen Form pro Tag etwa 300 Eier, die einer Königin der polygynen Form etwa nur 10. Erstere besitzt deshalb auch bis zu 270 Eischläuche, die Königinnen in einem polygynen Volk haben dagegen nur 90 bis 170 (STITZ 1939, GÖßWALD 1942b, 1951b).

Wie steht es mit der Ausbildung der Keimdrüsen und mit der Fähigkeit der Eiproduktion bei den Waldameisenarbeiterinnen, die ja eine besondere Weibchenform darstellen?

Grundsätzlich zeigt das Ovarium den gleichen Aufbau wie bei der Königin, nur daß jederseits nur 2 bis 6 Ovariolen, sehr selten bis zu 8 oder 10, vorhanden sind (WEYER 1927, 1928, OTTO 1958a), so daß für den Fall, daß die Arbeiterin doch die Eiablage aufnimmt, die produzierte Eimenge im Vergleich zu der der Königin recht beschränkt bleiben muß. Es besteht dabei eine auffallende Korrelation zwischen der Arbeiterinnengröße und der Zahl der Eischläuche derart, daß die kleineren Waldameisenarbeiterinnen eine geringere Schlauchzahl besitzen als die größeren. In einem monogynen Volk mit durchschnittlich größeren Arbeiterinnen ist damit auch die durchschnittliche Ovariolenzahl der Arbeiterinnen größer (GÖßWALD 1941b, 1942b). Wir führten im Kapitel 2 die Unterschiede in der Arbeiterinnengröße darauf zurück, daß die Larven ein geringes, aber unterschiedliches Quantum des hochwertigen für die Königinnenentwicklung notwendigen Futtersaftes erhalten. Die Larven, denen eine größere Portion zukommt, werden nicht nur im Hinblick auf die Körpergröße etwas königinnenähnlicher, sondern auch durch die größere Anzahl an Eischläuchen.

Daß die Arbeiterinnen eines königinnenfreien Volkes entwicklungsfähige Eier ablegen können, ist wiederholt bei vielen Ameisenarten beobachtet worden. Bei solchen Arten, bei denen die Differenz zwischen den weiblichen Kasten nur gering ist, ist die Fähigkeit der Arbeiterinnen zur Eiablage noch groß. Sie nimmt mit zunehmendem Kastendimorphismus ab und ist bei hochentwickelten Formen mit ausgeprägtem Kastendimorphismus ganz erloschen (BIER 1953, 1956). GÖẞWALD (1951b) berichtet, daß die Arbeiterinnen monogyner Völker der Roten Waldameisen bei Weisellosigkeit häufig, die mit wenigen Königinnen (Mittlere Rote Waldameise n. GÖẞWALD) nur gelegentlich die Eiablage aufnahmen. In beiden Fällen gingen aus der Brut stets Männchen hervor. Die Arbeiterin der polygynen Form soll zur Eiablage nicht befähigt sein. Der Verfasser konnte jedoch auch in einer königinnenfreien Arbeiterinnengruppe der polygynen *F. polyctena* die Ablage entwicklungsfähiger Eier beobachten (OTTO 1958a,1960a).

Nur bei wenigen, relativ primitiven Arten legen die Ameisenarbeiterinnen auch bei Vorhandensein einer Königin im Volke gleichzeitig mit dieser Eier (MASNELE 1952, BRIAN 1953, BIER 1956). Bei höherentwickelten, so auch bei den beiden uns in diesem Buch interessierenden Arten, tritt die Eiproduktion durch Arbeiterinnen fast ausschließlich als Regulationsleistung, als Ersatzgeschlechtstierfunktion nach Verlust der Königin auf. Vom Verlust der Königin bis zur ersten Eiablage der Arbeiterinnen vergeht jeweils eine bestimmte, temperaturabhängige Zeit.

Diese und noch einige andere, später noch zu besprechende Erscheinungen führten zur Entwicklung der Ansicht, daß die Arbeiterinnen durch Erzeugung bzw. Konzentrierung hochwertiger Nahrungsstoffe eine Substanz herstellen, die fruchtbarkeitsfördernde Eigenschaften besitzt. Bei der Verfütterung dieser Substanz wirkt der Königinnenduft als auslösender Reiz (BIER 1954a, LANGE 1958c), so daß sie schließlich fast nur von der Königin konsumiert wird, wodurch diese ihre hohe Fruchtbarkeit erhält. Fehlt nun die Königin, so kann sich die von BIER »profertiler Stoff« genannte Substanz bei einigen Arbeiterinnen anreichern und wirksam werden, diese werden somit zur Eiablage befähigt.

Allerdings ist nicht jede Arbeiterin eines Waldameisenvolkes in der Lage, zu einem gegebenen Zeitpunkt die Eiproduktion aufzunehmen. Dies setzt nämlich einen bestimmten physiologischen Zustand der Ovarien voraus. Durch die Untersuchungen von WEYER (1927, 1928) und OTTO (1958a) wissen wir, daß die Ovarien der Arbeiterinnen nach dem Schlüpfen aus dem Kokon einen auffälligen Entwicklungszyklus durchlaufen (Abb. 11).

Bei eben geschlüpften Arbeiterinnen sind die Eischläuche noch dünn und glattwandig, zur Mündung zu schwach, aber gleichmäßig breiter werdend, matt milchig weiß, etwa 1,0-1,4mm lang. Die einzelnen Nähr- und Eikammern sind noch nicht oder höchstens in Basisnähe angedeutet voneinander abgesetzt. Die Entwicklung der Eischläuche wird jedoch

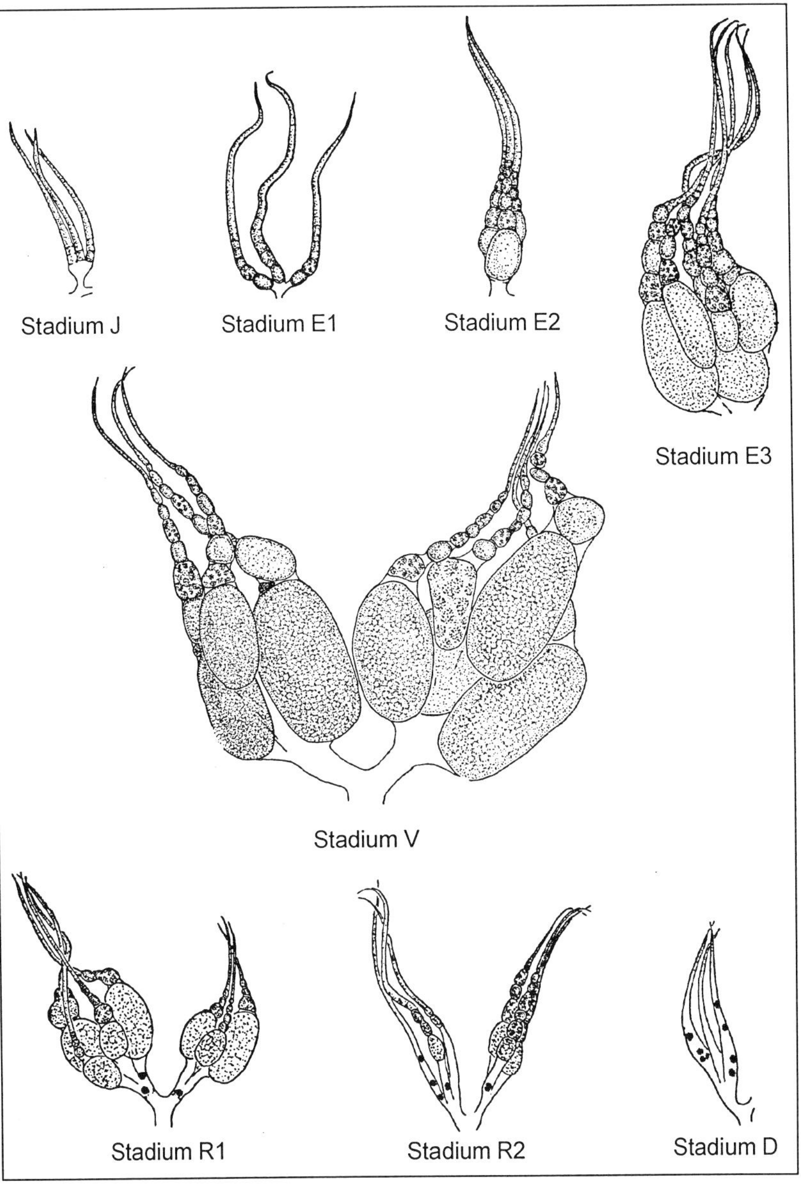

Abb. 11: Die Veränderungen im Arbeiterinnen-Ovar: J = Eischläuche (Ovariolen) junger, frisch geschlüpfter Arbeiterinnen; E1-E3 = Eientwicklungsstadien; V = volle Entwicklung der Eier; R1, R2 = Rückbildungsprozesse; D = Degenerationsstadium.

bereits am 1. oder 2. Lebenstag erkennbar, indem sich in Mündungsnähe erste Ei- und Nährkammern abzuzeichnen beginnen. Während sich in den nächsten Tagen die Differenzierung weiter nach hinten fortsetzt (bei gleichzeitiger Verlängerung der Schläuche), werden die vorderen Kammern bereits so groß, daß sie den Schlauch ausbuchten. Die Eier sind milchig-weiß, kompakt und fein granuliert. Bei Tieren zwischen 11 und 27 Tagen (in der altersmäßigen Abgrenzung gibt es viele Ausnahmen, s. Kap. 7) haben die Ovarien in der Regel ihren höchsten Ausbildungsgrad erreicht. Das vorderste, mündungsnahe Ei eines jeden Schlauches ist etwa 600-1000µm lang geworden, die differenzierten Ei- und Nährfächer nehmen etwa 2/3 des ganzen jetzt 2,4 bis 2,8mm langen Eischlauches ein. Die Eier erscheinen milchig-weiß und fein schaumig. Sie werden normalerweise aber nicht abgelegt, sondern resorbiert, d.h. sie lösen sich langsam auf, indem ihre Inhaltsstoffe durch die Schlauchwandung in den Ameisenkörper wandern, und es bleibt in der Ovariole nur ein kleiner, intensiv gelb gefärbter Restkörper zurück. Während des Resorptionsvorganges werden die Eier allmählich kleiner, dabei gelblich, glasig und grobblasig. Die Schläuche verlieren ihre Ausbuchtungen wieder und werden auch wieder kürzer. Schließlich sind sie gänzlich ohne Eier und höchstens mit einigen Gelbkörpern gefüllt. Sie sind weiterhin durchsichtig, glasig geworden und im Gegensatz zum Ausgangsstadium nicht mit milchig-weißem Inhalt gefüllt. Die Dauer des Rückbildungsprozesses ist individuell sehr verschieden, er kann in wenigen Tagen, aber auch erst nach Monaten abgeschlossen sein (s. Abb. 28, S. 105).

Es ist nun leicht einzusehen, daß nur junge Arbeiterinnen, bei denen die Resorptionsprozesse im Eischlauch noch nicht eingesetzt haben, zur Eiablage schreiten können. Bereits degenerierte Ovariolen können nicht ein zweites Mal eine Eibildung aufnehmen.

Wenden wir uns wieder dem Schicksal der von Königinnen abgelegten Eier zu. Welche Faktoren und Vorgänge bestimmen, ob aus dem Ei ein Männchen oder ein Weibchen bzw. im zweiten Fall eine Königin oder eine Arbeiterin entsteht?

Es wird bei den Ameisen in gleicher Weise, wie wir es von den nahe verwandten Honigbienen kennen, das Geschlecht durch Stattfinden oder Ausbleiben der Befruchtung des Eies determiniert. Bei den Formiciden wie bei den Apiden besitzen die männlichen Tiere den einfachen, die weiblichen infolge der Geschlechtskernverschmelzung bei der Befruchtung den doppelten Chromosomensatz (BISCHOFF 1927, 1958). SCHLEIP konnte bereits 1908 durch Chromosomenzählungen an befruchteten Königinneneiern und an Arbeiterinneneiern von *Raptiformica sanguinea*

LATR. einen direkten Beweis für die Richtigkeit dieser Ansicht erbringen. Bei dieser Art entstehen aus Eiern mit 2 n = 48 Chromosomen weibliche und aus unbefruchteten Eiern mit 1 n = 24 Chromosomen männliche Tiere.

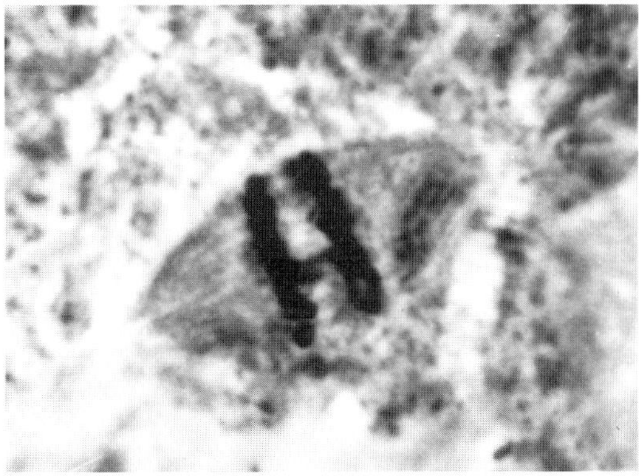

Abb. 12: Chromosomen aus einem *F. polyctena*-Ei, Kernteilung im Beginn der Anaphase.

Eine Ausnahme davon schien die Gattung *Lasius* zu machen; verschiedene Beobachter (siehe bei BIER 1952a) sahen aus Arbeiterinneneiern dieser Gattung weibliche Tiere entstehen (Thelytokie). BIER prüfte diese Erscheinung nach und mußte feststellen, daß in solchen Fällen der überwiegende Teil der Brut während der mittleren Larvenstadien abstirbt; es handelt sich dabei fast ausschließlich um Larven mit männlichen Geschlechtsanlagen, die sich nicht weiter entwickeln konnten, weil die äußeren Bedingungen für eine Geschlechtstieraufzucht nicht ausreichend waren. Die überwiegende Mehrheit der unbefruchteten Eier war also männlich bestimmt. Weiblich bestimmte Larven bildeten die Ausnahme. Da diese aber im Gegensatz zu den männlichen für eine Entwicklung zu Arbeiterinnen ausreichende Bedingungen fanden, konnten sie sich als einzige bis zur Imago entwickeln und erschienen so als einziges sichtbares Entwicklungsergebnis. Doch da es sich nur um Ausnahmeerscheinungen handelt – in den Zuchten von BIER entwickelten sich aus 210 unbefruchteten Eiern 2 Arbeiterinnen –, kann man das Auftreten von Arbeiterinnen in Gelegen von unbefruchteten Eiern bei *Lasius* als Folge von Unregelmäßigkeiten während der ersten Teilungsschritte des Eikernes ansehen, so daß sich der Chromosomensatz durch den anormalen Verlauf einer Kern- oder Reifeteilung verdoppelt.

Diese Verhältnisse in der Gattung *Lasius* wurden hier deshalb etwas ausführlicher behandelt, weil es dem Verfasser bei *F. polyctena* gelungen ist, sowohl aus Eiern von Arbeiterinnen, als auch aus Eiern unbegatteter Königinnen weibliche Nachkommen aufzuziehen (OTTO 1960a, 2003, dazu

Kommentar von SEIFERT 2003). Das Ei von *F. polyctena* muß weitgehend in der Lage sein, das Ausbleiben der Kernverschmelzung bei fehlender Befruchtung durch Regulationserscheinungen während der Reifeteilung oder während der ersten Furchungsteilungen so zu kompensieren, daß der Keim schließlich doch diploid, d.h. mit je einem doppelten Chromosomensatz pro Kern ausgestattet und somit weiblich bestimmt ist.

Unter natürlichen Verhältnissen entstehen jedoch auch bei Roten Waldameisen die Männchen aus unbefruchteten, die weiblichen Tiere aus befruchteten Eiern.

Ein aufmerksamer Beobachter, der Gelegenheit hat, zur Zeit des Hochzeitsfluges mehrere Ameisennester zu kontrollieren, wird die Feststellung machen, daß in einigen Nestern nur geflügelte Königinnen und keine Männchen, in anderen Nestern dagegen nur Männchen und keine Weibchen herangewachsen sind. Nur bei einem geringen Anteil an Nestern kann er neben einem vorherrschenden Geschlecht auch einige Exemplare des anderen Geschlechtes beobachten. Die Erscheinung, daß in einem Nest zur Zeit der Geschlechtstieraufzucht entweder nur Männchen oder nur Weibchen entstehen, überrascht um so mehr, als sie auch in polygynen Nestern, bei denen die Eier nicht nur ein und derselben Mutter entstammen, zu beobachten ist. Es muß also eine äußere Erscheinung sein, die alle Königinnen des Nestes veranlaßt, übereinstimmend entweder nur befruchtete Weibcheneier oder unbefruchtete Männcheneier abzulegen.

GÖßWALD (1957) machte darauf aufmerksam, daß die Königinnen erzeugenden Völker in der Regel groß und kräftig sind und an zur Zeit der ersten Eiablage besonnten und warmen Stellen liegen, während die »Männchennester« entweder klein sind oder aber schattig und kühl liegen. Seine Vermutung, die Temperatur bzw. der Wärmehaushalt des Volkes zur Zeit der Eiablage sei für die Befruchtung oder Nichtbefruchtung der Eier verantwortlich zu machen, bestätigte sich in entsprechenden Laboratoriumsversuchen (GÖßWALD & BIER 1955, 1956) bzw. durch den gelungenen Versuch, natürliche »Weibchennester« durch künstliche Beschattung im zeitigen Frühjahr ganz oder teilweise in »Männchennester« umzuwandeln bzw. umgekehrt natürliche »Männchennester« durch Auflichtung in »Weibchennester« (GÖßWALD 1957). Nachdem GÖßWALD & BIER (1955, 1956) noch zeigen konnten, daß begattete Königinnen mit gefülltem Samenreservoir nach beendeter Winterruhe bei Temperaturen zwischen 15 und 20°C unbefruchtete und erst bei Temperaturen über 20°C befruchtete Eier ablegen, gaben sie folgende ursächliche Erklärung für diese Erscheinung: Die Königinnen beginnen im Frühjahr mit der Eiablage, wenn die Temperaturen höher als

13°C liegen. Bei den tiefen Temperaturen setzt die Eiablage früher ein als der Mechanismus der Spermienpumpe. Dadurch bleiben um so mehr Eier unbefruchtet, je tiefer die Temperatur liegt. Bei 15°C ist der Anteil der unbefruchteten Wintereier am größten.

Während der sommerlichen Aktivitätsperiode findet dann die Eiablage und Befruchtung uneingeschränkt in einem höheren Temperaturbereich statt, wobei ausschließlich Arbeiterinnen entstehen.

Nachdem wir nun erfahren haben, daß das Vorhandensein des einfachen oder des doppelten Chromosomensatzes, letzterer entstanden durch eine Befruchtung oder durch Anomalien in den Kernteilungen parthenogenetischer Eier, entscheidet, ob sich ein Ei zu einem männlichen oder zu einem weiblichen Individuum entwickelt, wollen wir nun nach den ursächlichen Bedingungen fragen, die aus einem diploiden Ei entweder eine Königin oder eine Arbeiterin entstehen lassen. Ist die Entwicklungsrichtung bereits im Ei festgelegt oder entscheidet erst die Ernährung der Larven durch die Arbeiterinnen, welche der beiden Weibchenformen entsteht? Der Wissenschaftler formuliert diese Frage so: Ist die Entwicklung von Königin bzw. Arbeiterin blastogen (vom Keim aus) oder trophogen (von der Ernährung aus) determiniert? Wiederum sind es vor allem Untersuchungen von BIER und GÖßWALD, die uns einen Einblick in die Zusammenhänge ermöglicht haben. Diesen Untersuchungen verdanken wir die Kenntnis, daß sowohl blastogene als auch trophogene Faktoren bei der Kastendifferenzierung beteiligt sind.

BIER (Bier 1952b, 1954b,c) entdeckte einen Saison-Dimorphismus in der Eibildung und damit auch der reifen Eier bei den Roten Waldameisen. Die Nährzellengruppen zwischen den Eizellen in den Eischläuchen sind während der Bildung der im Frühjahr zur Ablage kommenden Eier bedeutend größer und haben auch einen meßbar größeren Zellkern als bei der Bildung der Sommereier. Die Nährzellen sind deshalb bei der Sommereibildung schneller verbraucht, so daß zwischen den 3 bis 5 größten Eiern in den Eischläuchen nur noch degenerierte Nährzellenreste vorhanden sind, während zwischen den Frühjahrseiern, deren Bildung bereits im Winter einsetzt, bis zum paarigen Eileiterteil hin tätige Nährzellen zu finden sind. So kommt es, daß die Frühjahrseier etwas größer und schwerer als die Sommereier sind, erstere haben eine durchschnittliche Länge von 0,73mm und ein Gewicht von 0,0590mg, letztere sind durchschnittlich 0,62mm lang und haben ein Gewicht von 0,0455mg. Besonders wichtig ist jedoch die unterschiedliche Ausstattung mit sog. Polplasma, einer Plasmaverdichtung am hinteren Eipol, die reich ist an der für die Eiweißsyntheseprozesse bedeutsamen Ribonukleinsäure.

Während dieser Polplasmakomplex bei den Sommereiern nur etwa 800μm^3 einnimmt, ist er in den im Winter gebildeten Eiern mehr als 8mal größer, er umfaßt etwa 6 500μm^3.

Die Frühjahrseier sind durch ihre Größe und ihren Reichtum an Polplasma vorbestimmt, sich zu Königinnen zu entwickeln. Unter gleichen Pflege- und Ernährungsbedingungen entwickeln sich aus den polplasmareichen Eiern Königinnen, aus den polplasmafreien bis -armen Arbeiterinnen. Insofern trägt das Ei schon vor seiner Ablage die Bestimmung in sich, zu welcher Weibchenkaste es sich entwickelt. Es ist dabei müßig, darüber zu streiten, ob man noch von einer blastogenen Determination im eigentlichen Sinne sprechen kann, weil ja die Bestimmung auf die Nährstoffversorgung während der Bildung im Muttertier zurückgeführt werden kann.

Die Bestimmung der abgelegten Eier ist jedoch nicht absolut. Ob aus dem diploiden Ei eine Königin oder eine Arbeiterin entsteht, ist nämlich letztlich doch auf die Ernährungsverhältnisse zurückzuführen. Die Frühjahrseier sind den Sommereiern in den Voraussetzungen dazu nur weit überlegen. Durch schlechte Fütterung der Frühjahrsbrut kann diese jedoch den Vorsprung einbüßen, d.h. aus unzureichend ernährter Frühjahrsbrut können auch nur Arbeiterinnen entstehen. Umgekehrt ist es GÖßWALD & BIER (1954a) und BIER (1954c, 1958) gelungen, aus Sommerbrut der Roten Waldameise Königinnen und Zwischenformen zwischen Königinnen und Arbeiterinnen zu ziehen, indem sie sie besonders optimalen Ernährungsbedingungen aussetzten. Letzteres ist jedoch nur im Experiment und dadurch möglich, daß als Brutpfleger Arbeiterinnen mit besonders ausgeprägter Geschlechtstier-Aufzuchtfähigkeit der nahe verwandten Wiesenameise (*F. pratensis* (*nigricans*)) verwendet wurden. Unter natürlichen Verhältnissen erfolgt die Kastenbestimmung also wie folgt: Die Frühjahrseier ergeben je nach Ernährung der Larven durch die Brutpfleger Königinnen oder Arbeiterinnen, die Sommereier stets Arbeiterinnen (GÖßWALD & BIER 1953, 1954, BIER 1954, 1958, GÖßWALD 1955c).

GÖßWALD & KLOFT (1958) konnten erstmalig den direkten experimentellen Beweis dafür bringen, daß die Brut, die sich zu Arbeiterinnen entwickelt, von den Pflegerinnen durch hervorgewürgten Kropfinhalt gefüttert wird, während der Geschlechtstierbrut das Sekret der im Thorax gelegenen und auf der Zunge ausmündenden Labialdrüse (Abb. 29, S. 113; Abb. 30, S. 116) verabreicht wird. Um diesen Nachweis zu führen, fütterten sie Arbeiterinnen mit radioaktiver Nahrung. Durch Autoradiogramme auf Fotoplatten ließ es sich nachweisen, daß sich das Futter zunächst im Kropf speichert, dann langsam in den Darm vordringt, von wo aus dann allmählich der ganze Körper durch den Strom der verdauten Nahrung radioaktiv wird, wobei sich jedoch eine besondere Konzentration im Labialdrüsenreservoir bemerkbar macht. Wenn auf solche Weise vorbehandelte Arbeiterinnen andere Nestgefährten oder die Larven füttern, übertragen sie mit dem Futter auch die Radioaktivität auf diese. Dabei gibt es jedoch Unterschiede. Füttert eine Arbeiterin, bei der die radioaktiv markierte Nahrung noch nicht viel über den Kropf hinaus gelangt ist, eine andere Arbeiterin, eine Arbeiterinnenlarve oder ein erwachsenes Männchen, dann werden diese ebenfalls radioaktiv, sie werden also direkt mit Kropfinhalt gefüttert. Spendet eine solche Arbeiterin aber einer Königin oder einer Geschlechtstierlarve Futter, so ist im Empfänger keine Strahlung nachzuweisen; der verfütterte Nahrungsbrei stammt also nicht aus dem Kropf. Die Königin oder die Geschlechtstierlarve werden erst dann radioaktiv, wenn sie von einer Arbeiterin gefüttert werden, deren Labialdrüsenreservoir bereits radioaktiv ist.

Es muß allerdings bemerkt werden, daß dieses Experiment nicht ausschließt, daß auch die sich zu Arbeiterinnen entwickelnde Brut einen geringen Anteil Labialdrüsensekret mit unter den Brei des Kropfinhaltes gemischt bekommt. Die Größe des Anteiles an Labialdrüsensekret könnte dann verantwortlich gemacht werden für die Unterschiede in der Körpergröße und Eischlauchzahl der Arbeiterinnen (OTTO 1960b).

Hieran fügt sich gut der Tatbestand an, daß während der Sonnungsperiode im zeitigen Frühjahr die Labialdrüsen und in geringerem Umfang auch eine Drüsengruppe im Kopf (Postpharynxdrüsen) in einen Zustand gesteigerter Funktion versetzt werden (BAUSENWEIN 1956), wodurch bei gleichzeitigem Vorhandensein polplasmareicher Eier die Voraussetzung für die Aufzucht von Geschlechtstieren gegeben ist. Bei Temperaturen über 20°C klingt die erhöhte Tätigkeit der Labialdrüsen nach 3-6 Wochen wieder ab. Die Arbeiterinnen sind dann nicht mehr zur Aufzucht von Geschlechtstieren fähig, selbst wenn ihnen ein Experimentator noch Frühjahrsbrut zur Pflege gäbe. In der Natur deckt sich bei den Roten Waldameisen jedoch die Einschränkung der Drüsenleistung mit dem Auftreten von Sommereiern, wodurch die Periode der sommerlichen Aufzucht von Arbeiterinnen eingeleitet ist.

Wenn die königin-bestimmten Larven sich tatsächlich zu Königinnen entwickeln sollen, brauchen sie offenbar eine sehr große Menge Drüsensekret. Es muß eine entsprechend große Menge von Sekret produzierenden Arbeiterinnen vorhanden sein. Für die Entwicklung der frischgeschlüpften Larven zu Weibchen ist deshalb eine Mindestzahl an Arbeiterinnen mit aktivierten Drüsen erforderlich. In einer weisellosen Arbeiterinnengruppe gelingt die Aufzucht von Geschlechtstieren erst, wenn die Gruppe mehr als 30 Individuen zählt (BIER 1956).

Da die eierlegenden Königinnen ebenfalls mit dem Labialdrüsensekret gefüttert werden, wie die Experimente mit radioaktiv markiertem Futter ergeben haben, treten sie der Geschlechtstierbrut gegenüber als ernsthafte Nahrungskonkurrenten auf und dies um so mehr, als die Arbeiterinnen ihr Sekret bevorzugt an die Königinnen verfüttern. Sollen sich im Kunstnest des Laboratoriums bei Anwesenheit einer einzigen Königin Geschlechtstiere aus Frühjahrseiern entwickeln, so müssen bei *Formica nigricans* EMERY mindestens 600 Arbeiterinnen vorhanden sein. Bei *F. rufa* bzw. *F. polyctena* gelingt die Aufzucht von Geschlechtstieren bei Vorlage von Frühjahrseiern aber bei Vorhandensein einer einzigen Königin selbst dann noch nicht, wenn 3 500 Arbeiterinnen mit aktivierten Drüsen zur Verfügung stehen (GÖßWALD & BIER 1954b). Es verwundert deshalb, wie es in der Natur bei einer solchen Lage der Dinge in einem Volk der Roten Waldameise mit vielen hundert Königinnen überhaupt zur erfolgreichen Aufzucht von Geschlechtstierbrut kommen kann. Die Lösung des Rätsels gaben uns wiederum GÖßWALD und BIER (1954b). Sie weisen auf die unterschiedlichen Verhältnisse bezüglich des Aufenthaltes der Königinnen hin. Im Kunstnest mit geringem Wärmegefälle sind diese immer in der Nähe der Brut. Im Freien ziehen sie sich aber nach der Sonnung in die kühlsten Nestteile zurück, während die Brut in den wärmeren Bezirken des Nestes gelagert wird. Die räumliche Trennung entspricht für die brutpflegenden Arbeiterinnen einer »physiologischen Weisellosigkeit«. Schafft man in den Kammern des Kunstnestes ein entsprechendes Wärmegefälle und verhindert man die Wanderung der Königin in die Nähe der Brutkammern, so gelingt auch hier die Geschlechtstieraufzucht.

An dieser Stelle sei bemerkt, daß die Labialdrüsen der Wiesenameisen (*F. pratensis* bzw. *nigricans*) leistungsfähiger sind. Die Ernährung der Geschlechtstierbrut wird daher durch die Anwesenheit von Königinnen nicht in so starkem Maße beeinträchtigt. Im Wiesenameisenvolk wird auch im Hochsommer eine zweite Geschlechtstierbrut aufgezogen, so daß es bei dieser Art zu einem zweiten Hochzeitsflug im Jahre kommt (GÖßWALD & BIER 1953, 1954a).

Die Untersuchung der Kastendetermination bei anderen Ameisenarten hat gezeigt, daß der determinierende Nahrungseinfluß nicht während der gesamten Larvenentwicklungszeit wirksam sein muß (WILSON 1953, 1954), sondern daß ein bestimmter, begrenzter, meist nur sehr kurzer Zeitraum während der frühesten Larvenstadien entscheidend ist. Bei der Roten Waldameise ist die Determinationsphase bei 27°C bereits 72 Stunden nach dem Schlüpfen der Larven aus dem Ei abgeschlossen (BIER 1958).

Im übrigen müssen für die Entstehung von Männchen gleiche Voraussetzungen vorhanden sein wie für die Aufzucht von Königinnen. Die Männchen entwickeln sich also aus polplasmareichen, aber unbefruchteten Frühjahrseiern, wenn den Larven ausreichend Labialdrüsensekret geboten werden kann. Ist letzteres nicht der Fall, so müssen die Larven – da es ja im männlichen Geschlecht kein Gegenstück zur Arbeiterin gibt – halbentwickelt absterben.

Wir verlassen damit das Kapitel über die Entstehung und Entwicklung der Individuen in einem Staate der Roten Waldameise. Die Bestimmung von Geschlecht und Kaste präsentierte sich uns als ein kompliziertes Zusammenspiel von temperaturabhängigen Befruchtungs- und Kernteilungsvorgängen, von jahreszeitlichen Eitypen, von einem Jahresrhythmus in der Tätigkeit der Labialdrüsen der Arbeiterinnen, vom Zahlenverhältnis zwischen Larven, Königinnen und Arbeiterinnen und damit vom Angebot an Drüsensekret während einer kurzen Determinationsphase der Larven.

Nicht weniger interessant sind die Vorgänge, die zur Entstehung und Vermehrung der Völker führen.

Die Klassiker der Ameisenkunde sprachen von einer »Koloniegründung«, wenn eine oder mehrere junge, frisch begattete Königinnen auf irgendeine Weise einen neuen Staat ihrer Art begründeten (GOETSCH & KÄTHNER 1937). Diese Bezeichnung hat sich eingebürgert, und wir behalten sie bei, wenn wir auch wissen, daß es sich gar nicht um die Gründung einer Kolonie, sondern allgemein um den Beginn eines neuen Staates, um die Begründung eines Volkes handelt. Eine Kolonie ist ja bereits ein ganzer, durch Ablegerbildung auseinander hervorgegangener Nestkomplex und damit eigentlich nur ein Spezialfall der Nest- und Völkervermehrung.

Als ein ursprünglicher Typus der Koloniegründung ist wohl anzusehen, wenn sich eine oder mehrere Königinnen in ein Versteck zurückziehen und aus eigenen Kräften ihre erste Brut selbst aufziehen. Erst dann, wenn durch ihre Pflege die ersten Arbeiterinnen – meist wenige kleine und kümmerliche Tiere – erschienen sind, beschränken sie sich auf ihre eigentlichen Königinnenaufgabe, auf die Eiproduktion.

Die Königinnen von *F. rufa* und *F. polyctena* haben jedoch die Fähigkeit der Ernährung und Pflege der ersten Brut nicht mehr (EIDMANN 1929). Sie brauchen von Anfang an Betreuer um sich herum, die ihnen u.a. auch die Pflege der Brut abnehmen. Die Roten Waldameisen haben eine »unselbständige Koloniegründung«.

Es ist deshalb Aufgabe der Roten Waldameisenköniginnen, nach dem Hochzeitsflug, nach der Begattung und nach dem Verlust der Flügel, Arbeiterinnen als Brutpfleger um sich zu gesellen. Bei polygynen Formen bedient sich die Königin der Arbeiterinnen der gleichen Art. Sie sucht nach einem geeigneten Volk und versucht, sich dort mit in das Leben einzugliedern. Gelingt es ihr, dann fungiert sie von Anfang an als eine Königin neben vielen anderen inmitten eines normalen Brutpflegebetriebes. Ein Volk einer polygynen Form erhält auf diese Weise jährlich mehrere junge, frisch begattete Königinnen, etwa in gleicher Zahl wie vielleicht jährlich solche Königinnen absterben, die bereits viele Jahre lang dem Volk als Stockmütter gedient haben. Durch die jährliche Verjüngung des Königinnenbestandes ist ein solches polygynes Volk theoretisch unsterblich.

Es gelingt in der Natur nur einem ganz winzigen Teil aus der großen Menge der produzierten Jungköniginnen, Stockmutter in einem Volk zu werden. Während des Hochzeitsfluges holt sich ein Heer von Feinden – vor allem aus der Vogelwelt – reichlich Beute aus dem Ameisenschwarm. Manche Jungkönigin mag wohl auch kein Männchen finden. Und von den begatteten Jungköniginnen gelingt es wiederum nur einem kleinen Teil, durch die Fußwanderung auf ein Volk der gleichen Art zu treffen. Die meisten werden umherstreifen, ohne ihr Ziel zu erreichen, bis sie schließlich einem Vogel oder einem Raubinsekt zum Opfer fallen. Große Kolonien mit weit verzweigten Nestsystemen, die gleichzeitig männchen- und weibchenproduzierende Völker umfassen, bieten den Jungköniginnen die günstigsten Chancen.

Ist eine Königin auf ein polygynes Volk der gleichen Art gestoßen, so hat sie noch nicht alle Gefahren überstanden. Die Arbeiterinnen sind als Angehörige eines polygynen Volkes zwar nicht so streng auf eine einzige Königin ausgerichtet, sie erkennen die Unterschlupf und Aufnahme suchende Jungkönigin aber sofort und begegnen ihr feindlich. Anfang Juni, nach Beendigung des Hochzeitsfluges, kann man oft Szenen beobachten,

Abb. 13: Arbeiterinnen greifen fremde, junge, begattete Königin an (*F. polyctena*).

wie solche Königinnen vor den Nestern von einer Schar Arbeiterinnen umringt, angegriffen und schließlich getötet werden. In von Waldameisen dicht besiedelten Gegenden entstehen in Nestnähe oft ganze Lager toter Königinnen. Nur wenige Königinnen überwinden diese letzte schwere Klippe. Durch das Verhalten der Arbeiterinnen wird zweifellos verhindert, daß das Volk ein Zuviel an Königinnen erhält, was sich nach allem, was wir über die Rolle der Königin als Nahrungskonkurrent bei der Brutaufzucht erfahren haben, unbedingt nachteilig auswirken würde.

Um über das Ausmaß der Verluste, die die Königinnen bei ihren Versuchen in ein Nest einzudringen erleiden, Auskunft zu erhalten, sperrte ELTON (1958) Jungköniginnen in einen kleinen Käfig, durch dessen Öffnungen zwar die Arbeiterinnen, nicht aber die Königinnen schlüpfen konnten, und vergrub diesen Käfig in ein Ameisennest. Durch spätere Kontrollen konnte er sich vom Schicksal der Königinnen überzeugen. Er stellte fest, daß die Ameisen im Februar und März die Königinnen am leichtesten aufnehmen, obwohl es schon im März zu Ausfällen an Königinnen kam, die im April noch häufiger wurden. Im Mai, Juni und Juli schlugen schließlich alle Anweiselungsversuche fehl. ELTON folgert daraus, daß die Arbeiterinnen im zeitigen Frühjahr den Jungweiseln gegenüber tolerant sind, daß diese Periode relativer Toleranz jedoch mit fortschreitender Jahreszeit nach und nach immer mehr von einer Periode der Intoleranz abgelöst wird. Merkwürdig ist dabei, daß die Intoleranz zur Zeit des natürlichen Auftretens der Jungköniginnen bereits sehr stark ausgeprägt ist.

Alles das bisher Geschilderte führt noch nicht zu einer Vermehrung der Volks- und Nestzahl, sondern lediglich zu einer teilweisen Ablösung und Vermehrung der Königinnen in einem bereits bestehenden Volk. Ist ein solches Volk aber kräftig genug geworden, haben die Nestbewohner eine über das Optimum hinausgehende, von den ökologischen Standortsverhältnissen abhängige Dichte erreicht, so wird ein Teil der Bewohner – Arbeiterinnen und Königinnen – auswandern und sich in der Nachbarschaft des Stammnestes ein Ablegernest errichten. Auf diese Weise kommt es zu einer Vermehrung der Nestzahl auf dem Wege der Koloniebildung (Foto 11, S. 40). Neue Nester können auf diese Weise nur in unmittelbarer Nachbarschaft bereits vorhandener entstehen. Es sind Riesenkolonien, 40 bis 100 Nester umfassend, beobachtet und beschrieben worden (Polydomie) (STAMMER 1937, FRÖMMIG 1938).

Der neue Nestplatz wird zunächst von einigen Arbeiterinnen ausgewählt. Die Kundschafter holen sich Verstärkung und bereiten dann die Anfänge des Nestbaues vor. Die Pionier-Ameisen beginnen dabei mit dem Minieren von Gängen und Hohlräumen im Boden, meist in der Nähe eines geeigneten Holzes (Stubben). Danach werden die Öffnungen mit pflanzlichem Baumaterial bedeckt und zur Kegelform aufgeschichtet (BRETZ 2002). Dann holen sie eine größere Menge Arbeiterinnen, Königinnen und auch Larven und Puppen nach. Ortsunkundige Arbeiterinnen und die Königinnen werden dabei ebenso von den mit dem Weg vertrauten Gefährtinnen getragen wie die Brut. Es ist ein interessanter und fesselnder Anblick, wenn man das Glück hat, Zeuge eines solchen Umzuges zu werden. Die eigentliche Auswanderung spielt sich innerhalb kurzer Zeit ab, und die hastenden, lebendige Lasten transportierenden Arbeiterinnen bilden ein dichtes, lebendiges Band, das sich von Nest zu Nest zieht. Nach diesem Umzug kann die Verbindung zwischen Stamm- und Ablegernest als Kolonieverband noch mehr oder weniger lange fortbestehen.

Der soeben beschriebene Weg zur Nestvermehrung kann von den monogynen Formen der Roten und der Kahlrückigen Waldameise nicht beschritten werden; die Einzahl der Königinnen schließt eine Ablegerbildung aus. Sie macht es auch unmöglich, daß sich die Jungköniginnen nach dem Hochzeitsflug einem Volke ihrer Art zugesellen bzw. daß sie sich für die Aufzucht der ersten Brut irgendwie die Gesellschaft und Hilfe von Arbeiterinnen ihrer Art beschaffen. Es gibt jedoch *Formica*-Arten (Untergattung *Serviformica* Sklavenameisen), die für solchen Hilfsdienst bereit sind. Die Waldameisenkönigin streift nach dem Hochzeitsflug ruhelos umher, bis sie auf ein Nest der Sklavenameise *Serviformica fusca* L., *Serviformica gagates* LATR. oder einer anderen *Serviformica*-Art trifft, in das sie einzudringen versucht. Länger als 2 Wochen zu suchen, ist die Königin kaum in der Lage. Nicht immer wird die fremde Königin im *Serviformica*-Volk ohne Schwierigkeit aufgenommen. Findet die Königin Widerstand, muß sie sich mit Gewalt behaupten und ihre Adoption erzwingen, indem sie eine Anzahl der Gegner tötet. Auf alle Fälle tötet sie die *Serviformica*-Königin, wodurch die Adoption endgültig besiegelt ist. So sitzt schließlich eine Waldameisenkönigin mitten in einem *Serviformica*-Volk, umgeben von dessen schwarz-grauen Arbeiterinnen und dessen Brut. Die Arbeiterinnen übernehmen auch die Pflege der von der neuen Königin produzierten Eier, und eines Tages befinden sich im Volke erste junge Waldameisen-Arbeiterinnen, die sich mit ihren fremdartigen Pflegern vertragen. Da immer mehr Waldameisenbrut ausreift und da andererseits die Sklavenameisen durch den Verlust ihrer eigenen Königin keinen Nachwuchs mehr haben, verschiebt sich das Zahlenverhältnis in dem gemischten Volk immer mehr zugunsten der Waldameisen, bis schließlich die letzte *Serviformica*-Arbeiterin stirbt und sich uns das Volk als junges, reines, monogynes Waldameisenvolk präsentiert. Da eine spätere Auffrischung mit Jungköniginnen unterbleibt, ist dem monogynen Waldameisenvolk mit dem Tod der einzigen Königin nach ca. 15-25 Jahren ein natürliches Ende gesetzt (BRUN 1913, KUTTER 1913, 1958, EIDMANN 1926, STITZ 1939, GÖßWALD 1941b, 1951a, b, 1955b).

Die Entstehung neuer Völker von *F. rufa* und *F. polyctena* ist also nicht weniger interessant und kompliziert als die Verhältnisse bei der Erzeugung der 3 Formen von Nestbewohnern. Bewundernswert viel ist schon bekannt, zahlreiche Erscheinungen harren noch der Aufklärung. Das Gesamtbild der Fortpflanzungserscheinungen im Waldameisenstaat läßt sich nach unseren heutigen Vorstellungen zusammenfassend etwa so zeichnen:

In den aus etwa 90-270 Eischläuchen bestehenden Ovarien der Königinnen bilden sich während der Winterruhe und im zeitigen Frühjahr Eier mit besonderem, an dem hinteren Eipol konzentrierten Polplasma. Mit steigender Temperatur im Frühjahr setzt zuerst die Eiablage und erst später die Tätigkeit des Besamungsmechanismus ein, deshalb bleiben die bei unter 20°C abgelegten Eier zum Großteil unbefruchtet und entwickeln sich zu Männchen, während die in Nestern mit besserem Wärmehaushalt abgelegten Eier befruchtet sind und weibliche Tiere ergeben. Aus diesen befruchteten und unbefruchteten Frühjahrseiern entwickeln sich nur dann Geschlechtstiere, wenn die Larven in ihren ersten 3 Lebenstagen reichlich mit einem Sekret aus den zu dieser Zeit durch die Sonnungsperiode besonders aktivierten Labialdrüsen der Arbeiterinnen versorgt werden. Steht dieses Sekret den Larven wegen einer zu geringen Zahl an pflegenden Arbeiterinnen oder aber durch die Nahrungskonkurrenz der Königinnen nicht in ausreichendem Maße zur Verfügung, sterben die männlich bestimmten Larven ab, während aus den Larven mit doppeltem Chromosomensatz statt Königinnen Arbeiterinnen entstehen. Den im Laufe des Sommers gebildeten und abgelegten Eiern fehlt das Polplasma fast ganz. Sie können sich nur zu Arbeiterinnen entwickeln, zumal auch die Labialdrüsensekretion der Arbeiterinnen im Sommer abgeschwächt ist.

Durch die Temperaturabhängigkeit des Befruchtungsvorganges im Frühjahr ist die Erzeugung von Männchen und Königinnen auf verschiedene Nester verteilt. Die Königinnen polygyner Formen suchen unter großen Verlusten nach dem Hochzeitsflug ein Nest ihrer Art auf und versuchen eine Adoption, die nur wenigen tatsächlich glückt. Dadurch werden den polygynen Völkern jährlich einige frische Königinnen zugeführt. Die Vermehrung der Nestzahl erfolgt durch Ablegerbildung kräftiger Völker. Die Königinnen der monogynen Rassen versuchen die Adoption bei *Serviformica*-Arten. Sie dringen in ihre unterirdischen Bauten ein und töten deren Königinnen. Die Sklavenameisen übernehmen die Aufzucht der Waldameisenbrut. Allmählich geht das gemischte Volk in ein reines, monogynes Waldameisenvolk über.

6 Die sozialen Verhaltensweisen

Es gehört zur Eigenart eines Insektenstaates, daß die einzelnen Staatenmitglieder Tätigkeiten verrichten, die nicht unmittelbar nur ihren eigenen, individuellen Bedürfnissen oder den Bedürfnissen ihrer eigenen Nachkommen (Brutfürsorge) entsprechen, sondern die dem Gedeihen und der Erhaltung der gesamten Gemeinschaft dienen. Wenn also einige Ameisen große Mengen Nahrung herbeischaffen, ohne selbst einen solchen Nahrungsbedarf zu haben, oder wenn einige Ameisen Brut pflegen und füttern, obwohl es nicht ihre eigenen Nachkommen sind, dann sprechen wir von einem »sozialen Verhalten«. Die wichtigsten Verhaltensweisen dieser Art, die in einem Staate der Roten Waldameise auftreten, sowie ihre Voraussetzungen, Grundlagen und Folgen sollen in diesem Abschnitt besprochen werden.

Die männlichen Ameisen brauchen in diesem Zusammenhang nicht berücksichtigt zu werden, sie beteiligen sich nicht am sozialen Leben. Die Königinnen sind hier insofern zu nennen, als sie eben Brut in solchen Mengen erzeugen, wie sie sie allein in individueller Brutpflege niemals aufziehen könnten. So ganz unfähig, sich am sozialen Leben zu beteiligen, wie oft angenommen wird, sind die Waldameisenköniginnen jedoch nicht. Man kann sie in einem polygynen Volk bei der gegenseitigen Körperreinigung beobachten, auch Futteraustausch von Königin zu Königin ist möglich. Bei Gefahr kann man sie mitunter sogar beim Transport von Eiern und Puppen beobachten, doch sind dies schon Ausnahmen (OTTO 1958a). Die eigentlichen sozialen Tätigkeiten obliegen den Arbeiterinnen; sie sind so vielseitig und bieten soviel Interessantes, daß wir uns etwas näher mit ihnen beschäftigen wollen.

6.1 Die Brutpflege

Die Herausbildung einer sozialen Brutpflege unabhängig von der eigentlichen Mutterschaft in Zusammenhang mit dem Verlust der eigenen Geschlechtstüchtigkeit war zweifellos einer der wichtigsten und zentralsten Prozesse bei der stammesgeschichtlichen Entwicklung der Insektenstaaten.

Die strenge ursächliche und zeitliche Kopplung von Geschlechtlichkeit, Zeugung und Fürsorge für die eigene Brut, die normalerweise den einzellebenden Insekten eigentümlich ist, mußte aufgehoben werden.

Die Brutpflege beginnt bereits unmittelbar während der Eiablage, bei der die Arbeiterinnen Hilfeleistung geben. Während die Königin ihren Körper durch Strecken der Beine weit vom Boden abstemmt, wird ihre Hinterleibsspitze von einer Arbeiterin mit den Fühlern betastet. Das austretende Ei wird von dieser gepackt, von der Austrittsöffnung abgenommen, beleckt und zum Eilager geschafft (OTTO 1958a). Dort werden den Eiern vor allem zweierlei Pflegeleistungen zuteil: Sie werden ständig beleckt und eingespeichelt, und sie werden häufig umgelagert. Die Eier bedürfen der Pflege durch die Arbeiterinnen unbedingt, isoliert gehalten gehen sie zugrunde.

Das Belecken der Eier wird von den Arbeiterinnen mit großer Intensität durchgeführt. Ohne Unterbrechung sind die Eipakete von leckenden Ameisen umringt. Dieses Lecken und Einspeicheln dient der Sauberhaltung der Brut, und es verhindert ein Austrocknen der Eier. Es liegen Beobachtungen vor (FOREL 1874, ESCHERICH 1917), daß die Eier nach der Ablage wachsen, indem der Speichel der Arbeiterinnen osmotisch in sie eindringt. Durch die feuchte Oberfläche kleben die Eier aneinander und bilden so kleine Pakete, wodurch den Arbeiterinnen der Transport erleichtert wird. Die Arbeiterinnen tragen die Eipakete jeweils in die Nestkammern, in denen gerade die den Eiern am zuträglichsten Temperatur- und Feuchtigkeitsverhältnisse herrschen, was bei etwa 20-25°C und bei hoher Luftfeuchtigkeit der Fall ist. Unter diesen Bedingungen entschlüpfen nach etwa 13 Tagen den Eiern die jungen Larven (OTTO 1958a).

Abb. 14: Arbeiterin bei der Eipflege; im Hintergrund putzt sich eine Arbeiterin mit Hilfe ihres Schienenkammes die Fühler (*F. polyctena*).

Die genannten beiden Pflegeleistungen lassen die Arbeiterinnen auch den madenförmigen, bein-, fühler- und augenlosen Larven zukommen. Sie halten sie durch Belecken sauber, und sie transportieren sie in die in bezug auf Temperatur und Feuchtigkeit günstigste Nestkammer (Foto 13, S. 41). Die Larven sind im Hinterleib sackartig erweitert, während ihr Vorderteil in einen schmäleren Hals ausläuft, der bauchwärts eingekrümmt ist und an der Spitze die Mundöffnung trägt. Ein dichter Besatz des Körpers mit Haaren und gekrümmten Borsten ermöglicht wiederum einen Zusammenhalt mehrerer Larven, so daß die Arbeiterinnen gleich ganze Larvenpakete tragen können.

Die Larven sind hilflose Geschöpfe, die in ihrem Gedeihen ganz und gar von den Arbeiterinnen abhängig sind. Sie können sich nicht selbst vom Orte bewegen und so nie aktiv Nahrung suchen. Bei den Larven kommt somit für die Arbeiterinnen als dritte Pflegeleistung die Fütterung dazu. Die Mundteile der Larven sind nur schwach ausgebildet. Ihnen wird ja auch nur flüssige Nahrung in Form von ausgewürgtem Kropfinhalt und von Labialdrüsensekret oder aber vereinzelt auch vorgekautes weiches Insektenfleisch vorgelegt. Im ersten Fall lassen die fütternden Arbeiterinnen einen Nahrungstropfen an ihrem Munde erscheinen, den sie dann direkt an die Mundöffnung der Larve halten. Das direkte Verwerten von vorgelegtem Fleisch – bei primitiveren, ursprünglicheren Ameisenarten noch überwiegende Ernährungsart der Larven – ist im Waldameisenstaat nur von untergeordneter Bedeutung. Nur vereinzelt sieht man einmal Larven an von Arbeiterinnen durchgekneteten und durchspeichelten Fleischklümpchen sitzen (ESCHERICH 1917, RÜSCHKAMP 1921, OTTO 1958a).

Bei optimalen Voraussetzungen beginnen die Maden sich bereits nach 8 Tagen zu verpuppen (OTTO 1958a). Sie spinnen sich vor der letzten Larvenhäutung als Schutz für die Puppenruhe einen Kokon. Das Material dazu liefert ihnen eine mächtig entwickelte Spinndrüse, deren Ausführgang auf der Unterlippe der Larve mündet. Die Arbeiterinnen sind den Larven bei der Einleitung des Kokonspinnens behilflich, indem sie diese in geeignete Umgebung befördern oder sie mit kleinen Erdklümpchen oder Sandkörnchen bedecken, damit sie Haftpunkte für die ersten Spinnfäden haben. Der fertige Kokon ist etwa 4,5-7,5mm lang und 2-3mm dick (Foto 12, S. 41). Die Kokons der Geschlechtstiere sind mit 8-10mm Länge und 4mm Durchmesser wesentlich größer (SCHMIDT & POHLMANN 1960).

Im Inneren des Gespinstes bildet sich nun aus der Larve eine nackte, freigliedrige Puppe. Vereinzelt kann man mitunter auch freie Puppen ohne Kokon im Nest finden (FOREL 1874, NATZMER 1915, ESCHERICH 1917, OTTO 1958a). Dies ist bei den *Formica*-Arten sehr selten der Fall, während es bei Arten aus anderen Unterfamilien viel häufiger, zum Teil sogar ausschließlich vorkommt. In unserem Falle haben die Puppenpflegerinnen die Kokonhülle entweder zu früh entfernt oder es ist aus irgendwelchen Gründen gar nicht erst zur Kokonbildung gekommen, weil eine physiologische oder eine Instinktfehlleistung bei den erwachsenen Larven vorlag oder die Brutpfleger beim Einspinnen keine Hilfe geben konnten.

Die Wartung der Puppenkokons, die von Laien oftmals fälschlich als »Ameiseneier« bezeichnet werden, erstreckt sich zunächst wiederum auf ihre Säuberung durch Belecken und auf ein häufiges Umlagern. Die Arbeiterinnen tragen die Puppen meist in besonders warme und etwas trockenere Nestteile. Die meisten Puppenlager findet man in Nestbereichen von ca. 30°C. Im Laborversuch betrug die Zeit der Puppenruhe 14-16 Tage (OTTO 1958a).

Die Brutpflege der Arbeiterinnen erstreckt sich auch auf Hilfestellung beim Schlüpfen der Jungtiere und auf deren erste Betreuung. Zwar gelingt es den fertigen Jungtieren auch allein, sich vom Puppenkokon zu befreien, doch meist nagen Puppenpfleger den Kokon auf, mitunter auch von Puppen, die noch gar nicht endgültig schlupfbereit sind. Die jungen Ameisen sind noch weichhäutig und blaß, und zwar um so mehr, je eher sie aus der Hülle geholt worden sind. Reste einer dünnen Puppenhaut überziehen meist noch Hinterleib und Beine, und es ist nun Aufgabe der älteren Arbeiterinnen, ihre jüngsten Geschwister davon zu befreien. Überhaupt werden die Jungtiere noch so lange sehr sorgfältig gereinigt, beleckt und gefüttert, bis sich ihre Chitinkörperhülle gehärtet hat und ausgefärbt ist und sich die Tiere, etwa 6 Tage nach dem Schlüpfen, selbst an Arbeiten in der Kolonie zu beteiligen beginnen. Bis dahin werden die Jungarbeiterinnen noch wie Puppen behandelt; sie werden ständig bewacht und auch immer wieder in die geeignetsten Kammern geschleppt. Tiere, die sich zu schnell selbständig machen wollen und sich zu weit vom Puppenlager entfernen, werden von den älteren Arbeiterinnen gepackt und zurückgetragen (OTTO 1958a).

6.2 Gegenseitige Betreuung und Pflege der Arbeiterinnen

Das Reinlichkeitsbedürfnis ist bei den Ameisen stark ausgeprägt; das Sauberhalten des Körpers für jedes Individuum gleichermaßen von Bedeutung. Die eigenen Fühler werden mit Hilfe eines Putzapparates, der sich in Form eines kräftigen, gekämmten Dornes an den Schienen (Tibien) der Vorderbeine befindet, gesäubert. Zur Reinigung aller anderen Körperteile benutzen die Ameisen ihre Mundwerkzeuge, vor allem die Zunge (Unterlippe, 2. Maxillen) (Foto 14 u. 15, S. 42). Sehr wahrscheinlich ist das Belecken mit einer Einspeichelung verbunden, denn nach der Prozedur haben das Mundfeld und die Innenflächen der Oberkiefer (Mandibeln) einen glänzenden Feuchtigkeitsbelag.

Obwohl die Arbeiterinnen beim Putzen ihres Körpers eine überaus bewundernswerte Beweglichkeit aufweisen, können sie auf keinen Fall alle Körperteile erreichen. Zur Reinigung des Kopfes, des Bruststückes, des vorderen Hinterleibes und der oberen Beinglieder ist die Ameise völlig auf fremde Hilfe angewiesen. So putzen die Arbeiterinnen nicht nur ihren eigenen Körper, sondern auch den ihrer Gefährtinnen. Die beleckte Arbeiterin hält ganz still, die leckende arbeitet fleißig mit ihrer Zunge, wobei ihre Fühlerspitzen und die Taster der beiden Unterkiefer (Palpen der Maxillen) die Bewegungen kontrollieren. Festhaftende Fremdkörper versuchen sie mit Hilfe der Oberkiefer zu entfernen (z.B. leider zuweilen auch Farbpunkte in Markierungsversuchen, siehe Kapitel 7).

Abb. 15: An unzugänglichen Körperstellen reinigen sich die Ameisen (hier *F. polyctena*) gegenseitig (aus OTTO 1971).

Eine wichtige Rolle im Staatenleben spielt das gegenseitige Füttern der Nestbewohner (siehe die Abbildung auf dem Titelblatt u. Abb. 31, S. 119). Die Fütterungen, die zunächst der Versorgung aller Tiere mit Nahrung dienen, haben große Bedeutung zur Regulation der Beziehungen zwischen den Tieren erlangt, wie wir teilweise schon im Kapitel über die Fortpflanzung erfahren haben und wie wir an späterer Stelle noch ausführlicher erfahren werden.

Ein solcher Futteraustausch wird beiderseits durch Fühlerschläge und Vorderbeintriller auf den Kopf des Partners eingeleitet. Die Bettelnde streicht außerdem mit ihren Kieferntastern über die Zunge der anderen.

Nach diesem Reiz erscheint bei dem futteranbietenden Partner ein Flüssigkeitstropfen am Mundfeld, der sich auf der Zunge ausbreitet und sich oft auch zwischen den weit gespreizten Oberkiefern ausspannt. Es handelt sich um Nahrungsstoffe, die entweder aus dem als Nahrungsspeicher dienenden, in der Gaster liegenden und vom Mitteldarm durch einen Verschlußmechanismus getrennten Kropf hervorgewürgt worden sind oder aber um Drüsenprodukte (KLOFT 1954, BAUSENWEIN 1956, OTTO 1958a, GÖßWALD & KLOFT 1958, 1960a). Die fütternde Arbeiterin hält nun ganz still, während die andere unter lebhafter Bewegung der Zunge den Tropfen in ihren Kropf saugt, wobei ihre Fühler und Vorderbeine ganz langsam auf und ab wippen. Die so gefütterte kann wenige Augenblicke später von dem eben erhaltenen Nahrungstropfen einer dritten abgeben.

Der Anlaß zu einer Fütterung geht je nachdem sowohl vom Nahrungsspender als auch vom Empfänger aus: Hungrige Tiere betteln, solche mit prall gefülltem Kropf bieten Futter an (KLOFT 1954, OTTO 1958a). Es kommt vor, daß letztere an Gefährtinnen geraten, die gar nicht zur Nahrungsaufnahme bereit sind. Diese wenden sich entweder sofort ab oder sie erwidern zunächst die Fühlerschläge, lassen dann aber die Spender mit dem zwischen den Oberkiefern ausgespannten Nahrungstropfen stehen. Dieser muß nun warten, bis ein anderes Tier ihm den Tropfen abnimmt, oder muß ihn selbst wieder zurücksaugen.

Schließlich sei im Zusammenhang mit den gegenseitigen Pflegeleistungen noch der Transport von Nestgenossen erwähnt. Der Transporteur packt mit seinen Oberkiefern die Kiefer des Transportanden und zerrt ihn von der Stelle. Letzterer zeigt zunächst Widerstand, indem er sich entgegenstemmt, dann krümmt er sich plötzlich ein, so daß die Hinterleibsspitze fast den Kopf berührt. Die Extremitäten werden fest an den Körper angepreßt. Der Transporteur hat das so entstandene, kugelige Paket noch immer an den Kiefern gefaßt und kann es nun vor sich hertragend abtransportieren.

ZAHN (1958) beschreibt diesen Vorgang folgendermaßen: »Wenn die Trägerin eine ruhig dasitzende, beschäftigungslose Arbeiterin entdeckt hat, nähert sie sich dieser möglichst von vorne und stößt einige Male kurz auf sie zu. Auch ein kurzes Ziehen an Fühlern und Beinen der zu tragenden Ameise kann vorkommen. Dann verschränken sich die Mandibeln beider Tiere ineinander. Nun zieht die Trägerameise, selbst rückwärts laufend, ihre Gefährtin in die Richtung, in die der Transport stattfinden soll. Dabei wendet sie sich um 180° um, so daß sie am Ende der Wendung in der gleichen Anfangsrichtung vorwärts läuft. Während der Wendung aber, im typischen Fall, wenn 90° erreicht sind, d.h., wenn bei der zu tragenden das Gezogenwerden in ein Geschobenwerden übergeht, schlägt die Ameise, die getragen werden soll, ihren Hinterleib nach unten ein, so daß sich etwa Kopfunterseite der Trägerin und Abdominalsternite der Getragenen berühren. Die getragene Ameise bleibt nun, wenn nötig, sehr lange eingerollt, bis am Ziel das Aufrollen erfolgt. Im selben Augenblick trennen sich die Mandibeln der beiden Tiere. Die abgesetzte Ameise verweilt, weiterhin beschäftigungslos, in der Kammer, in die sie gebracht wurde. Die Trägerameise kehrt nach kurzem Fühlerputzen sogleich nach außen zurück, und der geschilderte Vorgang wiederholt sich vielmals am Tage alle zwei bis drei Minuten. Wenn der Platz zum Wenden der beiden noch gestreckten Tiere zu eng ist, genügt manchmal auch ein kurzer Vorwärts-Rückwärtslauf ohne Wendung, um das Einrollen auszulösen. Manchmal funktioniert der geschilderte Vorgang nicht, und die Ameise wird von der Trägerameise einfach an einem Fühler oder Bein weggeschleift. Hat wenigstens das Verschränken der Mandibeln stattgefunden, so wird die nicht eingerollte Ameise ins Nest geschoben oder gezogen. Zuweilen wehren sich aber diese Ameisen gegen einen unfreiwilligen Transport, und dann kommt das zustande, was von älteren Autoren als »Scheinkämpfe« oder »Kampfspiele« bezeichnet worden ist: Zwischen Trägerameise und zu tragender Ameise setzt ein lebhaftes Hin- und Herziehen ein.

Abb. 16: Ortsunkundige Innendiensttiere werden bei einem Umzug von den Außendiensttieren in typischer Körperstellung getragen (aus OTTO 1971).

Solche Transporte kann man bei den verschiedensten Gelegenheiten beobachten. So werden z.B. frisch geschlüpfte Arbeiterinnen innerhalb des Nestes zur günstigsten Kammer gebracht oder Jungtiere, die sich zu weit an den Nestrand gewagt haben, wieder ins Nestzentrum befördert. Ortsunkundige werden bei einem Umzug zu einem neuen Nestplatz getragen. Das Arbeitertransportieren gehört zum normalen, alltäglichen Lebensablauf in einem Volke (OTTO 1958a, ZAHN 1958).

Die gleichen Pflegeleistungen, die die Ameisen den anderen Arbeiterinnen zukommen lassen, treten auch gegenüber den Königinnen in Erscheinung. Die Königinnen werden geputzt, gefüttert (Foto 16, S. 42; Abb. 31, S. 119) und bei Umzügen von Nest zu Nest als Kugelpaket getragen. Es ist recht eindrucksvoll, eine Arbeiterin zu beobachten, die eine solche, ihr eigenes Körpergewicht um ein Mehrfaches übertreffende Königin in den Kiefern vor sich herträgt und mit ihrer Last die mannigfachen Hindernisse auf ihrem Wege umgeht oder überklettert.

6.3 Die Nahrungsbeschaffung

Die Bewohnerzahl eines Waldameisennestes ist nach Hunderttausenden zu schätzen. Ein Ameisenvolk der monogynen Form umfaßt bis zu 120 000, eines der polygynen Form bei mittelstarken Völkern etwa 500 000 bis 800 000 Tiere. Zu größeren Völkern gehören 1-5 Mio. und mehr Individuen (GÖßWALD 1941b, 1951a, SEIFERT 1996a). Wenn man dies bedenkt und wenn man sich dazu noch vor Augen hält, daß außerdem von März bis September eine entsprechend große Menge Brut ernährt und aufgezogen werden muß, so kann man sich vorstellen, welch großen Nahrungsbedarf ein solches Volk hat, welch große Mengen Nährstoffe hier auf relativ kleinem Raume verbraucht werden. Die *F. rufa-* und die *F. polyctena*-Völker decken diesen Bedarf hauptsächlich aus zwei Nahrungsquellen: Sie erbeuten Insekten, und sie sammeln die süßen Ausscheidungen von Blattläusen ein. In manchen Fällen und zu gewissen Zeiten spielen Pflanzenstoffe unmittelbar als Nahrung eine gewisse Rolle, z.B. Baumsäfte (Foto 18, S. 43), besonders Birken- oder Ahornsaft, Nektar von Weiden, Wildkirschen, Traubenkirschen, Brombeeren, Himbeeren u.a., Wiedenpollen, Anhängsel (Elaiosomen) (Foto 34, S. 175) von Samen von Wachtelweizen, Perlgras, Waldveilchen, Haarsimse, Faulbaum u.a. (HAMPEL 1960, GÖßWALD 1989/90, BRETZ 2000a). Die an der Nahrungsbeschaffung Beteiligten erbeuten und sammeln weit über ihren eigenen Bedarf hinaus für das ganze Volk. Es handelt sich um echte soziale Leistungen im Sinne der in der Biologie gebräuchlichen Definition.

Bei einigermaßen günstiger Witterung kann man vom zeitigen Morgen bis zum späten Abend ununterbrochen fast unzählbare Mengen das Nest verlassende und heimkehrende Arbeiterinnen sehen, die ihren Gefährtinnen im Nest Nahrung zutragen. In der Nacht ziehen meist nur wenige

Tiere ein und aus, es sei denn, daß es sich um eine warme, mondhelle Nacht handelt. Im Laufe des Morgens und des Vormittags nimmt die Zahl der das Nest verlassenden Tiere mehr und mehr zu, bis der Verkehr am frühen Nachmittag seinen Höhepunkt erreicht und dann gegen Abend zuerst langsam, später rascher wieder abflaut (WELLENSTEIN 1953, 1957, BRUNS 1954a, OTTO 1958a). Dieser Tagesrhythmus in der Nahrungssuche wird den Ameisen lediglich durch die äußeren, im Tagesrhythmus wechselnden Reize, wie Licht und Temperatur, aufgezwungen. Schafft man im Laboratorium gleichbleibende Außeneinflüsse, so ist von einem Nacht-Tag-Wechsel nichts mehr zu bemerken. Ungünstige Witterung am Tage beeinflußt deshalb auch im Freien die normale Tagesfrequenzkurve sehr. Nicht nur Regen, auch übermäßig starke Wärme und Sonneneinstrahlung können so z.B. mitten am Tage den Verkehr vom und zum Nest stark herabsetzen (OTTO 1958a).

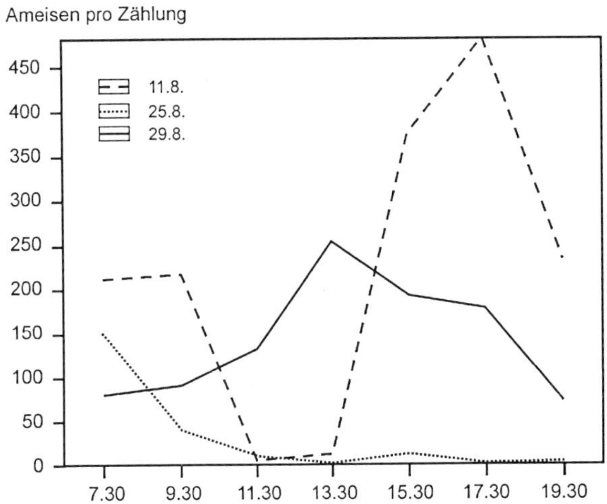

Abb. 17: Aktivitätskurven der Arbeiterinnen außerhalb des Nestes. Anzahl der Tiere, die auf einer Ameisenstraße während 5 Minuten über eine 7,5cm breite Linie laufen. 11.8.1955: sehr warmer Tag, Nest und Straße über Mittag unbeschattet; 25.8.1955: kühler Tag mit zunehmendem Regen; 29.8.1955: warm aber bedeckt (nach OTTO 1958a).

Die Laufgeschwindigkeit ist von der Temperatur abhängig. Die Tiere laufen bei einer bestimmten Temperatur etwa 1,6 bis 2,5mal so schnell wie bei einer um 10°C tieferen Temperatur (STUMPER 1922, HOLT 1955). Bergauf und -ab, mittlere Lasten tragend oder unbeladen, haben die Ameisen annähernd die gleiche Geschwindigkeit. Die Anzahl der Arbeiterinnen im Jagdgebiet wird von der Temperatur jedoch kaum beeinflusst, da die Tiere zu einem Auslauf bei kalter Witterung entsprechend länger brauchen. Im Juli beträgt die durchschnittliche Dauer eines Ausfluges etwas mehr als 2 Stunden. Daraus konnte HOLT zusammen mit den

Werten über die Anzahl der auslaufenden Tiere errechnen, daß die aktive Außendienstpopulation eines von ihm untersuchten Nestes etwa 70 000 Arbeiterinnen betrug. Jeder Außendienstler soll dabei an einem Tag etwa das 1,5fache seines eigenen Körpergewichtes an Nahrung eintragen (HOLT 1955).

Die aus- und einziehenden Ameisen halten oft ganz bestimmte Wege ein, auf denen sie dann mehr oder weniger dicht gedrängt laufen. Die Wege werden auch meist von Nadeln, Zweigstückchen u.a. geräumt, so daß diese Straßen schon äußerlich von ihrer Umgebung abstechen. Solche Straßen, die in Ein- bis Vielzahl vom Nest abgehen und die sich unterwegs weiter aufzweigen können, werden in erster Linie von solchen Tieren benutzt, die zum Blattlausbesuch auslaufen. Nicht selten führt die Straße direkt bis an einen lausbesetzten Baum heran, und der dichte Ameisenstrom setzt sich dann stammaufwärts fort. Die auf Insektenjagd gehenden Ameisen haben kein örtlich so eng beschriebenes Ausflugsziel. Sie durchstreifen den Waldboden breitflächiger und benutzen deshalb die Straßen überhaupt nicht oder nur für ein kurzes Stück und schlagen sich dann seitwärts ins Terrain, es sei denn, daß ein bestimmter, ergiebiger Jagdgrund weiter vom Nest entfernt ist und die Ameisen auf einer manchmal über 100m langen Straße zu ihm gelangen. Je nach der Eigenart des Volkes, je nach Vorherrschen der Nahrungsbeschaffung durch Insektenjagd oder durch Lausbesuch ist das Straßensystem um ein Nest mehr oder weniger gut ausgebildet (GÖßWALD 1943). Da sich die Jagdgründe für Insekten infolge eines ständig wechselnden Angebotes verlagern, ändern sich auch die Wege der Ameisen recht oft, während die Straßen zu den lausbesetzten Bäumen in ihrer topographischen Lage erstaunlich konstant sind. STÄGER (1937) beobachtete in den Schweizer Alpen 2 Ameisenstraßen (wahrscheinlich von *F. polyctena* FÖRST.) 13 Jahre lang und konnte feststellen, daß sie innerhalb des gesamten Zeitabschnittes ihre Lage nicht veränderten. Von einem anderen Waldameisennest nahm er einen Lageplan der Verkehrswege auf und führte 14 Jahre später an derselben Stelle ohne Einsichtnahme in die ursprüngliche Skizze eine neue Erhebung durch, die sich – wie sich herausstellte – in den Hauptzügen mit jener deckte. Da allerdings auch das Honigtauangebot der einzelnen Baumarten mit den Jahreszeiten wechselt, sind bei genauerer Betrachtung auch entsprechende Anpassungen und Veränderungen im Straßensystem zu beobachten. Entsprechend werden auch die einzelnen Straßen im Laufe des Jahres in wechselnd starkem Maße benutzt (ZOEBELEIN 1956).

Nach STÄGER wechselt der Weg der Ameisen selbst an einem Baumstamm seine Lage nicht: Er bleibt konstant im Laufe des Tages und im Laufe des Sommers. Er verläuft »an einem Baum immer auf der Südwest-, an einem anderen immer auf der Südost- oder Nordostseite und an einem dritten auf irgendeiner Linie zwischen diesen Richtungen, fast nie aber auf der Nordseite; oder dies dann unter ganz besonderen Lageverhältnissen der Bäume ... Im allgemeinen wählen die Ameisen für ihren Zug eine Linie, die weder zu heiß noch zu kalt ist und die einem Optimum entspricht«. Durch Farbmarkierungen an den Bäumen beobachtete STÄGER 2 Jahre lang, daß die Lage der Ameisenwege an den Kontrollstämmen unverändert blieb. Wir prüften diese Verhältnisse nach und mußten feststellen, daß die Lage der Straße am Stamm weniger von der Sonneneinstrahlung als vielmehr von der Lage der zuführenden Ameisenstraße am Waldboden abhängt. In fast allen Fällen laufen die Ameisen nämlich an der Baumseite hoch, an die sie vom Neste kommend stoßen, so daß im Endergebnis bei normalen Bodenverhältnissen die Straße am Stamm meist ungefähr nestwärts gerichtet ist.

Solche relativ konstanten Straßen kommen also in erster Linie den Ameisen zu, die Pflanzenläuse aufsuchen, um deren süße Exkremente aufzusaugen.

Die Beziehungen, die zwischen den Ameisen und den Pflanzenläusen (Aphidoidea) bestehen und von beiderseitigem Nutzen sind, nennt man Trophobiose. Die Läuse haben ihren Saugrüssel in das Gewebe der Pflanze gebohrt und saugen nun unablässig nährstoffhaltige Pflanzensäfte in sich ein, weit mehr, als sie selbst verwerten können. Ihre wasserhellen Kottröpfchen sind noch reich an Kohlehydraten (KLOFT 1953). Sie werden Honigtau genannt, weil Honigbienen aus diesen süßen Tropfen den würzigen, köstlichen Waldhonig bereiten.

Abb. 18: Der Honigtau wird im »Kropf« der Ameise gesammelt. Dieser befindet sich im Hinterleib (s. Abb. 29, S. 113) und kann bei reichlicher Füllung den Leib weit ausdehnen (aus OTTO 1971).

Selten sitzen die Läuse einzeln an den Zweigen oder Blättern, fast stets jedoch in dichten Kolonien (Blattlaus-Kolonien) nebeneinander, und mitten zwischen diesen Kolonien stehen die Ameisen (Foto 17, S. 43). So eifrig sie sonst alles Getier überfallen und erbeuten, die Läuse bleiben unbehelligt. Sie betrillern diese behutsam, aber doch mit Eifer. Die Laus beantwortet diese von den Fühlern und manchmal auch von den Vorderbeinen ausgeführten Trillerschläge, indem sie ein kleines, glitzerndes Honigtautröpfchen an ihrem emporgereckten Hinterleibsende hervortreten läßt. Der Tropfen wird sofort von der Ameise aufgeleckt, die sich unmittelbar danach einer zweiten und dritten Laus zuwendet, zur ersten wieder zurückkehrt, und immer wiederholt sich der gleiche interessante Vorgang: Die Ameisenfühler schlagen auf den Hinterleib der Laus, diese spendet den begehrten Kottropfen.

KLOFT (1959b, 1960) hat das Rätsel, warum die Blattläuse von den Ameisen nicht getötet und als Beute verzehrt, sondern gepflegt und »gemolken« werden, seiner Lösung näher geführt: Die Hinterkörperregion der Läuse hat eine schematische Ähnlichkeit mit der Kopfform von Ameisen. Ihre Form, Stellung und Bewegung besitzen für hungrige Ameisen die Eigenschaften, die als Auslösereiz den Ablauf »Futterbetteln bei anderen Ameisen« bewirken. Die Ameisen betteln somit die Laushinterleiber mit den gleichen Bewegungen der Fühler und Vorderbeine an, mit denen sie andere Ameisen anbetteln. Modellversuche zeigten, welche Mindestmerkmale ein solches die Bettelbewegungen auslösendes Reizschema benötigt: Es muß rund bis oval sein, eine gewisse, zur Ameise in Proportion stehende Größe und zwei nach hinten seitlich stehende Borsten besitzen. Letztere stellen das Schema der Fühler des Ameisenkopfes dar. Bei sehr weitgehender trophobiotischer Anpassung der Aphiden an die Ameisen, wie man sie gerade bei einigen Lachnidenarten findet, wird durch Anheben der Hintertibien in horizontale Lage beim Herannahen von Ameisen das Schema der Antennen (sonst durch die Abdominalsiphone vertreten) in ganz hervorragender Weise repräsentiert. Dabei treten die Tibien des letzten Beinpaares mit den Antennen der bettelnden Ameise in einen Schlagwechsel ein, welcher der »Fühlersprache« zwischen zwei sich fütternden Ameisen völlig entspricht. Von Seiten der Laus bedeutet dieser Vorgang lediglich eine Abwehraktion; Aphiden verteidigen sich nämlich (insbesondere bei Reduktion der Abdominalsiphone) sehr häufig mit ihrem 3. Beinpaar.

Die »melkende« Arbeiterin füllt sich ihren Kropf so sehr mit Honigtau, daß sich der Hinterleib sichtbar dehnt, ja daß es die einzelnen dunklen Chitinringe des Hinterleibes auseinandertreibt und man die hellen Zwischenhäute erkennen kann (Abb. 18, S. 74). So besteht schließlich ein auffallender Unterschied zwischen den abbaumenden und innerlich schwer beladenen Heimkehrern und den aufbaumenden, leer vom Nest kommenden Tieren. Auf den Ameisentraßen kommt es dabei zu direkten Berührungen der Tiere, die sehr oft zu Fühlerschlägen und Fütterungsbewegungen führen. So hat die heimkehrende »Melkerin« schon manche kleine Portion ihrer gehaltvollen

Last wieder abgegeben. Selbst während des Aufenthaltes bei den Läusen sind gegenseitige Fütterungen der Ameisen keine Seltenheit, wobei es auch in kurzen Abständen zwischen 2 Tieren mehrmals zum Wechsel der Rollen als Futterspender oder Futterempfänger kommen kann (OTTO 1958a).

Aus Untersuchungsergebnissen von OEKLAND (1930) und ZOEBELEIN (1954, 1956) kann man ableiten, daß eine Ameise während eines Blattlausbesuches durchschnittlich etwa 5,5mg Honigtau aufnimmt, in dem etwa 10-20% Trockensubstanz enthalten sind, OEKLAND stellte durch eine grobe Überschlagsrechnung fest, daß pro Volk (100 000 Tiere, davon 20 000 Blattlausbesucher mit täglich 5 Lausbesuchen) täglich 100g, pro Saison etwa 10kg Honigtau im Trockengewicht oder 50kg Honigtau im Frischgewicht eingetragen werden.

Zu weitaus höheren Zahlen kommt ZOEBELEIN (1956) auf Grund exakterer Untersuchungen. Er berechnete für ein Volk eine Jahressammelleistung von 450-500kg Honigtau mit einer Trockensubstanz von 90-100kg. Für ein anderes Volk ermittelte er eine jährliche Honigtaumenge von 290-320kg mit etwa 60-65kg Trockensubstanz. Weitere Berechnungen ergaben, daß die Ameisen von einer mit der Fichtenquirlschildlaus *(Physokermes piceae* SCHRK.) besetzten, 60-80jährigen Fichte täglich durchschnittlich 200 bis 250g Honigtau (Frischgewicht) eintrugen. Da diese Schildläuse nur etwa 4 Wochen Honigtau liefern, ist die pro Jahr insgesamt eintragbare Menge mit etwa 5kg pro Fichte zu veranschlagen. Der Jahreseintrag an Honigtau durch polygyne Ameisenvölker beträgt nach gleichartigen Ermittlungen für Bäume mit Rindenlausbesatz (Lachniden) bei einer Fichte etwa 30kg Honigtau mit 4kg Trockensubstanz, bei einer Buche etwa 25-30kg Honigtau mit 6-7kg Trockensubstanz, bei einer Kiefer etwa 70kg Honigtau mit 20kg Trockensubstanz. Die Werte stellen natürlich nur Richtwerte dar, im einzelnen wird es große Schwankungen geben.

Es werden mehr als 70 pflanzensaftsaugende Arten von den Waldameisen besucht und »gemolken«, darunter Rindenläuse (Lachnidae), Röhrenblattläuse (Aphidae) und andere Phloemsaftsauger. Viele, aber nicht alle Rindenläuse sind in ihrem Gedeihen völlig auf den Ameisenbesuch angewiesen (SCHEURER 1993). Manche der von den Ameisen geförderten Lausarten lebt auf den Nutzholz-Baumarten des Waldes (so z.B. die Rindenläuse), andere aber an nicht genutzten Pflanzen, an Kräutern und Sträuchern des forstlichen Unterwuchses. Alle Läuse, die von wachsartigen Sekreten, der sog. Wachswolle, bedeckt sind (dazu gehören wichtige forstschädliche Arten), werden von den Ameisen gemieden. Neben Blattläusen werden manchmal auch Zikadenlarven aufgesucht, z.B. die Larve der auf *Sarothamnus*-Sträuchern lebenden *Gargara genistrae* F. (ENSLIN 1911).

Auch sonst nehmen die Ameisen alle Lösungen und Stoffe mit Süßgeschmack, hervorgerufen durch die verschiedensten chemischen Zuckerarten, gern auf, wobei die Geschmacksprüfung mit der Zunge und z.T. auch mit den Fühlern erfolgt (SCHMIDT 1938, BÄGER et al. 2005). Zuweilen kann man Waldameisen in großer Zahl an austretendem Pflanzensaft an Laubgehölzen antreffen (Foto 18, S. 43). Zur Deckung des Wasserbedarfs wird gelegentlich auch reines Wasser getrunken. So beobachteten BÄGER et al. (2005) während einer trockenen Frühjahrsperiode, als Honigtau noch nicht ausreichend verfügbar war, Ameisen zahlreich trinkend an einer Wasserpfütze, die sich in einer Falte einer Kunststoffolie gehalten hatte. Doch dürfte dies im weiteren Verlauf des Jahres eine Ausnahme sein.

Die ihre Läuse »melkenden« Ameisen fahren jede neu zur Herde kommende Ameise an, und erst wenn sich die Tiere überzeugt haben, daß der Neuling dem gleichen Volke entstammt, wird er unbehelligt gelassen. Aber jeder Fremdling wird von der Lausherde verjagt. Auf diese Weise werden die Läuse auch in gewissem Umfang vor Feinden geschützt, ein Schutz, der in seiner Auswirkung allerdings nicht überschätzt werden darf. Einige der größten Blattlausfeinde sind nämlich durch ihren Körperbau oder durch ihr Verhalten vor Ameisenangriffen relativ gut geschützt. Die Marienkäfer (Kugelkäfer, Coccinelliden) verharren z.B. bewegungslos und werden so von den Ameisen als Beute nicht erkannt. Auch die sich von Blattläusen ernährenden Schwebefliegenlarven (Syrphidenlarven) können sich in von Ameisen besuchten Lauskolonien aufhalten, weil die Ameisen über die unbeweglich sitzenden Larven einfach hinweglaufen, ohne sie wahrzunehmen. Nach einer Beobachtung von WELLENSTEIN (1954a) werden die kleinen Larven erst dann lebhaft, wenn sich keine Ameisen in unmittelbarer Nähe aufhalten. Die größeren Larven sitzen tagsüber abseits der Lauskolonien und überfallen diese wahrscheinlich erst, wenn der Ameisenbesuch nachts nachläßt.

Tatsache ist andererseits, daß die Population der Läuse durch den Besuch der Ameisen stark gefördert wird. Ursachen dafür könnten mehrere angeführt werden: Die Ameisen können Blattlausfeinden den Aufenthalt zwischen den Lauskolonien doch etwas verleiden (SCHMUTTERER 1956); die Ameisen töten durch Schlupfwespen parasitierte und dadurch beunruhigte Läuse (HERZIG 1937); die Läuse werden durch das Trillern der Ameise zu erhöhter Saugtätigkeit, zu erhöhtem Stoffwechsel und dadurch zu beschleunigtem Wachstum angeregt. Besonders wirksam wird jedoch der Ameisenschutz im Frühjahr. Die ersten wenigen Rindenlausweibchen (Fundatrices) werden geradezu von schützenden Ameisentrauben umgeben. Unter diesem Schutz kann sich eine viel bedeutendere Zahl an Laus-Stammüttern entwickeln (SCHMUTTERER 1956, MÜLLER 1956a, b). Die Auswirkung dieser

Beeinflussung ist auffällig und meßbar. HERZIG (1937) stellte fest, daß die Ameisen durch das »Melken« die Honigtauproduktion der Lauskolonie um etwa 30-300% gegenüber den nicht von Ameisen besuchten Kolonien erhöhen können. WELLENSTEIN (1957, 1958) fand eine starke Erhöhung der Läusebesatzdichten bei Bäumen in unmittelbarer Ameisennestnähe. Setzte er die Besatzdichte auf Bäumen in einer Nestentfernung von 70-80m gleich 1, so betrug die Besatzdichte zwischen 25 und 40m Entfernung schon 5-13 und in 5-15m Entfernung vom Nest sogar 25-43.

Die Ernährung des Ameisenvolkes mit Blattlaussekreten spielt eine große Rolle im Nahrungshaushalt der Ameisen. Jedoch ist der Honigtau nur eine Erhaltungsnahrung. Für den Ablauf des normalen Brutgeschehens im Volk scheint tierische Nahrung unbedingt notwendig zu sein. Diese von LANGE (1960) nach Laboratoriumsuntersuchungen getroffene Feststellung deckt sich voll mit den Erkenntnissen des Verfassers. Im allgemeinen wird die Honigtaunahrung eines Volkes die Ernährung durch erbeutete Insekten übertreffen. Nach WELLENSTEIN (1952) ernährt sich ein Ameisenvolk im Mischwald zu etwa 60% vom Honigtau, zu 35% von Insekten und im Rest von ausfließenden Baumsäften, Pflanzensamen, Hutpilzen und größeren Tierkadavern. Bei einem stärkeren Angebot an erbeutbaren Insekten, z.B. bei einer Massenvermehrung eines Schadinsektes, kommt es jedoch zu einem starken Überwiegen der Nahrungsbeschaffung durch die Jagdtätigkeit. In solchen Kolonien setzt dann meist auch bald eine natürliche Ablegerbildung ein (z.B. BRUNS 1953, OTTO 1959a, SAROVA 1963).

Die Jagdtätigkeit wird von der Jagdmöglichkeit bestimmt. Es ist deshalb auch kaum möglich, allgemeingültige Zahlen über den Umfang der pro Tag und Volk gemachten Insektenbeute zu geben. Nach GÖßWALD (1983/84) kann man für ein großes starkes Volk pro Tag 100 000, pro Saison 10 Millionen erbeutete Insekten schätzen. Im Kapitel 11 über die forstwirtschaftliche Bedeutung der Waldameisen sollen einige konkrete Zahlen für bestimmte Schadinsekten genannt werden.

Die das Gelände durchstreifenden oder Bäume und Sträucher absuchenden Ameisen erkennen ihre Beutetiere mittels ihrer Augen oder mittels ihrer Fühler, wobei jedoch nur ganz besondere Reize auslösend für die Angriffshandlungen wirken. Die Fühler müssen unmittelbar an das Beutetier stoßen und es »tastend beriechen«, denn ein Ferngeruch ist beim Beutefinden ohne Wirkung und Bedeutung. Und von den optischen Reizen wirkt nur das Sehen von Bewegungen angriffsauslösend. Ruhigstehende Tiere werden von den Jagdameisen nicht beachtet, selbst wenn sie nur wenige Millimeter von ihnen entfernt sind. Erst sich bewegende Objekte erwecken ihr Interesse.

Ein Kampf entwickelt sich meist etwa so, daß eine umherstreifende Arbeiterin direkt auf ein Beuteinsekt, etwa eine gemächlich fressende Schmetterlingsraupe, stößt und es mit den Fühlern berührt. Indem sich die Ameise nun schnell in ihr Opfer verbeißt, bäumt sich dieses auf und beginnt, lebhaft um sich zu schlagen. Diese heftigen Bewegungen fördern die Angriffsintensität des Jägers, und sie locken vor allem aber auch die sich in der Umgebung aufhaltenden Arbeiterinnen an. Für diese bedeuten die heftigen Bewegungen ein Signal für Beute. So treffen am Kampfplatz bald mehrere Jäger ein, die sich nun gemeinsam auf das Opfer stürzen. Günstiger sind solche Insekten dran, die sich bei Gefahr nicht wehren, sondern reglos verharren, wie z.B. die Marienkäfer. Indem sie bewegungslos bleiben, verlieren die Angreifer bald das Interesse an ihrer Beute, zumal ihre Kiefer sowieso kaum Halt an den glatten, runden Flügeldecken des Käfers finden, und bald lassen sie ganz von ihm ab.

Der Bewegungsreiz ist der wichtigste kampfauslösende Reiz. Er ist meist ausschlaggebender als der Berührungsreiz. Die Ameisen stürzen sich auf alles, was sich bewegt. Man kann z.B. dadurch, daß man ein kleines Holzstückchen an einem Faden bewegt, die Ameisen zum wilden Angriff auf dieses Holz bringen. Wenn man bedenkt, daß die Ameisen alle irgendwie erjagbaren Tiere als Nahrung verwerten, ist diese Allgemeingültigkeit, diese Unspezifität des Signalreizes nicht verwunderlich. Jede Spezifizierung des Reizes würde eine Einengung des Beutespektrums bedeuten.

Das Berühren und die Bewegung der Beute können als Signalreize einzeln für sich wirken. Wirken sie gemeinsam, dann summieren sich ihre Wirkungen zu einem entsprechend größeren Effekt (OTTO 1958a).

Bei dem Kampf, den diese Reize auslösen, treten vor allem drei Verhaltensweisen auf. Entweder beißen sich die Ameisen im Körper des Opfers fest und spritzen nach Einkrümmung des Hinterleibes ihr Gift in die Bißwunde, oder sie halten und fixieren das Opfer, wenn sie einen geeigneten Körpervorsprung mit ihren Kiefern zu fassen bekommen und wenn das Opfer Abwehr- und Fluchtversuche macht. Oder sie nehmen als dritte Möglichkeit eine charakteristische Stellung ein, die sie befähigt, aus der Ferne dem Feind Gift entgegenzuspritzen (Foto 24, S. 46), falls dieser sehr groß ist, sich übermäßig rasch bewegt oder abschreckend duftet. Manchmal tritt nur eine dieser Reaktionen auf, oft lösen sie sich in beliebiger Reihenfolge ab. Wenn viele Ameisen mit einer lebhaften Beute kämpfen, kommt es in der Regel zu folgendem Bild: Während einige der Jäger als »Fixateure« das Opfer an den Beinen, Flügeln und anderen Körperanhängen festhalten, an der Flucht hindern und wehrlos machen, verbeißen sich andere am Körper, krümmen sich ein, bis die Hinterleibsspitze in ihrer Kopfnähe ist, und bringen ihr Gift in die Bißwunde. Gelingt es der Beute einmal, ihre Peiniger abzuschütteln, so können kurz danach die Ameisen ihr Opfer mit vertauschten Rollen erneut anfallen. Es kommt auch vor, daß die einzelnen Jäger während des Kampfes die Beute verlassen und durch neue Kämpfer ersetzt werden. Kleine und schwache Beute wird im Einzelkampf erjagt. Junge Raupen in den ersten Entwicklungsstadien werden einfach nur gefaßt und abtransportiert, ohne daß es zu einem Kampf kommt. Fixateure treten nur beim Kampf mit einem großen, starken Opfer auf und dort nur so lange, wie dieses noch Anstrengungen zur Abwehr macht (STÄGER 1923, BEHRNDT 1933, WELLENSTEIN 1954a, OTTO 1958a).

Abb. 19: Eine der typischen Kampfstellungen: Beim Kampf mit der Beute beißt die Arbeiterin eine Wunde, krümmt den Hinterleib ein und bringt so aus dessen Spitze einen Gifttropfen auf die Bißwunde (aus OTTO 1971).

Die Jagdtätigkeit der Roten Waldameise charakterisierend gibt WELLENSTEIN (1954a) folgende treffende allgemeine Einschätzung: »Der schwache Punkt bei den Waldameisen liegt in ihrem nur gering ausgeprägten Vermögen, ruhende oder sich langsam bewegende Lebewesen als wertvolle Beute zu erkennen. Demgegenüber sind Alarmierung und Arbeitsteilung beim Kampf und beim Heimschaffen getöteter Insekten hoch entwickelt.«

Beim Kampf bedienen sich die Ameisen also der kräftigen, gezähnten Oberkiefer und ihres Giftsekretes. Die Giftdrüse, die Produktionsstätte des Ameisengiftes, liegt im Hinterleib. Nur Arbeiterinnen und Königinnen sind im Besitz einer solchen Drüse. Ursprünglichere Ameisenarten haben einen Stachel, so daß sie das Gift durch einen Stich ihrem Opfer oder Feind applizieren können. Bei den *Formica*-Arten, wie überhaupt bei allen Schuppenameisen (Unterfamilie Formicinae), ist der Stachel völlig zurückgebildet. Die Drüse mündet einfach mit einer kleinen, runden, von einem Borstenkranz umgebenen Öffnung genau am Hinterende des Hinterleibes (STUMPER 1953, 1960).

Die Giftdrüse ist ein recht kompliziertes Organ, an dem bei den *Formica*-Arten folgende Teile zu unterscheiden sind:

1. der gifterzeugende Abschnitt, die eigentliche Drüse also,
2. das große Sammelreservoir, die Giftblase,
3. der ausführende Abschnitt und
4. die Nebendrüse (Dufoursche Drüse).

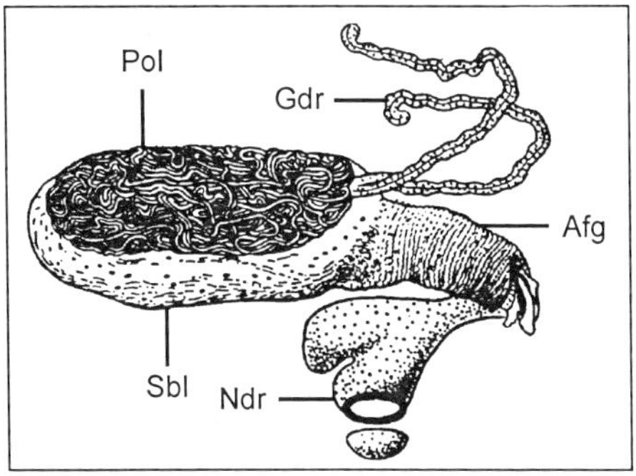

Abb. 20: Giftdrüse und Nebendrüse einer Arbeiterin der Roten Waldameisen: Afg = Ausführgang, GDr = Giftdrüsenschlauch, NDr = Nebendrüse, Pol = Drüsenschlauchpolster, Sbl = Sammelblase (nach FOREL 1878).

Die eigentliche Drüse ist ein sehr langer Schlauch, der sich an seinem Ende gabelt. Diese paarigen Schläuche liegen frei im Hinterleib. Sie treten hinten-oben (distal und dorsal) in die geräumige Giftblase ein und bilden eine einzige Röhre. Dieser unpaare, in die Giftblase eingeschlossene Abschnitt des Drüsenschlauches ist enorm lang – FOREL maß bei einer *Formica*-Art 20cm! – und muß sich deshalb in unzählige Windungen zusammenlegen. Dadurch wird ein großes, dichtes, ovales Polster gebildet, welches der oberen Decke der Giftblase anliegt. Die eigentliche Mündung des Drüsenrohres in das Lumen der großen Giftblase liegt am kopfwärts gelegenen Ende. Der Ausführgang der Blase ist sehr weit und breit und nur wenig schmaler als die Giftblase. Knapp neben seiner Mündung nach außen, von dieser nur durch eine schwache Falte getrennt, liegt die Mündung der Nebendrüse (Dufoursche Drüse), eines leicht zweigeteilten Säckchens, dessen Wand durch die Drüsenzellen gebildet wird (FOREL 1878, ESCHERICH 1917, STITZ 1939).

Eine Arbeiterin der Roten Waldameise scheidet bei einer Kampfhandlung durchschnittlich 1mg Gift aus, welches im Mittel etwa 0,5mg Ameisensäure enthält. Das Gift ist somit in erster Linie ca. 50%ige Ameisensäure (HCOOH) (STUMPER 1953, 1959, OTTO 1960d). Außerdem sind nach den Untersuchungen von STUMPER zu insgesamt 3-4% zwei weitere Begleitstoffe enthalten, ein organischer, vermutlich terpenoider Duftstoff und ein mineralischer Stoff.

Das Gift von *F. rufa* und F. *polyctena* hat eine rasche Wirkung auf Insekten (OTTO 1960d). Es dringt durch die Bißwunde, aber auch durch die unverletzte Chitinkörperdecke sowie durch die Atemröhren (Tracheensystem) in das Körperinnere ein und ruft örtliche Zerstörungen der Gewebe hervor. Als erstes tritt meist eine Zerstörung der Hypodermis (der die Chitinkörperdecke erzeugenden Gewebeschicht) ein, weshalb die Wunde bei Insektenlarven noch nach einer Häutung sichtbar bleibt. In einigen Fällen wurden Zersetzungserscheinungen an den Nervenganglien festgestellt.

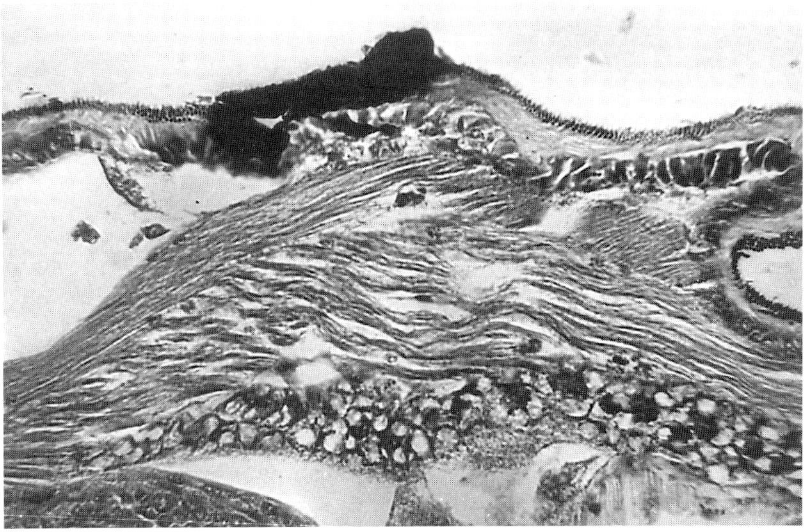

Abb. 21: Teilansicht eines Längsschnittes durch eine Forleulenraupe, die von Ameisen angegriffen wurde. Der Chitinpanzer ist an der Einwirkungsstelle dunkel verfärbt, die darunter liegende Hypodermis zerstört (80fache mikroskopische Vergrößerung).

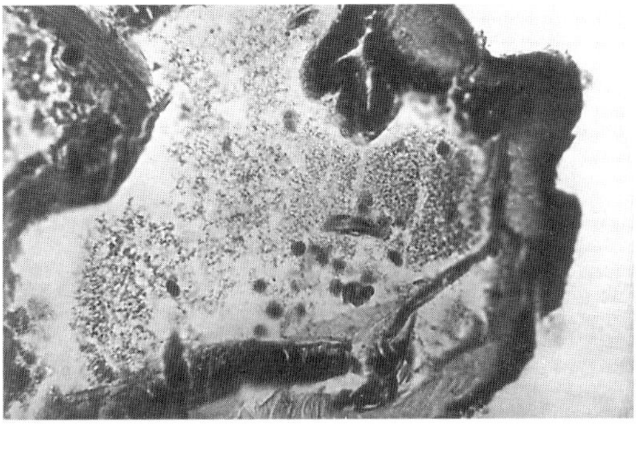

Abb. 22: Teilansicht eines Längschnittes durch eine Forleulenraupe, die stärkerer Ameisengift-Einwirkung ausgesetzt war. Völlige Auflösung der unter der zerstörten Epidermis liegenden Fett- und Bindegewebszellen. In dem plasmatischen Brei liegen noch vereinzelt Kerne und Kernreste (80fache mikroskopische Vergrößerung).

Das Gift hat auf die Insekten somit eine starke Nachwirkung, so daß auch solche Insekten, die ihre Angreifer wieder abschütteln und entfliehen konnten, merklich geschwächt sind und oft bald an den Folgen der Gifteinwirkung sterben. Die Nachwirkung äußert sich vor allem bei Schmetterlingsraupen, deren weitere Entwicklung stark verzögert oder ganz unmöglich ist (WELLENSTEIN 1954a), schon deshalb, weil durch die Zerstörung der Hypodermis unter der alten keine neue Larvenhaut gebildet werden kann und es so zu Anomalien bei der Häutung kommen muß (OTTO 1960d).

Die gleiche Wirkung, welche das freie Ameisengift auf Gewebe und Organe von Schmetterlingsraupen ausübt, kann experimentell allein durch den Inhalt des Giftdrüsenreservoirs oder auch allein durch chemisch reine, 50%ige Ameisensäure erzielt werden (OTTO 1960d). Letzteres weist darauf hin, daß die Säure im Ameisengift tatsächlich die wirksame Substanz oder wenigstens die wichtigste wirksame Substanz ist. Ersteres zeigt, daß die von CARLET (1884) erstmalig geäußerte Ansicht, das Ameisengift erhalte seine Wirksamkeit erst dadurch, daß sich beim Giftaustritt die Produkte der Giftdrüse und der Nebendrüse vermischen, nicht aufrecht erhalten bleiben kann. Die Bedeutung des Sekretes der Nebendrüse ist nach wie vor noch ungeklärt. Untersuchungen von STUMPER (1959) und anderen machen wahrscheinlich, daß die Nebendrüse einen Duftstoff produziert.

Haben die Jagdameisen schließlich ihre Beute überwältigt, steht vor ihnen die Aufgabe des Abtransportes derselben zum Nest (Foto 31, S. 173). An diesem Transport beteiligen sich nicht selten 2, 3 oder mehr Ameisen zugleich. Im Freien wie im Kunstnest im Laboratorium hatte ich Gelegenheit zu beobachten, daß leichte Beute durch Einzeltiere schneller zum Ziel befördert wurde als durch eine ganze Schar in verschiedene Richtungen zerrender Arbeiterinnen. Es passiert beim gemeinsamen Transport nicht selten, daß die eine Trägerin ein Hindernis rechts, eine andere links umgehen will, so daß der Transport völlig gehemmt wird. Oder aber das Zerren der einen Ameise an der Beute wirkt auf eine andere wie eine Bewegung der Beute selbst. Sie stemmt sich deshalb der Zugwirkung entgegen und verlangsamt so den Transport.

Beim Transport schwererer Beute müssen jedoch andere Gesichtspunkte berücksichtigt werden. Jetzt wirkt sich die Summierung der Kräfte mehrerer Ameisen bereits vorteilhaft aus. Wenn die Ameisen auch etwas hin- und herziehen, sie streben ja schließlich alle gleichermaßen nestwärts, so daß sich die Wirkungen wenigstens teilweise addieren. Und wenn die Zusammenarbeitenden nicht gleichzeitig pausieren, so treiben die Tätigen die Ausruhenden vorzeitig wieder auf. Wo endlich keine Beschleunigung auftritt, dort schaffen mehrere wenigstens nicht langsamer als nur eine die schwere Last (CHAUVIN 1950).

Abb. 28: Beziehung zwischen Alter, Keimdrüsenzustand und Beschäftigungsbereich einer Waldmeisen-Arbeiterin:
a) Die dem Kokon entschlüpfte Jungarbeiterin hat noch unentwickelte Eischläuche.
b) Während der Eientwicklung in den ersten Lebenswochen verbleibt die Arbeiterin im Innendienst, z.B. bei der Brutpflege.
c) Nach Rückbildung der Eier und der Eischläuche wechselt die Arbeiterin zum Außendienst; sie widmet sich z.B. der Jagd oder dem Blattlausbesuch (vgl. auch Abb. 11, S. 51).

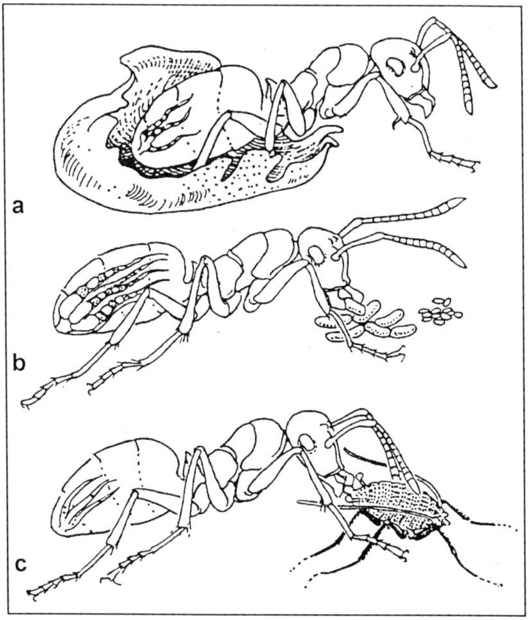

Ein recht eindeutiger Zusammenhang kann allerdings zwischen dem Entwicklungszyklus der Arbeiterinnen-Ovarien und dem Wechsel vom Innen- zum Außendienst festgestellt werden. Alle Tiere, die das Nest verlassen, haben nämlich bereits stark bis völlig degenerierte Ovarien, die Resorption der Eier ist schon sehr weit fortgeschritten bzw. schon beendet. Solange die Arbeiterinnen noch Eier in ihren Eischläuchen haben, verlassen sie das Nest nicht. Tiere, die schon im Alter von 3-4 Wochen Außenarbeit aufnehmen, haben bereits zurückgebildete Ovarien. Dagegen verlassen die Ameisen das Nest selbst im Alter von mehreren Monaten noch nicht, wenn ihre Eier noch nicht resorbiert sind. Unterdrückt der Experimentator durch eine bestimmte eiweißfreie Ernährungsweise die Eibildung in den Ovarien von Jungarbeiterinnen von vornherein, so sind diese auch nicht an den Aufenthalt im Nest gebunden. Sie verlassen schon in den ersten Lebenstagen das Nest. Untersucht man den Ovarienzustand der Arbeiterinnen während eines Umzuges von Nest zu Nest, so findet man, daß die, die als Kugelpaket getragen werden, eihaltige Ovarien besitzen, also Innendiensttiere sind. Die Eier der ortskundigen Transporteure sind dagegen bereits resorbiert (OTTO 1958a).

Es ist allerdings noch nicht möglich zu sagen, auf welchem Wege die Eier auf das Verhalten wirken. Aber es liegt natürlich nahe, an ein Hormon zu denken, das von den Keimdrüsen produziert wird und derart wirkt, daß bei Vorhandensein von Eiern die Ameisen an das Nestinnere gebunden

Besitzt die Beute schließlich ein solches Gewicht, daß sie von einer einzelnen Arbeiterin gar nicht von der Stelle bewegt werden kann, dann wird der Transport überhaupt erst durch die gemeinsamen Anstrengungen zahlreicher Tiere möglich, falls die Ameisen nicht dazu übergehen, die Beute an Ort und Stelle zu zerlegen und in mehreren Teilen nestwärts zu tragen oder überhaupt gleich völlig auszufressen und die Nahrung im Kropf heimwärts zu tragen.

Bei dem Verzehren der Beute handelt es sich normalerweise nicht um ein eigentliches Fressen, sondern vielmehr um eine sogenannte extraintestinale Verdauung. Die Ameise läßt aus ihrem Munde Speichel mit Verdauungsfermenten ausfließen, dieser zersetzt das Fleisch, und die Ameise leckt die Lösung wieder auf, um sie in ihrem Kropf zu sammeln und gegebenenfalls an andere Gefährtinnen zu verfüttern. Wie GÖßWALD & KLOFT (1956) durch Kropfuntersuchungen äußerlich leer vom Jagdgebiet heimkehrender Arbeiterinnen feststellen konnten, kommt diese Art des Nahrungstransportes viel häufiger vor, als man bisher annehmen konnte. Selbst solche kleinen Räupchen wie die des Grünen Eichenwicklers *(Tortrix viridana* L.) werden in großem Umfange vor oder während des Transportes in einen Nahrungsbrei verwandelt, der dann im Kropf zum Nest transportiert und dort verfüttert wird.

Alle im ganzen oder in Stücken eingetragenen Insektenteile werden im Nest von Nestinsassen verdaut und verwertet, so daß nur noch die unverdaulichen Chitinhüllen übrigbleiben.

Bei sehr starkem Nahrungsangebot tragen die Ameisen viel mehr Beutetiere ein, als das Volk verwerten kann. Die unbrauchbar gewordene Nahrung wird aus dem Nest herausgetragen und auf einem örtlich begrenzten Abfallplatz abgelegt. Die Beutetätigkeit läßt dadurch jedoch nicht nach. Während einige Arbeiterinnen damit beschäftigt sind, die überalterten, nicht mehr verwertbaren Nahrungsstücke aus dem Nest zu tragen, schaffen andere noch ununterbrochen frische Beutetiere ins Nest. GÖßWALD (1958) gibt bekannt, daß er in 90cm Entfernung von einem mittelstarken, polygynen, in einem Eichenwicklerschadgebiet gelegenen Waldameisennest (wahrscheinlich von *F. polyctena*) im Mai auf 3,5m Länge und 0,8m Breite etwa 200 000 stellenweise dicht übereinandergehäufte Eichenwicklerräupchen festgestellt hat. Diese waren aus dem nahen Nest gebracht worden und z.T. schon in Verwesung übergegangen.

Damit haben wir auch die zweite Form des Nahrungserwerbes kennengelernt und können ein wichtiges Kapitel der sozialen Verhaltensweisen abschließen.

6.4 Nestbau, Nestreinigung und sozialer Wärmehaushalt

Wenn die Roten Waldameisen im allgemeinen bei weiten Bevölkerungskreisen bekannter sind als andere Ameisenarten des Waldes, so hat dies in erster Linie neben dem Individuenreichtum der Völker seine Ursache in den auffälligen Nestbauten, deren Größe uns bei einem Vergleich mit der Körpergröße ihrer Erbauer immer wieder in Erstaunen versetzt (Foto 1, S. 36; Foto 19 u. 20, S. 44). Die Errichtung des Nestes ist als Werk der Gemeinschaft für die Gemeinschaft eine echte soziale Tätigkeit. Ihr Ergebnis ist ein mehr oder weniger großer Kuppelbau über einem unterirdischen Nestbereich, alles zusammen ein Gebäude, das dem ganzen Volk Schutz vor Feinden und Witterungsunbilden gibt und das seinen Bewohnern die erforderlichen Temperatur- und Feuchtigkeitsbedingungen gewährt.

Die Herstellung dieser letztgenannten Bedingungen ist eine wichtige Funktion des Nestbaues. Die Nestform und -größe ist in erster Linie eine Anpassung an die ökologischen, klimatischen Standortverhältnisse des Nestes. Wir können deshalb hier auch nicht über die Nestbautätigkeit sprechen, ohne dabei gleichzeitig die Möglichkeiten und Verhaltensweisen der Roten Waldameisen zur Regulation ihres sozialen Wärmehaushaltes zu erörtern.

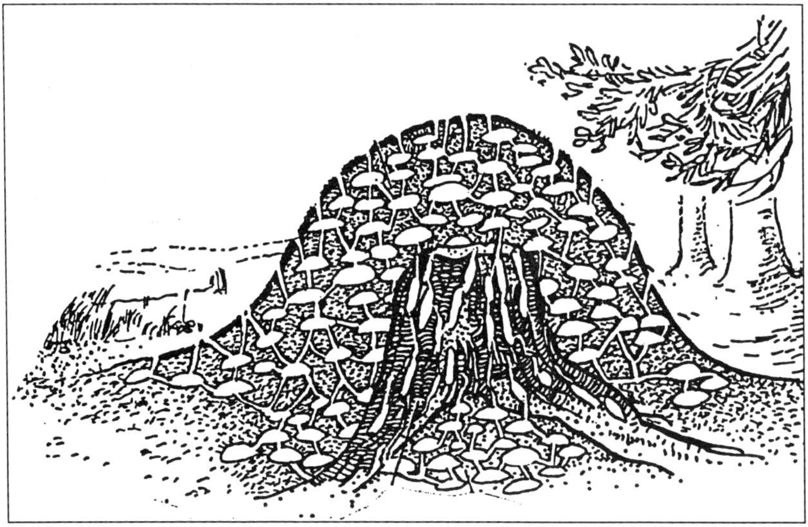

Abb. 23: Querschnitt durch eine Nestanlage der Roten Waldameisen (aus OTTO 1971).

Im Inneren eines *F. rufa-* oder *F. polyctena*-Nestes befindet sich fast immer ein Stubben. Er ist bei älteren Nestern zu einem dichten Gang- und Kammernsystem ausgenagt, das den Königinnen und den Eiern besonders guten Schutz gewährt. Über diesem Stubben und um ihn herum befindet sich eine Kuppel aus grobem Baumaterial, meist längeren, locker geschichteten Aststückchen, eine Unmenge Hohlräume und Kammern bildend. Diese Kuppel wird von einer dicken Schicht aus feinem, dicht geschichtetem Material, aus Kiefern- oder Fichtennadeln, kurzen Grashalmstückchen, Holzmulm, Harzklümpchen u.a. umgeben. Auf diese Weise entsteht eine dichte, stärkere Deckschicht, die vorzüglichen Schutz vor Durchnässung und Abkühlung gewährt. Zum Nest gehört weiterhin ein meist recht beträchtlicher unterirdischer Teil mit einer Vielzahl von im Boden ausgehöhlten Gängen und Kammern. Diese erstrecken sich nicht selten 1-2m unter die Erdoberfläche, und einige Ausläufer der Gänge münden außerhalb des Kuppelbaues auf der Erdoberfläche. Besonders in Gegenden mit sandigem Boden kann man um die Nesthügel herum den von Ameisen ausgetragenen Boden als »Hof« deutlich erkennen, und leicht sinkt der Beobachter, der sich zu dicht ans Nest heranwagt, in dem unterhöhlten Boden ein (GÖẞWALD 1951a, OTTO 1958a, ZAHN 1958, KLOFT 1959d).

Die Nestbewohner halten ihren Bau immer in gutem Zustand, reparieren Beschädigungen, sorgen für Sauberkeit, verhindern Verschüttungen von Kammern und Gängen, so daß das Nest ständig seine Funktion erfüllen kann. Anders im Winter; da haben sich alle Insassen in die unterirdischen Kammersysteme verzogen und verharren dort fast bewegungslos. Wenn sie im Frühjahr nach oben steigen, finden sie oft eine zusammengesunkene Kuppel aus feuchtem Material vor, in deren Gänge nasser Mulm und Erde gespült sind. Die Abschlußdecke ist teilweise zerfallen oder durch die Einwirkung von Spechten oder anderen Tieren aufgerissen. Nach Beobachtungen von ZAHN (1958) vollzieht sich der Wiederaufbau in mehreren Etappen, bei denen 3 Arbeitsgänge bemerkbar sind: das Ausräumen feinen Materials, das Auflegen groben Materials und das Auflegen von Deckmaterial. Die Bautätigkeit beginnt zunächst nur an einer kleinen Stelle etwa in der Nestmitte zu einer Zeit, da sich die meisten Tiere noch in der Frühjahrssonne wärmen. Alle feineren Erdpartikelchen, Holzmulm, Sandkörnchen u.ä. werden mit den Kiefern gepackt und an der Nestperipherie abgelegt. Auf diese Weise bleibt in der Nestmitte nur grobes Material zurück, das schnell trocknet. Die Ameisen arbeiten dabei zunächst weniger in die Breite, sondern mehr in die Tiefe, so daß ein Gang in die Nesttiefe aus grobem, trocknem Material entsteht, in dessen reichlichen Hohlräumen sich eine hohe Temperatur halten kann und in denen sich viele Ameisen aufhalten. In einer zweiten Phase werden über diesen Gang weitere größere Baumaterialien aufgelegt, so daß das Hohlraumsystem in die Höhe wächst und eine kleine Kuppel entsteht. Dann wird drittens eine Decke aus feinem Material aufgelegt, die das Nest provisorisch vor stärkerem Wärmeverlust schützt und nur wenige kleine Öffnungen als Ein- und Ausgänge für die Ameisen aufzuweisen hat. Dieser kleine Hügel wird in den folgenden Wochen erweitert, indem an einer Stelle grobe Äste aufgelegt, das darunter befindliche feinere Material abgetragen und das Ganze oben wieder provisorisch abgedeckt wird. Außerdem schreitet der Bau auch von dem ursprünglichen kleinen Bauschacht aus mehr zur Peripherie fort. Erst wenn der Nesthügel die erforderliche Größe hat, wird eine endgültige Deckschicht gebaut, die bis zu 10cm dick sein kann.

Aber auch dann noch, wenn das Nest seine endgültige Größe und Form erreicht hat, und bei Nestern mit weniger starken Winterbeschädigungen, die bald wieder ausgebessert sind, findet ein ständiger Umbau im Neste statt. Nach einfachen, aber verblüffenden Untersuchungen von KLOFT (1959a) erscheint das fertige Nest nur äußerlich stabil und unveränderlich, in Wirklichkeit ist es ein sehr dynamisches Gebilde, dessen einzelne Bauteile ständig umgelagert werden. KLOFT besprühte die Nestoberfläche mit einem haltbaren Lack. Schon 4 Tage später waren die gefärbten Partikel auf der Nestoberfläche nicht mehr zu sehen, sie lagen in 8-10cm Tiefe in fast unveränderter Schicht. Weitere Einfärbungen der Nestoberfläche mit anderen Farben erbrachten den Beweis, daß die Materialien der Nestoberfläche systematisch nach unten sinken. Am 30. Tage nach dem ersten Einfärben kamen schließlich Partikel mit der zuerst benutzten Farbe wieder nach oben. Indem also von den Arbeiterinnen ständig Material aus dem Nestinneren auf der Nestoberfläche abgelagert wird, sinken die Baustoffe immer wieder nach unten nach. Nur sehr grobes Material, größere Aststückchen, lange Kiefernnadeln, Blattstiele u.ä. versperren sich wegen ihrer Größe dieser dauernden Umlagerung, so daß sie sich schließlich im Kern des Nestes um den Stubben herum anreichern.

Jetzt wird auch verständlich, warum bewohnte Nester nicht verpilzen und verrotten, wie es mit unbewohnten Nestern innerhalb kurzer Zeit geschieht; denn das laufende Umschichten wirkt einer solchen Entwicklung entgegen. Schon Völker mit verringerter Individuenzahl in einem großen Nest können dieses nicht mehr in erforderlichem Zustand erhalten. Sie müssen das Nest verlassen und sich an anderer Stelle ein neues errichten.

Solange die Nestkuppel noch wächst, muß eine größere Menge Baumaterial aus der näheren und weiteren Umgebung herangeschafft werden. Kleinere Fichten- oder Tannennadeln, kurze Grashalmstückchen, Harzklümpchen u.ä. werden jeweils von einer Arbeiterin getragen, wobei sie leichtere Stücke mit den Kiefern gepackt wie eine Fahne über sich haltend trägt. Schwere Lasten zerrt sie an einem Ende gepackt rückwärts ziehend, oder aber sie befördert diese, indem sie sich über sie stellt, die Last leicht anhebt und dann wie ein Steckenpferdreiter nestwärts zieht (Foto 21-23, S. 45).

Die Menge an kleinen Harzstückchen im Nest ist beachtlich. Für die Hügelbauten der den Roten Waldameisen nahe verwandten Schwach beborsteten Gebirgswaldameise *Formica* (*F.* s.str.) *aquilonia* ist festgestellt worden, daß die Harzmenge im Mittel 6% des Gewichtes des Nestmaterials an der Oberfläche und bis zu 35% in der Nestmitte ausmacht (LENOIR 2003). In erster Linie werden die Harzklümpchen einfach nur Baumaterial sein, so wie Baumknospen und kurze Aststückchen auch. Es wird aber auch darüber nachgedacht, ob das Harz nicht auch spezielle Funktionen hat, so z.B. nach starker Sonneneinstrahlung Baumaterial zu verkitten oder die Zersetzung des Holzmaterials zu verzögern oder aber eine desinfizierende Wirkung zu entfalten, indem es wegen seines Gehaltes an Terpenen Krankheitserreger wie Bakterien und Pilze abtötet. In Experimenten von LENOIR et al. (1999) wurde allerdings bei schrittweiser Erhöhung des Harzgehaltes im Nestmaterial keine Ab-, sondern eher eine Zunahme der Biomasse solcher Pilze festgestellt, die am Abbau und der Mineralisierung der Nestmulms beteiligt sind.

In Experimenten von GROHGANZ et al. (2001) konnte eine Arbeiterin von *F. polyctena* beim freien Tragen, d.h. ohne Bodenkontakt der Last, bis zum 9,7fachen des eigenen Körpergewichtes bewältigen. An senkrechten Wänden wurde das 12,2fache des Körpergewichtes hochgezogen und beim Schleppen und Ziehen ergab sich ein Maximalwert von 18,5fach. Arbeiterinnen mit einem Durchschnittsgewicht von 10,9mg konnten mit einem auf dem Rücken aufgeklebten Bleigewicht von maximal 352,9mg eine Wegstrecke von mindestens 10cm zurücklegen.

Nicht selten wechseln die Transporteure eines Bauholzes, und der Transport auf einer 40m langen Strecke kann manchmal 2 Tage dauern (STÄGER 1938). Am Transport größerer Stücke beteiligen sich mehrere Tiere, und es ist dazu im großen und ganzen gleiches zu sagen wie vom gemeinsamen Transport von größeren Beuteinsekten. Die relative Größe und Schwere der Bürden, die die kleinen Transporteure bezwingen können, erwecken immer wieder unsere Bewunderung, und wenn man gar vor einer mehr als 1,5m hohen und im unteren Durchmesser etwa 2m messenden Nestkuppel steht, so drängt sich die Frage auf, wie viel Kraft und Anstrengung es gekostet haben mag, bis die etwa 1,5m^3 Material herbeigeschafft und aufgetürmt worden sind, und was es an Einsatz bedarf, die ständige Umschichtung eines solchen Baues aufrecht zu erhalten.

Die Ameisen sorgen immer für eine glatte, gleichmäßig gewölbte Nestoberfläche. Irgendwelche Zerstörungen, Löcher, Mulden usw. werden schnell wieder ausgebaut. An solchen Stellen ist dann im Vergleich zur übrigen Nestoberfläche eine weitaus größere Zahl an Arbeiterinnen mit dem Bau beschäftigt. Auf das Nest gefallene Fremdkörper werden entweder weggeschafft oder untergraben, so daß sie einsinken, oder so umbaut, daß die Wölbung wieder gleichmäßig wird (CHAUVIN 1958, 1959).

Nicht nur die Oberfläche wird von Fremdkörpern freigehalten. Auch aus dem Nestinneren wird alles das herausgetragen, was die Ameisen stört. Größere Gegenstände oder feuchte, klebrige Stoffe (wie z.B. im Experiment Kunsthonigstücke) werden im Inneren mit Erde völlig zugedeckt. Besonders werden solche Dinge, die dem Volk als Krankheitsherde gefährlich werden können, nach außen gebracht, wie z.B. feuchter Mulm oder Nahrungsrückstände, unverwertbare Beuteinsekten oder ausgefressene Chitinhüllen, abgestorbene Gefährtinnen, leere Puppenkokons u.a. Auf diese Weise ist ständig für Sauberkeit im Neste gesorgt (Foto 25, S. 46).

In der Regel wird all dieser Abfall aus dem Nest gebracht und in einiger Entfernung an bestimmten Ablageplätzen deponiert. Im Kanton Wallis, in 2 350m Höhe entdeckte jedoch STÄGER (1926a) bei Nestausgrabungen, daß die Ameisen ihre Abfall- und Grabkammern unterirdisch, direkt unter ihrem Neste angelegt hatten. In 1m Tiefe, unterhalb der letzten Brutkammern, befanden sich Räume, die vollgestopft waren mit toten Ameisen und Beuteresten. »Alles war dürr und trocken. Pilzhyphen spannen sich über das Gemenge, und Milben spazierten hastig darin herum.« Nach STÄGERs Meinung können es sich die Ameisen an diesem trockenen Standort leisten, ihre Toten unter ihrem Nest zu verscharren, ohne daß sie es Fäulnis- oder Modererscheinungen aussetzen.

Die Größe der Nestkuppel richtet sich nur in gewissem Maße nach der Größe des betreffenden Volkes. Es gibt sehr volksstarke Völker, deren Nestbau sehr flach ist, dafür aber einen um so größeren unterirdischen Abschnitt aufweist. Ausschlaggebend für die äußere Form der Kuppel sind neben gewissen art- und rassenbedingten Eigentümlichkeiten (GÖßWALD 1951a) die mikroklimatischen Faktoren des Standortes (GÖßWALD 1951a, STEINER 1924, 1947, WELLENSTEIN 1928), wie Temperatur, Sonneneinstrahlung und Beschattungsgrad, Luft- und Bodenfeuchtigkeit, Bodenbeschaffenheit. An trockenen, besonnten Plätzen würde eine große Kuppel leicht zu Überhitzungen führen, deshalb herrschen hier flache Nester mit großem unterirdischen Teil vor. An schattigen Stellen und auf feuchtem Boden finden wir hauptsächlich größere steile Kuppeln, weil die wenigen Sonnenstrahlen gut aufgefangen werden müssen und das Bauen in die Tiefe nicht möglich ist. In trockenen, lichten Kiefernwäldern mit sandigem Boden gibt es deshalb vorwiegend Flachnester, in den dunkleren Fichtenwäldern und auch in Laubholzbeständen treffen wir dagegen mehr Nester mit schöner Steilkuppel an. Die Riesen unter den Nestern finden sich in der Regel nur an besonders lichtarmen Stellen (Foto 19 u. 20, S. 44).

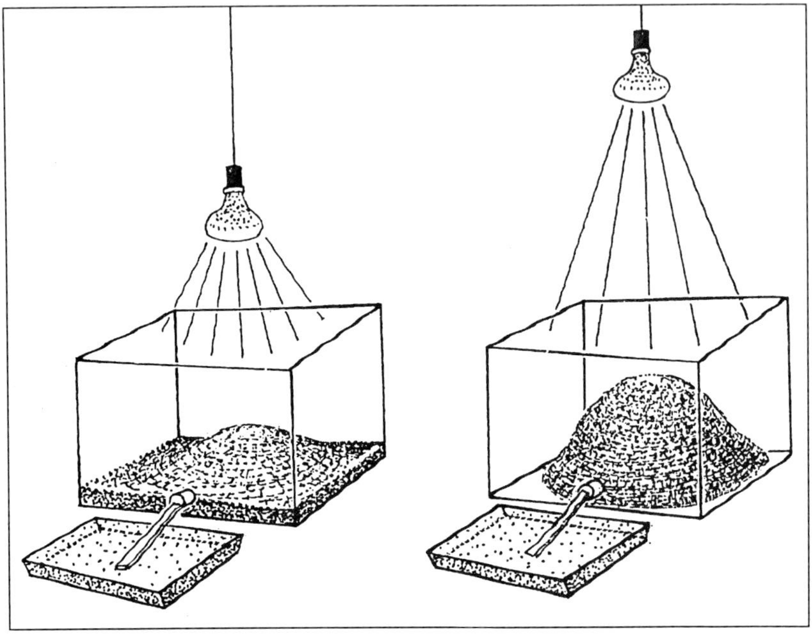

Abb. 24: Bei intensiver Wärmeeinstrahlung (links, Lampe tiefhängend) bleibt die Kuppel des Nestes flach; bei verminderter Wärmeeinstrahlung (rechts) wird das Baumaterial zu einer hohen Kuppel aufgerichtet. Erneutes Tiefhängen der Lampe führt wieder zum Abtragen der Kuppel (aus OTTO 1971).

LANGE (1959) und BRETZ (2004) haben den direkten experimentellen Nachweis dieses Zusammenhanges zwischen Bautätigkeit und Mikroklima erbracht. Beide hielten ein Ameisenvolk mit viel Baumaterial in einem geeigneten Kunstnest, das den Ameisen freie Baumöglichkeiten ließ. Je nach Entfernung und Einstrahlwinkel einer Infrarotlampe über dem Nest errichteten die Ameisen eine verschieden hohe Kuppel. Je weiter der Abstand der Lampe, je geringer also die Wärmeeinstrahlung, desto höher wurde die Kuppel gebaut. Die intensive Bautätigkeit setzte schon wenige Stunden nach der Vergrößerung des Lampenabstandes ein. Wurde die Lampe wieder genähert, so wurde die Kuppel auch wieder abgetragen.

So wird auch verständlich, wie die unregelmäßigen Nestformen der unseren Roten Waldameisen nahe verwandten, in Nordamerika lebenden *Formica ulkei* EMERY zustande kommen. Diese unsymmetrischen Nester haben ihre längste Seite der intensivsten Sonneneinstrahlung zugewandt. Wenn sich die Richtung der stärksten Sonneneinstrahlung ändert, so erfolgt auch eine Änderung der Richtung dieser flach ausgezogenen Seite des Haufennestes (SCHERBA 1958). Wir können diese Anpassung an die Wärmeverhältnisse so erklären, daß die Ameisen eben auf der warmen Nestseite flach, auf der schattigen steiler bauen.

Man kann von der Höhe der Kuppel also nicht ohne weiteres auf die zahlenmäßige Volksstärke schließen. Für eine solche Einschätzung ist der Durchmesser der Nestanlage zu ebener Erde, gemessen an der Lage der peripheren Nesteingänge außerhalb des eigentlichen Hügelbaues, ein besseres Indiz, denn es berücksichtigt auch den unterirdischen Nestbereich.

Die Aufrechterhaltung eines bestimmten günstigen Innenklimas ist für das Ameisenvolk eine Existenzfrage. Sowohl die Temperatur als auch die Luftfeuchtigkeit variieren in einzelnen Nestbereichen. Letztere beträgt im Durchschnitt etwa 85%, in einigen Zentren auch über 90% bis nahe 100% (HORSTMANN 1990a).

Königinnen bevorzugen den Aufenthalt in kühleren Nestpartien (20-22°C), Eier brauchen zur Entwicklung schon Temperaturen bis 25°C, Larven liegen meist in noch wärmeren Nestpartien (Junglarven bei 27-28°C, Altlarven bei 29-31°C). Die Puppen werden von den Ameisen in die trockensten und wärmsten Bezirke (29 bis 31,5°C) gebracht (ZAHN 1958, COENEN-STASS 1985, 1988). In einem Naturnest liegen die Puppen tagsüber meist nahe der Nestoberfläche, darunter die Larven, noch tiefer die Eier.

An kühlen Tagen und zu kühlen Stunden muß im Nest also gegenüber der Außen- und Bodentemperatur eine höhere Temperatur aufrechterhalten werden. Andererseits muß eine Überhitzung bei intensiver Sonnenbestrahlung verhindert werden. Die Gestaltung der Nestkuppel reicht dabei als einziger Regulationsfaktor nicht aus; sie stellt nur eine Anpassung an die allgemeine, durchschnittliche Klimalage dar, aber vermag nicht, kurzfristige Schwankungen der Außentemperatur auszugleichen. Sie ist deshalb nicht der einzige Faktor zur Regulation des Wärmehaushaltes.

Ein zweiter Faktor ist die Nestdurchlüftung. Die die Nestoberfläche überziehende Deckschicht ist nur von wenigen kleinen Öffnungen, den Pforten für die ein- und auslaufenden Ameisen, durchsetzt. Diese Öffnungen sind keine ständigen, starren Einrichtungen. Ihre Zahl und Größe unterliegt einer dauernden Veränderung. Bei einer Abkühlung der

Außenluft werden die Pforten geschlossen, so daß die im Nest befindliche Wärme eingeschlossen bleibt (STEINER 1924). Die Struktur des Nestes mit seinen vielen Hohlräumen und der dichten Deckschicht entspricht einem vorzüglichen Wärmespeicher. Brennt dagegen die Sonne zu sehr auf die dunkle Nestoberfläche, so daß eine Überhitzung des Nestinneren droht, so schaffen die Nestbewohner eine Vielzahl weiterer Öffnungen. Die Hohlräume im lockeren Nestmaterial stehen dadurch direkt mit der Außenluft in Verbindung, die Speicherwirkung des Nestes ist aufgehoben, und es kann ein reger Luftwechsel einsetzen.

Eine weitere Möglichkeit, mit den Temperaturschwankungen fertigzuwerden, haben die Ameisen in ihrer Ortsbeweglichkeit. Sie meiden eben einfach überhitzte Nestbezirke und lagern ihre Brut in die für die einzelnen Stadien optimalen Temperaturzonen des Nestes um (COENEN-STASS 1985) (Foto 13, S. 41).

Untersuchungen von ZAHN (1958) verdanken wir die Kenntnis von einer weiteren, mit der Schaffung und Regulation des Wärmehaushaltes verbundenen sozialen Verhaltensweise der Arbeiterinnen: vom Wärmetragen. Die Temperaturen von 26-31°C, die in bestimmten Kuppelbereichen herrschen, können nicht immer allein nur durch die Kuppelform des Nestes, auf deren dunkler Oberfläche die Sonnenstrahlen steil auftreffen, und auf die Speicherwirkung zurückgeführt werden, vor allem nicht im Frühjahr. Die Wärme gelangt noch auf andere Weise ins Nestinnere, sie wird von Arbeiterinnen ins Nest getragen! Dieses Wärmetragen kann man vor allem im Frühjahr, seltener aber auch während des ganzen Sommers hindurch nach Perioden kühlerer Witterung, beobachten. Wird die Nestoberfläche von wärmenden Sonnenstrahlen getroffen, so bilden sich an den besonnten Stellen rasch größere Ansammlungen von Arbeiterinnen, indem einige Kundschafter im Nest befindliche Arbeiterscharen herbeilocken. Innerhalb dieser dichten Ansammlung dunkler Tiere auf der dunklen Nestoberfläche treten Temperaturen zwischen 30 und 40°C auf. Nach einem Aufenthalt von 15 bis 45min. hat der Ameisenkörper diese Temperatur angenommen, und nun begibt sich die Arbeiterin in großer Eile ins Nestinnere, wo ihr Körper die Wärme an die Umgebung abgeben kann.

Dieser Wärmetransport scheint ein mühsames Beginnen zu sein; doch bekommen wir von ihm eine andere Vorstellung, wenn wir uns die von ZAHN als Näherungswerte errechneten groben Zahlenwerte vor Augen führen: Ein mittelgroßes Nest von 30-50cm Kuppelhöhe, 1m Durchmesser und 30cm starker Kuppeldecke hat etwa 30l aus Luft und etwa 2kg aus trockenem Nestmaterial bestehenden Inhalt. Es sei von einem mittelstarken, 500 000 Tiere zählenden Volk, bewohnt. In einem solchen Volk laufen an einem Sonnentag im Frühjahr bis Frühsommer bei einer Besonnung von 10 Stunden etwa 4 Millionen mal Tiere ein und aus, von denen bei bestehender Notwendigkeit einer Kuppelraumaufheizung der größte Teil als Wärmeträger auftritt. Bei einem Durchschnittsgewicht von 13,76mg pro Ameise gelangt damit pro Tag eine Ameisenmasse von insgesamt mindestens 55kg mit einer Temperatur von etwa 30-34°C ins Nestinnere, wo ungefähr 30l (=40g) Luft und 2kg Nestmaterial aufzuwärmen sind. Je größer die Temperaturdifferenz, desto schneller vollzieht sich die Wärmeabgabe.

Wenn in dieser Überschlagsrechnung die Sonnungsdauer für die Frühjahrstage und damit die Zahl der Wärmeträger vielleicht etwas zu hoch und die Masse des aufzuwärmenden Nestmaterials etwas zu niedrig angesetzt sind, so wird aus den Angaben doch ersichtlich, daß die Ameisen durch den Wärmetransport tatsächlich ihr Nestzentrum zu erwärmen vermögen.

Es ist noch eine Wärmequelle zu nennen, die im Nestinneren wirksam wird, nämlich die Wärmeproduktion durch die Stoffwechselaktivität der vielen Tausenden Nestbewohner und ihrer Brut, einschließlich der Puppen. Diese Stoffwechselwärme trägt zur Aufheizung des Nestes bei und ist in der Lage, fehlende Wärmeeinstrahlung von außen in gewissem Umfang zu kompensieren (KNEITZ 1964, HORSTMANN 1983). Das ist bei den meist individuenreichen polygynen Völkern von *F. polyctena* besonders gut gewährleistet, weswegen diese im Gegensatz zur volksschwächeren *F. rufa* öfter auch im schattigeren Bestandesinneren anzutreffen sind. HORSTMANN (1990a) errechnete aus Simulationsversuchen mittels Heizdrähten in zwei Nestern von *F. polyctena* die Leistung der Wärmeproduktion durch Stoffwechsel mit 2 bzw. 7 Watt. Es wurde auch vermutet, daß bei der mikrobiellen Zersetzung von Nestmulm und organischen Abfällen im Nest zusätzliche Wärme entsteht. Doch dies ist nur in solchen Nestbereichen zu erwarten, in denen fast 100%ige Luftfeuchtigkeit herrscht, denn schon bei einer Luftfeuchte von 85-90% geht die Wärmefreisetzung gegen Null (HORSTMANN 1990a).

Wie das soziale Leben des Volkes macht auch der soziale Wärmehaushalt einen Jahresrhythmus durch, der in seinen Erscheinungen ebenfalls von ZAHN (1958) untersucht worden ist.

Wenn sich im Herbst das Volk zur Winterruhe anschickt, dann gibt es einige Tiere, die erst sehr spät ihre Aktivität aufgeben. Sie halten sich auch immer nur knapp unterhalb der Frostgrenze auf und bewegen sich mit dem Wechsel der Frosttiefen im Neste auf und ab. Somit sind sie im Frühjahr auch bereits an der Nestoberfläche, wenn die Masse der Nestbevölkerung noch in der Tiefe ruht. Auf diese Weise können die Vorposten bereits die allerersten Sonnungsmöglichkeiten wahrnehmen und erkunden. Da das Nestinnere zu dieser Zeit noch anhaltend kalt ist, würden die übrigen Gefährtinnen von der Wärme auf der Nestoberfläche nichts spüren und die ersten Sonnungsmöglichkeiten verpassen, wenn sie nicht von den Vorposten aktiv nach oben geholt würden. Diese eilen nämlich nach kurzer Wärmung in der Sonne nach unten, um den größten Teil der hier noch in Ruhe befindlichen Ameisen zum Aufsuchen der Nestoberfläche zu veranlassen. Diesen Verständigungsvorgang konnte ZAHN (1958) nachweisen. Er besteht darin, daß die Melder die Ruhenden durch Betrillern in einen Erregungszustand versetzen, der sie nach oben wandern läßt. Zum Teil werden diese auch gezerrt oder als Kugelpaket getragen. ZAHN zog auch in Erwägung, »daß die im Nest befindlichen Ameisen an den Meldeameisen, die sich eine Zeitlang sonnten, eine etwas höhere Temperatur wahrnehmen. Nach HERTER (1924) können Waldameisen noch Temperaturdifferenzen von 0,25°C unterscheiden«. Die Folge dieses Vorganges ist, daß sich bald die ganze Masse der Arbeiterinnen in dicker Schicht und dichtem Gedränge den Frühlingssonnenstrahlen aussetzt. Diese schwarzen Sonnungstrauben kann man meist ab Mitte März beobachten (s. Kap. 4 u. Foto 5 u. 6, S. 38). Obwohl die Einzeltiere innerhalb der Traube häufig ihren Platz wechseln, ist die Traube als Ganzes in den ersten Tagen relativ beständig. Sie läßt sich durch kurze Beschattung nicht stören, und selbst bei längerer Bewölkung, ja sogar bei leichtem Regen verzieht sie sich nur langsam wieder.

Diese erste Sonnungsphase wärmt die Ameisen erst einmal selbst auf, läßt ihre physiologischen Prozesse wieder normal anlaufen, fördert z.B. die Entwicklung der Futtersaftdrüsen; sie dient jedoch noch nicht der Errichtung des sozialen Wärmehaushaltes im Nest. Ein ständiger Verkehr zum Nestinneren, ein Wärmetragen also, findet nicht statt, und in der Kuppel bleiben die Temperaturen vorerst noch niedrig (etwa 2-9°C in 25cm Nesttiefe gegenüber 6,5-16°C Lufttemperatur (ZAHN 1958)). Die Königinnen, die auf die Meldungen von Sonnungsmöglichkeiten ebenfalls reagieren, setzen sich meist nicht der Sonne aus, sie bleiben dicht unter der Traube in den Nesteingängen sitzen und beginnen schon jetzt mit der Eiablage.

Das Vorhandensein von Brut fällt mit der zweiten Phase der Frühjahrssonnung zusammen, die dem Aufbau des sozialen Wärmehaushaltes dient.

Nachdem in der ersten Phase den Ameisen »die Lebensgeister wieder geweckt worden sind«, setzen alle sozialen Tätigkeiten ebenfalls ein. Im Zusammenhang mit den ersten, in diesem Kapitel schon beschriebenen Bauprozessen nehmen auch die Wärmeträger ihren Dienst für die

Allgemeinheit auf. Das Verhalten der Sonnungstraube ist jetzt ein ganz anderes. An ihr beteiligen sich weniger Tiere, da die übrigen anderen Beschäftigungen nachgehen. Zwischen Traube und Nestinnerem findet ein ständiger Individuenwechsel statt. Die sich wärmenden Ameisen reagieren auch bei der geringsten Beschattung oder bei einer kühlen Windbrise sofort mit einem hastigen Lauf in die Kuppel, damit nicht außerhalb des Nestes kostbare Wärme verlorengeht. Während draußen z.B. die Lufttemperatur 25°C noch nicht übersteigt, herrschen im Bau in 25cm Tiefe schon Temperaturen bis 30°C. Zur Aufrechterhaltung des Wärmehaushaltes findet auch während des Sommers ein Wärmetragen statt, vor allem dann, wenn das Nest nach einer kühlen Witterungsperiode wieder aufgeheizt werden muß. An heißen Tagen wird es selbstverständlich eingestellt; dann werden ja die Nestpforten weit geöffnet, so daß durch die Luftzirkulation eine Abkühlung erreicht wird. Wenn schließlich das Volk im Herbst die Brutaufzucht beendet, verringert sich auch die Zahl der sonnungsbereiten Ameisen, und nach ZAHN geht das aktive Sonnen wieder in ein passives, der ersten Frühjahrssonnungsphase ähnelndes Sonnen über.

Im Zusammenhang mit der Besprechung des Wärmehaushaltes sei noch, wenn auch nur kurz, auf einen bedeutsamen Unterschied zwischen den Individuen des Waldameisenstaates und anderen, einzellebenden Insekten hingewiesen. Letztere haben eine für sie artlich festgelegte Vorzugstemperatur. Wenn man ihnen die Wahlmöglichkeit gibt, dann sammeln sie sich alle in einer für sie, für ihre Art günstigsten Temperatur an. Eine solche bevorzugte Temperatur in diesem Sinne gibt es bei den sozialen Ameisen nicht (HERTER 1924, 1925, 1953). Der Aufenthalt wird hier nicht durch die den Individuen angenehme Temperatur, sondern von der Art ihrer sozialen Betätigung bestimmt (ZAHN 1958, COENEN-STASS 1985). Im Nestinneren sind es die unterschiedlichen Temperaturansprüche von Königinnen und Brutstadien, außerhalb des Nestes bestimmt die Lage der Jagdgebiete, der Sitz der Blattlauskolonien und ähnliches das Ziel des Ausfluges. Die Wärmeträger wechseln immer zwischen der warmen Nestoberfläche und dem kühleren Nestinneren.

Nur zur Zeit der passiven Frühjahrs- oder Herbstsonnung, wenn die sozialen Triebe noch nicht wirksam bzw. am Verlöschen sind, zeigen die Arbeiterinnen als Individuen positive Thermotaxis, indem sie die besonnten, warmen Stellen auf der Nestoberfläche aufsuchen. Wenn im späteren Herbst die Nesttemperaturen unter 10°C sinken, dann beginnen die Nestinsassen mehr und mehr thermo-negativ zu reagieren, sie suchen dann kühle Nestpartien mit wenigen Graden über 0°C auf. Auf diese Weise sammeln sich die Tiere zur Überwinterung in der Nesttiefe. Nur einige

Arbeiterinnen behalten eine erhöhte Vorzugstemperatur, sie begeben sich als letzte und auch weniger tief zur Überwinterung; es sind dies die Vorposten, die im kommenden Jahr auch als erste die Oberfläche erreichen und ihre Gefährtinnen in die Frühlingssonne locken.

Natürlich gibt es auch für die Arbeiterinnen gewisse Temperaturgrenzen, außerhalb derer ein normales Verhalten nicht mehr möglich ist. Der Kälte des Winters weichen sie durch ihre Winterruhe in der frostsicheren Nesttiefe aus. Allzu heiße Stellen werden gemieden. Auf dem heißen, von der Mittagssonne beschienenen Waldboden sieht man nur vereinzelt einige übermäßig hastende Tiere. Besonnte Straßen und die Nestoberfläche sind mittags in den Hochsommertagen fast ameisenleer (s. Abb. 17, S. 72).

Fassen wir abschließend noch einmal das Wichtigste über Nestbau und Wärmehaushalt zusammen: Der Ameisenbau besteht aus einem oberirdischen und einem unterirdischen Teil. Die Kuppel ist kein starrer Bau, sie ist durch eine ständige Umlagerung des Materials immer in innerer Bewegung. Durch eine besondere Bauweise und durch das Umlagern erhält sie eine Struktur (viele grobe Hohlräume im Inneren und dichte, dicke Deckschicht), die der Wärmespeicherung besonders günstig ist. Die äußere Form der Kuppel richtet sich nach den klimatischen Standortfaktoren. Die Kuppel wird so lange erweitert und vergrößert, bis ihre Form auf die durchschnittlichen Wärme- und Feuchtigkeitseinflüsse abgestimmt ist. Damit wird eine grobe Anpassung an das Durchschnittsklima erreicht. Durch Herstellung und Erweiterung von Luftlöchern kann für Abkühlung, durch Wärmetragen der Arbeiterinnen für Nesterwärmung gesorgt werden. Die biochemischen Stoffwechselprozesse der Nestbewohner stellen eine effektive Wärmequelle im Inneren der Nestkuppel dar. Unvermeidbare Temperaturschwankungen im Nest beantworten vor allem die Brutpfleger durch entsprechende Umlagerungen der Brutstadien. Die Tätigkeit der Arbeiterinnen bestimmt ihren Aufenthaltsort, nach einer bestimmten Vorzugstemperatur können sie sich dabei nicht richten.

Die Wärmekonstanz ist vor allem für die Brutaufzucht wichtig, und im Jahresrhythmus liegen Brutpflege und Wärmeregulation zeitlich zusammen. Nachdem im Frühjahr durch bestimmte Vorpostentiere ein größerer Teil der Nestinsassen an die besonnte Nestoberfläche gelockt worden ist und die Ameisen ihren Körper durchwärmt haben, beginnen die Arbeiterinnen durch Nestbauarbeiten und durch das Wärmetragen mit dem Aufbau des Wärmehaushaltes, und das zu einem Zeitpunkt, da die Königinnen ihre ersten Frühjahrseier legen. Wenn im Herbst die letzten

Jungarbeiterinnen aus den Puppenkokons geschlüpft sind, wird die Wärmeregulation mehr und mehr eingestellt. Sinkt die Nesttemperatur dann unter 10°C, beginnen die Arbeiterinnen negativ thermotaktisch zu reagieren; sie suchen besonders kühle Nestpartien auf.

6.5 Die Verteidigung

Zum Abschluß des Kapitels über die sozialen Verhaltensweisen sei noch kurz auf die Reaktionen zur Abwehr von Gefahr hingewiesen. Das Individuum verteidigt nicht sein eigenes Leben, sondern die ganze Gemeinschaft. Es begibt sich sogar in eigene Lebensgefahr, um eine drohende Gefahr vom Volke abzuhalten. Wenn ein Feind ihr Nest zerstört, wenn z.B. ein Spaziergänger neugierig und mutwillig die Nestdecke aufreißt, dann entsteht im Volke eine wilde Aufregung. In dichten Scharen strömen die Ameisen aus dem Nestinneren und stürzen sich auf den Feind. Dabei zeigen sie die gleichen Bewegungen und Reaktionen wie beim Kampf mit der Beute. Die Hand unseres Spaziergängers wird von vielen Tieren angefallen, die sich in ihr verbeißen und zum Giftspritzen einkrümmen. Die Größe des Gegners veranlaßt jedoch die meisten der Ameisen, aus der Ferne Giftsalven abzugeben (Foto 24, S. 46), und über der Einbruchstelle schießen so Dutzende von Giftfontänen in die Luft. Die Hand des Eindringlings wird sichtlich naß vom Gift. Der stechende Geruch der Ameisensäure fördert die Erregung der Kämpfer immer mehr. Der Erfolg ihrer Bemühungen ist natürlich von Fall zu Fall verschieden, je nach Stärke, Überlegenheit und Anpassung des Gegners.

Das Spritzen aus der Ferne setzt vor allem bei unbestimmbarer Gefahrenquelle oder bei sehr starken, großen Feinden ein. Manchmal hört man Berichte, daß Waldameisen bei Feuer diesem Gift entgegenspritzen, als wollten sie es löschen. Für sie ist das Feuer eine Bedrohung, eine Gefahrenquelle, und da die Hitze sie vom direkten Angriff abhält, wenden sie eben die Reaktion an, in die sie immer verfallen, wenn der Feind nicht erreichbar ist: Sie spritzen aus der Ferne.

Bei kleinen Eindringlingen überwiegen das Fixierverhalten und das Verbeißen. Zu ganz besonders heftigen Kämpfen kommt es, wenn eine Ameise eines fremden Volkes oder sogar einer fremden Art sich in den Nestbereich verirrt hat. Die Kämpfe sind in solchen Fällen stets über alle

Maßen heftig, die Bewegungen merklich intensiver, hastiger als beim Kampf mit einem Beuteinsekt. Da der Eindringling einer großen Übermacht gegenübersteht, kommt er kaum mit dem Leben davon.

Die Kampfhandlung darf jedoch keinesfalls als einfache Reflexhandlung angesehen werden, etwa in dem Sinne, daß das Bemerken (Riechen oder Fühlen) einer fremden Ameise unmittelbar die Kampfbewegungen auslöst. Die Arbeiterin reagiert je nach der Situation ganz verschieden. Vor allem wird ihre Verteidigungsbereitschaft um so mehr gefördert, je vertrauter ihr die Umgebung ist, in der sie sich gerade befindet, und je mehr sie von Gefährtinnen umgeben ist. Auch hat die Menge der vorhandenen Brut Einfluß auf die Größe der Verteidigungsbereitschaft und die Heftigkeit des Kampfes. Kleine Arbeiterinnengruppen oder Einzeltiere, noch dazu vom Experimentator in fremde Umgebung gesetzt, verteidigen sich bei Belästigungen nur in seltenen Fällen. Meist ergreifen sie vielmehr die Flucht. Zwei sich fremde Arbeiterinnengruppen in ein gemeinsames Gefäß gegeben, vertragen sich dann, wenn sie sich etwa in gleicher Individuenzahl gegenüberstehen. Im übrigen stürzen bei einer dem Nest drohenden Gefahr durchaus nicht alle Arbeiterinnen dem Angreifer entgegen. Einige begeben sich zu den Brutkammern und transportieren Eier, Larven und Puppen ab, andere ergreifen die Flucht und ziehen sich in eine größere Nesttiefe zurück.

Im Zusammenhang mit der Abwehr fremder Ameisen vom Nest sei noch erwähnt, daß sich die Ameisen gegenseitig am Geruch erkennen, der ihren Körpern anhaftet. Es ist auch speziell für die Roten Waldameisen experimentell gezeigt worden (LANGE 1959b), daß jeder Ameise ein artspezifischer Duft anhaftet. Diesem erblich festgelegten Duft überlagert sich noch eine zweite Duftkomponente, der besondere Duft des die Ameisen umgebenden Milieus, der Duft des Nestes, so daß eine Arbeiterin mit Hilfe ihrer Fühler nicht nur spürt, wenn eine zweite, auf die sie stößt, einer anderen Art angehört, sondern auch, wenn diese zwar zur gleichen Art, aber aus einem anderen Volke stammt (LANGE 1960c).

LANGE (1959b) hielt Völker von *F. polyctena* einige Wochen unter gleichen Bedingungen im Laboratorium. Sie nahmen alle denselben Milieuduft an, so daß er sie schließlich ohne Gefahr vereinen konnte. Vor dieser Zeit der Duftangleichung waren die Tiere unverträglich gegeneinander. Völker von *F. polyctena* und *F. rufa* vertrugen sich bei einer Vereinigung nie, auch wenn sie vorher noch so lange in einheitlicher Umgebung gehalten wurden. Der artspezifische Duft wird durch den Milieuduft nicht überdeckt.

7 Die Arbeitsteilung

Wir haben nun Einblick genommen in die wichtigsten der sozialen Verhaltensweisen der *F. rufa-* und *F. polyctena*-Arbeiterinnen. Es ist eine große Fülle von Tätigkeiten, die diese kleinen Insekten ausführen müssen, und es drängt sich nun die Frage auf, ob und wie denn die einzelnen Arbeiten auf die Individuen verteilt sind. Beschäftigt sich jede Arbeiterin ständig wechselnd einmal mit diesem und einmal mit jenem? Oder liegt in dem Wechsel von Arbeitsplatz zu Arbeitsplatz irgendein System, eine gesetzmäßige Reihenfolge? Oder sind die Aufgaben zeitlebens für jedes einzelne Tier festgelegt?

Ein Beispiel von Arbeitsteilung im großen ist uns ja schon bekannt: Die Verteilung der Aufgaben auf Königinnen und Arbeiterinnen. Diese Teilung ist so tief, daß sie auch in der äußeren Form der Tiere ihren Ausdruck findet. Dem stammesgeschichtlichen Verlust der Flügel und der Verkümmerung der Keimdrüsen bei den Arbeiterinnen steht eine mächtige Entwicklung und Verfeinerung ihres Gehirnes (Kap. 9) gegenüber. Die spezielle Funktion der Königinnen geht einher mit einer überaus starken Ausbildung der Ovarien.

Der Verfasser hat die Arbeitsteilung unter den Arbeiterinnen eines polygynen *F. polyctena*-Staates untersucht (OTTO 1958a 1992, 1993, 2003a). Im Laboratorium wurde in einem mit roten Glasscheiben versehenen Kunstnest aus Gips inmitten des Volksganzen der Lebenslauf von rund 100 Arbeiterinnen bekannten Alters, d.h. die Art und Weise und der eventuelle Wechsel ihrer täglichen Beschäftigung verfolgt, in günstigen Fällen bis zu 2 Jahre lang. Dies war durch ein Markierungsverfahren möglich, mit dem wir jedes Tier für uns deutlich sichtbar so numerieren konnten, daß es die Ameisen selbst nicht störte. Die außerhalb des Nestes anfallenden Arbeiten wurden nicht im Laboratorium, sondern direkt im Freien untersucht, wobei ebenfalls Markierungen von Einzeltieren oder von Gruppen vorgenommen wurden.

Es hat sich gezeigt, daß eine ausgeprägte Arbeitsteilung besteht, indem sich die einzelnen Individuen auf eines der zahlreichen Betätigungsgebiete mehr oder weniger stark spezialisieren. Einige der Tiere zeigen für eine bestimmte Tätigkeit eine besondere Vorliebe, bei ihrer Verrichtung werden sie fast ausschließlich angetroffen, aber nie oder seltener bei einer anderen Beschäftigung. So gliedert sich die Masse der Arbeiterinnen gewissermaßen in Berufsgruppen, in Eipfleger, Larvenpfleger oder Puppenpfleger, in Nestbautiere und Nestreiniger, in Blattlausbesucher, Jäger und Beuteverwerter.

Abb. 25: Individuelle Markierung von Arbeiterinnen mit Hilfe eines Farbpunkte-Systems, bzw. mittels aufgeklebter Schildchen.

Nicht nur in der Art der Beschäftigung, die bevorzugt ausgeführt wird, gibt es von Tier zu Tier Unterschiede, sondern auch in der Intensität der Bevorzugung. Manche Arbeiterinnen bleiben ihrer Tätigkeit über Monate hindurch treu; sie sind sehr streng spezialisiert. Andere wiederum wechseln mehr oder weniger oft die Beschäftigungsart, schalten sich hier und dort mit ein, doch kehren sie immer wieder zu einer bestimmten Beschäftigung zurück, die somit weitaus vorherrschend bleibt. Einige Tiere schließlich zeigen keinerlei Bevorzugung einer Tätigkeit, sie beteiligen sich an allen Arbeiten, die gerade anfallen. Zwischen diesen unsteten Arbeiterinnen und den strengen Spezialisten gibt es in bezug auf Arbeitsbereichswechsel alle graduellen Übergänge.

Belege dafür wurden in mehrjährigen Versuchsanordnungen sowie in einigen Kurzzeitexperimenten gefunden, so z.B. in einem kleinen Laborvölkchen im Kunstnest aus Gips und Rotglas. Das Völkchen besaß 6 Königinnen und Brut aller Stadien. 36 der Arbeiterinnen waren individuell mit Buchstaben und Zahlen markiert. 3 Tage lang wurde Tag und Nacht alle 2 Stunden protokolliert, wo und bei welcher Tätigkeit jede markierte Ameise angetroffen wurde. So konnten für jede dieser Arbeiterinnen aus jeweils 36 Protokoll-Eintragungen ein Tätigkeitsprofil erstellt werden. Vier typische Beispiele werden in der Grafik (Abb. 26) vorgestellt: Ameise »Berta« (b) als Außendiensttier, Arbeiterin »Nr.4« als stark auf die Pflege von Eiern und Larven spezialisiert, »Paula« (p) als unstetes Tier mit einer Bevorzugung der Puppenpflege. Bei den Stichproben wurden alle Tiere mehr oder weniger oft auch ohne erkennbare Tätigkeit im Nest

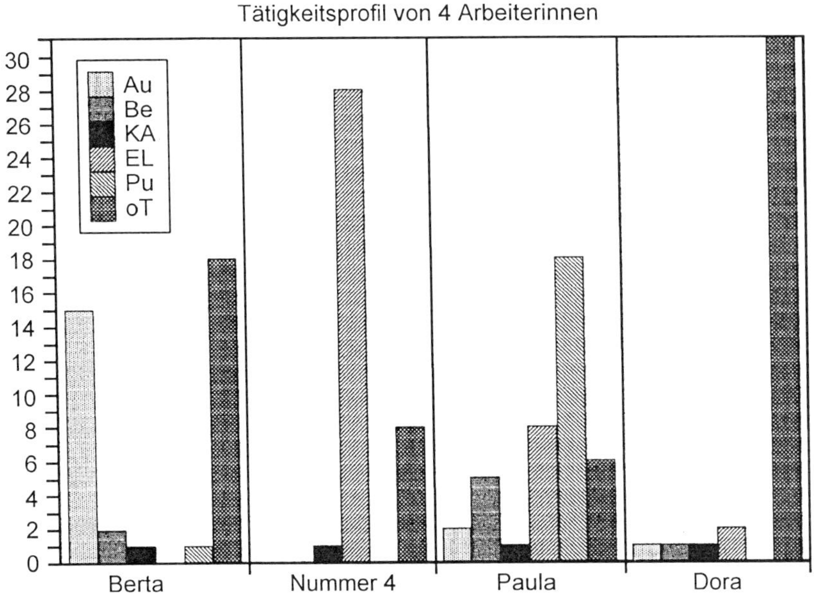

Abb. 26: Individuelles Tätigkeitsprofil von 4 Arbeiterinnen. Die Säulenhöhe gibt an, wie oft das Tier bei 36 Stichproben bei einer bestimmten Tätigkeit angetroffen wurde. Es bedeuten: Au = bei »Berta« im Außendienst; bei »Paula« und »Dora« am Nestausgang, - Be = Zerkauen eingetragener Beutestücke, - KA = Betreuen von Königinnen und Arbeiterinnen (Belecken, Füttern), - EL = Betreuen von Eiern und Larven (Belecken, Umlagern, Füttern), - Pu = Betreuen von Puppenkokons (Umlagern, Schlupfhilfe), - oT = im Nest, aber ohne Tätigkeit (aus OTTO 2003a).

angetroffen, manche aber fast ausschließlich, so auch »Dora« (d). Vielleicht spielen diese »Tiere ohne Tätigkeit« eine Rolle bei der Weitergabe und Veredlung des Nahrungsstromes im Volk, denn sie stehen im Futteraustausch mit anderen Nestinsassen.

Eine gemeinsame Grundtendenz zeigen jedoch alle Arbeiterinnen: Den ersten Teil ihres Lebens beschäftigen sie sich im Nest, den zweiten Teil im Außendienst. Allerdings gibt es in bezug auf den Zeitpunkt des Wechsels vom Innendienst zur Beschäftigung außerhalb des Nestes wieder starke individuelle Unterschiede. Einige Tiere geben schon im Alter von 3-4 Wochen den Dienst im Neste auf, andere wieder haben im Alter von einem Jahr noch nicht ein einziges Mal das Nest verlassen. Zu Beginn einer Brutperiode (Anfang Juni) geschlüpfte Arbeiterinnen nehmen noch im selben Jahr oder aber erst im zweiten Lebenssommer den Außendienst auf. Gegen Ende der Brutperiode (Ende August, September) geschlüpfte Arbeiterinnen beschäftigen sich im selben Jahr noch nicht oder nur ausnahmsweise außerhalb des Nestes.

Im Innendienst ist die Arbeitstreue größer und ausgeprägter als im Außendienst. Auf Grund von Versuchsergebnissen von OEKLAND (1931) und KIIL (1934), die der Verfasser bestätigen konnte, konnte sogar die Annahme entstehen, daß eine Arbeitsteilung außerhalb des Nestes gar nicht vorhanden sei. Die Experimente verliefen etwa so: An Ameisenstraßen wurden alle Arbeiterinnen mit einer bestimmten Tätigkeit durch bestimmte Farbpunkte markiert. Jede Beschäftigungsart bekam eine andere Farbe. Bei den Kontrollbeobachtungen während der folgenden Tage und Wochen war festzustellen, daß die Tiere, die beim Eintragen von Beuteinsekten markiert worden waren, später nicht nur bei dieser Tätigkeit, sondern auch beim Transport von Baumaterialien, beim Transport lebender Gefährtinnen oder beim Blattlausbesuch anzutreffen waren. Arbeiter, die beim Baumaterialtransport gezeichnet wurden, schleppten später Beute nestwärts, oder sie besuchten Blattläuse. Im Außendienst schien die einzelne Ameise also an keine spezielle Arbeit gebunden zu sein.

Feinere Untersuchungsmethoden brachten jedoch den Beweis, daß sich auch im Freien unter den vielen mehr oder weniger unsteten Arbeiterinnen einige recht arbeitstreue befinden. Sucht man die Ameisen nicht an ihren Straßen, sondern direkt am Ort ihrer eigentlichen Tätigkeit, in einem eng umgrenzten Jagdgebiet, das man durch Auslegen von Raupen auch künstlich herstellen kann, oder am blattlausbesetzten Strauch auf, so kann man die Tiere auch individuell markieren, in der Hoffnung, daß diese sich bei Arbeitstreue hier immer wieder einstellen. Auf diese Weise läßt sich zeigen, daß sowohl in das Jagdgebiet, vor allem aber auch zu den Blattlausherden einige Tiere mit großer Konstanz immer wieder kommen (OTTO 1958a, b, 1993). Die Beobachtung wird im Freien allerdings durch die Hinfälligkeit der Markierung begrenzt. Immerhin konnten auf diese Weise Blattlausbesucherinnen bis zu 43 Tagen fast täglich auf einem bestimmten lausbesetzten Ast einer 40m vom Nest entfernten Birke beobachtet werden.

Legt man einer solchen, durch die Markierung als Blattlausbesucherin kenntlich gemachten Arbeiterin während ihres Weges vom Nest zum Baum ein Beutestück oder Puppenkokons vor, so reagiert sie auf diese nicht; sie kämpft nicht mit dem Insekt, und sie transportiert nicht die Puppen nestwärts. Sie zeigt für andere Beschäftigung als die ihrige, der sie schon längere Zeit treu ist, keine Bereitschaft. Und so ist die Reaktionsbereitschaft auf bestimmte Reize bei allen Außenarbeiterinnen individuell verschieden. Legt man erbeutbare Insekten aus und beobachtet das Verhalten einer großen Anzahl von Arbeiterinnen, die nacheinander die Beute bemerken, so muß man feststellen, daß durchaus nicht alle Ameisen bereit sind, den Kampf aufzunehmen und bis zum Ende durchzuführen. Eine solche Überprüfung von 160 Arbeiterinnen im freien

Gelände ergab, daß nur 25% erfolgreich kämpften und die Raupen töteten. 33% ließen nach längerem Kampf die Beute wieder im Stich. 25% der Tiere stürzten sich kurz nach dem Bemerken der Beute hastig auf sie, um sie dann sofort, ohne Gift verspritzt oder ernstlich gekämpft zu haben, wieder zu verlassen. 17% schließlich zeigten keine Kampfreaktion bzw. schreckten offensichtlich zurück. Von 455 Arbeiterinnen, denen eine flache Schale mit Zuckerwasser in den Weg gestellt wurde, ließen sich 38% nicht verleiten, sich ihren Kropf damit zu füllen. Von 1 527 kontrollierten Ameisen, denen Puppenkokons vorgelegt wurden, waren nur 21-25% zum Abtransport der Puppen bereit, wenn es sich um Puppen aus dem eigenen Volke handelte. Puppen aus einem fremden Nest wurden sogar nur von jeder 10. Ameise aufgenommen und nestwärts getragen.

Abb. 27: Der Puppentest; nicht jede Arbeiterin, die einen Puppenkokon findet, ist zum Abtransport bereit.

Auch die Außenarbeiterinnen sind also in unterschiedlichem Maße bereit, die eine oder die andere Tätigkeit zu verrichten, so daß daraus eine gewisse Aufteilung der Arbeiten auf die Masse der Individuen resultiert. Auch hierbei wird es graduelle Unterschiede geben, so daß es neben unsteten Tieren auch mehr oder weniger stark ausgeprägte Spezialisten gibt, wie sie durch die individuellen Markierungsversuche entdeckt werden konnten.

Diese Form der Arbeitsteilung im Innen- und Außendienst ist dadurch möglich, daß die Ameisen nicht wie Automaten reagieren, daß ihre Handlungen nicht einfache Reflexe auf bestimmte Reize sind (COMBES 1941). Wir haben vor uns die Tatsache, daß z.B. zwei gleichaltrige, in derselben Nestkammer herangewachsene Tiere sich in einer Nestkammer befinden und gleichen Reizen ausgesetzt sind, z.B. auch den Reizen, die von hungrigen Larven ausgehen. Und dennoch reagieren nicht beide gleich. Die eine übernimmt die Fütterung der Larven, während die andere untätig bleibt oder einer anderen Beschäftigung nachgeht. Bei den Ameisenarbeiterinnen gibt es demnach stark ausgeprägte individuelle Verhaltensunterschiede, nicht in dem Sinne, daß die einzelnen Tiere eine bestimmte Aufgabe durch unterschiedliches Verhalten, durch verschiedenartigen Ablauf ihrer Bewegungen, auf verschiedene Art und Weise lösen – die einzelnen Bewegungsformen und -folgen sind bei Ausübung einer bestimmten Tätigkeit vielmehr bei allen Tieren gleich, da arttypisch festgelegt –, sondern in dem Sinne, daß die einzelnen auslösenden Reize auf sie unterschiedlich stark wirken. Die Individualität äußert sich in der jeweils augenblicklichen Bereitschaft auf bestimmte auslösende Reize zu reagieren; sie äußert sich also nicht im »Wie«, sondern im »Ob« (OTTO 2003a).

Es erhebt sich nun wiederum die Frage, wodurch denn solche Verhaltensunterschiede bedingt sind, ob sie mit irgendwelchen Merkmalen des Körperbaues in Zusammenhang gebracht werden können. Bei der Honigbiene sind solche Zusammenhänge bekannt geworden. Hier richtet sich die Beschäftigungsart nach dem Alter der Biene, ihr Betätigungsgebiet wechselt in ziemlich engen Grenzen mit steigendem Lebensalter, wobei nur zur Zeit ihrer Tätigkeit als Futterspender für die Junglarven ihre im Kopf gelegenen Futtersaftdrüsen (Pharynxdrüsen) besonders entwickelt sind (OTTO 1955). Bei der sich anschließenden Tätigkeitsphase als Baubiene verkümmern diese Drüsen, während die Wachs produzierenden Drüsen im Hinterleib der Biene ein funktionstüchtiges Stadium erreichen.

Solche klaren Beziehungen konnten bei den Roten Waldameisen nicht gefunden werden. Das Alter ist nicht in einem solchen Maße bestimmend für das Verhalten; denn gleichaltrige Individuen besitzen unterschiedliche Vorzugsbeschäftigungen. Ein Alterseinfluß kommt nur in der allgemeinen Tendenz, mit steigendem Alter vom Innen- zum Außendienst zu wechseln, zum Ausdruck. In Laboratoriumsvölkern erreichen die Arbeiterinnen ein Alter von 1,5 selten bis zu 2 Jahren.

Die Größe der Individuen ist ebenfalls für die Arbeitsverteilung von geringer Bedeutung. Kleinere Arbeiterinnen beteiligen sich allerdings seltener, kleinste nie am Transport von Lasten. Die Vorliebe für die Ei- und Larvenpflege ist bei den kleineren, die für ein Untätigsein bei den größeren etwas häufiger vorhanden. Auf die Arbeitsstetigkeit hat die Körpergröße keinen Einfluß.

Bei der den Roten Waldameisen systematisch verwandten, in der Lebensweise aber stärker abweichenden Blutroten Raubameise *Formica (Raptiformica) sanguinea* LATR., bei der nach Untersuchungen von DOBRZAŃSKA (1959) bezüglich der Arbeitsteilung im wesentlichen ähnliche Verhältnisse wie bei *F. polyctena* herrschen, konnte allerdings festgestellt werden, daß gerade die großen Tiere bevorzugt im Neste bleiben und Brutpflegearbeiten verrichten, während die kleinen mehr Tendenzen zur Außenarbeit haben.

sind. Sicherlich sind die Beziehungen aber nicht so einfach, daß die Eier nur als Reservestoffe wirken, die bei einer größeren Kräfteanstrengung der Tiere im Außendienst rasch verbraucht werden (WEYER 1927, 1928).

Wie bei den Ovarien zeigen sich auch echte Unterschiede im Ausbildungsgrad der Unterkieferdrüse (Maxillardrüse) zwischen Innen- und Außendienstarbeiterinnen. Diese paarige Drüse, die im einzelnen im Kap. 8 noch näher besprochen werden soll und die stammesgeschichtlich gleichwertig (homolog) der Futtersaftdrüse (Pharynxdrüse) der Honigbiene ist (OTTO 1958c), läßt ihr Sekret direkt hinter der Mundöffnung in das Schlundrohr der Ameisen fließen. Die einzelnen Sekret produzierenden Zellen der Drüse haben bei im Nest arbeitenden Ameisen durchschnittlich einen Durchmesser von 51,9 ± 0,9μm; bei Tieren mit Beschäftigungen außerhalb des Nestes beträgt der Durchmesser durchschnittlich nur 44,3 ± 0,9μm. Die Drüsen produzieren also bei Arbeiterinnen des Innendienstes mehr Sekret. Es ist jedoch nicht möglich, einer bestimmten Innenarbeit, etwa der der Brutpflege, die stärkste Drüsenausbildung zuzuschreiben. Auch wissen wir über die Bedeutung des Sekretes noch nichts Genaues (OTTO 1958a).

Die größte Aktivität der im Brustteil gelegenen Zungendrüse (Futtersaftdrüse, Labialdrüse) ist bei Jungtieren, und damit ebenfalls bei Innendiensttieren vorhanden, außerdem auch bei frisch überwinterten Ameisen (BAUSENWEIN 1956, BIER 1958).

Andere Drüsen der Ameisen, wie die Oberkieferdrüse (Mandibulardrüse), die Schlunddrüse (Postpharynxdrüse) und die verschiedenen Hautdrüsen des Brustabschnittes weisen beim Innen- bzw. Außendienst keine Unterschiede in der Funktionsintensität auf. Auch die als Hormondrüsen bekannten Corpora allata lassen äußerlich keine Beziehungen zu einem bestimmten Tätigkeitsbereich der Arbeiterinnen erkennen (OTTO 1958a).

Wir kennen also bisher keinen Faktor, der für die besondere individuelle Eigenart einer Arbeiterin, der für ihre besondere Vorliebe für eine bestimmte Beschäftigung, der für ihre Arbeitstreue bzw. für ihre Unstetigkeit verantwortlich gemacht werden könnte. Wir wissen lediglich, daß der große Wechsel vom Innen- zum Außendienst im Zusammenhang steht mit dem Verschwinden der Eier aus den Arbeiterinnenovarien und begleitet wird von einer gewissen Funktionseinschränkung der Maxillardrüsen.

Als dritter Faktor ist noch der Entwicklungszustand der Giftdrüse zu nennen. Jungarbeiterinnen sind nicht aggressiv, sie kämpfen nicht. Erst in ihrer 4. Lebenswoche kommt es bei einigen Tieren zu ersten Attacken gegen einen Feind oder eine Beute. Das ist die Zeit, in der die Giftdrüse mit der Giftproduktion beginnt (OTTO 1958a, 2003).

Von den Außenarbeiterinnen der Blutroten Raubameise sind 72% bei Gefahr aggressiv, 24% untersuchen ohne Kampf die Gefahrenquelle, 4% zeigen keinerlei Reaktion. Von den ständigen Innendiensttieren dieser Art ergreifen bei Gefahr 72% die Flucht während sich 14% gleichgültig verhalten und 14% die Gefahrenquelle kampflos prüfen. Angreifer und Kämpfer befinden sich unter ihnen nicht (DOBRZAŃSKA 1959).

Wir haben bisher nur eine Seite der Arbeitsteilung kennengelernt: Die Arbeitsteilung erscheint uns nach dem bisher Gehörten als ein Resultat der individuell verschiedenen Triebstärken, die einzelnen Tätigkeiten auszuführen. Doch diese unterschiedlich verteilte Vorliebe für sozial notwendige Verrichtungen ist nicht allein für die Art der Arbeitsverteilung auf die Individuen verantwortlich. Dadurch, daß die Arbeitsstetigkeit nicht absolut ist, daß die Arbeiterinnen in sehr unterschiedlichem Maße auch andere als die bevorzugte Funktion erfüllen können, kann sich der Ameisenstaat mit der Arbeitsverteilung stets an die besonderen Situationen anpassen. Die augenblicklichen Bedürfnisse des Gesamtstaates bestimmen somit weitgehend den Arbeitseinsatz. Hat ein Volk besonders viel Brut, so werden immer mehr der unsteten oder weniger steten Tiere sich mit der Brutpflege beschäftigen. Wird das Nest von einem Feind zerstört, so müssen nicht nur die üblichen normalen Bauarbeiter den Schaden ausbessern, sondern der Reiz zum Bauen ist jetzt so stark, daß auch Gelegenheitsbauarbeiter zum intensiven Mitbauen angeregt werden, ja daß der Reiz, der von der zerstörten Nestdecke oder von dem Wärmeverlust ausgeht, sogar bei solchen Tieren das Bauverhalten auslöst, die bisher sich daran noch nie beteiligt haben. Im Außendienst können sich Blattlausbesucher bei plötzlich starkem Insektenangebot auf das Jagen umstellen. Der Verfasser hat im Laboratorium ein Volk nur aus Blattlausbesuchern begründet und ihnen Königinnen, Eier und Puppen zugegeben. Ein Teil der Ameisen blieb der alten Beschäftigung treu, sie befaßten sich mit dem Eintragen von Zuckerwasser. Ein anderer Teil übernahm jedoch die Arbeiten im Nest und es bildeten sich bald regelrechte Brutpflegespezialisten heraus. Da sie jedoch als ehemalige Außenarbeiter keine vollen Eischläuche mehr besaßen, liefen sie im Gegensatz zu echten Innendiensttieren häufig aus der Nestkammer heraus in eine die Außenwelt darstellende Arena.

Wir stellen also fest: Eine bestehende Arbeitsverteilung ist nicht allein die Folge der individuellen Charakterunterschiede der Arbeiterinnen (ausgeprägt in einer unterschiedlich hohen Reizschwelle für die Auslösung einer Instinkthandlung), sie ist auch nicht ausschließlich das Resultat äußerer, im sozialen Bedürfnis liegender Ursachen; sie ist das Ergebnis des Zusammenwirkens beider Faktoren.

Eng mit der relativen Arbeitstreue ist die relative Ortstreue der Ameisen verbunden. Die Ortsbeständigkeit der Ameisen, die bei den Außendienstarbeiten in Erscheinung tritt, ist sogar in einem weitaus ausgeprägteren Maße vorhanden als die Arbeitsbeständigkeit. Mehrere Untersucher (OEKLAND 1931, KIIL 1934, OTTO 1958a, ROSENGREN 1971) konnten durch Farbmarkierungen vieler Hundert Ameisen an Ameisenstraßen zeigen, daß zwar ein Wechsel der Tätigkeitsart nicht selten war, daß die einzelnen Tiere aber stets dieselbe vom Nest führende Straße benutzten, und dies bei einer Beobachtungszeit bis zu 6 Wochen. Einige Tiere verlassen unabhängig von der Tätigkeit ihr Nest immer auf einer z.B. nach Westen führenden Straße, andere mit ebensolcher Beständigkeit auf einer z.B. südwärts führenden. Die Markierungsversuche an Blattlauskolonien sowie in Jagdgebieten (DOBRZAŃSKA 1958, 1959, OTTO 1958a, 1993a) zeigten, daß nicht nur dieselben Hauptstraßen benutzt werden, sondern auch die speziellen enger umgrenzten Terrainbezirke. Blattlausmelker besuchen nicht nur regelmäßig denselben lausbesetzten Baum, sondern sie begeben sich auch immer wieder zum selben Ast, zum selben Zweig, zur selben Lauskolonie. Allerdings kommt es innerhalb eines Baumes schon häufiger einmal zu einem Platzwechsel. Gleichermaßen hat jedes engere Jagdgebiet seine bestimmten Jagdameisen, die es durchstreifen. Doch ist auch diese Ortstreue nichts Absolutes, Unveränderliches. Ständig reguliert sich die Verteilung der Ameisen im Raum nach den sozialen Bedürfnissen und den Umweltbedingungen ein, etwa entsprechend dem Angebot an Insekten und Honigtaunahrung. Beispiele dazu sind besonders in der Forstschutzliteratur mehrfach beschrieben (BRUNS 1954b, GÖßWALD & KLOFT 1956a, ZOEBELEIN 1956, SAROVA 1963).

GRABENSBERGER (1934) glaubte für Ameisen auch eine Zeittreue nachgewiesen zu haben. Danach sollten die Ameisen ähnlich wie die Honigbienen und Wespen ein Zeitgedächtnis haben und sich daran gewöhnen können, stets zu einer bestimmten Tageszeit an einem bestimmten Ort einzutreffen, um eine bestimmte Tätigkeit (Zuckerwasseraufnahme) auszuüben. Diese Ergebnisse hielten jedoch Nachprüfungen anderer Forscher (REICHLE 1943, DOBRZAŃSKA 1956, OTTO 1958a) nicht stand. Wozu sollten die Ameisen auch beim Nahrungserwerb ein Zeitgedächtnis brauchen? Ihre Nahrungsquellen fließen den ganzen Tag über und sind nicht wie die den Bienen Nektar spendenden Blüten nur zu ganz bestimmten Tageszeiten besonders ergiebig. Lediglich AUTRUM (1936) kann noch von einer gelungenen Zeitdressur im Laborbversuch im 24-Stunden-Rhythmus berichten. Wurde das Futter regelmäßig nur zu einer bestimmten Tageszeit gereicht, dann stellten sich nach 4 Tagen die Zuckerwasserholer schon zur Dressurzeit am Futterplatz ein. Auf Grund ähnlicher Versuche nimmt OTTO (1958a) allerdings an, daß einfach der Nahrungsbedarf des Volkes die Tiere nach so langer Zeit wie 24 Stunden wieder aus dem Nest treibt.

Der Rhythmus der Außenarbeiter wird, wie wir bereits im Kapitel 6.3 sahen, in erster Linie von den im Tagesrhythmus wechselnden und den nicht rhythmisch wechselnden äußeren Reizen bestimmt. Licht, Wärme und Regen bestimmen die Aktivitätskurve für alle Außenarbeiten. Die Tiere im Nest spüren von diesem Wechsel der Witterungsfaktoren nichts, auf sie hat der Tag-Nacht-Wechsel mit seinen Temperatur- und Lichtänderungen keinen Einfluß, wenn man die geringfügigen Verlagerungen der Temperaturzonen im Nest und die deswegen notwendig werdenden Brutumlagerungen unberücksichtigt läßt. Deshalb laufen solche Arbeiten, wie Eierlecken, Larvenfüttern, Königinnenpflegen, Beuteverwerten usw., ganz ohne tageszeitlichen Rhythmus ab (OTTO 1958a).

Wir fassen wieder kurz zusammen: Die Ameisenarbeiterinnen zeigen eine ausgeprägte Individualität. Sie drückt sich aus:

1. im unterschiedlichen Zeitpunkt des Wechsels der Arbeiterinnen vom Innendienst zum Außendienst,
2. in einer unterschiedlichen Reizschwelle für die Auslösung der einzelnen Arbeiten und
3. in einer verschieden großen Arbeitstreue.

Aus den verschiedenen individuellen Neigungen (Triebstärken) und aus den augenblicklichen sozialen Bedürfnissen resultiert dann die jeweilige Arbeitsverteilung. Ein Arbeitsplatzwechsel ist bei den Außenarbeiten häufiger als bei den Arbeiten im Nest. Die Außendienstarbeiter zeigen neben ihrer relativen Arbeitstreue eine Ortstreue. Ein Zeitgedächtnis existiert nicht.

Ein bestimmter morphologischer oder physiologischer Faktor, der letzten Endes für die Individualität der Arbeiterinnen verantwortlich gemacht werden kann, konnte bisher noch nicht gefunden werden. Das Alter ist für die Tätigkeit nur insofern ausschlaggebend, als mit dem Altern eine Umstellung von der Betätigung im Nestinnern zum Außendienst stattfindet und damit wahrscheinlich auch eine psychologische Umstimmung der Arbeiterinnen vom vorwiegenden Fluchtverhalten zum aggressiven Verhalten einsetzt. Im ersten, durch den Innendienst gekennzeichneten Lebensabschnitt sind die Maxillardrüsenzellen der Arbeiterinnen größer als zur Zeit des Außendienstes, und die Ovariolschläuche enthalten Eier. Erst nach Resorption dieser Eier verlassen die Tiere das Nestinnere.

8 Die das Staatenleben regulierenden Faktoren

Wir haben den Staat der Roten Waldameisen als ein recht kompliziertes Gebilde kennengelernt, das zwar aus einigen Hunderttausend Einzelwesen zusammengesetzt ist, aber doch als einheitliches Wesen reagiert und funktioniert. Als die Wissenschaft noch keine tieferen Einblicke in das Wesen dieser Gemeinschaft hatte, als den Menschen ein nüchtern sachliches, naturwissenschaftliches Denken noch einigermaßen fremd war, da setzten erste Beschreiber des Ameisenlebens den Ameisenstaat dem Staate der Menschen gleich, und tatsächlich fordert jede erste, oberflächliche Bekanntschaft mit den Ameisen einen solchen Vergleich ohne weiteres heraus. Aber jede nähere Beschäftigung mit den Tatsachen zeigt, daß beide als »Staaten« bezeichnete Erscheinungen durch tiefe Wesensverschiedenheiten voneinander unterschieden sind.

Diese Unterschiede liegen vor allem auf biologischem, auf psychologischem und auf soziologischem Gebiet. Abgesehen von der Geschlechterfrage und der Fortpflanzungsunfähigkeit der das Staatenleben tragenden Individuen sind die Mitglieder eines Ameisenstaates Nachkommen einer oder relativ weniger Mütter. Die Arbeiterinnen im monogynen Staat sind also alle Geschwister, der monogyne Staat gleicht eher einer Familie als einem Menschenstaat. Die Ameisen verrichten ihre Handlungen instinktiv, d.h. sie folgen ihren Trieben, die sie angeborene und nicht erlernte Handlungsweisen ausführen lassen, ohne daß sie selbst irgendwelche Einsicht in den biologischen oder soziologischen Sinn ihrer Handlungen haben. Die Handlungen der Menschen werden mehr oder weniger stark von ihren freien Entscheidungen und Willensäußerungen, von Einsichten und Zweckmäßigkeitsgedanken beeinflußt, wenn die Freiheit ihrer Handlungen auch nur im Rahmen der gegebenen ökonomischen und damit allgemein gesellschaftlichen, historisch gebundenen Verhältnisse und innerhalb biologisch gesetzter Mindestgrenzen liegen muß. Schließlich läuft – um noch die soziologischen Wesensunterschiede zu nennen – das Leben des Ameisenstaates nach inneren, in einer langen Stammesgeschichte erworbenen und erblich fixierten Gesetzmäßigkeiten ab. Auch die menschliche Gesellschaft hat ihre nach bestimmten Gesetzmäßigkeiten verlaufende Entwicklung, aber da diese sich in vielen einzelnen z.T. entgegengesetzten Willenshandlungen der Mitglieder der Gesellschaft manifestiert, benötigt der Staat vom Menschen geschaffene Einrichtungen, um seiner jeweiligen historischen Aufgabe gerecht zu werden. Im Gegensatz zum Staate der Menschen finden wir im Ameisenstaat keine gesetzgebenden Versammlungen, keine selbstgeschaffenen Verfassungen, keine Regenten und keine Beherrschten. Wir können auch nicht von moralischen oder ethischen Werten sprechen. Der Staat wird nur durch biologisch-instinktbiologische Faktoren zusammengehalten. Der Ameisenstaat ist ein biologisches, der menschliche Staat ein gesellschaftliches Gebilde.

Diese, vielen Lesern selbstverständlich anmutende Feststellung mußte doch einmal klar herausgestellt werden, denn im älteren Schrifttum kann man noch häufig genug in kühnsten Vergleichen Gemeinsamkeiten zwischen beiden Staaten aufgezeigt sehen, wobei dann oft der Ameisenstaat dem Menschenstaat als nachahmenswertes Vorbild hingestellt wird. Da ist dann von dem vorbildlichen Fleiß, von der großen Tapferkeit und Verteidigungsbereitschaft u.ä. die Rede, ohne daß auf die gänzlich wesensverschiedene biologische, psychologische und soziologische Grundlage verwiesen wird. Nicht wenig Schuld daran haben die aus den Anfängen der Ameisenkunde stammenden Bezeichnungen, wie z.B. »Königin«, »sklavenhaltende« Ameisen oder das Wort »Insektenstaat« selbst. Uns ist heute klar, daß eine Ameisenkönigin mit einer Regentin nicht das geringste gemein hat, doch hat sich dieses Wort wie alle anderen ähnlichen Begriffe so eingebürgert, daß es nicht günstig wäre, es auszuwechseln.

Der Insektenstaat als organische Einheit ist mit viel größerer Berechtigung mit einem vielzelligen tierischen Organismus zu vergleichen. Ein Tierkörper wird aus vielen Elementarteilen, den Zellen, aufgebaut, die alle von einer Mutterzelle, der befruchteten Eizelle, abstammen. Diese Zellen stellen alle für sich gewisse Lebenseinheiten mit gewisser Individualität dar, die infolge Arbeitsteilung mit bestimmten Aufgaben für den Gesamtorganismus versehen sind. Und im Insektenstaat bilden nun viele solcher Organismen einen Organismus höherer Ordnung. Was da die Eizelle, ist hier die Königin; was da die an der Erhaltung der Art nicht mehr beteiligten, von der Eizelle abstammenden und auf verschiedene Funktionen ausgerichteten Körperzellen, sind hier die ebenfalls geschlechtsuntüchtigen, auf verschiedene Tätigkeiten spezialisierten Arbeiterinnen. Neben dem Gesamtnahrungshaushalt der Organismen hat jede Zelle ihre eigene Ernährung, ihre eigene Atmung, ihren eigenen, sie erhaltenden Stoffwechsel, genauso wie im Ameisenstaat neben dem individuellen Nahrungsbedarf der Tiere noch der große soziale Nahrungshaushalt besteht. Die einzelne Körperzelle ist in ihrer Funktion von der sie umgebenden Temperatur abhängig, gemeinsam schaffen alle Körperzellen jedoch einen

Wärmehaushalt des ganzen Tieres, der bei den Warmblütlern besonders hohe Entwicklung erreicht hat. Auch die Einzelameise hat keinen Wärmehaushalt, doch gleicht der Gesamtstaat durchaus einem gleichwarmen (homoiothermen) Organismus, der in seiner Eigentemperatur von der Außentemperatur in weiten Grenzen unabhängig und für den die gleichmäßige Wärme zur Existenzbedingung geworden ist. Der tierische Körper wächst durch Vermehrung seiner Körperzellen, er pflanzt sich fort durch Erzeugung von männlichen und weiblichen Geschlechtszellen. Der Ameisenstaat wächst durch Vermehrung der Arbeiterinnenzahl, er pflanzt sich fort durch Erzeugung von Männchen und Königinnen.

Die Vergleiche und Parallelen dieser Art können noch vermehrt werden. (Natürlich haben sie wie alle Vergleiche auch ihre Schwachstellen). Sie lassen uns den Ameisenstaat als biologischen Organismus höherer Ordnung erscheinen. Der ganze tierische Körper kann in seiner Gesamtheit nicht mehr funktionieren, kann erkranken, wenn einzelne Zellen oder zu Organen zusammengefaßte Zellgruppen ihrer Aufgabe nicht mehr nachkommen. Die Tätigkeiten und Funktionen aller Zellen und Organe müssen harmonisch und organisch aufeinander abgestimmt sein, wenn der Gesamtorganismus Optimales leisten soll. So ist auch im Insektenstaat, speziell auch im Roten Waldameisenstaat, ein gegenseitiges Abstimmen, ein harmonisches Zusammenarbeiten aller Arbeiterinnen und aller »Berufsgruppen« erforderlich. Wir wollen nun nach solchen das Staatenleben regulierenden Faktoren suchen.

Wieder finden wir dabei Parallelen zum einfachen tierischen Organismus. Hier wird das Zusammenspiel aller Zellen und Organe auf zweierlei Weise geregelt. Einmal verbindet ein Nervennetz alle Körperteile miteinander, und selbst im menschlichen Körper werden sehr viele solcher Prozesse, die gar nicht zum Bewußtsein gelangen, durch Nerventätigkeit gesteuert. Der Organismus, auch der der Insekten, hat für solche Regelungen ein besonderes Eingeweide-Nervensystem, das bei solchen Funktionen, wie Atmung, Verdauung, Darmbewegung, Blutzirkulation usw., eine Rolle spielt. Der zweite Regelungsmechanismus ist mit dem Säftestrom im Körper verbunden. Stoffe, die die einen Zellen ausscheiden, gelangen mit dem allgemeinen Säftestrom, mit dem Blut oder der Lymphe an andere Zellen und können dort bestimmte Wirkungen auslösen. Sie können diese in ihrer Tätigkeit fördern, hemmen oder verändern. Solche vom Säftestrom transportierten Stoffe sind u.a. speziell auch die Hormone. Ebenso stehen auch die Einzeltiere im Waldameisenstaat auf zweierlei Weise miteinander in Verbindung: durch vom Nervensystem gesteuerte (vor allem Sinnes-) Reaktionen und durch den von Tier zu Tier gehenden Futtersaftstrom.

Widmen wir diesem Futtersaftstrom zunächst unsere Aufmerksamkeit: Wenn man sich eine *F. rufa-* oder *F. polyctena*-Arbeiterin ihren Kropf mit radioaktiv markiertem Honigwasser vollsaugen läßt und diese Arbeiterin in eine größere Gruppe von Ameisen setzt, so kann man sich durch Impulszählungen überzeugen, wie der Weg des Futters von Tier zu Tier weitergeht und mit welcher Geschwindigkeit die Verteilung stattfindet. Solche Versuche wurden von GÖSSWALD & KLOFT (1956b, 1960a) durchgeführt. Danach vermag eine Arbeiterin aus ihrem Kropf ungefähr 8-10 hungrige Nestgenossinnen unmittelbar zu füttern. Diese geben dann ihrerseits das Futter weiter. Gibt man zu 50 Tieren ein weiteres mit gefülltem Kropf, so haben nach 4 Stunden insgesamt 14 Tiere eine Portion von dessen Kropfinhalt abbekommen. In 20 Stunden haben maximal 41 Tiere aus diesem Kropf stammendes radioaktives Futter erhalten. Bei einer optimalen Temperatur von 24-26°C, die ungefähr der Nesttemperatur gleichkommt, kann in 4 Stunden der Kropfinhalt einer einzigen Arbeiterin sogar auf 80 Gefährtinnen verteilt sein! Diese Zahlen decken sich gut mit den Ergebnissen anderer Autoren (WELLENSTEIN 1929, WILSON & ELSNER 1957).

Zur Frühjahrszeit beteiligen sich an der Futterweitergabe im Volk auch die geflügelten Jungköniginnen und sogar die Männchen. Im Gegensatz zu den reifen Königinnen erhalten die Jungköniginnen vor dem Hochzeitsflug einfache Kropfnahrung (GÖSSWALD & KLOFT 1960a, b).

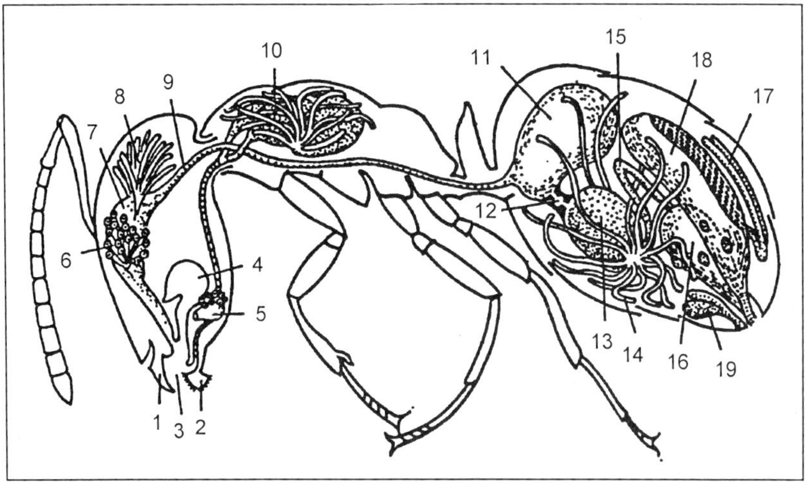

Abb. 29: Darmtrakt und Drüsen einer Waldameisenarbeiterin: 1 Oberlippe, 2 Zunge, 3 Mundhöhle, 4 Infrabuccaltasche, 5 Mandibulardrüse, 6 Maxillardrüse, 7 Schlund (Pharynx), 8 Schlunddrüsen (Postpharynxdrüsen), 9 Speiseröhre, 10 Zungendrüse (Labial-, Thoraxdrüse) mit Ausführgang zur Zunge, 11 Kropf, 12 Kropfverschluß, 13 Magen, 14 Nierenschläuche (Malpighi-Gefäße), 15 Enddarm, 16 Enddarmblase, 17 Giftdrüse, 18 Speicherblase für das Ameisengift, 19 Nebendrüse (aus OTTO 1971).

Wir müssen annehmen, daß der Nahrungsbrei im Kropf der Arbeiterinnen nicht unverändert bleibt. Am Mundfeld der Arbeiterin und in den vordersten Abschnitt des Darmkanales, den Schlund (Pharynx), münden zahlreiche Drüsen. Wissen wir zwar in den wenigsten Fällen etwas Genaueres über die Beschaffenheit und Wirkung der einzelnen Drüsensekrete, so ist immerhin anzunehmen, daß wenigstens einige entsprechend der Lage ihrer Mündung ihr Sekret in den Darmkanal entleeren, wo es sich im Kropf mit der anderen Nahrung mischt. Bei den Honigbienen sind die Drüsenfunktionen und die Veränderungen des Nektars im Kropf der Bienenarbeiterin übrigens recht genau untersucht.

Es ist hier der Platz, die Drüsen der Arbeiterinnen von *F. rufa* und *F. polyctena* etwas näher zu betrachten. Nach einem Vorschlag von JANET (1898) werden die Drüsen der Insekten nach dem Ort ihrer Mündung benannt.

Die Postpharynxdrüse (Schlunddrüse) ist eine paarige, am Übergang vom Schlund zur Speiseröhre gelegene Ausstülpung der Vorderdarmwand in Form zweier Säckchen, die sich fingerartig in Hohlschläuche verzweigen. Diese Schläuche nehmen im Kopf viel Raum ein, sie liegen teils vor, teils über dem Gehirn. Die Wände des Säckchens sowie der fingerförmigen Schläuche werden von einem einschichtigen polyedrischen Drüsenepithel gebildet. Das Sekret entleert sich in das Innenlumen und gelangt von dort aus in den Schlund und damit in das Darmrohr (MEINERT 1861, LUBBOCK 1883, JANET 1898, HESELHAUS 1922, OTTO 1958a, c). Wegen ihrer Mündung in den Vorderdarm werden die Postpharynxdrüsen von allen Autoren als echte Speicheldrüsen betrachtet. Ihr Sekret könnte sich ohne weiteres mit dem Kropfinhalt mischen. Sie könnte andererseits auch als Ferment- und Speichellieferant bei der extraintestinalen Verwertung von Fleischnahrung dienen. Das Drüsenepithel ist bei jungen Tieren zunächst flach und erreicht dann im Laufe der ersten 20 Lebenstage mehr als die doppelte Höhe. Mit 27-37 Tagen hat es seinen Höhepunkt erreicht und geht dann wieder etwas zurück. Unterschiede im Ausbildungsgrad bei den Arbeiterinnen der verschiedenen Beschäftigungsgruppen bestehen nicht, auch nicht zwischen Innen- und Außendiensttieren (OTTO 1958a). Histologische Untersuchungen lassen jedoch bei allen Tieren auf eine gesteigerte Funktion zur Zeit der Geschlechtstieraufzucht schließen (BAUSENWEIN 1956). Bei der Honigbiene ist eine entsprechende (homologe) Drüse nicht vorhanden (OTTO 1958c).

Die Maxillardrüse (Unterkieferdrüse) (MEINERT 1861, JANET 1898, OTTO 1958a, c) wird von einer paarigen Gruppe freiliegender, kugelförmiger, voneinander isolierter Einzelzellen gebildet, die rechts und links in der Nachbarschaft der Infrabuccaltasche liegen. (Diese Tasche ist eine ventrale sackartige Ausstülpung des Mundfeldbodens, in der sich chitinige Nahrungsreste und beim Körperbelecken anfallende Schmutzpartikelchen ansammeln.) Von jeder Drüsenzelle führt ein dünnes Kanälchen zu einer kurzen rechten und linken keulenförmigen Einsenkung des Mundhöhlendaches in der Nähe des Ursprunges der Unterkiefer (1. Maxille). Die Spitze dieser Einsenkungen wird durch die Vielzahl der Kanälchen siebartig durchbrochen. Bei den Bienen hat diese Drüse eine höhere Entwicklungsstufe erreicht, sie wird dort Pharynx- oder Futtersaftdrüse genannt, denn es ist erwiesen, daß sie den Bienen den Futtersaft für die Junglarvenaufzucht liefert. Außerdem liefert sie den Bienen auch Fermente für die Honigbereitung (OTTO 1955). Über die Funktion der Maxillardrüsen der Ameisen liegen noch keine Angaben vor. Wir wissen nur, daß bei Innendiensttieren die Drüsenzellen etwas größer und damit funktionstüchtiger sind als bei Tieren des Außendienstes (OTTO 1958a, c). Dies und der Umstand ihrer Verwandtschaft mit der Futtersaftdrüse der Honigbienen können auch hier auf eine Funktion bei der Larvenernährung bzw. auf eine Rolle bei der Veränderung des Kropfinhaltes hindeuten.

Die Mandibulardrüse (Oberkieferdrüse) (MEINERT 1861, JANET 1898, HESELHAUS 1922, OTTO 1958a) ist in ihrer Funktion besonders unklar. An den inneren Gelenkflächen der Oberkiefer (Mandibeln) befindet sich beiderseits die Mündung eines Säckchens, das jeweils an der Seite des Kopfes zwischen Mandibelgelenk und dem Vorderrand des Facettenauges liegt. Dieses Säckchen ist das Reservoir der Mandibulardrüse. Die großen Drüsenzellen bilden eine Zellplatte, die der Innen- und Oberseite des Säckchens anliegt, sich um dessen Hinterende herumzieht und auch den hinteren Teil seiner Außenwand bedeckt. Die Funktion ist auch bei der Honigbiene nicht geklärt, sie ist dort wie bei den Ameisen bei allen Tieren aller Altersstufen gleich stark entwickelt. Man denkt bei den Bienen an Regulationsfunktionen bei der Entwicklung und Funktion bestimmter Organe der Königinnen und der Arbeiterinnen (KRATKY 1931), oder man spricht davon, daß ihr Sekret das Gespinst des Puppenkokons löst und somit beim Schlüpfen der Jungtiere wichtig ist (DREHER 1936). Bei Hummeln *(Bombus)* kommt ihr vielleicht auch eine Bedeutung als Duftspender zu (HAAS 1952). Bei vielen Ameisenarten, so z.B. bei der ein Kartonnest bauenden *Lasius fuliginosus* LATR. fungiert das Sekret als Kittsubstanz beim Bauen (JANET 1898, BISCHOFF 1927, STITZ 1939). Die spezielle Funktion der Drüse bei unseren Roten Waldameisen steht noch offen. Vielleicht dient sie auch dem Einspeicheln der Eier oder dem Körperbelecken, das mit reichlichem Einspeicheln verbunden ist.

Die Labialdrüse (Thoraxdrüse, Zungendrüse) (MEINERT 1861, JANET 1898, HESELHAUS 1922, BAUSENWEIN 1956, OTTO 1958a) liegt im Brustabschnitt der Ameise, die Mündung ihres Ausführganges befindet sich jedoch an der

Zungenwurzel (2. Maxillen). Von der Zungenwurzel zieht sich der Ausführgang im Kopf unterhalb des Gehirnes bis zur dünnen Verbindung zwischen Kopf und Thorax. Sofort nach dem Eintritt in den Thorax gabelt er sich in 2 Stränge, die jederseits zu einem mächtigen Reservoir anschwellen. Dieses Reservoir erstreckt sich bis etwa in die Mitte des Thorax, dann verengt es sich wieder zu einem dünnen Kanal, der sich unter das Reservoir anlegend wieder kopfwärts zieht. Nach kurzer Strecke verzweigt es sich in viele fingerförmige Drüsenschläuche. Diese besitzen ein einschichtiges Zellepithel, das sich zur dünnen Röhre formt und im Inneren einen feinen Abflußkanal freiläßt. Für die Bienen nimmt man an, daß das Sekret dem Feuchthalten der Zunge und dem Lösen festen Zuckers dient (KRATKY 1931). Im Kapitel 5 wurde bereits dargestellt, daß das Labialdrüsensekret bei den Roten Waldameisen die ausschließliche Nahrung der Königinnen und Geschlechtstierlarven ist. Die Drüse hat als Lieferant des Futtersaftes nach der Frühjahrssonnung eine gesteigerte Funktionstätigkeit.

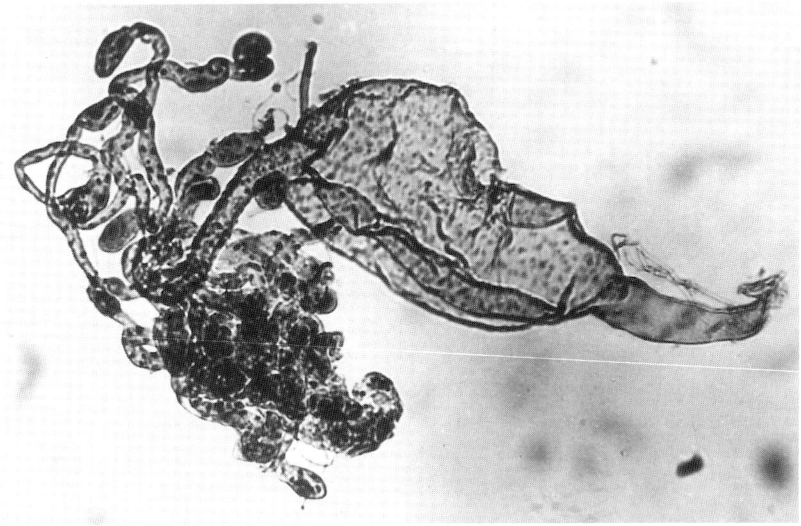

Abb. 30: Der im Thorax gelegene Teil der Labialdrüse.

Von den genannten 4 Drüsen hat die Mandibulardrüse sicher am wenigsten etwas mit dem Nahrungsstrom zu tun. Die Postpharynxdrüse und die Maxillardrüse könnten für die fermentative Veränderung des Kropfinhaltes von Bedeutung sein. Die Labialdrüse liefert ein Sekret, das selbständig und unabhängig von einer Regurgitation des Kropfinhaltes weitergegeben werden kann und zur Ernährung von Königinnen und

Geschlechtstierlarven dient. Dieses Sekret hat wesentlichen Anteil bei der Entwicklung der Larven zu Königinnen (s.S. 56 u. 57) und für die Regulation der Fruchtbarkeit von Königinnen und weisellosen Arbeiterinnen (s.S. 50: »profertiler Stoff«).

In den Nahrungsstrom werden alle Individuen einbegriffen, und in dem erwähnten Experiment mit radioaktiv markiertem Futter kommt es zu einer Normalverteilung der eingebrachten Nahrung derart, daß schließlich die meisten Tiere in mittlerer Stärke radioaktiv sind, stärker oder schwächer radioaktive Tiere gemäß einer Normalverteilungskurve in entsprechend geringerer Zahl vorhanden sind (GÖßWALD & KLOFT 1960a).

Der Futteraustausch bleibt im allgemeinen auf das eigene Volk beschränkt. Selbst dort, wo viele *F. polyctena*-Nester dicht nebeneinander liegen und sich die Jagdgebiete und Straßensysteme der Einzelvölker berühren und überschneiden, bleibt das Verfüttern von Kropfinhalt zwischen den Außendiensttieren normalerweise auf Tiere gleicher Herkunft beschränkt. Ein allen Tieren anhaftender, durch Zusammensetzung der Nahrung und Geruchseigenschaften des Nestmaterials entstandener spezifischer Volksgeruch, der sich dem angeborenen Artgeruch beimischt, bewirkt, daß die Tiere des eigenen Volkes bevorzugt gefüttert werden (LANGE 1960c).

Bei näherer Betrachtung ist jedoch zu erkennen, daß die Verteilung des Nahrungsstromes nicht regellos von Tier zu Tier erfolgt. Es füttern nicht einfach nur Tiere mit vollem Kropf solche mit leerem. Oftmals wird der Futtertropfen mehrmals zwischen Tieren hin und her gegeben. Eine Arbeiterin, die gerade noch Futter abgab, wird im nächsten Moment wieder von einem Tier gefüttert, das kurz vorher selbst erst Futter empfangen hat (OTTO 1958a). In den Versuchen von GÖßWALD und KLOFT (1956a, b) mit markiertem Futter hatten selbst in kleineren Fütterungsgruppen einzelne Tiere nach längerer Zeit noch keinen Anteil am eingebrachten Futter. Dieselben Versuche zeigten auch deutlich, daß zuerst die großen, dann die mittleren und erst in letzter Linie die kleinen Tiere bei den Fütterungen berücksichtigt werden. Jungtiere wenden sich beim Nahrungsspenden und Nahrungsempfangen besonders an ältere Tiere. Sind frisch geschlüpfte Tiere beim Nahrungsaustausch nur aufeinander angewiesen, so unterbleibt die bekannte Entwicklung der Ovarien, selbst wenn ausreichend Futter vorhanden ist. Der Entwicklungszyklus der Ovarien läuft nur normal ab, wenn sich die Jungtiere in Gesellschaft von älteren Gefährtinnen befinden (OTTO 1958a).

In einem kompletten, funktionsfähigen Ameisenstaat sind die Verhältnisse noch etwas anders als in kleinen Versuchstiergruppen. Vor allem muß bei den Betrachtungen unterschieden werden, welcher Natur die im

Kropf eingebrachte Nahrung ist. Irgendwie – entweder an typischen Verhaltensweisen oder am Geruch – müssen die Futterpartner das physiologische Alter ihres Gegenübers erkennen; denn je nachdem, ob Fleischbrei oder Honigwasser geboten wird, werden unterschiedliche Gruppen bei der Fütterung bevorzugt. Auch diese Erkenntnisse wurden mit radioaktiv markierter Nahrung gewonnen, wobei nach vollzogener Beobachtung die beteiligten Tiere seziert und der Ausbildungszustand ihrer Eischläuche eingeschätzt wurde. So ließ sich nachträglich eine Aussage darüber treffen, ob die Fütterungspartner Innen- oder Außendiensttiere waren. Nach diesen Befunden wird eingetragenes Zuckerwasser (Honigtau) bevorzugt an Tiere mit leeren Eischläuchen verfüttert und von diesen rasch unter ihresgleichen weitergegeben. Innendiensttiere erhalten davon erst spät und in geringen Mengen und geben es auch nur in geringem Umfange weiter. Ursache für das späte Einschalten der Innendiensttiere in die Futterkette ist nicht eine räumliche Verteilung der Tiere im Nest, sondern eine echte Bevorzugung der Außendiensttiere. Fleischbrei und Körpersäfte erbeuteter Insekten werden von den Einträgern oder Fleischverwertern dagegen bevorzugt an Arbeiterinnen mit wohlentwickelten Keimdrüsen abgegeben; in die Verteilungskette werden nur wenige Alttiere (Außendiensttiere) eingeschaltet. Die Innendiensttiere geben an ihresgleichen vergleichsweise häufiger Kropfinhalt mit eiweißreicher, tierischer Nahrung weiter als mit Honiganteil. Durch diese differenzierte Kanalisierung des Nahrungsstromes wird die energiespendende, kohlehydratreiche Honigtau-Nahrung vorwiegend unter den Außenarbeitern mit hohem Energiebedarf aufgeteilt. Die Eiweißnahrung dagegen wird besonders zum Aufbau von Körpersubstanz durch die eierproduzierende Königin und die wachsenden Larven gebraucht. Solche Nährstoffe werden auf kürzestem Wege an die Innendiensttiere abgegeben, die sie dann ihrerseits der Königin bzw. den Larven in Form des Futtersaftes weiterreichen (LANGE 1958c, 1960b, OTTO 1971) (s. Abb. 32, S. 120).

Die Untersuchungen über die Nahrungskonkurrenz zwischen Königin und Brut und über die Verfütterung des »profertilen Stoffes« (siehe Kapitel 5) lassen erkennen, daß als Auslösereiz dieser besonders gehaltvollen Nahrung der Königinnenduft wirken muß. Fehlt die Königin, dann werden solche Arbeiterinnen gefüttert und damit fruchtbar gemacht, die den größten Königinnenduft an sich haben (BIER 1954, 1956, GÖßWALD & BIER 1954b). Werden zwei gleich große Arbeiterinnengruppen 48 Stunden ohne Nahrung gehalten, eine von ihnen in einem doppelgittrigen Käfig inmitten eines Nestes, die andere frei im Laboratorium, und werden dann beide Gruppen mit Tieren des Nestes zusammen in ein Gefäß gegeben, so wird die Gruppe mit Nestgeruch bevorzugt gefüttert. Auch bei den Fütterungen zwischen den Tieren der Versuchsgruppen geht der Futterstrom mehr von der Laboratoriumsgruppe zur Gruppe mit Nestgeruch. Werden bei einem neuen Versuch beide Hungergruppen in Gazekäfigen ins Nest gestellt, einer aber eine tote Königin beigegeben, so werden dann im Versuchsgefäß die Arbeiterinnen mit dem Königinnenduft wieder bevorzugt vor denen mit einfachem Nestduft gefüttert (LANGE 1958c).

Abb. 31: Der Nahrungsstrom: Futterweitergabe an eine Arbeiterin und an eine Königin.

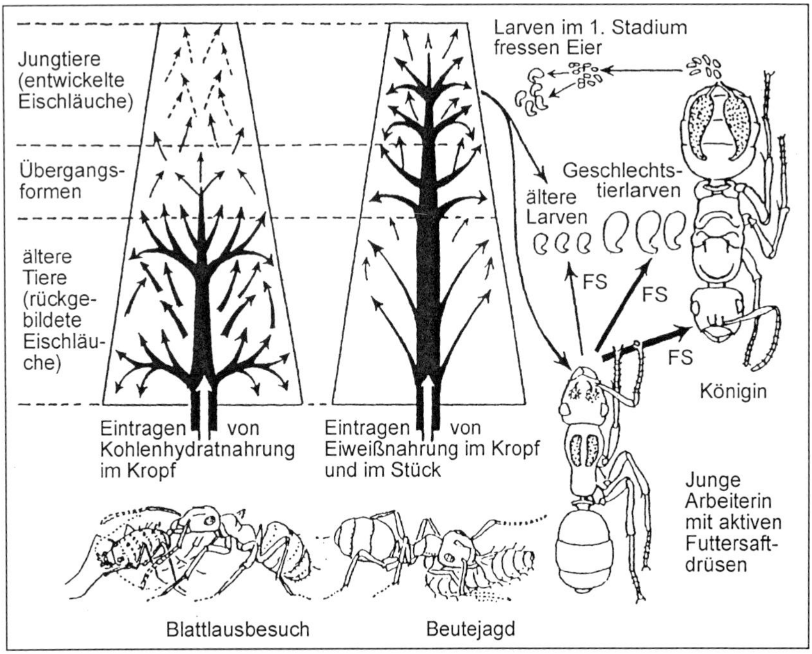

Abb. 32: Schema der Nahrungsverteilung und des Nahrungsstromes im Waldameisenvolk. Die »Pfeilbäume« geben die unterschiedliche Aufteilung von kohlehydrat- und eiweißreichem Kropfinhalt wieder (nach einer Darstellung von LANGE). Die mit Eiweißnahrung gefütterte Jungarbeiterin (rechts unten) gibt Futterdrüsensaft (FS) ab. Die mit Drüsensaft gefütterte Königin produziert Eier, die z.T. als Nahrung für Junglarven dienen (aus OTTO 1971).

Nach diesen Arbeiten besteht also im Roten Waldameisenvolk ein von der Königin ausgehender Duftgradient, der für die Futterverteilung von Bedeutung ist. Die Nahrungssammler des Außendienstes verfüttern ihren Kropfinhalt daher nicht direkt an die Königin, sondern zunächst an Innendiensttiere, diese geben ihn weiter an Tiere mit immer stärkerem Königinnenduft. Dabei spielen die Drüsenausscheidungen eine besonders große Rolle.

Die Königin wird schließlich nur mit reinem Drüsensaft gefüttert. Wir wissen, daß sie dabei ebenso wie die Geschlechtstierlarven nicht mit dem Sekret weniger Arbeiterinnen auskommt. Wir haben in Kap. 5 erfahren, daß zur Aufzucht von Geschlechtstieren mindestens 30 Arbeiterinnen vorhanden sein müssen. Ist nun aber eine Königin in der Nähe, so bringt sie es durch ihren starken Duftreiz fertig, den ganzen Sekretstrom zu sich zu lenken (GÖßWALD & BIER 1960).

Bei Anwesenheit einer oder mehrerer Königinnen und Brut muß also eine große Zahl Arbeiterinnen in den Prozeß der Futtersafterzeugung eingeschaltet sein. In diesem Zusammenhang sei darauf hingewiesen, daß es bei den Untersuchungen zur Arbeitsteilung auffiel, daß es im Volke viele untätige Arbeiterinnen gab. Es konnten einige Tiere ihr ganzes Leben lang nicht ein einziges Mal bei einer der üblichen sozialen Beschäftigungen beobachtet werden. Sie putzten lediglich sich und ihre Gefährtinnen, standen mit diesen in Futteraustausch und saßen meist träge in einer Kammer. Daß es sich dabei vorwiegend um große Tiere handelt, deckt sich mit dem Umstand, daß große Tiere beim Futteraustausch bevorzugt werden. Es ist wahrscheinlich, daß diese Tiere wichtige Zwischenstationen im Säftestrom des Ameisenstaates sind (OTTO 1958a).

Wir sehen also alle Tiere des Ameisenvolkes untereinander verbunden durch einen Säftestrom. Dabei werden auch von Drüsen erzeugte Stoffe weitergegeben, die bei anderen Gliedern der Nahrungskette bestimmte Funktionen ausüben. Sie regeln die Fruchtbarkeit von Königinnen und Arbeiterinnen, sie nehmen Einfluß auf die Kastenbestimmung der weiblichen Brut, der Nahrungsstrom regelt den Ovarienzyklus der Arbeiterinnen und damit deren Betätigung im Innen- und Außendienst, und vielleicht hat er noch weit mehr Aufgaben, als wir zur Zeit übersehen.

So bemerkte LANGE (1960c) anläßlich seiner Untersuchungen über die Futterweitergabe zwischen Angehörigen verschiedener *F. polyctena*-Staaten, daß die Arbeiterinnen, die als Fremdlinge in Minderheit einer größeren Arbeiterinnengruppe mit anderem Volksgeruch zugegeben wurden, häufig die Mandibeln spreizten und Kropfinhalt hervorwürgten, selbst dann, wenn sie viel hungriger waren als die sie umgebenden Tiere. Dieses Futteranbieten der Minderheit deutet LANGE im Sinne der Tierpsychologie als Demutshaltung. »Ähnliches kann man auch draußen sehen, wenn man nestfremde Arbeiterinnen auf einen Ameisenhügel setzt. Oft bleiben sie ruhig stehen, spreizen die Mandibeln und pressen einen Tropfen Kropfinhalt hervor. Gewöhnlich dauert es längere Zeit, bis die Nestbewohner sie an Beinen und Fühlern fassen und ihnen den Kropfinhalt abnehmen. Dagegen werden fliehende Ameisen meist schon nach kurzer Wegstrecke festgehalten, betastet und fortgeschleppt«.

Eine weitere Funktion des Futteraustausches wurde von ZAHN (1958) entdeckt. Durch ein hohes Feuchtigkeitsbedürfnis sind den Ameisen beim Aufenthalt im Freien bei höheren Temperaturen Grenzen gesetzt. Jedes Tier hat einen eigenen Wasserhaushalt, der nicht gefährdet werden darf. Zur Zeit der Frühjahrssonnungstraube und auch zur Zeit der Herbstsonnung besitzen die Ameisen einen reichlichen individuellen Nahrungsvorrat. Ihr Fettkörper ist stark entwickelt, was sich auch günstig auf den

Wasserhaushalt des Körpers auswirkt, so daß die Tiere leichter die intensive Besonnung ertragen. Müssen sich aber zur Zeit der sommerlichen Aktivitätsperiode Tiere längere Zeit höheren Temperaturen aussetzen, so besteht für sie die Gefahr, daß ihr körpereigener Wasserhaushalt ins Defizit gerät. Sie entgehen dieser Gefahr u.a. dadurch, daß sie sich recht häufig füttern lassen. Das ist besonders in sommerlichen Sonnungstrauben der Fall. Neben einem häufigen Individuenaustausch mit dem Nestinneren finden in der Traube ständig Fütterungen statt.

ZAHN spricht direkt von einem sozialen Wasserhaushalt, der es ermöglicht, daß einige Tiere auch an solchen Orten ihre sozialen Tätigkeiten ausüben können, an denen sie auf sich allein gestellt Austrocknungsgefahren ausgesetzt sein würden. Herrscht im Neste zur Zeit erhöhter Brutaufzucht besonders hoher Nahrungsbedarf, so geht dies u.a. auf Kosten der Fütterungen zum Zwecke des Wasserhaushaltes. Als Folge davon suchen die Ameisen beim Sonnen oder Wärmen außerhalb des Nestes tiefere Temperaturen auf. Man kann den Gedanken weiter verfolgen und folgern, daß dadurch nicht so viel Wärme ins Nest getragen werden kann, im Nest sich etwas kühlere Temperaturen einstellen, dadurch der Stoffwechsel der Larven herabgesetzt und schließlich dadurch wieder weniger Futter verbraucht wird. So hat sich über den Futteraustausch der Futterbedarf wieder auf ein normales Maß einreguliert. – Wir hätten ein weiteres Beispiel der Regulation im Ameisenstaat durch den allgemeinen Säftestrom. Diese letztgenannte Erscheinungskette bedarf allerdings noch einer Festigung durch weitere Experimente.

Andere Möglichkeiten einer gegenseitigen Beeinflussung durch einen Säftestrom, die bei anderen Ameisenarten bekannt geworden sind, bedürfen bei *F. rufa* und *F. polyctena* ebenfalls noch eines Nachweises. So hat WHEELER (1918, siehe auch RÜSCHKAMP 1921) gezeigt, daß bei vielen Arten die Larven Säfte ausscheiden, die von den Arbeiterinnen gern verzehrt werden. WHEELER nimmt an, daß nur dieses Larvensekretes wegen die Brut gepflegt wird, und führt die ganze soziale Brutfürsorge auf diese von ihm »Trophallaxis« genannte Erscheinung zurück. Eine andere interessante Form der Stoffzirkulation entdeckte TOROSSIAN (1959) bei der Ameise *Dolichoderus quadripunctatus* L. Hier scheiden die Arbeiterinnen Nahrungstropfen aus dem Enddarm aus, die sie je nach der biologischen Situation im Nest an ihresgleichen, an die Königin oder an die Brut verfüttern.

Diesbezügliche Beobachtungen fehlen bei den Roten Waldameisen noch fast vollständig. Bei GÖßWALD (1959b, auch GÖßWALD & KLOFT 1960a, b) findet sich die Mitteilung, daß radioaktiv gemachte Larven auf bisher nicht radioaktive Ammen tatsächlich in geringem, aber zunehmendem

Maße Aktivität übertragen. In diesem Zusammenhang sei auch mitgeteilt, daß *F. polyctena*-Königinnen durch eine Vielzahl von Hautdrüsen, die besonders zahlreich im Brustabschnitt liegen (Metathoracaldrüsen), ständig bestimmte Stoffe ausscheiden, die durch Arbeiterinnen aufgenommen und weitergegeben werden (BERWIG 1959).

Die zweite Möglichkeit zur Regulation und Abstimmung aller Arbeitsgänge ist mit nervösen Vorgängen in den Ameisen verbunden. Bestimmte Zustände im Nest und bestimmte Bewegungen und Duftstoff- (Pheromon)Abgaben der Nestgefährten, die von den Sinnesorganen der Arbeiterinnen wahrgenommen werden können, wirken als auslösende Reize für den Ablauf bestimmter Instinkthandlungen bei den Reizempfängern. Um den Regelmechanismus verstehen zu können, müssen wir uns kurz anschauen, was die Tierpsychologen Grundsätzliches über die Instinkthandlungen zu sagen wissen. Diese Grundlagen wurden schon vor etwa 70 Jahren durch die Verhaltensforscher LORENTZ (1937) und TINBERGEN (1948, 1952) erkannt, sie werden von der Verhaltenswissenschaft aber auch heute noch als prinzipiell gültig anerkannt (z.B. MCFARLAND 1999).

Die Bewegungsfolgen einer Instinkthandlung sind erblich festgelegt und für jede Art typisch, wenn sie auch jedes Mal auf ein konkretes Objekt ausgerichtet werden. So sind auch bei den Ameisen die verschiedenen Aktivitäten und Tätigkeiten, das Füttern und Pflegen, das Transportieren und Bauen, das Jagen und »Blattlausmelken«, das Kämpfen und Verteidigen ererbte Verhaltensmuster, deren Ablauf arttypisch völlig gleichartig ist, egal ob wir die Beobachtungen an einem Nest in einer Kiefernheide Norddeutschlands oder in einem Fichtenbestand im Gebirge durchführen.

Eine Instinkthandlung kann normalerweise nur unter 2 Voraussetzungen ablaufen:

1. muß das Tier eine innere Bereitschaft zur Ausübung der Handlung haben, d.h., es muß sich in einem inneren Erregungszustand befinden, der das Tier geradezu zur Ausführung der entsprechenden Handlung treibt. Dieser Trieb richtet sich lediglich auf den bloßen Ablauf der zur Instinkthandlung gehörenden Bewegungsfolgen, nicht etwa auf die Erfüllung der biologischen Bedeutung der Handlung.
2. müssen die Handlungen durch ganz bestimmte, typische Reize ausgelöst werden, Reize, die vom Partner, von der Brut, von der Nahrung, vom Feind oder anderem ausgehen (Abb. 33, S. 125).

Diese spezifischen Reize sind im dunklen Inneren des Nestes vor allem chemische Signale, also Düfte oder Sekrete an der Körperoberfläche. Aber auch mechanische Reize und Bewegungen dienen als Auslösereize, so z.B. die Bettelbewegungen hungriger Larven oder das gegenseitige Streicheln und Betrillern mit Vorderbeinen und Fühlern als Auslöser für den Futteraustausch zwischen den Arbeiterinnen oder auch das Stoßen mit dem Kopf zur allgemeinen Aktivierung von Nestgenossinnen bei Alarm. Dabei sind es erstaunlich wenige und meist sehr einfache Schlüsselreize, die das Leben im Insektenstaat steuern (siehe z.B. FRANCKE et al. 1980).

Ist ein Tier von einem Trieb stark erfüllt, besitzt es einen hohen spezifischen inneren Erregungszustand, so kann es aktiv die Auslösereize suchen, die die Ausführung der Triebhandlung ermöglichen. Ist die Ausführung der eigentlichen Instinkthandlung auch angeboren und von einer Erfahrung der Tiere völlig unabhängig, so kann doch in der vorbereitenden Phase, in der die Tiere nach Möglichkeiten zum Abreagieren ihrer Triebe suchen, die individuelle Erfahrung eine große Rolle spielen. Sind die Tiere z.B. in einer Erregung, die sie in Jagdstimmung versetzt, so können sie auf Grund ihrer erworbenen Erfahrung einen Ort aufsuchen, der viele Beutemöglichkeiten bietet, d.h. an dem der Jäger besonders häufig auf Reize trifft, die eben spezifisch für die Beutetiere sind und die deshalb das Kampfverhalten auslösen.

Wir hatten im Kapitel 7 über die Arbeitsteilung festgestellt, daß bei den Arbeiterinnen die Triebstärke für eine bestimmte Instinkthandlung von Tier zu Tier verschieden stark ausgebildet ist. Je stärker der spezifische Erregungszustand, desto niedriger ist die Reizschwelle für die Auslösereize. Schwache spezifische Reize wirken bei Tieren mit starkem Trieb daher bereits auslösend, bei den übrigen noch nicht. Je stärker die Reizsituation wirkt, desto mehr Arbeiterinnen werden in die Handlung einbezogen.

Auf diese Weise regelt sich die Verteilung der Arbeit auf die Ameisen eines Volkes ganz nach den sozialen Bedürfnissen. Ist z.B. im Verhältnis zur Anzahl der augenblicklichen Brutpfleger zuviel Brut da, so werden die übrigen Arbeiter immer öfter auf starke Brutreize treffen, auf unzureichend eingespeichelte Eier, auf hungrige Larven, auf unsaubere Puppenkokons usw. stoßen. Diese häufigen starken Reize lösen schließlich auch bei Arbeiterinnen mit geringerer Bereitschaft die entsprechenden Pflegehandlungen aus. Je tiefer die Temperatur im Nest während des Sommers absinkt – um ein anderes Beispiel zu nehmen –, um so aufdringlicher wird der durch die Differenz von »Ist« und »Soll« der Nesttemperatur gesetzte Reiz, desto mehr Arbeiterinnen werden veranlaßt, den Wärmeträgerdienst aufzunehmen oder die Brut umzulagern.

Wenn auch auf diese Zusammenhänge viele Beobachtungen recht eindringlich hinweisen, fehlen noch eingehendere experimentelle Forschungen. Sehr wenig Konkretes wissen wir erst, in den wenigsten Fällen sind die typischen Auslösereize bekannt, vieles ist noch hypothetisch. Doch ist das Grundsätzliche, das Wesentliche, nämlich das Einregulieren der Arbeitsverteilung nach individueller Bereitschaft und nach sozialen Erfordernissen bereits eindeutig experimentell bewiesen (OTTO 1958a).

Daß die Funktionen der Individuen durch die Tätigkeit ihrer Nervensysteme aufeinander abgestimmt werden können, zeigt sich besonders dort, wo die Tiere mit den Mitteln der Reizgebung und des Reizempfanges gegenseitig in Verbindung treten. Das Verhalten einer Ameise wirkt als Reiz auf ihre Gefährtinnen und löst dort ein entsprechendes spezifisches Verhalten aus. So bewirken die Fühlerschläge einer bettelnden Arbeiterin, daß die »Angesprochene« Kropfinhalt hervorwürgt und anbietet. Das Zerren und Drehen eines Transporteurs führt dazu, daß das gezerrte Tier sich einrollt. Der Geruch fremder Eindringlinge löst das typische Angriffs- und Kampfverhalten aus. Da es sich in diesen Fällen um echte Instinkthandlungen handelt, erfolgt die Reaktion bei den »Angesprochenen« nur, wenn diese auch die innere Bereitschaft dazu haben. Oftmals betteln Ameisen vergeblich, oftmals auch bieten Arbeiterinnen vergeblich Futtersaft an (KLOFT 1954), nicht immer sind die Ameisen bereit, sich transportieren zu lassen.

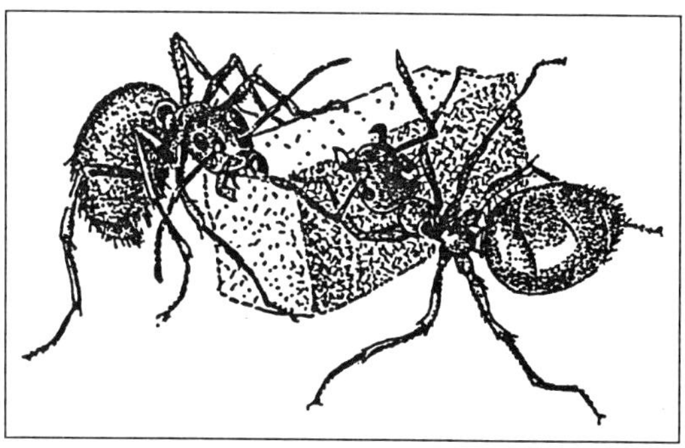

Abb. 33: Ein Stück trockenes Holundermark, das mit toten nestfremden Arbeiterinnen eingerieben wurde, erregt das Interesse der Waldameisen; es wird attackiert und gebissen (aus OTTO 1971).

Neben diesen spezifischen Reaktionen zwischen zwei Tieren gibt es auch noch unspezifisch wirkende. Eine erregte Ameise überträgt einfach ihre unspezifische Erregung auf andere. Sie bedient sich dabei vor allem 4 verschiedener Mittel: Sie läuft entweder hastig zwischen den ruhig sitzenden Gefährtinnen umher. Sie kann die Gefährtinnen mit Fühlern und Vorderbeinen sehr heftig betrommeln. Sie kann die unerregten Arbeiterinnen an den Oberkiefern packen und kurzzeitig ruckartig zu zerren versuchen. Schließlich kann sie mit dem Kopf voran mehrmals ruckartig auf die Gefährtin zustoßen. In allen Fällen wird erreicht, daß die zunächst ruhig ihren gewohnten Beschäftigungen nachgehenden oder die untätig umherstehenden Arbeiterinnen selbst unruhig werden und schließlich selbst zu hasten beginnen. Die Erscheinung ist immer dann zu beobachten, wenn aus irgendeinem Grunde eine größere Schar Arbeiterinnen aktiviert werden soll. Außendiensttiere, die eine reiche Futterquelle entdeckt haben, können ins Nest zurückgekehrt auf diese Weise Nestgenossinnen zur Verstärkung mobilisieren, die dann (einer Duftspur folgend, siehe Kapitel 9) ihrerseits zur Nahrungsquelle laufen.

Nimmt ein Experimentator eine Arbeiterin auf, beunruhigt sie auf irgendeine Weise und setzt sie dann an ihren Platz zurück, so teilt das Tier seine Erregung in der beschriebenen Weise den benachbarten Ameisen mit, die nun ihrerseits unruhig werden. Erfolgt kein weiterer Eingriff, klingt die Aufregung bald wieder ab.

Deckt man einen Teil eines Kunstnestes auf, so alarmieren die geflüchteten Arbeiterinnen auch die Gefährtinnen in dem ungestörten Nestteil, so daß bald das gesamte Volk von der Erregung ergriffen ist.

Kühlt man eine Brutkammer ganz allmählich ab, so kommt es zu einer Grenze, bei der die meisten Brutpfleger die geringe Unterkühlung noch nicht spüren, bis auf wenige, die unruhig werden. Einige beginnen dann mit dem Abtransport der Brut, andere aber alarmieren die übrigen Bewohner der Kammer, bis dann ein großer Teil mit der Umlagerung der Brut beschäftigt ist. Wiederum mit den gleichen Mitteln mobilisieren auch die Vorposten im Frühjahr die Arbeiterinnen in der Nesttiefe bei den ersten günstigen Sonnungsmöglichkeiten.

Hat eine Jagdameise eine Nahrungsquelle entdeckt, die sie allein nicht bewältigen kann, so läuft sie in größerem Kreise umher oder aber zur nahe gelegenen Ameisenstraße und gibt allen Arbeiterinnen, die sie trifft, Alarmzeichen. Diese beginnen dann ihrerseits schneller umherzulaufen und Kreise zu ziehen, wodurch sie eher auf die Ursache des Alarmes stoßen können. Arbeiterinnen der Straße können diese z.B. bei Alarm verlassen und in die benachbarten Gebiete ausschwärmen.

Soweit sich bisher feststellen ließ, besteht das Alarmzeichen bei allen beschriebenen Fällen aus den gleichen Bewegungen, sie sind also unspezifisch. Durch sie wird nur ein allgemeiner Erregungszustand von einer Ameise zur anderen übertragen, ohne daß diese Hinweise bekommt, was der Grund der Erregung ist. Bei ihrem erregten Umhersuchen trifft sie dann vielleicht auf die Beute, spürt sie von der Gefahr, bemerkt sie die erhöhte Körperwärme der Vorposten usw.

Wir wissen bereits, daß Jagdameisen durch eine andere Art der Reizübertragung auf einen Kampf in der Nachbarschaft aufmerksam werden. Die heftigen Bewegungen, die beim Kampf einer Arbeiterin mit einem größeren Insekt auftreten und der intensive Geruch der verspritzten

Ameisensäure sind nicht allzuweit entfernten anderen Jagdameisen Auslösereiz. Sie laufen zum Kampfplatz, so daß sich dort bald eine größere Schar von ihnen eingefunden hat und die Beute gemeinsam bezwungen werden kann. STÄGER (1926b, 1931) nannte dieses Ansammeln der Ameisen an einem aktuellen Kampfplatz durch das Bewegungssehen »Kinopsis«. Auch in diesem Fall werden einzelne Tiere des Staates durch Abgabe und durch Empfang von Reizen miteinander verbunden, und der Empfänger führt daraufhin eine Handlung aus, die für den Sender bzw. für das ganze Volk nützlich ist.

Die beschriebenen Erscheinungen sind die einzigen, die nach unserem derzeitigen Wissen im Zusammenhang mit einem »Mitteilungsvermögen«, mit einer gegenseitigen »Verständigung« der Ameisen genannt werden können. Es ist klar, daß es sich in keinem Fall um ein von den Tieren beabsichtigtes deskriptives Mitteilen, etwa um eine »Trommelsprache der Fühler« handelt.

In diesem Zusammenhang muß abschließend noch der Meinungsstreit um eine akustische Verständigung der Ameisen Erwähnung finden. Einige Autoren berichten, daß sie gehört haben, wie Ameisen Töne erzeugen. STÄGER (1928) schildert, wie er Rasenameisen (*Tetramorium caespitum* L.) zirpen hörte, als er einen Stein vom Neste aufnahm. Auch in dem Säckchen, in das er die Tiere sammelte, zirpten die Ameisen weiter, wenn sie beunruhigt wurden. Uns interessiert hier besonders eine Beobachtung von RÄSÄNEN (1914, 1915), der zwei *F. rufa*-Arbeiterinnen, die er in einem Glasgefäß mit Äther betäuben wollte, laut und in 1m Abstand vernehmlich zirpen hörte. Solche Laute sind jedoch weder von RÄSÄNEN selbst, noch von anderen Beobachtern später ein zweites Mal vernommen worden. Überhaupt sind Berichte über ein wirkliches Hören von Zirptönen sehr selten, viel häufiger sind solche, wo Beobachter an den Ameisen sehr deutlich Zirpbewegungen feststellen konnten, ohne die Töne zu hören, so daß man an sehr hohe Laute dachte. Es konnten auch sowohl bei Knotenameisen (Myrmicinae) als auch bei Schuppenameisen (Formicinae) Einrichtungen beschrieben werden, die als Zirpapparate fungieren könnten (RÄSÄNEN 1914, 1915, STÄGER 1928, AUTRUM 1936). Bei *F. rufa.* besitzen alle Hinterleibsringe, mit Ausnahme des ersten, feine Querrillen von unterschiedlicher Breite und Gestalt. Nahe des Vorderrandes der Ringe, auf deren unbehaartem Teil, liegt ein dreieckiges Feld, gebildet aus 65-80 besonders feinen, völlig parallelen Rillen. Der Hinterrand des voranliegenden Ringes, der den Vorderteil des folgenden überdeckt, hat an seiner Unterseite eine vorspringende Leiste, die über das dreieckige Stridulationsfeld reibt, sobald die Ameise die Hinterleibsringe gegeneinander bewegt. Auch Königinnen und Männchen besitzen die gleichen Strukturen.

Infolge Fehlens eines exakten, reproduzierbaren Nachweises der echten Tonerzeugung mit diesem Organ blieb diese Erscheinung umstritten und unklar. Eine Lauterzeugung würde bei den Ameisen nur einen biologischen Sinn haben, wenn sie die Töne auch hören könnten. Über das Hören der Ameisen waren die Meinungen ebenfalls sehr geteilt, weil man annehmen konnte, daß die Ameisen Geräusche nicht als Ton, als Luftschall, wahrnehmen können sondern einfach durch die Vibration der Unterlage. Man spielte den Ameisen die verschiedensten Instrumente vor, ohne eine Reaktion zu bemerken. Die Ameisen reagieren nicht, wenn man in ihrer Nähe mit lautem Knall einen Stock zerbricht oder Steinchen auf einen Papierbogen fallen läßt. Fallen die Steinchen dagegen auf einen Bogen, auf dem sich die Ameisen selbst befinden, reagieren sie sofort mit Flucht (DICHTE 1924). Wenn die Ameisen also nicht hören können, wozu dann das Zirpen?

Ergebnisse von AUTRUM (1936a, b) geben uns die z. Z. befriedigendste Klärung des Problemes. Nach diesen Untersuchungen ist die Produktion weder von Hörschall noch von Ultraschall bei Ameisen nachweisbar. Bei Knotenameisen, bei denen besonders gut ausgebildete Stridulationsapparate vorhanden sind, können zwar Schwingungen erzeugt werden, sie werden jedoch nicht als Töne in die umgebende Luft abgestrahlt, weil die abstrahlende Fläche und die Schwingungsamplitude viel zu klein sind. Die »Zirp«-Bewegungen sind jedoch zu sehen, und es läßt sich feststellen, daß das »Zirpen« weder bei Benachrichtigung über gefundenes Futter, noch bei Alarm einsetzt, ja daß es auf die Gefährtinnen überhaupt keinen Einfluß ausübt, selbst dann nicht, wenn die Schwingungen mittels Mikrofon aufgenommen und mittels eines Verstärkers ausgestrahlt werden. Die Ameisen zirpen, wenn sie festgehalten oder irgendwie in der Bewegung behindert und wenn sie durch Äther, Alkohol oder Wärme betäubt werden. Es wird vermutet, daß die Zirpbewegungen einfach dem Abreagieren, dem Unschädlichmachen einer starken Erregung dienen.

Andererseits konnte AUTRUM jedoch nachweisen, daß die Ameisen Töne nicht nur durch die Erschütterung ihrer Unterlage, sondern auch als Luftschall wahrnehmen können. Allerdings reagieren sie nicht auf Schalldruck, sondern auf Schallschnelle. Der Luftschall ist ja eine Längsschwingung von Luftteilchen. Gehörorgane mit Trommelfellen werden erregt durch den wechselnden Druck und Unterdruck, der durch die Längsschwingung entsteht. Bei den Ameisen dienen jedoch die Fühler als Organ der Schallwahrnehmung. Sie werden durch die bewegten Luftteilchen mitgenommen und so in rasch hin und her schwingende Bewegung versetzt. Im Gegensatz zu den früheren Vermutungen können die Ameisen auf diese Weise besonders tiefe Töne gut wahrnehmen. Es liegt allerdings an der Natur dieses Wahrnehmungsprozesses, daß er versagen muß, wenn sich die Ameisen in engen Spalten oder wenn sich die Ameisenfühler sehr dicht am Boden befinden.

Im normalen Lebensablauf des Ameisenvolkes dürfte das Hören eine geringe Rolle spielen. Auf keinen Fall ist Schallgebung und Hören ein soziales Verständigungsmittel, ein Mittel der Erregungsübertragung.

Wir lernten den Ameisenstaat als ganzheitlich reagierendes Gebilde kennen, deren viele hunderttausend Staatenmitglieder in ihrem Verhalten und ihren Funktionen organisch aufeinander eingestellt sind. Dies ist nur dadurch möglich, daß die einzelnen Individuen nicht isoliert nebeneinander wirken, sondern durch einen von Tier zu Tier fließenden Säftestrom und durch auf Sinnesorgane wirkende Reize miteinander verbunden sind. Im Nahrungsaustausch können Kropfinhalt, Drüsensubstanzen oder eine wechselnde Mischung von beiden weitergegeben werden, was jeweils beim Empfänger unterschiedliche Wirkungen hervorruft. Als Sinnesreize wirken Außenreize (zerstörtes Nest, Temperaturabweichungen u.a.) oder von der Ameise ausgehende Reize (Fühlerschläge, Alarmverhalten, Kampfbewegungen, Duftstoffe und Pheromone). Durch die Signale können unspezifische Erregungszustände übertragen werden, oder die Signale dienen als spezifische Auslösereize für spezifische Instinkthandlungen. Je nach Stärke eines bestimmten von der Ameise gegebenen oder in der Umwelt liegenden Auslösereizes werden Arbeiterinnen mit unterschiedlich starkem Trieb für die betreffende Instinkthandlung zu deren Ausübung veranlaßt, wodurch die Tätigkeiten immer im richtigen Verhältnis zur sozialen Notwendigkeit verrichtet werden.

9 Sinnesorgane, Gehirn und Orientierung

Zur Ausübung der Jagdtätigkeit oder des Blattlausbesuches entfernen sich die Außenarbeiterinnen sehr weit vom Nest, zuweilen bis zu 100m oder noch weiter. Die kleinen Insekten können aus dieser Entfernung ihr Nest nicht mehr direkt wahrnehmen, zumal Bodenvegetation und Bodenunebenheiten eine Sicht auf weite Entfernung unmöglich machen. Wie finden die Ameisen ihren Weg zurück, und wie orientieren sie sich, wenn sie das Nest verlassend ihr Jagdrevier oder ihren Lausbaum wieder aufzusuchen im Begriffe sind? Seit über 100 Jahren beschäftigen sich Ameisenforscher mit dieser Frage, und manche umfangreiche Untersuchung ist angestellt worden.

Eine Tatsache sei vorweggenommen: Eine Ameise, in eine ihr neue Umgebung versetzt, findet ihren Weg zum Neste nicht. Sie muß die speziellen Orientierungsmöglichkeiten, die ihr den Weg zum Neste weisen, erst kennengelernt und in ihrer Erinnerung aufbewahrt haben. Das Wegfinden ist also eine Gedächtnisleistung. Würde man eine solche Gedächtnisleistung leugnen wollen, würde man nicht wahrhaben wollen, daß die Roten Waldameisen sich nach und nach Erinnerung an die speziellen wegweisenden Reize der Nestumgebung erwerben, so müßte man ihnen eine angeborene Fähigkeit zusprechen, ohne Ausnutzung der im konkreten Gelände gegebenen Richtungsweiser das Nest aus großer Entfernung zu finden. Ein solcher angeborener Richtungssinn konnte durch Experimente nicht nachgewiesen werden, ja alle Experimente sowie alle unsere Kenntnisse über die Sinnesphysiologie der Roten Waldameise sprechen gegen seine Existenz. Dagegen ist das konkrete Ortsgedächtnis der Ameisen, d.h. ihre Fähigkeit, mit aktuell auf sie einwirkenden Reizen aus der Erfahrung die Lage ihres Marschzieles zu verbinden, eine objektiv feststellbare und direkt nachweisbare natürliche Erscheinung.

Es handelt sich dabei auch nicht einfach um bedingte, d.h. erworbene Reflexe derart, daß das Tier bei einem bestimmten Reiz etwa links abzubiegen gelernt hat und dies nun reflexartig immer beim Auftauchen dieses Reizes ausführt. Je nachdem, ob sich die Ameise auf dem Weg zum Nest befindet oder ob sie der Jagdtrieb gerade vom Neste forttreibt, wird sie unterschiedlich reagieren; sie kann das ihr bekannte Gelände auch kreuz und quer durchstreifen, ohne dabei die Orientierung zu verlieren.

Setzt man ein Volk in eine ihm völlig unbekannte Gegend, dann machen die Tiere nicht gleich lange Ausflüge in die weitere Nestumgebung. Sie entfernen sich nur kurze Strecken, kehren immer wieder zum Nest zurück und dringen so ganz langsam in die Umgebung vor. Sie lernen, wie die Honigbienen beim Orientierungsflug, die nähere und fernere Umgebung nur ganz allmählich auf schrittweise immer weiter ausgedehnten Orientierungsreisen kennen. Bei diesen ersten Orientierungsgängen legen *F. rufa* bzw. *F. polyctena* keine Duftspuren, und ihr Heimweg deckt sich auch nicht genau mit ihrem Hinweg. Er beschreibt vielmehr eine von der Hinkurve unabhängige Rückkurve.

Die Reize der Umwelt nehmen die Ameisen mit ihren Sinnesorganen, mit den Antennen und mit den Augen auf. Diesen Sinnesorganen und ihren Leistungen in bezug auf die Orientierung wollen wir als erstes unsere Aufmerksamkeit widmen.

Die 12gliedrigen Antennen oder Fühler sind nach allen Seiten hin außerordentlich beweglich, das erste Glied ist sehr lang und bildet einen Schaft, an dem die übrigen weitaus kürzeren Glieder – eine Geißel bildend – sitzen. Die Geißel trägt eine Vielzahl von Sinnesorganen, die sich in 5 Typen unterscheiden lassen (FOREL 1874, KRAUSSE 1907, STITZ 1939).

1. Tastborsten (Sensilla trichodea) sind kleine Chitinborsten, die dem Fühler beweglich eingelenkt sind. Am Borstengrund befinden sich an der Einlenkungsstelle Sinneszellen. Berührt der Fühler einen Gegenstand, so werden die Borsten bewegt und dadurch die Sinneszellen erregt. Solche Tastborsten stehen sehr zahlreich auf der Oberfläche aller Glieder des Ameisenfühlers. Am häufigsten sind sie am Endglied, wo sie eine Anzahl von mehreren Hundert erreichen.
2. Knieförmig gebogene Haare (Sensilla trichodea curvata) sind weniger zahlreich, sie fehlen auf dem Schaftglied, und ihre Zahl nimmt bei den Endgliedern der Geißel zu, wobei sie etwa 80-85 auf dem Endglied erreicht. Auf den übrigen Gliedern finden sich ca. 60-70 solcher Sinnesorgane. Es handelt sich um an der Basis rechtwinklig umgebogene Chitinhaare, deren Bedeutung noch nicht geklärt ist.
3. Leydigsche Kegel (Riechzapfen, Sensilla basicona) sind kleine dünne Hautpapillen, in die ein Nerv einmündet und die sicherlich zur Wahrnehmung von nahen Gerüchen beim Betasten dienen. Sie fehlen wiederum dem Schaft, sind auf den anderen Gliedern zahlreicher als die knieförmig gebogenen Haare und am Endglied wieder am zahlreichsten.
4. Grubenkegel (Champagnerpfropforgane, Sensilla coeloconica) heißen kleine eingesenkte Sinnesorgane, die am Schaftglied und am 1. Geißelglied völlig fehlen, an den übrigen Gliedern zu 0-3 und am Endglied zu 3-14 vorhanden sind. Wahrscheinlich dienen auch sie zum Riechen in der Nähe.

5. Flaschenorgane (Sensilla ampullacea) fehlen ebenfalls am Schaftglied und am 1. Geißelglied, die übrigen Glieder besitzen 0-3, das Endglied 3-15. Ihre Namen haben die Organe, weil sich das reizaufnehmende Haar in einer flaschenförmigen Einsenkung der Fühleroberfläche befindet.

Für alle genannten Sinnesorgane gibt es bezüglich ihrer Zahl große individuelle Unterschiede. Auch zwischen dem rechten und linken Fühler eines Individuums sind Unterschiede vorhanden.

So unklar die Funktionen der Sinnesorgane im einzelnen auch noch sind, so steht doch fest, daß die Ameisen mit den Fühlern Tast- und Geruchsreize wahrnehmen können. Da die Sinnesorgane für beide Reize gemischt durcheinander auf den beweglichen Fühlern sitzen, bekommt die Ameise von den Dingen, die sie abtastet, räumlich gegliederte Geruchs- und Tastempfindungen gleichzeitig, etwa so, als wenn wir an unseren Fingerspitzen noch Geruchssinnesorgane hätten und uns von den Gegenständen gleichzeitig Auskunft von deren Oberflächenbeschaffenheit und chemischen Beschaffenheit holen könnten. FOREL nennt diese Sinneskombination einen »topochemischen« Sinn.

Solche kombinierten Tast- und Geruchsreize werden der Ameise auch durch die Sinneszellen vermittelt, die sich auf den kleinen fühlerartigen Anhängen der die Mundöffnung umstehenden Maxillen und der Zunge befinden. Es sind dies die jeweils paarigen Maxillarpapillen und die Labialpapillen (s. Abb. 2).

Im dunklen Nestinnern ist die Ameise allein auf diesen topochemischen Sinn angewiesen. Mit seiner Hilfe tastet und riecht sie sich durch die Gänge und Kammern, erkennt sie Gefährtinnen, Königinnen und Brut und die von ihnen ausgehenden Auslösereize. Auch im Freien vermitteln die Fühler den Ameisen Wahrnehmungen von vielen Dingen, z.B. von der Art- und Volkszugehörigkeit einer ihr begegnenden zweiten Ameise, von Baumaterial, Blattläusen, Fleischstückchen u.a. Im Gegensatz zu anderen Ameisenarten, bei denen dem topochemischen Sinn bei der Orientierung im Gelände die größte Bedeutung zukommt, indem die Ameisen streng selbst erzeugte Duftspuren verfolgen, spielt das Riechen und Tasten beim Wegfinden der Roten Waldameisen nur eine untergeordnete Rolle. Man kann z.B. ruhig mit dem Finger über die Straße oder den von Ameisen belaufenen Waldboden wischen, um eine vermeintliche Geruchsspur zu löschen, auf die Roten Waldameisen hat das keine Wirkung.

Einer ganz bestimmten Geruchsspur folgen die *Formica*-Ameisen also nicht. Immerhin haben sie sich aber an die allgemeine Beschaffenheit des Bodens gewöhnt. Verändert man nämlich den Boden grundlegend, indem man ihn umgräbt oder mit Nadelstreu bedeckten Waldboden dick mit

Sand belegt, so bemerken dies die Ameisen ganz offensichtlich. Sie betreten die neue Fläche nur sehr zögernd oder gar nicht. Am wenigsten lassen sich noch solche Tiere stören, die eine schwere Last tragen und dadurch im Gebrauch der Fühler etwas behindert sind (BRUN 1914, 1916).

An Lichtsinnesorganen besitzt die Arbeiterin der Roten Waldameise ein paar Facettenaugen und 3 Stirnaugen (Ocellen) (Abb. 2). Letztere liegen auf dem Scheitel des Kopfes, in Dreiecksform angeordnet. Zu einem Bildsehen sind die Ocellen wenig geeignet, und sehr wahrscheinlich dienen sie in Zusammenarbeit mit den Facettenaugen einfachen phototaktischen und photokinetischen Reaktionen. Auf jeden Fall spielen sie bei der visuellen Fernorientierung keine Rolle (CAESAR 1913, BOZLER 1926, GÖTZE 1928, MÜLLER 1931, WOLSKY 1931).

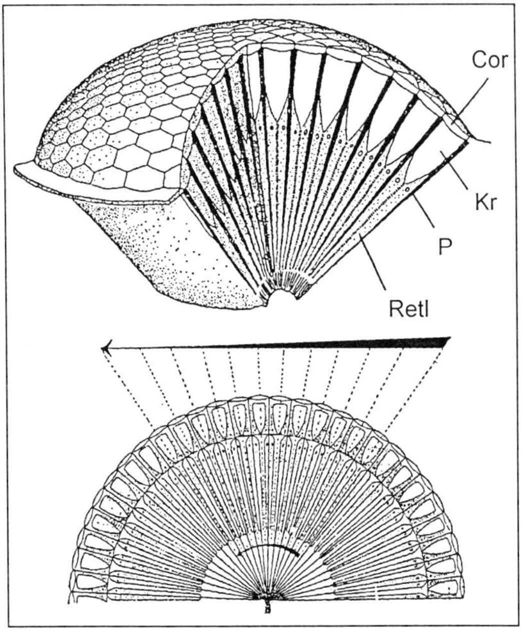

Abb. 34: oben: Facettenauge (Komplexauge) mit Ausschnitt; schematisch; Cor: Cornea, optische Linse aus Chitin; Kr: Kristallkegel, lichtbrechender Apparat; P: Pigment, das die einzelnen Sehkeile (Ommatidien) voneinander isoliert; Retl: Retinula mit Rhabdom (lichtempfindlicher Apparat, verwandelt Licht in Nervenimpulse).
unten: Schematische Darstellung des Strahlenganges und der Bildentstehung (nach GOETSCH 1953a).

Wichtig für die Orientierung sind dagegen die beiden großen Facettenaugen, auch Netzaugen oder Komplexaugen genannt. Sie entsprechen in ihrem Bau dem allgemeinen euconen Typ der Facettenaugen bei Insekten. Es ist für ein solches Facettenauge charakteristisch, daß es aus vielen Einzelaugen (Ommatidien) zusammengesetzt ist, die alle für sich nur einen Lichtpunkt abbilden können. Die Augenoberfläche ist etwas gewölbt, so daß jedes Einzelauge in eine etwas andere Richtung schaut und das

Gesamtauge den Tieren dadurch ein Bild vermitteln kann, das aus so vielen einzelnen Helligkeitspunkten zusammengesetzt ist, wie Einzelaugen vorhanden sind. Wir ermittelten bei *F. polyctena*-Arbeiterinnen 580-700 Einzelaugen pro Netzauge; für Königinnen betrug diese Zahl zwischen 800 und 950 und für Männchen ca. 1 200. Diese Zahlen decken sich gut mit den in der Literatur genannten Angaben (STITZ 1939). Das Bild, das die Arbeiterin also sieht, ist ein Mosaikbild aus ca. 600 Einzelpunkten. Das kann natürlich nur ein sehr grobes, unscharfes Bild sein, vergleichbar etwa mit dem Bild einer Digitalkamera mit nur 600 Pixel statt der z.Zt. üblichen 3-5 Millionen Pixel Auflösungsvermögen. Doch wir wissen nicht, wie die zentralnervöse Bildverarbeitung im Ameisenhirn weitergeht. In den sehr groß ausgebildeten Sehzentren (Lobi optici) beidseits im Gehirn, die 35% der Hirnmasse ausmachen, gibt es mehrere Lagen mit Neuronenverschaltungen, wodurch Möglichkeiten zur Verstärkung von Helligkeits- und Formkontrasten gegeben sind. Irgendwie muß im Gehirn ja auch das Bild von den einzelnen Ommatidien abstrahiert werden, denn die Ameisen laufen ja nicht mit starrem Kopf und unverwackelt auf das Objekt fixiert, sondern wenden sich selbst und damit den Kopf hin und her, rauf und runter, so daß ein bestimmter Lichtpunkt ständig von einem anderen Ommatidium aufgenommen wird. Nach VOSS (1964) haben die Arbeiterinnen der *Formica*-Gruppe besondere Fähigkeiten zum Erkennen (Detektion) von Hell- bzw. Dunkelmarken und von vertikalen schwarz-weiß Kontrastlinien, und sie unterscheiden, ob eine Fläche kompakt oder gegliedert ist. Nach Dressurversuchen von KIEPENHEUER (1968) und elektrophysiologischen Untersuchungen von ROTH & MENZEL (1972) können Arbeiterinnen von *Formica polyctena* zumindest »Gelbgrün« (Wellenlänge 495-531nm) und »Ultraviolett« (Wellenlänge 361nm;) bei gleichem Helligkeitsgrad als Farbe unterscheiden. Untersuchungsergebnisse zum Farbsehen bei *Lasius niger* und *Cataglyphis bicolor* (zusammengefaßt und diskutiert bei DUMPERT 1978, S. 43-44) machen wahrscheinlich, daß auch bei *Formica* noch eine dritte Grundfarbe wahrgenommen werden kann, so wie wir es auch von der Honigbiene kennen. Durch Mischung von 3 Grundfarben können dann alle möglichen Mischfarben entstehen (Prinzip des Farbdias und Farbfernsehens). Für ein langwelligeres Licht (>ca. 640nm), das wir als »Rot« wahrnehmen, ist das Auge der Ameisen wie das der Bienen allerdings unempfindlich. Alles zusammenfassend können wir also davon ausgehen, daß die Ameisen von ihrer Umgebung ein grobes Bild von hellen und dunklen, mehr oder weniger gegliederten und farbigen Mustern erhalten. Immerhin ist das Auflösungsvermögen bei den hügelbauenden Waldameisen im Vergleich zu anderen Ameisenarten noch relativ gut, denn diese haben alle noch wesentlich weniger Ommatidien. (Die ausgeprägte Fähigkeit der

Roten Waldameisen, *bewegte* Objekte wahrzunehmen, sei an dieser Stelle nur am Rande erwähnt, denn Bewegungssehen ist zwar ein wichtiger Auslöser für den Jagd- und Kampfinstinkt, hat aber für die Orientierung keine Bedeutung).

Erste Studien über »Die Raumorientierung der Ameisen und das Orientierungsproblem im Allgemeinen«, die *Formica* einbezogen, verdanken wir BRUN (1914, 1916, 1932). Er erkannte, daß seine Versuchstiere visuell sichtbare Gegenstände in der Umgebung (= Geländemarken, Landmarken) für die Orientierung nutzen. BRUN verwendete u.a. folgende Versuchsanordnung, die in ähnlicher Form immer wieder auch von späteren Forschern eingesetzt wurde: In die Mitte einer einförmigen, künstlichen Arena werden Puppenkokons und Arbeiterinnen gegeben. An einer Stelle der Arena befindet sich unauffällig ein Ausgang, der zum Nest führt. Die Tiere lernen, die Lage dieses Zuganges zum Nest in Bezug zur Lage einer Lichtquelle oder eines auffälligen Gegenstandes (z.B. Baumattrappe) zu finden, und es bilden sich dann ganze Kolonnen, die die Puppen auf direktem Weg zum Nesteingang tragen. Wird die Lichtquelle oder Attrappe an eine andere Stelle des Arenarandes gesetzt, so werden die Ameisen falsch geleitet (Arenaversuch).

Abb. 35: Arenaversuch zum Nachweis der Orientierung nach optischen Richtmarken (Landmarken). a: Ausgangssituation; b: Situation nach Versetzen des Baumes. Die Lichtquelle befindet sich senkrecht über der Mitte und kann so kein Richtungsweiser sein (aus OTTO 1971). Wenn als Richtmarke wie im Beispiel ein »Minibaum« eingesetzt wird, so hat das natürlich nur Symbolcharakter für den Experimentator; für die Ameise ist nur ein irgendwie gegliedertes Muster von Bedeutung, das sich kontrastreich von der Umgebung absetzt (vgl. die Form der Landmarken in Abb. 36!).

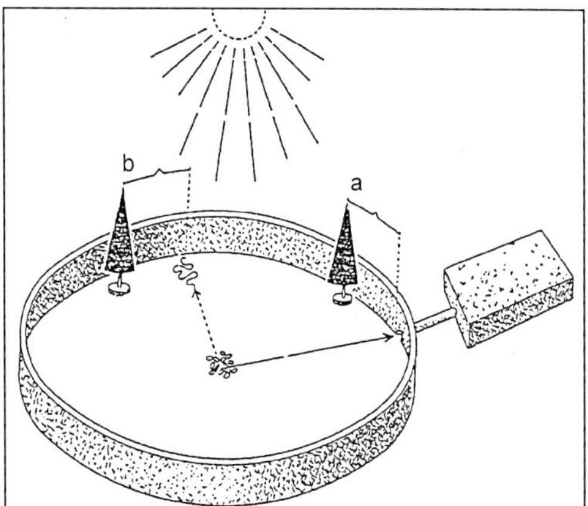

Im Ergebnis seiner Versuche in Labor und Freiland konnte BRUN feststellen, daß sich die Formica-Arbeiterinnen nach sehr vielen unterschiedlichen Wegweisern richten können, die auf Orientierungsgängen kennengelernt werden müssen. Der Ausfall eines Faktors kann kompensiert werden. Neben Landmarken und Sonnenstand dienen auch das Gefälle und die allgemeine Beschaffenheit des Bodens als Wegweiser. Die Wahrnehmung des Bodengefälles bewies BRUN, indem er die Arena auf eine geneigte, kippbare Tischplatte setzte. Die Ameisen fanden ihr Nest bei Fehlen anderer Orientierungshilfen bergauf laufend. Wurde die Platte entgegengesetzt gekippt, wendeten die Tiere, liefen weiterhin bergauf, jetzt aber vom Nest weg. Wie gut Steigung und Gefälle des gewohnten Weges erkannt und verwertet wird, konnte später in Versuchen von MARKL (1964) durch genaue Messungen präzisiert werden: Die Ameisen konnten bei ihren Lauf zur Futterquelle jeden beliebigen Winkel zur Schwerkraft erlernen, sie liefen allerdings mit gewissen, gesetzmäßigen Abweichungen nach oben oder unten, so daß sie nach einer gewissen Wegstrecke in der Nähe des Zieles dieses durch Laufen in sog. Suchschleifen finden müssen.

1957 veröffentlichte JANDER die Ergebnisse seiner Forschung »Zur optischen Richtungsorientierung der Roten Waldameise (*Formica rufa*)« in einem 76seitigen Bericht. Auch er führte die Versuche mit der Arena durch und fand, daß die Stellung von Landmarken wichtigster Wegweiser ist. Der Nachweis anderer Orientierungshilfen gelang erst, als er seine Arenen oben auf dem Dachgarten des Institutes aufbaute, wo keine Geländemarken sichtbar waren, sondern nur der Blick zum Himmel möglich war. Unter diesen Bedingungen klappte auch der Nachweis, daß die Sonnenwanderung während einer Abdeckung der Arbeiterinnen einkalkuliert wird. Dabei wird sogar die unterschiedliche Größe des Winkels der Sonnenwanderung zu verschiedenen Tageszeiten berücksichtigt. Auf dem Dachgarten konnte JANDER auch zeigen, daß die Ameisen sich nach dem Himmelslicht orientieren können, wenn die Sonne selbst durch eine Wolke verdeckt ist: Sie können die Himmelsrichtung an der Schwingungsrichtung des polarisierten Himmelslichtes erkennen und als Wegweiser verwerten. Das läßt sich auch im Arenaversuch im Labor nachweisen, indem den Ameisen als einzige Orientierungsmöglichkeit eine genau senkrecht über der Arenamitte hängende Lampe dient, die von einer drehbaren polarisierenden Folie bedeckt ist. Sogar der Mond wurde auf dem Dachgarten als Richtmarke genutzt.

JANDER liefert Beispiele dafür, wie verschiedene Orientierungsmarken ganzheitlich erfaßt werden und es beim Verstellen eines dieser Faktoren zu Konfliktsituationen kommt. Entweder ist dann ein Faktor vorherrschend oder es wird eine resultierende Kompromißrichtung eingeschlagen. Die Orientierung nach der Schwingungsrichtung des polarisierten Himmelslichtes und nach dem Sonnenstand ergänzen sich gegenseitig. Setzte JANDER beide Faktoren in Konkurrenz, indem er im Experiment die Polarisationsrichtung gegenüber dem Sonnenstand um beispielsweise 50° verdrehte, liefen die Waldameisen in eine mittlere Kompromißrichtung (Resultante) zwischen beiden angezeigten Richtungen. Als er aber beide Wegweiser in genau entgegengesetzte Richtung weisen ließ, richteten sich die Ameisen nach dem polarisierten Licht und nicht mehr nach dem Sonnenstand.

Oder ein anderes Beispiel für das komplexe Wirken verschiedener Orientierungsfaktoren: Schattet man an einer von Ameisen durchlaufenen Strecke die Sonne plötzlich ab und stellt dafür einen Spiegel so auf, daß die Ameisen die Sonne jetzt in der entgegengesetzten Himmelsrichtung sehen (Spiegelversuch von SANTSCHI 1911), so gibt es ein Stutzen unter den Ameisen. Nach kurzer Zeit setzen sie ihren Weg aber in die alte Richtung fort. In den Dachgartenversuchen von JANDER, bei dem die Ameisen nur die Sonne und keine anderen Gegenstände in der Umgebung als optische Orientierungsmarken sehen konnten, ließen sich die Tiere aber vom gespiegelten Sonnenstand in die falsche Richtung leiten. Am besten gelang der Versuch bei bedecktem Himmel, wobei lediglich die Sonne durch ein Wolkenloch scheinen konnte, so daß auch die Orientierungsmöglichkeit nach dem polarisierten Licht ausschied.

Auf einen neuen Aspekt der visuellen Orientierung machte 1980 B. HÖLLDOBLER aufmerksam: Auf die Orientierung nach dem Lichtmuster im Kronendach. Wenn man bedenkt, wie wenig sich eine Ameise über den Boden erhebt, wie sehr schon etwas Bodenvegetation oder kleine Bodenwellen ihr die Sicht zur Seite nehmen, wird klar, daß deshalb das Formen- und Helligkeitsmuster beim »Blick nach oben« in die Baumkronen von besonderer Bedeutung für die Orientierung sein muß. HÖLLDOBLER nannte dies »Canopy-Orientierung« (Canopy, engl.: Überdachung, Baldachin) im Gegensatz zu Orientierung nach Landmarken in Bodennähe. Beim »Blick nach oben« kann auch zugleich Sonnenstand und die Polarisierungsrichtung des Himmelslichtes erfaßt werden.

Die Außendiensttiere verschaffen sich einige Erleichterungen, bzw. Rationalisierungen auf ihren Wegen. Sie vertrauen sich gern Leitlinien wie z.B. Bodenrinnen, Radspuren, Wegrändern, liegenden Stämmen usw. an, auf denen sie ohne komplizierte Orientierungsmechanismen auskommen. Die Ameisenstraßen, die nach verschiedenen Richtungen vom Nest wegführen und auf denen die Waldameisen große Strecken zwischen Nest und Exkursionsziel zurücklegen, sind selbst geschaffene Leitlinien. Durch unterschiedliche Farbmarkierung der Benutzer der verschiedenen Straßen, Straßenzweige, Jagdgebiete und der Besucher bestimmter Blattlausbäume ist mehrfach eine ausgeprägte Straßen- und Ortstreue aufgezeigt worden. Doch auch bei dieser Straßenstetigkeit gibt es für die Ameise Entscheidungspunkte, die eine Orientierungsleistung verlangen:

1. Beim Verlassen des Nestes muß von allen abgehenden Straßen die richtige, ins bekannte Jagdgebiet führende gewählt werden;
2. An Verzweigungen der Straße muß die jeweils richtige Richtung eingeschlagen werden;

3. Jäger, die ihr bestimmtes Jagdgebiet aufsuchen, müssen die Straße an einer bestimmten Stelle nach rechts oder links verlassen.

Nach welchen Richtmarken orientieren sich ortskundige Ameisen an diesen Entscheidungspunkten? Ganz besonders dieser Fragestellung widmete sich ROSENGREN 1971 in seinem 150 Seiten langen Bericht über »Die Orts- und Straßentreue, das visuelle Gedächtnis und das Rekrutierungsverhalten der Waldameisen der Gattung *Formica*«. Auch in den folgenden 30 Jahren veröffentlichten er und Mitarbeiter seines Institutes in Helsinki weitere Arbeiten zu diesem Thema. Sie bezogen verschiedene Arten der Untergattungen *Formica* s.str. (*rufa, polyctena, uralensis, truncorum*) und *Coptoformica (exsecta, pressilabris)* ein. Das Prinzip der Orientierung war bei allen Arten gleich: Auch an solchen Entscheidungsstellen erwiesen sich vorrangig Reize aus der visuellen Umwelt als Wegweiser.

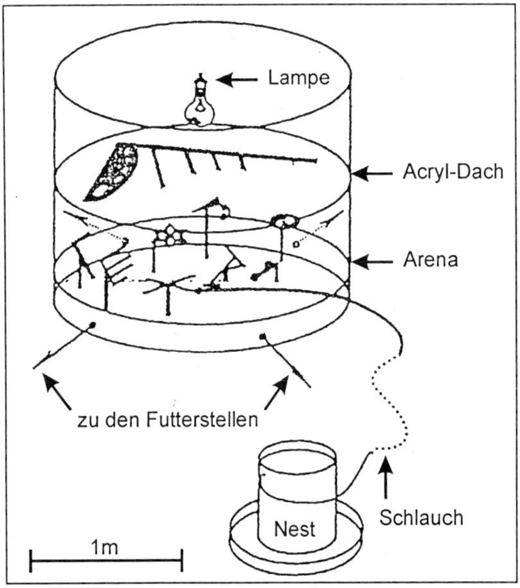

Abb. 36: Arenaversuch nach SALO & ROSENGREN 2001 (umgezeichnet aus OTTO 2004).

ROSENGREN und Mitarbeiter nutzten eine Versuchsanordnung, mit der das Ausmaß der Straßen- und Ortstreue zahlenmäßig erfaßt und Abweichungen statistisch auf Signifikanz geprüft werden können, und mit der die Bedeutung verschiedener Faktoren als Richtmarke an den Entscheidungspunkten bestimmt werden kann. Diese Anordnung ist in Abbildung 36 dargestellt. Die Ameisen gelangen vom Nest durch einen Plastikschlauch genau in die Mitte einer runden Arena von etwa 2m Durchmesser. Von dieser Mitte haben sich 4 Straßen in alle 4 Himmelsrichtungen gebildet, die am Rande der Arena jeweils zum Eingang einer versteckten Futterstelle führen. Zur Entscheidung, welche der 4 Straßen eine in der Mitte ankommende Ameise wählt, um »ihre« Futterstelle zu erreichen, stehen ihr unterschiedliche optische Marken und Lichtquellen zur Verfügung; im abgebildeten Beispiel stehen in der Arena 8 schwarze Landmarken in bestimmter Anordnung, und das Zwischendach weist ein schwarzes »Canopy«-Muster auf einer nur durchscheinenden Acrylscheibe auf. Die Arena wird genau von oben beleuchtet. Alle 4 Futterstellen werden von den Ameisen besucht. Durch Farbmarkierung läßt sich erkennen, daß die Arbeiterinnen jeweils einer bestimmten Straße und Futterstelle treu sind. Bei unveränderter Situation gibt es nur wenige Abweichler. Das ändert sich aber meßbar, wenn Landmarken entfernt oder zueinander verstellt werden oder das Canopy-Muster der Abdeckung verdreht wird.

Überraschend zeigte sich, daß auch nachts bei völliger Dunkelheit noch eine gewisse Ortstreue an den 4 Futterstellen nachweisbar war! Daß sich dabei die Ameisen bei der Richtungswahl von der Mitte der Arena aus durch das Magnetfeld der Erde leiten ließen, schlossen SALO & ROSENGREN (2001) aus, da ein Drehen der gesamten Versuchsanlage in eine andere Himmelsrichtung oder die Wirkung eines starken künstlichen Magnetfeldes keine Änderung der Ergebnisse brachte. Erst als alle Requisiten der Versuchsanlage einschließlich des Bodenbelages entfernt und erneuert wurden, waren die Ameisen desorientiert und verteilten sich zufällig auf die 4 Futterstellen. Es konnten somit nur bestimmte Duftmarken gewesen sein, die die Ameisen in Ermangelung anderer Orientierungsmöglichkeiten in die richtige (gewohnte) Richtung wiesen. Die Autoren formulieren ihre Schlußfolgerung so: Die Orts- und Straßentreue entwickelt sich in einer visuell strukturierten Umwelt, wird aber durch ein olfaktorisches »back up« (Hintergrund-)System unterstützt.

Diese Duftmarken und -spuren werden von visuell ortskundigen Tieren gelegt, während sie von einer Futterstelle heimkehren. Im Nest werden dann Neulinge vom Duft angeregt, zur Fundstelle zu eilen, wobei sie – da noch ortsunkundig – von der Duftspur geleitet werden. Doch schon bei diesem Lauf prägen sie sich optische Richtmarken ein. So wird nach ROSENGREN schnell eine möglichst große Zahl Nahrungssammler an der Fundstelle rekrutiert. Ein solches Rekrutierungsverhalten wird von LAMB & OLLASON (1994) auch für *Formica aquilonia* beschrieben.

Zur Duftspur-Orientierung von *Formica polyctena* hat 1976 HORSTMANN ausführliche Untersuchungsergebnisse vorgelegt. Danach ist diese in 3 Situationen von Bedeutung:

1. zum Hinleiten ortsunkundiger Nestgenossen zu einer aufgefundenen Nahrungsquelle (Rekrutierung in Zeiten von Futtermangel),

2. zur Markierung der beständigen Straßen, die zu Blattlauskolonien führen,
3. zum Finden des Weges bei Dunkelheit.

Die Duftspuren werden jeweils während des Laufens zum Nest hin gelegt, und zwar mit Inhaltsstoffen des Enddarmes. BESTMANN und Mitarbeiter haben 1992 als Bestandteile des Spurenpheromons 3,4-Dihydroisocumarine identifiziert. ELORANTA & ROSENGREN (2001) legten mit dem Inhalt der Rectalblasen künstliche Duftspuren und ließen darauf mit Erfolg Tiere jeweils anderer Arten von *Formica* s.str. und *Coptoformica* laufen. Die Ergebnisse lassen auf gleiche Schlüsselkomponenten bei den verschiedenen Arten schließen.

Wir haben eine Vielzahl sehr unterschiedlicher Faktoren kennengelernt, die den Ameisen den Weg weisen. Alle wirken irgendwie als Komplex. Alles deutet darauf hin, daß die *Formica*-Arbeiterin sich eine Gesamtvorstellung vom Raum erwirbt, die sie nicht zum sklavischen Verfolgen einer engbegrenzten Leitlinie oder dem Lauf von Leitmarke zu Leitmarke zwingt, sondern ihr gestattet, sich in bekanntem Raum frei zu bewegen und von jedem Punkt dieses Raumes aus ihr Ziel (Futterstelle, Nest) zu finden. Diese Kenntnis verschafft sich die Ameise auf Orientierungsgängen. Das setzt ein Integrationsvermögen und ein Gedächtnis voraus.

Schon BRUN berichtet von *Formica rufa*- und *F. (Raptiformica) sanguinea*-Arbeiterinnen, die sich in einem Gelände, aus dem sie vor 3-4 Wochen künstlich ausgesiedelt worden waren, nach Rücktransport sofort wieder zurechtfinden konnten. JANDER konnte *Formica rufa* gleichzeitig in 4 verschiedenen Gegenden auf 4 verschiedene Richtungen dressieren. SALO (1998/99) berichtete in einem Vortrag, daß bei *Formica polyctena* das visuelle Ortsgedächtnis temperatur- und zeitabhängig ist, es ist bei Temperaturen unter 10°C länger verfügbar als bei Raumtemperatur. SALO & ROSENGREN zeigten, daß die Ortskenntnis über die 6monatige Winterruhe erhalten bleibt. Diese Mitteilung steht allerdings im Gegensatz zu Beobachtungen von BRUN (1914), nach denen die Arbeiterinnen in jedem Frühjahr nach der Winterruhe die Nestumgebung wieder neu erkunden.

Für die Integrations- und Gedächtnisleistungen steht den *Formica*-Arbeiterinnen ein gut ausgebildetes Gehirn zur Verfügung. Dieses ist bereits mehrfach Gegenstand gründlicherer Untersuchungen gewesen, besonders in bezug auf eine vergleichende Betrachtung der Ausbildung bestimmter Gehirnzentren bei den verschiedenen Kasten einer Ameisenart oder bei verschiedenen Arten (PIETSCHKER 1911, BRUN 1923, 1926, PANDAZIS 1930). Seine wichtigsten Teile sollen ganz kurz besprochen werden, ohne daß auf Einzelheiten eingegangen werden kann.

Abb. 37: Das Gehirn einer Arbeiterin der Roten Waldameisen.

oben: Aufsicht. Cp = Corpora pedunculata (Pilzhutkörper), Lol = Lobus olfactorius (Riechlappen), Lop = Lobus opticus (Sehlappen).
unten: mikroskopischer Schnitt durch das Gehirn.

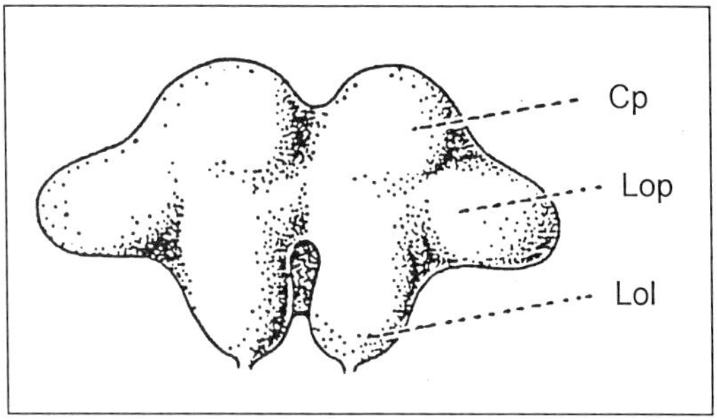

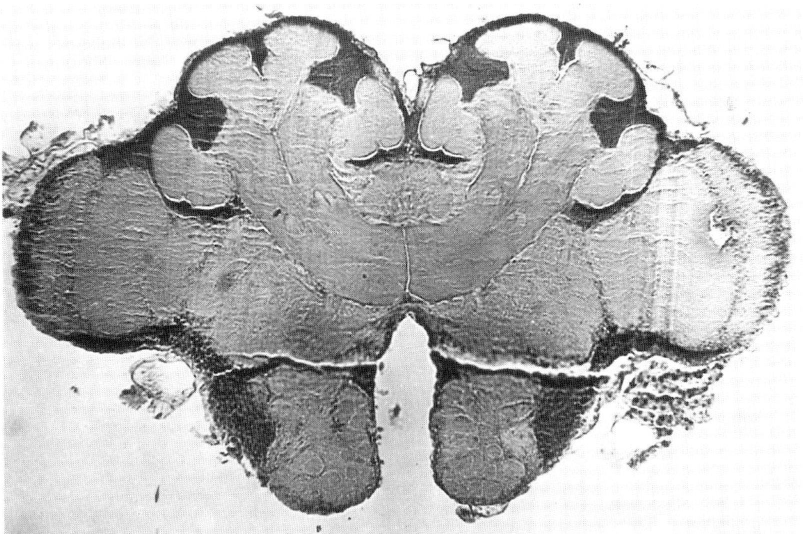

Am vorderen unteren Ende weist das Ameisengehirn zwei keulenförmige Anschwellungen auf. Ihre Spitzen liegen in der Nähe der beiden Antennenwurzeln. In sie mündet der Antennennerv. Sie werden Riechlappen (Lobi olfactorii) genannt. Eigentlich müßten sie Riech-Tast-Lappen heißen, denn der Antennennerv leitet diesem Zentrum ja die topochemischen Sinnesreize zu. Diese Zentren sind bei der Arbeiterin, deren Tast- und Geruchssinn besonders vielseitige Funktionen zu erfüllen hat, relativ mächtiger entwickelt als bei einem Männchen. Die relative Ausbildung bei der Königin liegt zwischen beiden. Bei der Blutroten Raubameise nimmt der Riechlappen bei einer Arbeiterin 11,6%, bei einer Königin 9,3% und bei einem Männchen 7,6% des Gesamthirnes ein.
Seitlich am Gehirn wölben sich zwei weitere auffällige Ausbuchtungen vor. Sie erstrecken sich bis nahe an die Facettenaugen heran und enthalten die nervösen Elemente, die die vom Auge kommenden Erregungen verar-

beiten und verwerten. Die Männchen, bei denen wir die größte Ommatidienzahl im Komplexauge feststellten, haben auch die größten Sehlappen (Lobi optici) im Gehirn. Ihr Volumen beträgt etwa 60% des Gesamthirnes. Bei den Königinnen sind es 40% und bei den Arbeiterinnen 35%. Diese Zahlen sind zwar wiederum für die Blutrote Raubameise ermittelt, können aber als Richtzahlen auch auf die Roten Waldameisen angewendet werden, da sie sich hinsichtlich der Sinnesleistung und Orientierung gleichartig verhalten. Es wurde bereits erwähnt, daß die Arbeiterinnen der Roten Waldameisen und der Blutroten Raubameise unter allen Ameisenarten die größte Ommatidienzahl und das höchste Auflösevermögen haben. Sie sind auch mehr als andere in der Lage, optische Bilder bei der Orientierung auszunutzen und können sich somit freier im Gelände bewegen als andere Arten, bei denen die Orientierung nach Duftspuren eine größere Rolle spielt. Folglich haben diese beiden Arten auch unter allen Ameisen die am mächtigsten entwickelten Lobi optici.

Im Zusammenhang mit den Sinnes- und Gedächtnisleistungen der Ameise müssen nun noch die pilzhutförmigen Körper (Corpora pedunculata) erwähnt werden. Den Namen verdanken sie ihrer eigenartigen Form. Auf einem stielartigen Gebilde sitzt ein breiterer becherförmiger Teil, dessen innerer freier Raum dicht mit vielen kleinen Nervenzellen ausgefüllt ist. Im Gehirn finden sich vier solcher Pilzhutkörper, rechts und links je zwei (Abb. 37). Sie liegen im oberen Teil des Gehirnes und verursachen dort entsprechende Ausbuchtungen. Diese befinden sich im Kopf etwa unterhalb der 3 Punktaugen. Die Stiele der beiden Pilzhutkörper jeder Seite vereinigen sich zu einem gemeinsamen, in die Gehirntiefe ziehenden Gebilde, das sich jedoch bald wieder teilt in eine vordere Wurzel, die jederseits bis an die Vorderwand des Gehirnes zieht, und in zwei hintere Wurzeln, die von beiden Seiten bis zur Gehirnmitte vordringen, dann nebeneinander liegend nach hinten umbiegen und sich dabei nochmals spalten, so daß 4 Stränge vorhanden sind. Die unteren verlieren sich in der Grundmasse des Gehirnes (dem Hirnstamm), die anderen ziehen zum Zentralkörper, einer Schaltstelle des Gehirnes, die aus allen Hirnteilen Faserverbindungen erhält. Die im Pilzhutbecher liegenden Nervenzellen senden ihre Fortsätze in die Becher und Stiele, wo sie mit strauchartigen Verzweigungen enden. Die Becher und zum Teil auch die Stiele enthalten weiterhin die Endverzweigungen von Nervenfasern, die aus allen wichtigen Hirnteilen, vor allem auch aus den primären Sinneszentren, aus den Riechlappen und aus den Sehlappen, kommen. Hier treten alle Endverzweigungen miteinander in enge Verbindung, und wir haben in den Pilzhutkörpern das Organ zu sehen, in dem Reizprozesse miteinander in Verbindung gebracht werden und Assoziationen entstehen können. Die Pilzhutkörper sind das Organ des Lernens und des Gedächtnisses.

Bei einzellebenden Insektenarten finden wir sie nur angedeutet und schwach entwickelt, eine besonders auffällige Ausbildung haben diese Organe dagegen bei den sozialen Hautflüglern (Hymenoptera) erfahren. Die relative Größe ist bei zahlreichen Arten, auch bei vielen Ameisenarten, untersucht worden. Bei den Arten mit den größten Lern- und Gedächtnisleistungen sind sie am besten entwickelt. Die relativ mächtigsten Pilzhutkörper von sämtlichen untersuchten Ameisen finden sich wieder bei *F. rufa-*, *F. polyctena-* und *Raptiformica sanguinea*-Arbeiterinnen. Ihr Volumen beträgt hier etwa das 2,0fache des Hirnstammes. Da Männchen und Königinnen viel weniger solche höheren Nervenleistungen aufzubringen brauchen, sind auch ihre Pilzhutkörper kleiner und weniger gut durchgebildet. Sie erreichen bei der Königin der Blutroten Raubameise nur das 1,79fache, bei den Männchen nur das 0,9fache des Hirnstammes.

Abschließend fassen wir unsere Kenntnisse über die Orientierungsleistung nochmals zusammen: Die Roten Waldameisen finden ihren Weg nicht durch irgendeinen angeborenen und damit von der spezifischen Eigenart der konkreten Nestumgebung unabhängigen Richtungssinn. Es prägt sich ihnen vielmehr auf ersten tastenden Orientierungsgängen das Bild ihrer Nestumgebung ein. Vor allem weisen auffällige Formen und besondere Licht- oder Schattenflecke und Merkmale der allgemeinen Bodenbeschaffenheit die Richtung. Bei größeren Marschrouten muß eine ganze Kette aufeinander folgender Richtungsmarken vorhanden sein, die das Tier etappenweise zum Ziele führen. Der Stand von Sonne (und Mond) wird ebenfalls als richtungsweisende Marke ausgenutzt, wobei die Tatsache, daß dieser sich in bezug auf die anderen Marken und auf das Nest gleichförmig verändert und sich in seiner täglichen Wiederholung den Ameisen so einprägt, daß die Sonnenwanderung bei ihren Orientierungsreaktionen berücksichtigt wird. Der besondere Bau des Auges ermöglicht auch ein Erkennen der Schwingungsrichtung des polarisierten blauen Himmelslichtes, was die Ameisen ebenfalls bei der Orientierung zur Einhaltung einer bestimmten Himmelsrichtung verwerten.

Die Orientierung stützt sich bei den Roten Waldameisen mehr als bei anderen Ameisenarten auf ein Formensehen und auf ein Ortsgedächtnis. Infolgedessen besitzen sie auch innerhalb der ganzen Familie der Ameisen (Formicidae) die besten Augen, die relativ mächtigsten Sehzentren im Gehirn, und auch ihre pilzhutförmigen Körper haben die beste Ausbildung erfahren. Duftspuren besitzen geringere Bedeutung; sie dienen zur Rekrutierung von zusätzlichen Nahrungssammlern an ergiebigen Futterplätzen, oder sie erleichtern das Laufen auf Straßen zu blattlausbesetzten Bäumen.

10 Feinde, Einmieter und Schmarotzer

Wie alle Lebewesen, so haben auch die Ameisen ihre natürlichen Feinde. Da gibt es Räuber und Parasiten, die das Leben der einzelnen Individuen bedrohen, es gibt aber auch Schmarotzer, die vom ganzen Staatsorganismus profitieren, und starke Räuber, die ganze Völker vernichten können.

Zu letzteren gehört vor allem das Wildschwein. Das Schwarzwild hat eine Vorliebe, sich in Ameisennestern zu suhlen. Es drückt seinen schweren Körper in die belebten Burgen und wälzt dabei die Nester nieder. Bei dem nicht gerade geringen Schwarzwildbestand unserer Wälder stellen die Wildschweine eine ernste Bedrohung für die Ameisen dar, in manchen Gegenden vielleicht sogar die Hauptgefahr. Die Schweine suchen nicht nur Nestwärme, sie schätzen auch die Ameisen und deren Brut und vor allem aber im Nestmulm lebende Engerlinge (Foto 29, S. 173) als Leckerbissen.

Auch andere Wildarten werden gelegentlich an den Ameisennestern schädlich, allerdings nicht in einem so gefährlichen Ausmaß. Schaden tritt vor allem dadurch auf, daß durch Rot- oder Damwild aufgerissene Nester in ihrem Wärmehaushalt gestört sind und die Bewohner nicht mehr vor Witterungsunbilden schützen können. Solche Störungen sind für die Brutaufzucht von Nachteil.

Ein großes Heer von Feinden haben die Ameisen in der Vogelwelt. Wie und in welchem Umfang vor allem die Jungköniginnen beim und nach dem Hochzeitsflug eine Beute der Vögel werden, wurde bereits erwähnt (Kapitel 5). Die Siedlungsdichte der Vögel ist nach Untersuchungen in Nord- und Süddeutschland auf Waldameisenflächen im Durchschnitt um 15% höher als auf ameisenfreien Vergleichsflächen (BRUNS 1960). Viele Vogelarten, besonders z.B. Stare, kann man beim »Einemsen« beobachten. Die Tiere reiben sich dabei entweder auf dem belebten Ameisenhaufen, sie nehmen regelrecht ein Bad im Nest, oder sie packen einzelne Ameisen mit dem Schnabel und reiben sich damit unterm Gefieder. Durch diese merkwürdige Tätigkeit scheint Verschiedenes erreicht zu werden. Es kann dadurch die Mauserung ausgelöst werden, es kann durch das Ameisengift das Ungeziefer aus dem Gefieder vertrieben werden, und es kann der Vogel die Ameisen nur deshalb durch das Gefieder wischen, damit die Ameise ihr Gift verliert, um so – mundgerecht gemacht – verspeist werden zu können (EICHLER 1936, LÖHRL 1956).

Die gefährlichsten Feinde aus der Vogelwelt und die gefährlichsten Ameisenfeinde überhaupt sind sicherlich die Spechte. Die Ameisen gehören zu ihrer Hauptnahrung, und sie vertilgen sie in Massen, ohne vorher erst lange das Gift abzustreifen. Mit seiner langen klebrigen Zunge kann ein Specht gleichzeitig viele Ameisen einschlürfen. Ein Schwarzspecht kann zu 1 000 und mehr *Formica*-Arbeiterinnen pro Tag verspeisen (GÖßWALD 1948b). Genaue Angaben über die Nahrung der Spechte in Finnland verdanken wir PYNNÖNEN (1943). Danach besteht die Nahrung der Schwarzspechte zur schneefreien Zeit zu 89-97% aus Ameisen. Beim Großen Buntspecht (*Dryobates major* L.) beträgt der Ameisenanteil an der Beute im Mai und September um 87%, in den dazwischen liegenden Monaten wenig darunter. In Finnland ziehen sich die Ameisen zur Überwinterung zu tief ins Erdreich zurück, als daß sie ein Specht noch erreichen könnte. Die finnischen Spechte ernähren sich deshalb im Winter fast ausschließlich von pflanzlichen Stoffen.

Anders in Mitteleuropa: GÖßWALD (1958b) untersuchte im Winter Spechtlosungen und fand, daß sich hier, wo die Winter milder sind, die Spechte auch zur kalten Jahreszeit fast ausschließlich von Ameisen ernähren. Die gefiederten »Räuber« bahnen sich dabei tiefe, etwa armdicke Gänge in die Nestkuppel, bis sie an überwinternde Ameisen stoßen. Die Ameisen, die in der Winterruhe ja nicht völlig bewegungslos sind, kriechen vielleicht auf die Störstelle zu und laufen so dem Eindringling direkt vor die Zunge, so daß dieser auch im Winter nicht auf seine Leibnahrung zu verzichten braucht. Dabei macht er dem Volke nicht nur durch das direkte Vernichten von Arbeiterinnen Schaden, einige der Ameisen krabbeln auch in den Nestgang und müssen dort erfrieren. Der Verfasser sah am Rande von Spechtlöchern oft massenhaft tote Ameisen. Oftmals ist ein Nest von vielen Seiten mit Gängen angebohrt, die teilweise sehr tief ziehen. Dadurch kann das Nest seinen physikalischen Witterungsschutz nicht mehr erfüllen. Frost und Tauwasser dringen in die Tiefe zu den überwinternden Insassen vor und können großen Schaden anrichten (Foto 26, S. 172).

Im Sommer ist die Spechttätigkeit weniger auffällig, weil die Ameisen eventuelle Nestbeschädigungen sofort wieder reparieren. Dabei ist die Dezimierung durch die Spechte jedoch nicht minder groß. Eine besonders kritische Zeit ist die der Frühjahrssonnung, weil dann auch leicht die Königinnen mit erbeutet werden können.

Aber nicht alle Ameisenfeinde sind im Verhältnis zu den Ameisen so groß und robust wie die bisher genannten. Auch von Insekten, von Tieren ihrer Größenordnung, droht den sozialen Ameisen trotz ihres Nestbaues, trotz ihrer allgemeinen Wachsamkeit und trotz ihrer Kampflust und Verteidigungsbereitschaft Gefahr. Irgendwie sind die kleinen Feinde darauf eingestellt, daß sie nicht Beute der Ameisen werden.

In den Zweigen junger Kiefern, die mit Blattläusen besetzt sind und deshalb von den Ameisen besucht werden, lauert *Dipoena tristis* HAHN *(Theridiom triste)*, eine Spinne aus der Familie der Theridiidae. Bleibt eine Waldameisen-Arbeiterin in ihren Fangfäden hängen, so kommt die Spinne aus ihrem Versteck und lähmt die Beute mit einem Biß. Dann spinnt sie ihr Opfer in einer für die Theridiidae typischen Weise ein, indem sie es lassoartig mit Spinnfäden bewirft. An diesen Fäden wird die Ameise aufgehängt. Die Spinne ernährt sich fast ausschließlich von Roten Waldameisen, und man entdeckt sie meist überhaupt erst durch die vielen aufgehängten und ausgesogenen Ameisen.

Die Larve des Vierpunktkäfers *(Clytra quadripunctata* L.), ein Käfer aus der Familie der Blattkäfer (Chrysomelidae) mit 4 schwarzen Punkten auf orange-gelben Flügeldecken (Foto 27, S. 172), lebt im Inneren des Ameisennestes versteckt in einer aus Kot und Nestpartikeln gefertigten länglichen Schutzröhre, einem Köcher (Foto 28, S. 172), und ernährt sich von Ameiseneiern, -larven und -puppen (SKWARRA 1927). Solche einseitig nutznießenden Einmieter, die sich den Attacken der Ameisen zu entziehen wissen, nennt man Synechthren. Die Larve verläßt ihren Köcher nie völlig; ihr Hinterleib bleibt in ihm immer verborgen, während sie mit Hilfe der 3 Beinpaare am Vorderkörper umherwandern kann. Nähert sich eine Ameise, zieht sich die *Clytra*-Larve schnell in die Röhre zurück. Es bleibt dann vorn an der Öffnung der Röhre noch ein Stück frei, und nicht selten packen die Brutpfleger der Waldameisen in die Höhlung Eier hinein, die der Larve ein willkommenes Fressen sind. Die erwachsene Larve begibt sich in die Nähe der Nestoberfläche und verpuppt sich innerhalb ihres schützenden Köchers. Der fertige Käfer, der im Laufe des Monats Mai schlüpft, hat es dann nicht mehr weit bis ins Freie. Er wird zwar von den Ameisen attackiert, erreicht aber dank seiner Stärke und seiner glatten festen Oberfläche meist sein Ziel. Er lebt im Freien von grünen Blättern. Bei GÖßWALD (1954/55) findet sich eine Beschreibung, wie die Eier der Käfer wieder in ein Nest der Roten Waldameise gelangen:

»Etwa an einer Staude oder einem Grashalm über dem Kuppelnest der Roten Waldameise sitzend, legt das Weibchen ein Ei und ergreift es sogleich mit dem hinteren Beinpaar. Dann wird das Ei unter langsamem, spiraligem Drehen mit Hilfe der Hinterbeine an das Hinterleibsende gehalten, und jedesmal wird ein schnell zur Schuppenform erhärtendes Sekrettröpfchen abgegeben. Dieser Vorgang wird so lange fortgesetzt, bis das Ei wie ein kleiner Koniferenzapfen von einem Schuppenkleid umgeben ist. Derart getarnte Eier läßt das Weibchen nun auf das Nest herabfallen, und die Ameisen tragen das vermeintliche Nestmaterial ein, ohne zu ahnen, daß sie damit einen Feind ihrer Brut einschleppen.«

Im Frühjahr sieht man in der Nähe der Nester die Käfer oft; sie sind bei uns recht häufig. Eine größere Zahl solcher getarnter gefräßiger Larven vermag einem Volk schon spürbaren Schaden zuzufügen. Stark verseuchte Nester werden manchmal von den Ameisen verlassen, aber die beweglichen Käfer finden ja auch den neuen Nestplatz wieder (GÖßWALD 1951a).

Ein anderer Mitbewohner des Roten Waldameisennestes ist der Kurzdeckenflügler (Staphylinidae) *Atemeles pubicollis* BRIS. Dieser kleine Käfer von kaum Arbeiterinnengröße lebt mitten zwischen den Ameisen. Er hat in einem Volk der Knotenameisen überwintert, sich im Frühjahr gepaart und danach ein *F. rufa*- oder *F. polyctena*-Nest aufgesucht. Sein Hinterleib trägt Haarbüschel, an denen er ein Sekret ausscheiden kann, das von den Ameisen sehr gierig aufgeleckt wird. Diesem Sekret und der »Naschlust« der Ameisen verdankt der Käfer, daß er in ihrer Gesellschaft geduldet wird. Solche Gäste, die mit den Ameisen wechselseitig in enger Beziehung stehen, nennt man Symphile. Die Käfer betteln ihre Wirte sogar um Nahrung an und werden von diesen wie Ameisenlarven gefüttert. Die Eier der Käfer entwickeln sich bereits im Leib der Mutterkäfer, so daß diese gleich fertige Larven absetzen können. Diese Larven ernähren sich von Eiern, Larven und Puppen der Ameisen, wobei die Brutpfleger die Käferlarven genauso pflegen wie ihre eigene Brut. Die *Atemeles*-Käfer schaden dem Wirtsvolk also auf zweierlei Art: Zum einen verliert das Volk durch die Gefräßigkeit der Larve Brut; zum anderen gehen dem Volke wichtige Nahrungsstoffe verloren, indem die Ameisen anstelle der Nestgenossen die Käfer füttern. Da wir wissen, welche regulatorische Bedeutung aber der Nahrungsverteilung im Waldameisenvolk zukommt, verwundern wir uns nicht, wenn infolge der Störung des Säftestromes zur Zeit der Geschlechtstieraufzucht z.B. nur unvollständige Königinnen, sogenannte Pseudogynen, d.h. abnorme Mittelformen zwischen Königinnen und Arbeiterinnen entstehen. In einem stark mit *Atemeles* versetzten Volk können die Käfer während der Brutaufzucht neben den Königinnen zu ernsten Nahrungskonkurrenten werden. Es ist für die Ameisen von Vorteil, daß sie auch die Puppenkokons der Käfer wie ihre eigenen Puppen behandeln und in die trocken-warmen Nestregionen tragen. Diese trocknen dabei nämlich aus und gehen zugrunde, so daß sich nur wenige, zufällig unbemerkt in größerer Nesttiefe liegende Puppen entwickeln können (GÖßWALD 1954, 1955, HÖLLDOBLER 1967).

Interessant ist die Lebensweise der winzig kleinen Gastameise *Formicoxenus nitidulus* NYL., deren kleine, etwa nur 100 Individuen zählenden Völkchen inmitten von *Formica*-Nestern in kleinen Verstecken nistend ihr eigenes Staatsleben führen und nur ab und zu bei den großen Wirtstieren um Futter betteln. Dabei kann die Gastameise auf den Rücken oder Kopf der *Formica*-Arbeiterin steigen und deren Mundteile solange betrillern, bis ein Nahrungstropfen erscheint. Bei einem Nestwechsel der Wirtsameisen folgen die Gastameisen deren Geruchsspur (u.a. STUMPER 1918, STÄGER 1925, ELGERT & ROSENGREN 1977, BUSCH 2001, ÖLZANT 2001). In einer solchen Beziehung hat *Formicoxenus* den Vorteil der geregelten Nesttemperatur und der Nahrungsversorgung, während der Wirt kaum Nachteile hat. Nach WHEELER (1926) nennt man diese Beziehung Xenobiose.

An sich harmlose Nestmitbewohner sind die Engerlingslarven des Rosenkäfers *Potosia cuprea* F. (= *Cetonia floricola* HERBST) (Foto 29 u. 30, S. 173). Nach MATTHES (1958) kommt in unserem Gebiet nur diese und keine andere Rosenkäferart in den *Formica*-Nestern vor. Die Entwicklungszeit der Engerlinge beträgt nur 2 und nicht wie bisher angenommen 3-4 Jahre. Die Larven leben eigentlich nur von Nestmulm und verrottetem Pflanzenmaterial. Sie werden den Ameisen direkt nicht schädlich (EIDMANN 1926, MATTHES 1958). Den Angriffen der Ameisen entziehen sie sich durch ein schnelles Einbohren in das Nestmaterial und überhaupt dadurch, daß sie sich in unbelebten Nestbezirken aufhalten. Das Volk erleidet durch sie erst dann Schaden, wenn Fuchs, Dachs und Schwarzwild das Nest nach diesen fetten Engerlingen durchsuchen und durchwühlen (GÖßWALD 1951a, b).

Es gibt überhaupt eine ganz ansehnliche Zahl von harmlosen Einmietern im Ameisenbau. Da ist z.B. der Kleine Kurzdeckenflügler *Dinarda märkeli* KIESW., ein Käfer, der sich von Abfällen, Nahrungsresten, toten Arbeiterinnen und anderem im Neste ernährt und somit zur Reinhaltung des Nestes beiträgt. Die Käfer verzehren auch Milben, die den Ameisen zur Last fallen. Oder da sind die Larven der Schwebfliegen *Microdon mutabilis* L. und *Microdon devius* L., die wie kurze dicke Nacktschnecken in den Ritzen der alten Baumstümpfe im Nestinneren leben. Sie liegen mit der Unterseite glatt dem Untergrund an, während die Oberseite rauh und runzlig wie ein Stück Rinde ist und von den Ameisen übersehen wird. Da sind weiter die Tausendfüßler *(Myriopoda) Geophilus truncorum* MEIN. und *Blaniulus guttulatus* GERV., die Spinnen der Gattung *Walkenaeria,* das Ameisensilberfischchen *Atelura formicaria,* die weiße blinde Assel und viele andere. Alle diese zuletzt genannten Tierarten werden den Wirtsameisen jedoch nicht schädlich, es handelt sich einfach um Einmieter (Synöken), die in der Nestkuppel Schutz, Wärme, Feuchtigkeit oder Nahrungsabfälle suchen und finden und hier deshalb nicht mehr besprochen werden sollen (STITZ 1939, GÖßWALD 1954/55).

Erwähnt werden müssen jedoch noch einige echte Parasiten, die sich im Körper der Ameisenlarven oder -imagines entwickeln. Sie sind nicht Nutznießer des gesamten Ameisenstaates oder seiner Produkte, wie die bisher besprochenen, sondern Schmarotzer in den Individuen. Die dichte Konzentration so vieler Wirtstiere auf einem relativ eng begrenzten Raum macht ihnen die Vermehrung besonders leicht. Immerhin sind jedoch gerade bei *F. rufa* L. und bei *F. polyctena* FÖRST. im Gegensatz zu anderen Arten nur wenig Parasiten bekannt. Es sind eigentlich nur zwei zu nennen, die eventuell etwas größere Bedeutung erlangen könnten.

Einmal sind es ektoparasitische Milben (z.B. der Gattung *Laelaph*), die z.T. nur Mitesser sind, z.T. aber auf ihrem Wirtstier sitzend die Chitinhaut durchbohren und so dessen Körpersäfte einsaugen können. In stark verseuchten Völkern können oft viele solcher Milben gleichzeitig an einer Ameise sitzen. Die Arbeiterinnen befreien sich nicht gegenseitig von diesen lästigen, ja schädlichen Gästen (GOETSCH 1953a, GÖßWALD 1985).

Zum anderen ist es die Schlupfwespe (Brackwespe, Braconidae) *Elasmosoma berolinense* RUTHE, die sich auf der Stelle schwebend über einem Neste hält, um sich dann schnell auf eine Arbeiterin zu stürzen und an dieser trotz der vergeblichen Abwehraktionen der Ameise ein Ei abzulegen. Die aus dem Ei schlüpfende Larve dringt in den Hinterleib der Ameise ein und verzehrt seinen Inhalt, wodurch sie den Tod ihres Wirtes verursacht. Die sterbende Ameise verläßt das Nest und steigt »in der Umgebung des Nestes auf einen Grashalm und beißt buchstäblich ins Gras. Die Schmarotzerlarve aber bohrt sich aus dem Hinterleib der Ameise heraus, läßt sich zu Boden fallen, gräbt sich dort einige Zentimeter in die Tiefe und fertigt einen Gespinstkokon an, in dem sie sich verpuppt« (GÖßWALD 1945/55).

Die Fadenwürmer (Nematoden), die bei anderen Ameisenarten recht häufige und gefährliche Innenparasiten darstellen, sind bei den Roten Waldameisen nur selten vorhanden. Diese Würmer schmarotzen entweder im Hinterleib der Arbeiterinnen oder bereits in den Ameisenlarven. Im letzteren Fall beeinträchtigen sie die normale Larvenentwicklung durch den Nahrungsentzug so stark, daß nur noch anormal geformte Imagines daraus entstehen können. Die Königinnen z.B. haben einen kleinen Kopf, einen aufgetriebenen Hinterleib und nur Stummelflügel, ihr ganzer Körper ist etwas verkrüppelt. Durch die Seltenheit sind die Fadenwürmer aber für die Waldameisenkolonie unbedeutend (KLOFT 1949, GÖßWALD 1951, 1954/55).

Die Nester der Roten Waldameisen sind in unseren Wäldern im allgemeinen recht selten geworden, und ihre Zahl verringert sich von Jahr zu Jahr immer mehr. Es liegen Berichte von Forstleuten vor, nach denen vielerorts, wo heute keine oder nur wenige schwache Nester vorhanden sind, noch vor Jahrzehnten zahlreiche Kolonien mit kräftigen Völkern zu finden waren. In einem derart reduzierten Nestbestand wirken sich die Eingriffe natürlich folgenschwerer aus, da sich die Angriffe der Feinde auf wenige Nester konzentrieren.

Die Hauptursache für den Rückgang des Roten Waldameisenbestandes ist sicherlich das Verhalten der Menschen den Ameisen gegenüber. Wenn auch das Einsammeln von Ameisen und Einlegen in Spiritus als Einreibung gegen Rheuma und auch das Entnehmen von Puppenkokons (landläufig fälschlich »Ameiseneier« genannt) als Futter für Vögel und Zierfische heute keine Rolle mehr spielen, ist doch der Mensch leider immer noch der Waldameisen schlimmster Feind.

In kaum einem Waldgebiet sind die Ameisen vor Nachstellungen durch den Menschen sicher. In der Umgebung unserer Städte, in Ausflugs- und Erholungsgebieten findet man nur ausnahmsweise noch einmal ein kräftiges, individuenreiches Volk in einem ungestörten Bau. Die meisten Nester zeigen deutliche Spuren wiederholter Beschädigungen. Besonders Nester an öffentlichen Wegen weisen infolge ständiger, willkürlicher Eingriffe einen unregelmäßigen Kuppelbau auf, in dem man öfters große Steinbrocken, Limonadenflaschen, Stöcke u.a. findet.

Die mutwilligen Störungen der Ameisenhaufen durch Spaziergänger erscheinen bei oberflächlicher Betrachtung harmlos. Wenn wir uns jedoch in Erinnerung rufen, welche Bedeutung die Nestkuppel auf Grund ihrer äußeren Form und ihrer Feinstruktur für den Klimahaushalt des Volkes hat, müssen wir eingestehen, daß sich der unüberlegte Eingriff doch tiefgreifender auf den Ablauf des Staatenlebens auswirken kann. Wohl kann ein Volk eine Zerstörung der Nestkuppel in wenigen Tagen wieder ausbessern, doch wenn sich diese Eingriffe oft und regelmäßig wiederholen, wird es dem Volke unmöglich gemacht, seine gegen Temperatur- und Feuchtigkeitsschwankungen sehr empfindliche Brut aufzuziehen. Auf diese Weise entstehen kümmerliche, volksschwache Nester, die den ständigen Belästigungen durch mehrfachen Nestplatzwechsel zu entgehen suchen und in vielen Fällen schließlich erliegen.

Meist ahnt der Spaziergänger gar nicht, daß er mit seinen scheinbar harmlosen, lediglich aus Spielerei, Neugier und Gedankenlosigkeit unternommenen Störungen zum Untergang des Nestes beiträgt. Es fehlt aber auch nicht an böswilligen Zerstörungsversuchen, wenn diese auch verhältnismäßig selten sind. So wurden z.B. schon Nester mit Benzin übergossen und abgebrannt (z.B. BAHRS 2000).

Schließlich darf nicht unerwähnt bleiben, daß selbst durch Unachtsamkeit einiger Waldarbeiter und Revierangestellten manches Nest vernichtet wird, so vor allem beim Holzeinschlag, beim Holzrücken, bei der Holzabfuhr und bei der Bodenbearbeitung (siehe dazu die Ausführungen im Kapitel 12).

11 Zur forstwirtschaftlichen Bedeutung der Roten Waldameisen

Die Ameisenvölker mit ihrem starken Nahrungsbedarf haben eine große Wirkung auf die Populationsdichte vieler Insektenarten innerhalb ihres Jagdbereiches. Sie können so in vielen Fällen dem Menschen recht nützliche Helfer bei der Vernichtung forstlich schädlicher Insekten sein.

Die Roten Waldameisen haben dem Menschen ihren Dienst sehr auffällig von selbst angeboten, indem sie bei großen, katastrophalen Massenvermehrungen gefürchteter forstlicher Schädlinge aus der Klasse der Insekten, wie sie vor allem in ausgedehnten Nadelholzreinbeständen im 19. und im ersten Drittel des 20. Jahrhunderts auftraten, ihren Nutzen augenscheinlich machten. Aus dieser Zeit stammen die Berichte über die »Oasen«, über die »Grünen Inseln« inmitten von Schmetterlingsraupen kahlgefressener Nadelholzbestände.

Der erste, dem Autor bekannt gewordene Bericht dieser Art stammt von HENNERT 1797 aus den königlich-preußischen Forsten (siehe BRETZ, Ameisenschutz aktuell 19, 2005, S. 15). Ein Jahr später erließ die Kurfürstliche Oberpfälzische Hofkammer zu Amberg durch GRAF VON KREITH anläßlich einer Bedrohung der Wälder durch den Kiefernspanner eine Verfügung, die in diesem Zusammenhang auch das Verbot des Sammelns von »Ameiseneiern« und des Zerstörens von Ameisennestern unter Androhung strenger Strafen enthielt, weil man mit diesen Tieren gute Erfahrungen als Schadinsektenvertilger hatte (OTTO 2005). GRAF VON SPONECK gab 1819 einen Bericht über Biologie und Schädlichkeit des Kiefernspinners, in dem er die Schadensabwehr durch Waldameisen hervorhob und den Schutz der Waldameisenvölker bei Geld- und Leibesstrafe forderte.

Ein prominenter Gewährsmann aus dem 19. Jahrhundert ist der Forstentomologe RATZEBURG (1866). Aus seinen Veröffentlichungen erfahren wir, daß beim Massenfraß der Forleule in Schlesien zwischen 1850 und 1860 inmitten des ausgedehnten Kahlfraßgebietes von Waldameisen geschützte, unbefressene Horste blieben. Ähnliches gibt er auch für den Kiefernspanner und Kiefernspinner an: 1860-1864 wurde das Forstamt Glücksburg bei Merseburg von *Dendrolimus pini* stark heimgesucht. Insgesamt wurden von 5 000 Morgen 3 400 Morgen von Raupenfraß betroffen. Etliche Bezirke blieben grün, »..weil sie in kleinen Oasen von 2-5 Morgen Größe inmitten des tollsten Kahlfraßes durch Ameisen geschützt worden waren«. Entsprechende Berichte aus dem 19. Jahrhundert von grünen Inseln um Ameisennestern gibt es von DOLLES (1897) für die Nonnengradation 1855 in Ostpreußen und von ALTUM (1881) für den Kiefernspinner.

Die ersten 5 Jahrzehnte des 20. Jahrhunderts brachten weitere Bestätigungen dieser Aussagen. Eine von OTTO (1967a) veröffentlichte 25seitige Zusammenstellung umfaßt 154 zitierte Publikationen. Sie beziehen sich vorzugsweise auf Forleule, Kiefernspanner, Kiefernspinner, Nonne, Kiefernbuschhornblattwespe und Eichenwickler. Neben der Beobachtung der sogenannten »grünen Oasen« enthielten die Berichte zunehmend detailliertere Untersuchungsergebnisse z.B. über das Jagdverhalten der Ameisen gegenüber einzelnen Entwicklungsstadien des Schädlings, über die Menge der zum Nest getragenen Beute in Abhängigkeit von der Witterung und andere Faktoren, über die Ausdehnung des Jagdgebietes usw. Ziemlich übereinstimmend wird angegeben, daß die Schutzwirkung für die Bäume sich auf einen Umkreis um ein Nest von nur wenigen bis zu ca. 25 Metern erstreckt. Hier kann nur kurz auf einige Schadinsekten eingegangen werden, umfangreichere Darstellungen zu diesen und weiteren Arten finden sich bei (OTTO 1967a) und GÖßWALD (1983/84).

Vom Kiefernspanner *Bupalus piniarius* L. (z.B. EIDMANN 1926, 1927, SCHWERDFEGER 1930, 1934, PROSOROV 1956) werden die Raupen aller Stadien und die frisch geschlüpften Falter vor der Eiablage eine leichte Beute der Ameisen. WELLENSTEIN (1965) ermittelte, daß in 5m Entfernung von Ameisennestern die Besatzdichte an Eiern 82%, von Jungraupen 80%, von Altraupen 65% und von Puppen schließlich nur noch 30% im Vergleich zur ameisenfreien Umgebung beträgt. In 25m Entfernung ist der Dezimierungseffekt für die Eier nur noch 95%, für Jungraupen 88%, für Altraupen 80% und für Puppen 70%. Aus diesen Zahlen wird der allmähliche Rückgang der Spannerpopulation im Laufe der langen Einwirkungszeit der Ameisen vom Juli bis November deutlich. Bei trocken-warmen Wetter können bis zu 85% der täglich schlüpfenden Falter von den Jagdameisen vernichtet werden. WELLENSTEIN (1954b) fand in 12 von 27 Publikationen über Kiefernspanner-Gradationen Waldameisen erwähnt; in 12 von 14 verbürgten Fällen ging von den Ameisen ein positiver Bestandesschutz aus.

Für die Forleule *Panolis flammea* SCHIFF. liegen die meisten Berichte über eine gute Schutzwirkung durch die Ameisen vor (z.B. JUDEICH 1852, ESCHERICH 1925, SACHTLEBEN 1929, BEHRNDT 1933, 1934, WELLENSTEIN 1953, GRIMALSKIJ 1959). Die Ameisen erbeuten leicht die Raupen aller

Stadien (Foto 31, S. 173) und die frisch geschlüpften Falter. Es wird von einem Beute-eintrag in ein Nest von stündlich bis zu 900 Raupen, täglich ca. 4 600 und während der ganzen Lebensphase bis zu 112 000 Raupen berichtet (BEHRNDT 1933, 1934). Je nach den örtlichen Gegebenheiten erstreckt sich die Schutzwirkung eines belebten Nestes auf nur 2 bis 8 Bäume, oder aber auf einen ganzen Hektar (SACHTLEBEN 1929). WELLENSTEIN (1954b) fand in 53 Berichten über Forleulenfraß 33mal die Roten Waldameisen erwähnt; von 34 Beobachtungen über den Einfluß der Ameisen zeugten 31 von einer guten Schutzwirkung.

Von der Nonne *Lymantria monacha* L. (AMBROS 1939, 1954, 1958, WELLENSTEIN 1942, 1953) können die Ameisen Raupen, Puppen und die Falter erbeuten, allerdings in geringerem Umfang als bei den beiden zuvor genannten Arten. Die Raupen werden wegen der starken Behaarung weniger gern genommen. Sie werden vor allem zur Zeit der Häutung und unmittelbar danach, sowie kurz vor der Verpuppung erbeutet. Wandernde Raupen werden angegriffen; ruhig sitzende Raupen und parasitierte Puppen entgehen der Aufmerksamkeit der Ameisen. Aber: Von mehreren Hundert in verschiedener Entfernung von volksstarken Ameisennestern an Baumstämmen aufgehängten Nonnenpuppen wurden innerhalb von 5 Tagen in einem Umkreis von 25m um ein Nest 60-95% aller Puppen erbeutet. Im Jagdgebiet einer Ameisenkolonie wurden pro Stamm bis zu 1,5m Höhe nur 30 Nonneneier abgelegt, während es im übrigen Befallsgebiet durchschnittlich über 300 Eier pro Stamm waren (WELLENSTEIN 1942, 1952, 1957). Hervorgehoben seien auch die umfangreichen Untersuchungen dieses Autors (1942) anläßlich der Gradationen der Nonne 1931 in Oberfranken und 1933-1937 in Ostpreußen. WELLENSTEIN (1954b) fand in 42 Literaturnotizen über Nonnenfraß 16mal Waldameisen erwähnt. Auf 14 von 18 ameisenbesetzten Teilflächen konnte ein positiver Bestandesschutz festgestellt werden.

Vom Kiefernspinner *Dendrolimus pini* L. (v. SPONECK 1819, RATZEBURG 1866, GRIMALSKIJ 1959) werden vor allen die jüngeren Raupen erbeutet, ältere seltener. Am intensivsten werden frisch geschlüpfte Eiräupchen vernichtet und ganze Gelege zerstört. WELLENSTEIN (1954b) fand in 17 Publikationen über Kiefernspinnerfraß 9mal Waldameisen erwähnt. Von diesen 9 gaben 6 eine positive Aussage über die Nutzwirkung der Ameisen.

Bei der Kiefernbuschhornblattwespe *Diprion pini* L. scheiden die Afterraupen bei einer Ameisen-Attacke eine zähe klebrige Flüssigkeit aus dem Mund aus, die auf die Angreifer abstoßend wirkt. Im Gegensatz dazu werden Altlarven, die kurz vor dem Einspinnen stehen, intensiv bejagt. Von diesen können von einem mittleren Volk bis zu 50 000 pro Tag eingetragen werden (GÖßWALD 1942a, OTTO 1967b). Mit zunehmender Nestnähe werden Blattwespenkokons immer seltener gefunden (WELLENSTEIN 1954b). Anläßlich einer großflächigen Massenvermehrung der Kiefernbuschhornblattwespe *(Diprion pini* L.) in den Jahren 1938-1940 im Waldgebiet der Schorfheide wurden im Mai 1939 künstlich Waldameisenvölker angesiedelt (GÖßWALD 1940, 1941, 1942a). »Im Wirkungsbereich der ausgesetzten Ameisen kam es bereits im gleichen Jahr nicht mehr zu einem schadhaften Auftreten der 2. Blattwespengeneration. Im ungeschützten Umkreis dagegen wurden die Kiefern weiter licht- und kahlgefressen. Die Blattwespe konnte auch 1940 unter den Roten Waldameisen keinen Schaden anrichten. Die von den Ameisen geschützten Zonen hoben sich noch 2 Jahre nach Beendigung der Kalamität deutlich von den ungeschützten Schadgebieten ab«. Ähnliches wird aus den Niederlanden berichtet (BESEMER 1942).

Die Raupen der Roten Kiefernbuschhornblattwespe (*Neodiprion sertifer* GEOFFR.) werden von Ameisen so massenhaft vernichtet, daß in einem bestimmten Falle auf den von Ameisen besuchten Bäumen die Larvenzahl innerhalb von 14 Tagen um 78% abnahm, während sie auf den anderen Bäumen im gleichen Zeitraum nur um 39% geringer wurde (SCHWERDTFEGER 1936). Inmitten eines Schadgebietes dieser Blattwespe wurden bis zu 30m vom Nest entfernt keine vollen Wespenkokons im Erdboden gefunden. Leere Kokons, die noch aus zurückliegenden Gradationsjahren stammten, lagen zwar auch in Nestnähe, während es aber in 10-20m Nestentfernung nur durchschnittlich etwa 20-50 Kokons/qm waren, lagen in 40-50m Entfernung etwa 145-180 (BRUNS & SCHRADER 1955).

In einem Dauerschadgebiet der Kleinen Fichtenblattwespe (*Pristiphora abietina* CHRIST.) in Nordwestdeutschland konnte beobachtet werden, wie die Ameisen zunächst eine Anlaufzeit von 1-2 Wochen benötigen, bis sie sich auf die Massenerbeutung der Larven umgestellt haben. Diese können auf diese Weise zunächst noch unbehelligt von den jungen Nadeln der Maitriebe fressen. Dann aber sind sie vor Ameisenangriffen nicht mehr sicher. Die Jäger eines starken Ameisenvolkes erbeuten bei günstiger Witterung pro Tag etwa 10 000 Larven, bei kühlem, feuchtem Wetter allerdings bedeutend weniger. Entsprechend überleben in Ameisennestnähe weniger Larven, und es finden sich hier weniger *Pristiphora*-Kokons im Boden als in einer Entfernung von 40m und mehr vom Nest. Die Unterschiede in der Kokonzahl sind besonders zu Zeiten eines Massenauftretens der Blattwespen sehr auffällig und bedeutsam. In den Latenzzeiten interessieren sich die Ameisen nur wenig für die Schädlinge, und die Kokondichte ist in Nestnähe und Nestferne gleichermaßen niedrig (BRUNS 1954b, 1958, SCHWERDTFEGER 1960, 1962).

Auch gegen die Kieferngespinstblattwespe *Acantholyda nemoralis* THOMS. und gegen die Fichtengespinstblattwespe *Cephalea abietis* L. können die Waldameisen wirksam werden. Sie erbeuten die Wespen in großen Mengen und auch die erwachsenen Larven, wenn diese gerade abbaumen, um sich im Waldboden zu vergraben. Für die Fichtengespinstblattwespe wird ein Wirkungsbereich eines mittleren Ameisenvolkes (allerdings eines Einzelnestes) von 5 bis 20m angegeben. Im Schadgebiet der Kieferngespinstblattwespe blieben in einem Umkreis von 30m um die Ameisennester benadelte Kiefern als »Oasen« erhalten (WELLENSTEIN 1957, KOEHLER 1963).

In den oberitalienischen Alpen wurden Ameisen künstlich in einem Schadgebiet des Pinienprozessionsspinners (*Thaumatopoea pityocampa* SCHIFF.) angesiedelt. Im Winter zuvor konnten auf 131 Bäumen noch 176 Raupennester gezählt werden, im Winter nach der Ansiedlung nur noch 10. Auf einer ameisenfreien Vergleichsfläche befanden sich im Winter zuvor an 123 Bäumen 94 Raupennester, im Winter nach der Ansiedlung 118 (PAVAN 1951).

Die zwischen 1955 und 1960 in vielen Teilen Deutschlands aufgekommenen starken Übervermehrungen vom Eichenwickler *(Tortrix viridana* L.) und von Frostspannerarten *(Boarmia* spec., *Operophtera brumata* L. u.a.) gaben Gelegenheit zu umfangreichen Untersuchungen über die Schutzwirkung von Ameisenkolonien gegen diese blattfressenden Eichenschädlinge (GÖßWALD & KLOFT 1956, SCHÜTTE 1956, OTTO 1958d, 1959a, 1962b, GÖßWALD 1958a, 1962, 1963, SCHWERDTFEGER 1962). Dort wo ein dichter Ameisenbestand vorhanden ist, ist auch eine Schutzwirkung der Ameisen unverkennbar (Foto 32, S. 174). Ihre Größe richtet sich nach der Stärke, Dichte und Regelmäßigkeit der Verteilung der Nester, nach der Witterung und nach der Stärke des Schädlingsauftretens. So konnten in speziellen Fällen beim Vergleich der den Eichen nach Abschluß des Raupenfraßes noch verbliebenen Blattsubstanz zwischen ameisenreichen und ameisenfreien Eichenwäldern folgende Werte (in % der vollen Belaubung) ermittelt werden:

Quelle	oberer Kronenteil		unterer Kronenteil	
	ameisenreich	ameisenfrei	ameisenreich	ameisenfrei
GÖßWALD & KLOFT 1956 (Ameisen- und Vogelschutz)	39%	11%	82%	19%
GÖßWALD 1958a (Ameisen- und Vogelschutz)	44%	8%	nicht ermittelt	nicht ermittelt
OTTO 1958d	34%	3%	65%	14%

Die jungen Eichenwickler-Räupchen des 1., 2. und z.T. auch noch des 3. Stadiums werden von den Ameisen nur wenig angenommen. Sie leben geschützt zwischen den sich entfaltenden Blättern ihrer Fraßbäume bzw. in ihren frisch gefertigten, noch allseits geschlossenen Blattwickeln. Dagegen werden die älteren Raupen in Massen erbeutet, vor allem, wenn die Wickel große Fraßlöcher aufweisen oder wenn die Raupen frei umherwandern, um sich einen neuen Nist- und Fraßplatz zu suchen. Besonders hoch sind auch die Verluste bei den erwachsenen Frostspannerraupen, wenn sie abbaumen und zur Verpuppung in den Boden einzudringen versuchen. Während ihre Puppen dann geschützt liegen, erleiden die sich auf den Bäumen befindlichen Puppen von *Tortrix viridana* und auch die im Juni fliegenden Falter durch die Ameisenjagd erhebliche Verluste. Vor allem werden auch Weibchen vor der Eiablage erbeutet.

GÖßWALD und KLOFT (1956) stellten pro Volk und Stunde folgende Beutezahlen fest: etwa 70 000 Larven, dazu noch unzählbare Larven, die in Kröpfen der Arbeiterinnen eingetragen wurden; 2 000-3 600 Puppen und bis 3 400 Falter. Eigene Untersuchungen ergaben im günstigsten Falle allerdings nur 7 000 Raupen und 280 Puppen und Falter pro Stunde (OTTO 1959a).

Da die Eichenwickler und Frostspannerraupen in ihrem ersten Entwicklungsstadium als Beute nicht in Frage kommen und da der Fraß des Eichenwicklers im obersten Teil der Krone anfängt und nach unten fortschreitet, werden stärkere Entlaubungen in den oberen Kronenteilen auch bei Eichen in ameisenreichen Gegenden nicht ausbleiben. Während der Fraß bei nicht von Ameisen besuchten Eichen auch die unteren Äste erfaßt und bei stärkerem Befall zu völliger Entlaubung und den sich daraus ergebenden physiologischen Wirkungen führt, können die Ameisen dem Fortschreiten des Fraßes nach und nach Einhalt gebieten.

Natürlich vermögen die Jagdameisen in der kurzen Zeit von 3-4 Wochen nur Begrenztes zu leisten. Sie können aber über die Fraßzeit der Raupen hinaus durch Vernichtung von Puppen und jungen Faltern des Eichenwicklers den Schädlingsbefall des kommenden Jahres abschwächen. Diese vorbeugende Schutzwirkung wird indessen in ihrem Umfang herabgemindert, wenn die Verteilung der Ameisennester so unregelmäßig ist, daß sich zwischen ihnen größere ameisenfreie Flächen befinden, von denen her durch Überflug der Falter die örtlichen Populationen immer wieder verstärkt werden (OTTO 1959a).

Eine ähnliche Situation wie beim Eichenwickler gibt es noch bei mehreren forstlichen Insekten. Bezüglich der Fichtenblattwespe kommt BRUNS (1958) zu folgender allgemeinen Einschätzung der Einflußmöglichkeit von Waldameisen auf den Massenwechsel. »Da die Fichtenblattwespenlarven vornehmlich erst am Ende ihrer Fraßtätigkeit erbeutet werden, würde sich eine Auswirkung der Ameisentätigkeit hinsichtlich des Fraßgrades der Fichten erst in der nächstjährigen Generation der Blattwespen auswirken können. Bei kleineren bzw. lückigen Ameisenkolonien innerhalb ausgedehnter Wälder werden jedoch die aus der Umgegend im Frühjahr zur Eiablage wieder zufliegenden Blattwespen einen erneuten Fraßschaden bewirken, so daß also nur bei großräumigen Ameisenkolonien ein am Fraßbild sichtbarer Erfolg nachzuweisen wäre.«

Diese letzten beiden Beispiele zeigen, daß die Nutzwirkung der Roten Waldameisen im Walde durchaus ihre Grenzen hat. Die Jagdtätigkeit der Waldameisen hat nicht auf alle Insektenarten gleichstarken Einfluß. Viele Arten, auch viele forstschädliche, sind durch ihren Körperbau, durch physiologische oder verhaltensphysiologische Reaktionen oder durch ihre Lebensweise den Ameisen nicht zugänglich. Hartpanzerige Käfer und dicht behaarte Raupen sind weniger gefährdet, ebenso alle Tiere, die, statt sich zu wehren, bewegungslos bleiben. Manche Forstschädlinge, wie z.B. die Borkenkäfer, sind durch ihre verborgene Lebensweise unter der Rinde vor Ameisenangriffen geschützt. Man kann also nicht von einer Nützlichkeit der Ameisen schlechthin sprechen, sondern muß ihre Einflußmöglichkeit auf die verschiedenen Forstschädlinge von Fall zu Fall untersuchen.

Selbst in günstigeren Fällen, bei leicht erbeutbaren Schadinsekten, wie z.B. bei *Bupalus piniarius* L. oder bei *Panolis flammea* SCHIFF., kann es nur unter bestimmten Voraussetzungen zu einem nennenswerten Nutzen kommen. Gute Erfolgsaussichten bestehen nur in Beständen, die auf größerer Fläche einen dichten Besatz sehr kräftiger Ameisenvölker aufweisen. Schwächere Nester und vor allem auch einzelne Nester vermögen ein Massenauftreten des Schadinsektes nicht zu verhindern.

Bei der Diskussion über die wirtschaftliche Bedeutung größerer Waldameisenbestände werden bisweilen Bedenken geäußert, daß die Ameisen in zu großer Dichte durch die Förderung der Pflanzenläuse eine Beeinträchtigung des Holzwachstums verursachen könnten. Wenn die Waldameisen durch die Trophobiose mit Rindenläusen (Lachnidae) den Wirtsbäumen große Mengen Honigtau entnehmen (siehe Kapitel 6.3), so ist doch anzunehmen, daß diese Einbuße an Substanz sich als eine Minderung des Jahreszuwachses am Holzkörper auswirken muß (ZWÖLFER 1954, ZOEBELEIN 1954, 1956, MÜLLER 1956a) (Foto 33, S. 174). Eine Überschlagsrechnung von MÜLLER (1956b) verschafft uns jedoch eine Vorstellung von den dem Wald durch die Honigtauproduktion verlorengehenden Substanzmengen. »Danach entspricht 1kg nativer Honigtau 100g Holz. Selbst wenn 400-700kg Honigtau je Hektar entzogen werden sollten, entspricht dies maximal nur 1-2% des Wertzuwachses eines 60jährigen Koniferenbestandes, während von anderer Seite dieser Wert mit 25% angegeben wurde« (KLOFT 1951, 1960). Die Berechnung ergibt, daß ein mittelgroßes Waldameisennest im

Jahre eine solche Menge Honigtau verbraucht, die forstwirtschaftlich bedeutungslos ist und durch die Nutzwirkung der Ameisen auf alle Fälle wieder ausgeglichen wird. Der Autor weist in diesem Zusammenhang darauf hin, daß »allein die Unterdrückung des forstwirtschaftlich kaum bemerkten Naschfraßes schädlicher Insekten einen solchen Stoffentzug mehr als kompensieren dürfte«.

Eine Zuwachsminderung konnte bisher auch tatsächlich nicht festgestellt werden, obwohl 500 von Ameisen besuchte und 500 von Ameisen nicht belaufene Altfichten gemessen wurden. Nur in unmittelbarer Nähe des Nestes stehende Fichten zeigten einen geringen Zuwachsverlust, was allerdings seinen Grund auch in Bodenveränderungen, z.B. in einer zu starken Bodenentblößung durch die Nestmaterial sammelnden Ameisen haben kann (WELLENSTEIN & MÜLLER 1954). Es gibt andererseits auch Beobachtungen eines besonders guten Wachstums der Bäume in Nestnähe (KLOFT 1951, GÖßWALD 1954a). In einem Fichten-Birken-Mischwald und in Fichtenwäldern konnten am Grunde von Nesthaufen dicht verzweigte und verfilzte Endwurzeln der benachbarten Bäume gefunden werden. Der Zustand dieser in Nestnähe stehenden Bäume war auffällig besser als der der weiter entfernteren Bäume (LEBEDEW 1949).

Junge Pflanzen können allerdings unter zu starkem Lausbesatz gelegentlich Schaden erleiden. Starke Rindenlausvermehrungen können bei jungen Kiefern und Fichten auffällige Wachstumsverringerungen, Triebstauchungen und sogar den Tod bewirken (WELLENSTEIN & MÜLLER 1954, MÜLLER 1956, 1958).

Von den von Ameisen gehegten und geförderten Läusen kann stärker schädlich nur die Buchenkrebslaus *Schizodryobius pallipes* ALT. werden. In Zusammenwirkung mit einem Pilz (*Nectria ditissima*) kann sie auffallende Wertschäden verursachen oder ganze Äste zum Absterben bringen (SCHMUTTERER 1956, MÜLLER 1956, 1958). An Eichen sind irgendwelche Beschädigungen durch Rindenläuse in Deutschland bisher noch nicht bekannt geworden (SCHMUTTERER 1956).

Alles in allem genommen muß die Frage, ob die Waldameisen durch die Lauszucht im Walde schädlich werden, wohl damit beantwortet werden, daß die diesbezüglichen Auswirkungen im allgemeinen unbedenklich sind. Enge Trophobiosebeziehungen der Roten Waldameisen bestehen vor allem mit den Siebröhrensaft saugenden, wachswollfreien Rindenläusen, deren Saugtätigkeit keine oder höchstens geringe Stoffwechselstörungen bei der Wirtspflanze hervorruft (KLOFT 1960). Schädigungen durch Rindenläuse stellen nicht die Regel dar.

Im übrigen ist noch zu bedenken, daß die Roten Waldameisen durchaus nicht die einzigen führenden Massenwechselfaktoren der Läuse sind. Außer ihnen wirken sich diesbezüglich vor allem die Witterung und der physiologische Zustand der Wirtspflanze sowie die Tätigkeit anderer im Walde lebender Ameisenarten aus. Andererseits wuchert dort, wo der Honigtau nicht durch Ameisen (oder Bienen u.a. Insekten) abgeholt werden kann, der Rußtaupilz. Der dadurch entstehende schwarze, klebrige Belag auf Nadeln und Blättern nimmt dem Baum wertvolle Assimilationsfläche (GÖßWALD 1951, KLOFT 1953, MÜLLER 1956b).

Diesen kritischen Betrachtungen über die Auswirkung der Förderung von Pflanzenläusen durch die Waldameisen müssen unbedingt einige aus ökologischer Sicht sehr positive Aspekte gegenüber gestellt werden. Die Ausscheidungen der Rinden- und Blattläuse dienen nicht nur den Ameisen als Nahrung, sondern vielen anderen Insekten des Waldes. In der Literatur werden mehr als 240 Insektenarten genannt, die sich von Honigtau ernähren (KLOFT 1953, ZOEBELEIN 1956), darunter viele sogenannte Nützlinge wie Schlupfwespen und Raupenfliegen und auch solche Insekten, die wiederum anderen Tieren als Nahrung dienen. Somit trägt die Kette »Ameisen – Blattlausförderung – Honigtau« entscheidend zu Vielfalt und Artenreichtum der Biozönose bei.

Ein besonderer, positiver Aspekt ist dabei die Nutzung des gewaltigen Honigtau-Angebotes durch die Waldimkerei. Darauf haben Forstentomologen und Imker wiederholt hingewiesen (z.B. ZWÖLFER 1954). Es bestehen enge Beziehungen zwischen dem Honigertrag der Waldbienenweide und der Besatzdichte an Ameisen. Ein Vergleich der Waldhonigerträge zwischen gleichwertigen Bienenvölkern in der Nähe von Kolonien der Roten Waldameisen und andererseits in ameisenfreien Beständen, durchgeführt an verschiedenen Orten, hat ergeben, daß die Ernte in einem Ameisengebiet das 1,37 bis 3fache der sonstigen Waldhonigernte beträgt (WELLENSTEIN et al. 1957, WELLENSTEIN 1958). Untersuchungen dieser Autoren an mehr als 40 Orten Südwestdeutschlands in der Zeit von Mitte Juni bis Ende August 1958 und 1959 ergaben ein durchschnittliches Verhältnis an Honigerträgen je Bienenstock von Feld : ameisenfreier Wald : ameisenreicher Wald = 1 : 1,6 : 2,4.

An dieser Stelle soll auch auf einen Gedankengang aufmerksam gemacht werden, der in den letzten Jahren aus den Reihen der Imker publiziert wurde (MÜHLEN 2000, VOIGT 2002): Die Sommerbienen werden nur 4 bis 6 Wochen alt. Dann sterben sie im Freien am Boden, und werden u.a. von Spinnen, Reptilien, Vögeln, Kleinsäugern, Hornissen und eben auch von Ameisen verzehrt. Das sind pro Bienenvolk 10 bis 15kg Biomasse im Jahr. Wenn der Wanderimker seine Völker in den Wald bringt, so kann er in waldameisenreichen Forstbeständen eine größere Ernte an Waldhonig erwarten. Gleichzeitig kommt aber das Angebot naturgemäß sterbender und toter Bienen den Ameisen als Eiweißnahrung zugute, was wiederum die Entwicklung der Ameisenvölker fördert.

Zwei weitere vorteilhafte Wirkungen der Roten Waldameisen für den Wald sollen nicht unerwähnt bleiben, wenn sie auch nicht unmittelbar wirtschaftliche, so aber doch bemerkenswerte ökologische Bedeutung haben:

Es ist dies einmal die Bodenverbesserung, die als Folge der Bautätigkeit der Ameisen unverkennbar ist (GÖßWALD (1951a, 1954a, BRETZ 2000a). Entsprechende Untersuchungen von HAMPEL (1960) in einem birkenreichen Laubwald (Vorwald), in einem 38jährigen Fichtenreinbestand und in einem lückigen Kiefernaltbestand mit reichlichem Laubholzunterwuchs ergaben in allen Fällen übereinstimmend, daß 1. die Krümelstruktur des Bodens am Rande eines Ameisennestes günstiger ist als in größerer Nestentfernung, indem in Nestnähe ein höherer Anteil an Feinerde vorhanden ist, daß 2. in unmittelbarer Nähe des Nestbereiches der Humusgehalt wesentlich höher liegt, daß 3. der Boden in Nestnähe um 0,3 bzw. 0,4 pH-Werte, ja im rohhumusreichen Fichtenbestand sogar um 1,0 bis 1,4 pH-Werte alkalischer ist und daß 4. die Randzone des Nestes einen höheren Kalkgehalt aufweist als von Ameisen nicht besiedelter Kontrollboden. Von einer höheren Alkalität des Bodens in Nestnähe berichten auch andere Autoren (GRÜNFELD 1941, GÖßWALD 1951a, KRUPENIKOV 1951). Die Verbesserung des Bodens ist meist unmittelbar an der besonderen Üppigkeit der Krautflora (wie Brennessel, Hohlzahn, Himbeere u.a.) in unmittelbarer Nestnähe zu erkennen (z.B. KOSTRIN 1951).

Zweitens ist zu erwähnen, daß die Ameisen durch das Verschleppen von Pflanzensamen auch aktiv zur Verbreitung einer Vielzahl von Pflanzen beitragen und damit eine größere Artenvielfalt im Walde gewährleisten (SERNANDER 1906, H. J. OTTO 1994, BRETZ 2000a). Es werden mehr als 150 Pflanzenarten genannt, die für die Verbreitung ihrer Samen auf Ameisen angewiesen sind, darunter z.B. das Veilchen. Über kürzere Entfernung kann es sich mit Hilfe seiner Ausläufer ausbreiten. Für größere Entfernungen findet es in den Ameisen Helfer, die seine Samen über weite Strecken verschleppen (Foto 35, S. 175). Weitere solcher Arten sind Schneeglöckchen, Taubnessel, Ehrenpreis, Schöllkraut, Wachtelweizen, Lerchensporn u.a. Die Samen dieser Myrmecochoren genannten Pflanzen tragen äußerlich nährstoffreiche Anhängsel, die so genannten Elaiosome (Foto 34, S. 175), die von verschiedenen Ameisenarten, darunter auch gern von *Formica*-Arten, zum Nest geschleppt und als Nahrung genutzt werden. Nach Verzehr der Elaiosomen werden die noch keimfähigen Samen außerhalb des Nestes abgelegt.

Ganz allgemein bedeutet ein quantitativ und qualitativ größerer Pflanzenreichtum auch ein vielfältigeres Nahrungsangebot für Insekten und andere kleine und größere Tiere. Das gibt dem Wald nicht nur einen höheren Erholungswert, die größere Artenvielfalt führt auch zu größerer Komplexität und Stabilität der Biozönose, die gegen eine Massenvermehrung einer Art besser abgepuffert ist.

12 Die Stellung der Roten Waldameisen in der Lebensgemeinschaft des Waldes und Maßnahmen zur Hege und zum Schutz

Wir haben die Roten Waldameisen als nützliche Helfer des Menschen bei dessen Anstrengungen zur Abwehr wirtschaftlicher Verluste durch forstschädliche Insekten kennengelernt. Wir haben aber auch erfahren, daß nur größere, geschlossene Verbände kräftiger Völker eine wirtschaftlich spürbare Nutzwirkung entfalten können. Solche größeren Ameisenvorkommen sind in unseren Wäldern leider nur noch selten anzutreffen. Die an sich geringen Bestände werden von tierischen Feinden und durch menschliche Eingriffe geschwächt. In Anbetracht der Nützlichkeit der Roten Waldameisen und ihrer Rolle im Ökosystem des Waldes sind Schutzmaßnahmen für unsere Nestbestände unbedingt notwendig. Seit Beginn des 20. Jahrhunderts wurde auf die Notwendigkeit eines aktiven Ameisenschutzes hingewiesen und praktische Schutzmaßnahmen wurden empfohlen und eingeleitet. Das ist bis heute noch dringend geboten, nur hat sich die Art der empfohlenen Maßnahmen im Laufe der Zeit geändert.

Ab 1940 entwickelte KARL GÖßWALD ein Programm zur Förderung und künstlichen Vermehrung und Ansiedlung von Roten Waldameisen in gefährdeten Forstbeständen. Erste Versuche zur künstlichen Ablegerbildung gab es bereits von CANTZLER (1934) und von AMBROS (1939). GÖßWALD stellte folgende Forderungen auf: Alle Nestbestände sind vor weiterer Dezimierung durch Maschendrahthauben zu schützen. Durch die Bildung künstlicher Ableger der Kleinen Roten Waldameise (polygyne *F. polyctena*) sind die Bestände zu vermehren und so von Insektenfraß gefährdete Wälder mit einer Nestdichte von möglichst 4 Nestern pro ha zu besiedeln (GÖßWALD 1940, 1951a, 1954a, 1957, 1959a).

Eine solche künstliche Waldameisenvermehrung ahmt die natürliche Nestvermehrung der polygynen Völker durch Ablegerbildung nach. Die künstlichen Ableger werden begründet, indem stark bevölkerten Stammnestern eine größere Menge Arbeiterinnen und Arbeiterinnenpuppen

Abb. 38: Durch eine Maschendrahthaube geschütztes Nest.

zusammen mit etwas Nestmaterial entnommen, in geeigneten Behältern zum vorgesehenen Standplatz transportiert und dort aus je 200 l Vermehrungsmaterial über einem Stubben ein neues Nest aufgeschüttet wird.

Führt man diese Ablegerbildung bereits im April durch, so erwischt man mit Leichtigkeit bei der Materialentnahme im Stammnest auch Königinnen, denn zu dieser Jahreszeit halten diese sich im oberen Teil des Nestbaues auf. Der neue Ableger ist so von vornherein weiselhaltig. Das Stammnest wird dabei aber erfahrungsgemäß nachhaltig geschwächt, denn der Verlust an Königinnen macht sich im folgenden in einem geringen Brutstand bemerkbar, so daß das Volk sich nur langsam erholen kann.

Deshalb verwendeten GÖßWALD und andere eine Methode, bei der dem Mutternest mit dem Nestmaterial im April oder Mai nur Arbeiterinnen entnommen werden, und dem Ableger dann frisch begattete, aus einem Zuchtverfahren gewonnene Königinnen zugesetzt werden. Mit einem Fangapparat werden den schwarmbereiten Nestern die geflügelten Jungköniginnen bzw. die Männchenschwärme abgefangen, die Geschlechtstiere begatten sich in geeigneten Glaskästen im Labor, und die frisch begatteten, nunmehr flügellosen Königinnen können zu je 200 Stück den künstlichen Ablegern zugesetzt werden. Zur Besiedlung einer Fläche von 25ha mit 100 Nestern müssen 400 Stammnestern etwa 20 000 Liter Material in 400 Fässern entnommen werden. Außerdem müssen 20 000 im Laboratorium begattete Jungköniginnen zur Verfügung stehen.

Abb. 39: Fangzelt zum Abfangen der abfliegenden Geschlechtstierschwärme. Die nach oben drängenden Tiere gelangen in eine reusenartige Falle aus durchsichtigem Kunststoff und von dort in ein abgeschattetes Sammelgefäß mit Gipsboden.

KOEHLER (1962) benutzte in Polen andere Methoden. Entweder werden vielen kleinen, weisellosen Ablegern nach und nach männliche und weibliche Geschlechtstierpuppen zugegeben, oder man bringt die neuen weisellosen Ableger in Bestände, die schon einige große Geschlechtstiere erzeugende natürliche oder künstliche Nester besitzen, so daß die jungen Ableger die Aussicht haben, auf natürlichem Wege in den Besitz von Königinnen zu kommen.

1951 veröffentlichte GÖßWALD seine Gedanken und Forderungen zusammenfassend in dem grundlegenden Buch »Die Roten Waldameisen im Dienste der Waldhygiene«, das bald europaweit großes Interesse fand.

Verstärkt wurde jetzt in mehreren west- und osteuropäischen Ländern die Schutzwirkung der Waldameisen in Gradationsgebieten forstschädlicher Lepidopteren und Hymenopteren analysiert, wobei gelegentlich auch auf negative Befunde vor allem infolge eines unzureichenden Aktionsradius der jagenden Ameisen hingewiesen wurde. Den Optimismus GÖSWALDs etwas relativierend und dämpfend, veröffentlichte als erster bereits zwei Jahre nach dessen Buch WELLENSTEIN 1953 einen Beitrag »Ergebnisse

25jähriger Grundlagenforschung zur forstlichen Bedeutung der Roten Waldameise *Formica rufa* L.« und ein Jahr später, 1954, einen Artikel »Was können wir von der Roten Waldameise im Forstschutz erwarten«. Somit gab es bereits ein gewisses Spannungsfeld, zumindest was das Ausmaß des zu erwartenden Nutzens und den Umfang der zu treffenden Maßnahmen betraf.

Die Vision GÖßWALDs von der Durchführbarkeit, Wirtschaftlichkeit und Forstschutzwirkung einer dichten (Wieder-)Besiedlung von gefährdeten Forstbeständen mit künstlichen Ablegern regte Forstentomologen nicht nur in Deutschland (siehe z.B. Berichte von RUPPERTSHOFEN 1955, KÖNIG 1956, BRUNS 1960, SCHWERDTFEGER 1962, OTTO 1968b), sondern auch in anderen Ländern West- und Osteuropas zu Ansiedlungsaktionen an, so KEREMIDCIEV (pers. Mitt.) in Bulgarien, ANDROVIC (pers. Mitt.) in Jugoslawien, ELTON in den Niederlanden, KOEHLER in Polen. Über Ansiedlungsaktionen in der früheren Sowjetunion berichteten SMIRNOV 1963 und PANSIN 1963. Besonders beeindruckend ist der Umfang der Um- und Ansiedlungen von *Formica lugubris* in Italien unter Leitung von PAVAN (1951, 1955, 1959), durch die u.a. ein natürlicher Schutz gegen den Pinienprozessionsspinner *Thaumatopoea pityocampa* geschaffen werden sollte. Auf großen LKW mit Anhänger wurde in riesigen Mengen großer Fässer tonnenweise Ablegermaterial aus den italienischen Alpen in die Pinienwälder des nördlichen Apennin und noch weiter südlich bis Sizilien gebracht. Da es in Nordamerika keine Roten Waldameisen gibt, gab es entgegen grundsätzlicher ökologisch-arealbiologischer Bedenken sogar Versuche, *Formica lugubris* in Kanada einzubürgern (FINNEGAN 1978, nach KRIEG & FRANZ 1989).

Doch nach wenig mehr als 10 Jahren nach Erscheinen des Buches von GÖßWALD gingen Anzahl und Umfang solcher Besiedlungsaktionen auffällig zurück. Ursachen dieser Dämpfung der so optimistisch begonnenen Vorhaben waren einmal die praktischen Erfahrungen, die man im Ergebnis der Besiedlungen machen mußte, aber auch grundsätzliche theoretische Erkenntnisse über die ökologischen Zusammenhänge und Grundlagen solcher Maßnahmen.

Es war nicht zu übersehen, daß die künstlichen Ansiedlungen, wo und von wem sie auch durchgeführt wurden, bei weitem nicht den erwarteten Erfolg brachten. Etwa 50-80% der Ableger gingen ein, die übrigen blieben nur selten an der Ansiedlungsstelle und nahmen an Volksstärke eher ab statt zu. Von einer angestrebten flächendeckenden Besiedlung der ausgewählten Bestände mit kräftigen Nestern konnte keine Rede sein. Daran änderten auch solche Hilfsmaßnahmen nichts wie die nachträgliche Verstärkung der Völker mit Puppenkokons aus Stammnestern oder mit begatteten Jungköniginnen aus der Zuchtstation (WELLENSTEIN 1959, 1988, ADLUNG 1966, OTTO 1966a, 1970, 2000, HORSTMANN 1990b, TRAVAN 1994). Auch die erwähnten Ansiedlungen außerhalb des natürlichen Verbreitungsareals von *Formica lugubris* in Italien und Kanada sind offensichtlich ohne Erfolg geblieben.

Als ein typisches Beispiel für das Ergebnis künstlicher Ansiedlungen in Deutschland berichtet SCHÄLICKE (1992): Von 1961-1963 im Forstbezirk Ravensberg künstlich gebildeten 90 Ablegern existierten nach 25 Jahren nur noch 20, davon 7 große.

Die Maßnahmen zur Förderung und Vermehrung der Roten Waldameisen hatten zunächst völlig unter der Zielsetzung gestanden, Massenauftreten bestimmter Schadinsekten zu unterdrücken. Die Niederhaltung von Schadinsekten war die vordergründige Motivation für die Ameisenhege überhaupt. Nach unseren heutigen Vorstellungen über Ursache und Gesetzmäßigkeiten von Populationsschwankungen und speziell von Gradationen erscheint es jedoch fragwürdig, einen einzelnen Faktor so ausschließlich für die Bedeutung des Massenwechselgeschehens der Schadinsekten verantwortlich zu machen (JANISCH 1941, ZWÖLFER 1953, SCHWERDTFEGER 1957). Im Zusammenhang mit der Einschätzung des Nutzens der Ameisen wandte sich WELLENSTEIN bereits 1954 »gegen die Annahme, daß ein Raubinsekt auf lange Sicht und großer Fläche das durch Klima, Witterung und Nahrung hauptsächlich bestimmte Auf und Ab in der Kerbtierbevölkerung entscheidend beeinflussen kann.«

Die Betrachtungen sind nicht nur auf den Einfluß der Ameisen auf das Schadinsekt, sondern auf alle Glieder der Lebensgemeinschaft zu richten. Während eines Massenauftretens eines Schadinsektes wird dieses natürlich den Hauptanteil an der Beute der Ameisen ausmachen, so wie in Kapitel 11 berichtet. In »normalen« Zeiten, außerhalb einer solchen Massenvermehrungswelle (Gradation), wird das Beutespektrum jedoch dem Angebot an allen erbeutbaren Insekten der Umgebung entsprechen. Es werden den Jagdameisen durchaus auch die aus der Sicht des wirtschaftenden Menschen sogenannten »nützlichen« Gegenspieler der »schädlichen« Insekten, also deren Räuber und Parasiten zum Opfer fallen. Und auch alle anderen, sogenannte »indifferente« Mitglieder der Biozönose, erbeutbare Fliegen, Hautflügler, Schmetterlinge, Käfer und ihre Larven, die wichtige Glieder im »summenden Wald« darstellen und ihrerseits wieder anderen Mitgliedern der Lebensgemeinschaft als Nahrung dienen, werden von den Jägern angegriffen.

Bei einer Analyse über die Veränderungen in der Biozönose im Einflußbereich eines Ameisenvolkes wurde von OTTO (1965, 2000) festgestellt, daß große und mittelgroße Raubkäfer (z.B. Carabidae) und größere parasitische Schlupfwespen (Ichneumonidae) von den Ameisen fast ganz zurückgedrängt werden, während andere, kleinere Räuber, wie Raubwanzen, Lauf- und Springspinnen sowie kleinere Schlupfwespen nicht beeinträchtigt wurden. Ein vollständiger Rückgang unter Ameiseneinfluß wurde auch für solche Gruppen festgestellt, die von toter animalischer Substanz leben, wie Mistkäfer, Aaskäfer, einige Kurzdeckenflügler und Weberknechte (Kanker), da diese Arten in Nestnähe keine Nahrung finden. Nach einer (mündlichen) Mitteilung aus der Schweiz werden auch Zecken im Einflußbereich der Ameisen vernichtet; dies sollte durch weitere Beobachtungen und Untersuchungen noch bestätigt werden.

Die Zahl der Rindenläuse in den Gelbschalen und Leimtafeln war im Einflußbereich der Ameisen 10 bis 25mal höher als auf den Vergleichsflächen; damit war auch die Zahl der Marienkäfer in Nestnähe erhöht. Die Populationsdichte der Fliegen, Mücken, kleinen Schlupfwespen und Kleinschmetterlinge ist im Jagdgebiet der Ameisen nicht geringer, obwohl diese Insekten den Hauptteil der Ameisenbeute bilden. Das lockende reichliche Honigtauangebot wirkt jedoch der Verminderung entgegen.

Die Roten Waldameisen wirken also auf die Biozönoseglieder, aber auch diese wirken ihrerseits auf die Ameisen ein. Wir müssen zugestehen, daß auch *Formica*-Völker einen Massenwechsel haben, daß auch ihre Populationsdichte nicht unbegrenzt sein kann, sondern auf einem der Biozönose im gegebenen Biotop angepaßten Niveau gehalten wird. Wie die Populationsdichte aller Biozönoseglieder wird auch die der Ameisen geregelt durch:

1. die abiotisch-ökologischen Gegebenheiten des Biotops,
2. die Quantität und Qualität der Nahrung,
3. die Einwirkung tierischer Feinde und Krankheiten.

Zur Abhängigkeit von abiotisch-ökologischen Gegebenheiten des Biotops:

Von mehreren Autoren (z.B. BUSCHINGER 2000) ist aufgezeigt worden, daß die Ameisen bestimmte Ansprüche an den Wasserhaushalt und die Güte des Bodens, an Art, Alter und Ertragsklasse des Baumbestandes, an Art und Dichte des Bodenbewuchses, an makro- und mikroklimatische Standortbedingungen stellen. Wenn den Roten Waldameisen auch eine große ökologische Valenz eigen ist und sie in sehr unterschiedlichen Biotopen angetroffen werden können, so werden das Wachstum und die Vermehrung der Völker doch entschieden davon bestimmt, inwieweit ihre ökologischen Ansprüche optimal befriedigt sind.

Zur Abhängigkeit von Quantität und Qualität der Nahrung:

Dadurch, daß honigtauerzeugende Pflanzenläuse in Ameisennestnähe vermehrt auftreten, scheint den Ameisen eine Nahrungsquelle zur Verfügung zu stehen, die ihren Bestand unabhängig von anderen Nahrungsquellen dauernd gleichbleibend hoch erhalten kann. Tatsächlich sind die von den Ameisen eingetragenen Honigtaumengen enorm hoch (siehe Kapitel 6.3). Aber abgesehen davon, daß auch die Blatt- und Rindenläuse ihren Massenwechsel haben und die Honigtauquellen nicht immer gleichmäßig fließen (s. z.B. den Trachtkalender von RUPPERTSHOFEN 1968, MÜLLER 1962) reicht Honigtau auch qualitativ wegen seiner Armut an Aminosäuren und Eiweißen nicht aus. Der Honigtau liefert die Kohlehydrate als Energiequelle für das ganze Volk, er wird deshalb auch bevorzugt an Außendiensttiere und Bauarbeiter weiterverfüttert. Für die Erzeugung und das Wachstum der Nachkommen aber wird eiweißreiche Nahrung direkt oder über den Umweg der Produktion von Futtersaft für Königinnen und Larven benötigt. Diese Nährstoffe können nur aus der Insektenbeute bezogen werden; der eiweißhaltige Nahrungsstrom von Kropf zu Kropf fließt im Volk deshalb bevorzugt zu den Innendiensttieren und weiter zu den Larven und den Königinnen (siehe dazu Kapitel 8). Bei einer Ernährung, die letztlich nur auf Honigtau basiert, muß das Ameisenvolk aus Proteinmangel die Brutaufzucht reduzieren. Die Schlußfolgerung daraus ist, daß das Angebot an erbeutbaren Tieren im Jagdbereich durchaus Dichte und Individuenreichtum der *Formica*-Völker mitbestimmt. Bei einem Massenangebot an Beuteinsekten während einer Gradation können die Kolonien von *F. polyctena* mit einem auffälligen Anstieg der Volksstärke und mit vermehrter Ablegerbildung reagieren, die am Gradationsende wieder zurückgenommen werden (OTTO 1959a, 2000, AYRE 1960).

Zur Einwirkung tierischer Feinde und Krankheiten:

In Wäldern mit erhöhtem Scharzwildbestand können die Waldameisennester von Wildschweinen stark geschädigt werden. Auch andere Säugetiere und die Vögel des Waldes sowie Parasiten und Schmarotzer im Nest können die Ameisenvölker schwächen. Im Kapitel 10 ist darüber ausführlicher berichtet worden. Deshalb sollen hier nur noch zwei Bemerkungen über die Beziehung von Vögeln und von anderen Ameisenarten zu den Roten Waldameisen angefügt werden:

Vögel finden in den Ameisen eine reichliche und beständige Nahrungsquelle. Siedelt man Ameisen in einem Waldbestand an, so erhöht sich in Folge die Dichte der Vögel. 8 Jahre währende vergleichende Untersuchungen von Bruns (1957, 1960) über die Beziehungen zwischen Ameisendichte und Singvogeldichte in 16 Waldbeständen haben ergeben, daß die ameisenreichen einen signifikant um 15-20% höheren Singvogelbesatz als die ameisenfreien Waldflächen aufwiesen. Vögel und Ameisen erbeuten Insekten, (ohne dabei übrigens sogenannte schädliche, nützliche oder indifferente Arten zu unterscheiden). Indem Vögel ihrerseits auch Ameisen vertilgen, kompensieren sich die Mortalitätswirkungen von Ameisen auf andere Biozönoseglieder wenigstens teilweise, sie wirken ihrerseits auch hemmend auf die Vermehrung der Ameisen.

Beachtenswert sind auch die Beobachtungen über die Feindwirkung anderer Ameisenarten auf die Roten Waldameisen. Marikovskij berichtet 1963 aus Westsibirien über »die Blutrote Ameise *Formica sanguinea* als Vernichter von künstlichen Ablegern der Roten Waldameisen«. Ähnliche Beobachtungen machte Pansin 1963, dem Ansiedlungsversuche von *Formica polyctena* ebenfalls durch die Aktivität einheimischer Arten vereitelt wurden. An der Abwehr der neu eingebürgerten Waldameisen beteiligten sich auch so unscheinbare Arten wie der kleine *Lasius emarginatus* oder wie *Cremastogaster scutellaris*. Kutter (1963) beschreibt *Lasius fuliginosus* als gefährlichen Feind der *Formica*-Arten: »Sein Kieferndrüsensekret mit dem hohen Gehalt an Dendrolasin stellt ein außerordentlich wirksames Abwehrmittel gegen die Waldameisen dar... Da überdies die *Lasius fuliginosus*-Völker in der Regel außerordentlich individuenreich sind und stets lange, fleißig begangene Straßen kreuz und quer durch den Wald unterhalten, sind sie wohl imstande, große Waldgebiete für Neuansiedlungen von *Formica*-Kolonien zu sperren und sie völlig zu beherrschen.« Bei extremem Nahrungsmangel vernichten sich *F. polyctena*-Völker sogar auch gegenseitig (Hölldobler & Wilson 2001). Andererseits üben die angesiedelten Roten Waldameisen auch auf die im Habitat vorhandenen Ameisenarten durch Aggression einen dezimierenden Einfluß aus, der aus ökologischer Sicht nicht erwünscht ist (Issleib & Schelter 1998).

Zusammenfassend ist zu erkennen, daß die abiotische Umwelt und der gesamte biozönotische Komplex, einschließlich Feinde und Nahrung, bedingen, daß ein bestimmter Biotop nur eine bestimmte *Formica*-Nestzahl halten kann und daß sich diese Nestzahl biozönotisch einreguliert. Auch Naturkolonien weisen keine unbegrenzte Entwicklung auf, sondern verharren in ihrer zahlenmäßigen Stärke, selbst wenn ein mechanischer Schutz vor menschlichen und tierischen Eingriffen gewährleistet ist. Bruns (1958) beobachtete über 6 Jahre hinweg die Entwicklung einer mit Drahthauben geschützten *Formica polyctena*-Kolonie, ohne eine Vermehrung feststellen zu können.

Sicherlich ist die relative Ameisenarmut unserer Wirtschaftswälder nicht natürlich. Vorwiegend durch negative Einflüsse des Menschen entspricht die derzeitige Nestzahl im allgemeinen nicht der Kapazität des Biotopes für *Formica*-Kolonien, und bei der Eigenart der natürlichen Koloniegründung können Zerstörungen großflächiger Nestverbände kaum wieder ersetzt werden.

In diesem Zusammenhang sind die Nestschutzmaßnahmen einer besonderen Betrachtung wert. Ein umfassender Nestschutz mittels Maschendrahthauben für die Roten Waldameisen jedoch, so wie er seit GÖßWALDs Programm propagiert wurde, ist nicht nur teuer und in der Wartung aufwendig, sondern im Erfolg auch zweifelhaft und gegen ein ökologisches Gesamtkonzept (HORSTMANN 1990b; KLEIN 2005). Mit oder ohne Grund protestieren Ornithologen gegen solche mechanischen Schutzmaßnahmen, da sie anderen wichtigen Mitgliedern der Biozönose die Nahrung schmälern (ALTENKIRCH 1991). Und der Verzehr von Ameisen findet ja auch außerhalb des Nestes, z.B. an den Ameisenstraßen am Boden und an den Baumstämmen statt, wo die Nestschutzhaube nicht wirkt. Der mechanische Schutz auch vor anderen Feinden, wie vor Wildschwein und Dachs, stellt letztlich einen unbiologischen Eingriff in ein ökologisches Gefüge dar. HORSTMANN (1990b) spricht die Vermutung aus, daß es für die Nester vielleicht sogar günstig sein kann, wenn das Nestmaterial auf solche Weise von Zeit zu Zeit aufgelockert wird. Auf jeden Fall müssen die Ameisen an solche gelegentlichen Beschädigungen ihres Baues und an Verluste an Arbeiterinnen angepaßt sein, sonst hätten sie die Jahrhunderte und Jahrtausende ohne Nestschutzhauben nicht überstehen können.

Dies alles bedeutet aber nicht, daß die Waldameisen nicht geschützt werden sollten und müßten! Als wichtige, in ihrer Lebensweise besonders interessante, in ihren Bestand aber bedrohte Mitglieder der Lebensgemeinschaft Wald benötigen sie durchaus unserer besonderen Fürsorge, besonderen Schutz und besondere Förderung. Aber eben nicht mit den früher propagierten Mitteln und Methoden.

Es ist eine Tatsache, daß die Nestbestände geringer wurden. Als eine Ursache sehen wir heute Wirtschaftsmaßnahmen des Menschen im Forst. Großflächiger Kahlschlag zerstört direkt und indirekt Nester, und darauffolgende großflächige Kulturen bieten keine ökologischen Überlebensbedingungen. Immer noch werden bei Holzeinschlag, Holzabfuhr und anderen Arbeiten Nester zerstört. Auch bei der Wandlung von Forst- in Bauland gab es Nestverluste.

Aus gutem Grunde und mit vollem Recht müssen die *Formica*-Arten unter dem Rechtsschutz des Naturschutz- und Artenschutzgesetzes stehen (DEWES 2000). Nach der Verordnung zur Neufassung der Bundesartenschutzverordnung vom 16. Februar 2005 zählen alle Arten der Untergattungen *Formica* s.str. und *Coptoformica* zu den besonders geschützten Tierarten, also auch die Roten Waldameisen. Die anderen Arten stehen unter dem allgemeinen Schutz des § 41 des Bundesnaturschutzgesetzes (BRETZ 2005).

Von entscheidender Bedeutung in diesem Zusammenhang ist, daß die Forstwirtschaft heute eine naturnahe Bewirtschaftung anstrebt, die sich für das gesamte ökologische Gefüge, u.a. aber eben auch für das Gedeihen der Waldameisen günstig auswirkt (KLEIN 2000, HABERMANN 2000, STOLL 2000, HERZOG 2000, BRETZ 2000b).

Einen Schwerpunkt der Maßnahmen zum Schutze der Roten Waldameisen bilden heute die sog. Not- oder Rettungsumsiedlungen. Dort wo Ameisennester bei Baumaßnahmen oder aus anderen Gründen stören, müssen sie in Absprache mit der örtlichen Naturschutzbehörde anstelle einer Zerstörung an einen geeigneten neuen Standort umgesiedelt werden. Dies wird zumeist ehrenamtlich von fachkundigen Naturfreunden durchgeführt (Foto 36-38, S. 176). Seit der Registrierung aller dieser Maßnahmen im Jahr 2000 wurden in Deutschland bis einschließlich 2004 insgesamt 15 329 Rettungsumsiedlungen vorgenommen, allein in den Jahren 2003 waren es 3 356 und 2004 3 575. Davon betrafen 62% *F. polyctena* und ca. 10,5% *F. rufa*. Die restlichen Völker gehörten anderen hügelbauenden Arten an (*F. truncorum, F. lugubris, F. aquilonia, F. pratensis, F.* (*Coptoformica*) *exsecta, F.* (*Raptiformica*) *sanguinea*). In der Reihenfolge der Häufigkeit gab es für diese Not- und Rettungsumsiedlungen folgende Anlässe: Wohnungsbau, Straßenbau, Belästigung der Anwohner, Industrie, Forstwegebau, Flurbereinigung, Stausee, Landwirtschaft, Bergbau/Kiesabbau, Friedhöfe, Bahntrassen u.a. (FLEISCHMANN 2000 bis 2005). Eine wichtige Voraussetzung für das Überleben der umgesiedelten Völker ist eine sachkundige Standortwahl. Der neue Ansiedlungsplatz sollte dabei dem ursprünglichen Nistplatz möglichst weitgehend ähneln, besonders hinsichtlich Vegetation, Baumartenbestand, Bestandesalter und -dichte, Hangneigung und Exposition (BUSCHINGER 2000).

Wenn die Wildschweine bei hoher Besatzdichte die Waldameisennester nicht nur gelegentlich sondern wiederholt und sehr stark zerstören, dann sollte einer Vernichtung des Ameisenbestandes allerdings doch durch einen mechanischen Schutz vorgebeugt werden. Ein einfaches aber stabiles Gatter erweist sich als sehr wirkungsvoll. Es besteht aus 4 Eckpfosten außerhalb des Nesthofes und je 2-3 Holzstangen an den 4 Seiten. Ein solches offenes Gatter wehrt gut das Großwild ab, behindert aber nicht andere Mitglieder der Waldbiozönose.

Naturfreunde, die sich besonders der Hege und des Schutzes der Waldameisen angenommen haben, haben sich in der »Deutschen Ameisenschutzwarte e.V.« organisiert (KLEIN 2002). Heute gibt es 12 Landesverbände mit bundesweit 2 500 Mitgliedern. Wenn man die Hefte der Verbandszeitschrift mit dem programmatischen Titel »Ameisenschutz aktuell« durchsieht, erkennt man ein klares Konzept für die erforderlichen Maßnahmen. Seine Realisierung kann jedoch nur durch einen großen Kreis aktiver Mitarbeiter aus dem Bereich der Forstwirtschaft, aber auch aus anderen Berufszweigen und Bevölkerungsgruppen gesichert werden. Durch die jetzt in allen Teilen des Landes durch- und ständig fortgeführten Nestkartierungen, meist schon mit Hilfe von GPS (BARTKE 2000), wird sich genau sagen lassen, ob und in welchem Umfang der Rückgang der Waldameisenbestände anhält oder gestoppt werden konnte, oder ob sogar eine Wiederzunahme möglich wurde.

Waldameisenschutz und -förderung haben heute folgende Säulen:

- Einfluß auf forstwirtschaftliche Maßnahmen
- Durchsetzung des Natur- und Artenschutzes und entsprechende Einflußnahme auf die Gesetzgebung
- Aufklärungsarbeit in der Bevölkerung, z.B. durch die Schulen des Waldes
- Möglichst umfassende Bestandsaufnahme mit korrekter Artbestimmung und Fortführung der Bestandskartei als Grundlage für die Feststellung von positiven und negativen Veränderungen und deren Ursachen und als Grundlage für evtl. einzuleitende Rettungsumsiedlungen
- Durchführung von Not- und Rettungsumsiedlungen
- Nestschutzhauben nur in Ausnahmefällen

Foto 26: Spechte haben in das Ameisennest armdicke Gänge vorgetrieben.

Foto 27: Der Vierpunktkäfer *Clytra quadripunctata*.

Foto 28: Die Larve des Vierpunktkäfers in einem Kokon aus Nestmaterial und Kot.

Foto 29: Rosenkäfer *Potosia cuprea.* links: Imago; rechts: Engerlings-Larve.

Foto 30: Die Puppe des Rosenkäfers liegt in einer gut getarnten Kokonhülle aus Nestmaterial und Erde, aus der nach der Metamorphose der Jungkäfer schlüpft.

Foto 31: Transport einer erbeuteten Eulenraupe (*F. rufa*).

Foto 32: Anblick eines Eichenwaldes, dessen Laub durch die Fraßtätigkeit von Raupen des Großen Frostspanners völlig vernichtet ist. In der Umgebung eines *F. polyctena*-Nestes (rechts, Lage erkennbar am Schutzgitter) sind die Eichen vom Kahlfraß verschont und zeichnen sich als »Grüne Insel« ab.

Foto 33: Starker Rindenlausbefall (*Lachnus roboris* mit Eigelegen) an einem Eichenzweig. Beeinträchtigt der Saftenzug das Baumwachstum?

Foto 34: Blüte des Mittleren Lerchensporns und Samen mit Elaiosom-Anhang, der von den Ameisen als Nahrung genutzt wird (s.S. 160).

Foto 35: Auch das Waldveilchen verdankt seine Verbreitung den Ameisen (s.S. 160).

Foto 36: Bei einer großflächigen Rodung sind die Waldameisen-Nester stark gefährdet, so daß besondere Schutzmaßnahmen erforderlich sind. Hier: Holzeinschlag beim Bau der ICE-Trasse im Taunus mit markierten, umzusiedelnden *F. polyctena*-Nestern.

Foto 37: Rettungsumsiedlung eines *F. polyctena*-Nestes wegen Verbreiterung der A4 bei Rimberg; Entnahme der Ameisen und des Nestmaterials.

Foto 38: Rettungsumsiedlung; Transport des ausgegrabenen Volkes samt Nestmaterial und Baumstubben zum neuen Nistplatz.

13 Literaturverzeichnis

Weitere zusammenfassende Darstellungen über die Roten Waldameisen

BRETZ, D. (1990-1996): Ameisenschutz Praxis. – Ameisenschutz in Hessen 4-5, Ameisenschutz aktuell 5-10, 188 S.

GÖßWALD, K. (1989)(1990): Die Waldameisen. – Band 1 (660 S.), Band 2 (510 S.), AULA-Verlag, Wiesbaden.

KRUMSCHMIDT, W. (1983): Praktische Ameisenhege. – Fördergemeinschaft Waldameisenhege Ehrenstetten e.V. im Weltbund zum Schutze des Lebens. Ehrenstetten: 1-70.

SIELAFF, M. (1989): Unsere Waldameisen; Lebensweise, Gefährdung, Schutz. – Schriftenreihe »Wald und Umwelt der Schutzgemeinschaft Deutscher Wald e.V., H. 24, 104 S.

TRAVAN, J. (1996): Ein Waldameisenlehrgang für Forstleute, Ameisenheger und Naturschützer. – Ameisenschutz aktuell 10, Sonderheft, 48 S.

WELLENSTEIN, G. (1990): Waldbewohnende Ameisen. Ihre Bedeutung, Biologie, Hege und ihr Schutz. – Dt. Ameisenschutzwarte e.V. 2. Auflage, 47 S.

Spezielle Literatur

ADAM, A. (1913): Bau und Mechanismus des Receptaculum seminis bei den Bienen, Wespen und Ameisen. - Zool. Jb. 35: 1-74.

ADLUNG, K. G. (1966): A critical evaluation of the european research on the use of red wood ants (*Formica rufa* Group) for protection of forests against harmful insects. – Z. angew. Entom. 57: 167-189.

ALTENKIRCH, W. (1991): Ameisenschutz/Ameisenhege im Spannungsfeld Naturschutz/Forstschutz. - Ameisenschutz in Hessen 5: 25-29.

ALTUM, B. (1881): Forstzoologie 3.

AMBROS, W. (1954): Die Rote Waldameise als vorbeugender Dauerschutz gegen die Nonne (*Lymantria monacha*). - Waldhygiene 1: 6-9.

AMBROS, W. (1939): Unsere Waldameise (*Formica rufa* L.) mit besonderer Berücksichtigung ihrer künstlichen Vermehrung. - Z. ges. Forstw. 65: 19-29.

AMBROS, W. (1958): Erfahrungen über die vorbeugende biologische Bekämpfung von Nonnenkalamitäten in reinen Fichtenbeständen. - Waldhygiene 2: 230-234.

AUTRUM, H. J. (1936): Über Lautäußerungen und Schallwahrnehmungen bei Arthropoden. – Z. vergl. Physiol. 23: 332-373.

AUTRUM, H. J. (1936): Eine Theorie der Schallwahrnehmung für Luftarthropoden. – Zool. Anz. 9: 125-134.

AYRE, G. L. (1960): Der Einfluß von Insektennahrung auf das Wachstum von Waldameisenvölkern. - Naturwiss. 47: 502-503.

BÄGER, C., P. EIGENBROD & R. ACHT (2005): Wie verhalten sich Ameisen bei großer Hitze? – Ameisenschutz aktuell 19: 18-20.

BAHRS, J. (2000): Ameisenhügel in Brand gesteckt. - Ameisenschutz aktuell 14: 54.

BARTKE, P. (2000): Moderne Kartierung mit GPS. – Ameisenschutz aktuell 14 (Sonderheft): 52-53.

BAUSENWEIN, F. (1956): Untersuchungen über sekretorische Drüsen des Kopf- und Brustabschnittes in der *Formica rufa*-Gruppe. – Nat. wiss. Dissertation, Univ. Würzburg.

BEHRNDT, G. (1933): Die Bedeutung der Roten Waldameisen bei Forleulenkalamitäten. – Z. Forst- Jagdwesen 65: 479-498.

BEHRNDT, G. (1934): Einige Beobachtungen über die Bedeutung von *Formica rufa* und *Formica fusca* bei Forleulenkalamitäten. - Forstarchiv 10: 289-294.

BERWIG, W. (1959): Untersuchungen über cuticulare Stoffabgabe bei Ameisenweibchen, durchgeführt mit Radioisotopen. – Naturwiss. 46: 610-611.

BESEMER, A.F.H. (1942): Die Verbreitung und Regulierung der *Diprion pini*-Kalamität in den Jahren 1938-1941. – Mededeeling van het Comite te bestudering en bestrijding van insectenplagen in boschen. Nr. 5: 1-106.

BESTMANN, H. J., F. KERN, D. SCHÄFER & M. C. WITCHEL (1992): 3,4-Dihydroisocumarine, eine neue Klasse von Spurpheromonen bei Ameisen. - Angew. Chem. 104: 757-758.

BETREM. J, G. (1953): Enkele opmerkingen omtrent de soorten van de *Formica rufa*-Groep (Hym.). – Entom. Berichten 14: 322-326.

BETREM, J. G. (1960): Über die Systematik der *Formica rufa*-Gruppe. – Tijdschrift voor Entomol. 103: 51-81.

BIER, K. (1952a): Zur scheinbaren Thelytokie der Ameisengattung *Lasius*. - Naturwiss. 39: 433.

BIER, K. (1952b): Beziehungen zwischen Nährzellkerngröße und Ausbildung ribonukleinsäurehaltiger Strukturen in den Oocyten von *Formica rufa rufo-pratensis minor* GÖSSW. – Verh. Dtsch. Zool. Ges. Freiburg: 369-374.

BIER, K. (1953): Vergleichende Untersuchungen zur Fertilität der Ameisenarbeiterinnen. – Zool. Anz. 150: 282-288.

BIER, K. (1954a): Über den Einfluß der Königinnen auf die Arbeiterinnenfertilität im Ameisenstaat. – Insectes Sociaux 1: 7-19.

BIER, K. (1954b): Über Phasen gesteigerter Protein- und Kohlehydrateinlagerungen und die Fettverteilung im Hymenopterenovar. – Verh. Dtsch. Zool. Ges.: 422-429.

BIER, K. (1954c): Über den Saisondimorphismus der Oogenese von *Formica rufa rufo-pratensis minor* GÖSSW. und dessen Bedeutung für die Kastendetermination. – Biol. Zbl. 73: 170-190.

BIER, K. (1956): Arbeiterinnenfertilität und Aufzucht von Geschlechtstieren als Regulationsleistung des Ameisenstaates. – Insectes Sociaux 3: 177-184.

BIER, K. (1958): Die Bedeutung der Jungarbeiterinnen für die Geschlechtstieraufzucht im Ameisenstaat. – Biol. Zbl. 77: 257-265.

BISCHOFF, H. (1927): Biologie der Hymenopteren. Springer Verlag, Berlin.

BISCHOFF, H. (1958): Die Regulation der Sexualität in den Insektenstaaten. – Ergebnisse Biologie 20.

BOVEN, J. VAN (1947): Liste de determination des principales especies des Fourmis belges. – Bull. et Ann. Soc. Entomol. Belgique, 83: 163-190.

BOZLER, E. (1926): Experimentelle Untersuchungen über die Funktion der Stirnaugen der Insekten. – Z. vergl. Physiol. 3: 145.

BRETZ, D. (1987): Die Rolle der Ameisen im biologischen Waldschutz. – Ameisenschutz in Hessen 1, H.1.

BRETZ, D. (1993): Die Unterscheidung hügelbauender Waldameisen. – Ameisenschutz aktuell 7 (Sonderheft): 1-25.

BRETZ, D. (2000a): Wirkungen der Waldameisen im Ökosystem. – Ameisenschutz aktuell 14 (Sonderheft): 21-29.

BRETZ, D. (2000b): Konsequenzen für Forstwirtschaft und Ameisenschutz: Versuch einer Zusammenfassung der Fachtagung »Waldameisenschutz und moderne Forstwirtschaft« am 27.5.2000. – Ameisenschutz aktuell 14 (Sonderheft): 57-59.

BRETZ, D. (2002): Der Baubeginn eines Nesthügels der Kahlrückigen Waldameise (*Formica polyctena* FÖRST.). – Ameisenschutz aktuell 16: 33-42.

BRETZ, D. (2004): Der Einfluß der Wärmeeinstrahlung auf die Kuppelform von Waldameisen. – Ameisenschutz aktuell 18: 103-112.

BRETZ, D. (2005): Mitteilung zur Neufassung der Bundesartenschutzverordnung und zur Anpassung weiterer Rechtsvorschriften. – Ameisenschutz aktuell 19: 21.

BRETZ, D. & P. DOUWES (2003): Ein farbiger Bestimmungsschlüssel für Hügel bauende Waldameisen. – Ameisenschutz aktuell 17 (Sonderheft), 10 S.

BRIAN, M. V. (1953): Oviposition by workers of the ant Myrmica. – Physiol. Comp. Oecol. 3: 23-36.

BRUN, R. (1913): Zur Biologie von *Formica rufa* und *Camponotus herculeanus* i. sp. – Z. wiss. Insektenbiol. 9: 15-19.

BRUN, R. (1914): Die Raumorientierung der Ameisen und das Orientierungsproblem im allgemeinen. Gustav Fischer Verlag, Jena, 234 S.

BRUN, R. (1916): Weitere Untersuchungen über die Fernorientierung der Ameisen. – Biol. Zbl. 36: 261-303.

BRUN, R. (1923): Vergleichende Untersuchungen über Insektengehirne mit besonderer Berücksichtigung der pilzhutförmigen Körper (Corpora pedunculata Dujardini). – Schweizer Arch. Neurologie Psychiatrie 13: 144-172.

BRUN, R. (1926): Zur vergleichenden Anatomie des Insektengehirnes. – 3. Intern. Entom. Kongr. Zürich (1925), 2: 417-432.

BRUN, R. (1932): Psychologische Forschungen an Ameisen. – Abderhalden's Handb. biol. Arbeitsmeth. VI, D: 179-233.

BRUNS, H. (1953): Erfolgskontrolle und Erfolgsbeurteilung bei Kolonien der Roten Waldameise. – Allg. Forstz. 8: 528-529.

BRUNS, H. (1954a): Beobachtungen zum Verhalten (insbesondere Tagesrhythmus) der Roten Waldameise (*Formica rufa*) während des Nahrungserwerbes. – Z. Tierpsychol. 11: 151-154.

BRUNS, H. (1954b): Wann und in welchem Umfang wird die kleine Fichtenblattwespe *Lygaeonematus abietum* HTG.) von der Roten Waldameise (*Formica rufa* L.) eingetragen? – Forstw. Cbl. 73: 35-40.

BRUNS, H. (1957): Untersuchungen über den Einfluß von Waldameisenkolonien (*Formica rufa*) auf die Siedlungsdichte höhlenbrütender Vögel. – Z. angew. Ent. 40: 175-181.

BRUNS, H. (1958): Untersuchungen und Beobachtungen an einer Naturkolonie der Roten Waldameise (*Formica rufa*) im Schadgebiet der Kl. Fichtenblattwespe (*Pristiphora abietina*). – Z. angew. Entom. 43: 326-335.

Bruns, H. (1960a): Über die Beziehungen zwischen Waldvögeln und Waldameisen. – Entomophaga 5: 77-80.

Bruns, H. (1960b): Die künstliche Ansiedlung und Entwicklung von Kolonien der Roten Waldameise (*Formica polyctena* bzw. *Formica rufa*) in dem Cloppenburger Schadgebiet der Kleinen Fichtenblattwespe (*Pristiphora abietina*) 1952-1959. – Aus dem Walde (Mitt. Nieders. Landesforstverwaltung) 4: 26-72.

Bruns, H. & A. Schrader (1955): Abnahme der Kokondichte der Roten Kiefernbuschhornblattwespe *(Neodiprion sertiier)* bei Nestern der Roten Waldameise. –Waldhygiene 1: 59-61.

Busch, T. (2001): Verbreitung der Gastameise *Formicoxenus nitidulus* (Nyl.) in Mecklenburg-Vorpommern (Nordostdeutschland) sowie bemerkenswerte Beobachtungen (Hym.: Formicidae). – Ameisenschutz aktuell 15: 69-86.

Buschinger, A. (2000): Ansprüche der Waldameisen an ihren Lebensraum. – Ameisenschutz aktuell 14 (Sonderheft): 13-20.

Caesar, J. (1913): Die Stirnaugen der Ameisen. – Zool. Jb. 35: 161-240.

Cantzler, T. (1934): Künstliche Ameisenvermehrung. – Dt. Forstbeamte 2: 889-891.

Carlet, G. (1884): Sur le venin des Hymenopteres et ses organes secreteurs. S. R. Ac. T. 98, 1884, 1550; – Ann. Soc. Entomol. France, 6 Ser. 4: 108-109.

Chauvin, R. (1950): Le transport des proies chez les fourmies. – Behaviour 11: 249-256.

Chauvin, R. (1958): Le comportement de construction chez *Formica rufa* L. – Insectes Sociaux 5: 273-286.

Chauvin, R. (1959): Contribution a l´etude de la construction du dome chez *Formica rufa* II. – Insectes Sociaux 6 : 1-11.

Chauvin, R. (1959): La construction du dome chez *formica rufa* (III). – Insectes Sociaux 6 : 307-311.

Coenen-Stass, D. (1985): Zum Verhalten der Roten Waldameise, *Formica polyctena* (Hymenoptera: Formicidae) im Klimagradient während der Brutpflege. – Verh. Dtsch. Zool. Ges. 78: 204.

Coenen-Stass, D. (1988): Zum Wärmehaushalt im Nest der Roten Waldameise, *Formica polyctena* (Hymenoptera: Formicidae). Mitt. dtsch. Ges. allg. Angew. Ent. 6: 140-145.

Collingwood, C. A. (1979): The Formicidae of Fennoskandia and Denmark. – Fauna Entomologica Scandinavia 8, Klampenborg.

Collingwood, C. A. & D. Agosti (1986): Taxonomy and Zoogeography of the *Formica rufa* species group. – Supplement to the workshop »Taxonomy and Zoogeography of the *Formica rufa* species group« held at the 10th Intern. Congr. of IUSSI in Munich.

Combes (1941): Etudes sur la vie en societes reduites chez les *Formica*. – Ann. Sci. Natur. Zool. 3: 163-191. – Ber. wiss. Biol. 60, 1943: 376.

Dewes, E. (2000): Gefährdung hügelbauender Waldameisen im Ökosystem. – Ameisenschutz aktuell 14 (Sonderheft): 30-41.

Dichte, A. (1924): Einige Versuche über den Erschütterungssinn der Ameisen. – Z. wiss. Insektenbiol. 19: 100-101.

Dobrzańska, J. (1958): Partition of Foraging grounds and Modes of Conveying Information among Ants. – Acta Biologiae Experimentalis 18: 55-67.

Dobrzańska, J. (1959): Studies on the Division of Labour in Ants, Genus Formica. – Acta Biologiae Experimentalis 19: 57-81.

Dobrzański, J. (1956): Badania nad zmyslem czasu u mrowek (Untersuchung über den Zeitsinn der Ameisen). – Folia Biologica 4: 385-397.

Dolles (1897): Streifzug im Gebiet von Feinden unserer schädlichen Waldinsekten. – Forstl. naturwiss. Z. 6: 262.

Douwes, P. (1979): *Formica rufa*-gruppens systematik. – Ent. Tidskr., Lund, 100: 187-191.

Douwes, P. (1981): Intraspecific and interspecific variation in workers of the *Formica rufa* group in Sweden. – Ent. scand. Suppl., Lund, 15: 213-223.

Dreher, K. (1936): Die Funktion der Mandibeldrüse bei der Honigbiene. – Zool. Anz. 113: 26-28.

Dumpert, K. (1978): Das Sozialleben der Ameisen. – Pareys Studientexte 18, Verl. Paul Parey, Berlin Hamburg, 253 S.

Eichler, W. D. (1936): Ameisen als Zwischenträger von Vogelbandwürmern. – Ornith. Monatsber. 44: 173-175.

Eidmann, H. (1926a): Die Koloniegründung der einheimischen Ameisen. – Z. vergl. Physiol. 3: 776-826.

Eidmann, H. (1926b): Zur Kenntnis der Biologie von *Cetonia floricola* Hbst – Zool. Anz. 65: 21-28.

Eidmann, H. (1926c): Die forstliche Bedeutung der Roten Waldameise. – Z. angew. Entom. 12: 298-331.

Eidmann, H. (1927): Der Kiefernspanner in Bayern im Jahre 1925 mit besonderer Berücksichtigung des Parasitenproblems. – Z. angew. Entom. 12: 51-90.

Eidmann, H. (1929): Die Koloniegründung von *Formica fusca* L. nebst Untersuchungen über den Brutpflegeinstinkt von *Formica rufa* L. – Zool. Anz. 82: 99-114.

Eidmann, H. (1943): Die Überwinterung der Ameisen. – Z. Morph. Ökol. Tiere 39: 217-275.

Elgert, B. & R. Rosengren (1977): The guest ant *Formicoxenus* follows the scent trail of its wood ant host (Hymenoptera: Formicidae). – Memoranda Soc. Fauna Flora Fennica 53: 35-38.

ELORANTA, K. & R. ROSENGREN (2001): Trail communication and orientation in ants of the subgenus *Coptoformica*. – Proceedings of the 2001 Berlin Meeting of the European Section of IUSSI: S. 162.

ELTON, E.T.G. (1958): The artificial establishment of Wood Ant Colonies for biological Control in the Netherlands. – Proc. Tenth Internat. Congr. Entom. 4, 1956: 573-578.

ENSLIN, E. (1911): Ameisenbesuch bei Zikaden. – Z. wiss. Insektenbiol. 7, 1910: 19-21, 56-58. – Ref. in Dtsch. Entom. Nationalbibliothek 2: 76.

ESCHERICH, K. (1917): Die Ameise, Schilderung ihrer Lebensweise. 2. Aufl., Vieweg-Verlag, Braunschweig.

ESCHERICH, K. (1925): Eine Reise ins norddeutsche Eulengebiet. Forstwiss. Cbl. 47: 2-20, 53-66.

FLEISCHMANN, H. (2000-2005): Bilanz des Arbeitskreises »Not- und Rettungsumsiedlungen«. – Ameisenschutz aktuell 14: 1-6; 16: 20-21; 17: 20-21; 18: 20-21; 19: 16-17.

FOREL, A. (1874): Fourmis de la Suisse, (neu herausgegeben von KUTTER, H. (1948), Zürich, Rotapfel Verl.).

FOREL, A. (1878): Der Giftapparat und die Analdrüsen der Ameisen. – Z. wiss. Zool. 30 (Suppl.): 28-66.

FOREL, A. & H. DUFOUR. (1903): Über die Empfindlichkeit der Ameisen für Ultraviolett und Röntgen'sche Strahlen. – Zool. Jb. 17: 335-338.

FÖRSTER, A. (1850): Hymenopterologische Studien. – Jber. Höhere Bürgerschule Aachen, H. 1: 1-74.

FRANCKE, W., M. BÜHRING & K. HORSTMANN (1980): Untersuchungen über Pheromone bei *Formica polyctena* (FÖRST.). – Z. Naturforsch., Serie C, 35: 829-831.

FRÖMMIG (1938): Eine Riesenkolonie der Roten Waldameise *(Formica rufa)*. – Kosmos 35: 424.

GOETSCH, W. (1953a): Vergleichende Biologie der Insekten-Staaten. 2. Aufl., Leipzig.

GOETSCH, W. (1953b): Die Staaten der Ameisen. 2. Aufl., Heidelberg.

GOETSCH, W. & B. KÄTHNER (1937): Die Koloniegründung der Formicinen und ihre experimentelle Beeinflussung. – Z. Morph. Ökol. Tiere 33: 201-260.

GÖßWALD, K. (1938): Über den Vorgang und die Folgen des Puppensammelns bei der Roten Waldameise *Formica rufa* L. und Vorschläge zum Schutze des nützlichen Raubinsektes. – Z. angew. Entom. 25: 397-418.

GÖßWALD, K. (1940): Künstliche Besiedlung eines Kiefernwaldes mit der Kleinen Roten Waldameise. – Mitt. Forstwirtsch. Forstwiss. 11: 97-119.

GÖßWALD, K. (1941): Unterschiede im Jagdinstinkt bei den Waldameisenrassen. – Forstwiss. Cbl. 63: 139-143.

GÖßWALD, K. (1941): Rassenstudien an der Roten Waldameise, *Formica rufa* L., auf systematischer, ökologischer, physiologischer und biologischer Grundlage. – Z. angew. Entom. 28: 62-124.

GÖßWALD, K. (1942a): Ameisenhorste im Massenvermehrungsgebiet von *Diprion pini* L. (Kiefernbuschhornblattwespe). – Cbl. ges. Forstwes. 69: 4-18.

GÖßWALD, K. (1942b): Art- und Rassenunterschiede bei der Roten Waldameise. – Naturschutz 23: 1-7.

GÖßWALD, K. (1943): Das Straßensystem der Waldameisenarten. – Z. Morphol. Ökol. Tiere 40: 37-59.

GÖßWALD, K. (1944): Einwirkung des Puppensammelns bei den verschiedenen Waldameisenarten. – Z. angew. Entom. 30: 317-335.

GÖßWALD, K. (1951a): Die Rote Waldameise im Dienste der Waldhygiene. Metta Kinau Verlag, Lüneburg. 160 S.

GÖßWALD, K. (1951b): Über den Lebenslauf von Kolonien der Roten Waldameise. – Zool. Jb. Abt. Syst. Ökol. Tiere 80: 27-63.

GÖßWALD, K. (1954a): Über die Wirtschaftlichkeit des Masseneinsatzes der Roten Waldameise. – Z. angew. Zool. 1: 145-185.

GÖßWALD, K. (1954b): Über den Schutz von Nestern der Roten Waldameise *(Formica rufa)*. – Waldhygiene 1: 23-28.

GÖßWALD, K. (1954c): Zum theoretischen und praktischen Schutz der Roten Waldameise *(Formica rufa)*. – Waldhygiene 1: 29-30.

GÖßWALD, K. (1954, 1955): Unsere Ameisen. Teil I und II, Kosmos-Gesellschaft, Franckh'sche Verlagshandlung, Stuttgart.

GÖßWALD, K. (1955a): Zur Kastenbestimmung bei Ameisen. – Revue Suisse de Zoologie 62: 372-386.

GÖßWALD, K. (1955b): Über die Lebensdauer und Einsatzbereitschaft von Waldameisenkolonien. Waldhygiene 1: 54-59.

GÖßWALD, K. (1957a): Über die biologischen Grundlagen der Zucht und Anweiselung junger Königinnen der Kleinen Roten Waldameise nebst praktischer Erfahrungen. – Waldhygiene 2: 33-53.

GÖßWALD, K. (1957b): Bildung von Ablegern der Kleinen Roten Waldameise auf der Grundlage einer Massenzucht von Königinnen. (Verfahren II). – Waldhygiene 2: 54-72.

GÖßWALD, K. (1958a): Weitere Beobachtungen über die Auswirkung der Roten Waldameise auf den Eichenwickler. – Waldhygiene 2: 143-153.

GÖßWALD, K. (1958b): Über die Auswirkung von Spechten auf die Rote Waldameise. – Waldhygiene 2: 234-251.

GÖßWALD, K. (1959a): Einig zur Zusammenarbeit für die Gesundung des Waldes! – Waldhygiene 3: 2-36.

Gößwald, K. (1959b): Einblicke in das Staatenleben der Insekten auf Grund von radiobiologischen Studien. - Natur und Volk 89: 209-213, 249-259.

Gößwald, K. (1962a): Außergewöhnliches Beuteverhalten unter Nestern einer Kolonie der Kleinen Roten Waldameise *Formica polyctena* Förster. - Beitr. Ent. 12: 615-631.

Gößwald, K. (1962b): Waldameisen und Eichenwickler. - Z. angew. Ent. 49: 173-209.

Gößwald, K. (1963): Besonderheiten von Waldameisenherkünften (*Formica polyctena* Först.) im Eichenwald, dazu Hinweise auf Erfolge bei Eichenwickler- und Frostspanner-Massenvermehrungen. - Waldhygiene Sonderheft Tag. - Ber. Arbeitsgr. *Formica rufa* Würzburg: 32-45.

Gößwald, K. (1981): Artunterschiede der Waldameisen in Aussehen, Lebensweise, Organisation, Verhalten, Nest- und Straßenbau, Ökologie und Verbreitung. - Waldhygiene 14: 161-192.

Gößwald, K. (1983,1984): Schutz vor Insektenfraß durch Waldameisen. Teil I u. II. - Waldhygiene 15:129-204; 233-253.

Gößwald, K. (1985): Organisation und Leben der Ameisen. - Wiss. Verlagsges. MbH, 355 S.

Gößwald, K. & K. Bier (1953a): Untersuchungen zur Kastendetermination in der Gattung *Formica*. - Naturwiss. 40: 38-39.

Gößwald, K. & K. Bier (1953b): Untersuchungen zur Kastendetermination in der Gattung *Formica:* 2. Die Aufzucht von Geschlechtstieren bei *Formica rufa pratensis* (Retz.). - Zool. Anz. 151: 126-134.

Gößwald, K. & K. Bier (1954a): Untersuchungen zur Kastendetermination in der Gattung *Formica:* 3. Die Kastendetermination von *Formica rufa rufo-pratensis minor* Gössw. - Insectes Sociaux 1: 229-246.

Gößwald, K. & K. Bier (1954b): Untersuchungen zur Kastendetermination in der Gattung *Formica:* 4. Physiologische Weisellosigkeit als Voraussetzung der Aufzucht von Geschlechtstieren im polygynen Volk. - Insectes Sociaux 1: 305-318.

Gößwald, K. & K. Bier (1955): Beeinflussung des Geschlechtsverhältnisses durch Temperatureinwirkung bei *Formica rufa* L. - Naturwiss. 42: 133-134.

Gößwald, K. & K. Bier (1957): Untersuchungen zur Kastendetermination in der Gattung *Formica:* 5. Der Einfluß der Temperatur auf die Eiablage und Geschlechtsbestimmung. - Insectes Sociaux 4: 335-348.

Gößwald, K. & W. Kloft (1956a): Der Eichenwickler (*Tortrix viridana* L.) als Beute der Mittleren und Kleinen Roten Waldameise. - Waldhygiene 1: 205-214.

Gößwald, K. & W. Kloft (1956b): Untersuchungen über die Verteilung von radioaktiv markiertem Futter im Volk der Kleinen Roten Waldameise (*Formica rufo pratensis minor*). - Waldhygiene 1: 200-202.

Gößwald, K. & W. Kloft (1958): Radioaktive Isotope zur Erforschung des Staatenlebens der Insekten. - Umschau 58: 743-745.

Gößwald, K. & W. Kloft (1960a): Untersuchungen mit radioaktiven Isotopen an Waldameisen. - Entomophaga 5: 33-41.

Gößwald, K. & W. Kloft (1960b): Neuere Untersuchungen über die sozialen Wechselbeziehungen im Ameisenvolk, durchgeführt mit Radioisotopen. - Zool. Beitr. (NF) 5: 519-556.

Gößwald, K. & G. Schmidt (1959): Zur morphologischen und biochemischen Differenzierung der Waldameisen (Hym. Form. Gen. *Formica*) und ihre waldhygienische Bedeutung. - Waldhygiene 3: 37-46.

Gößwald, K. & G. Schmidt (1959): Papierchromatographische Untersuchungen zur Art- und Rassendifferenzierung. - Umschau 59: 265-269.

Gößwald, K. & G. Schmidt (1960a): Neue Wege zur Unterscheidung der Waldameisenformen (Hymenoptera, Formicidae). - Entomophaga 5: 13-31.

Gößwald, K. & G. Schmidt (1960b): Untersuchungen zum Flügelabwurf und Begattungsverhalten einiger *Formica*-Arten im Hinblick auf ihre systematische Differenzierung. - Insectes Sociaux 7: 297-321.

Götze, G. (1928): Untersuchungen an Hymenopteren über das Vorkommen und die Bedeutung der Stirnaugen. - Zool. Jb. 44: 211-268.

Grabensberger, W. (1934a): Untersuchungen über das Zeitgedächtnis der Ameisen und Termiten. - Z. vergl. Physiol. 20: 1-54.

Grabensberger, W. (1934b): Der Einfluß von Salicylsäure, gelbem Phosphor und weißem Arsenik auf das Zeitgedächtnis der Ameisen. - Z. vergl. Physiol. 20: 501.

Grimalskij, W. J. (1959): Die Verwendung der Roten Waldameise im Kampf gegen forstliche Schädlinge. - Wiss. Abh. Ukrainischen Landwirtschaftswiss. 8: 214-220, Kiew, (russisch).

Grimalskij, W. J. (1960): Über die Rolle von *Formica rufa* L. in den Waldbiozönosen der östlichen Ukraine. - Zoologitscheskij Journal (Akademie der Wissenschaften der UdSSR) 49: 394-398 (russisch).

Grinfeld, E. K. (1941): Einwirkung der Ameisen auf die Bodenreaktion. - Zoologitscheskij Journal 20: 100 (russisch).

Grohganz, H., T. Jung & N. Steiof (2001): Wie stark sind Ameisen wirklich? - Ameisenschutz aktuell 15: 114-122.

Haas, A. (1952): Die Mandibeldrüse als Duftorgan bei einigen Hymenopteren. - Naturwiss. 39: 484.

HABERMANN, G. (2000): Was kann die moderne Forstwirtschaft zur Förderung der Waldameisen beitragen? Allgemeine waldbauliche Maßnahmen und spezielle Waldrandgestaltung als Fördermaßnahme. – Ameisenschutz aktuell 14 (Sonderheft): 42-51.

HAMPEL, H. (1960): Untersuchungen an *Formica rufa* L. in drei verschiedenen Biotopen. Staatsexamensarbeit an der Pädagogischen Hochschule Potsdam, 72 S.

HENNERT, C. W. (1797): Über den Raupenfraß und Windbruch in den Jahren 1791-1794 in den kgl. preußischen Forsten. Berlin.

HERTER, K. (1924): Untersuchungen über den Temperatursinn einiger Insekten. – Z. vergl. Physiol. 1: 221-288.

HERTER, K. (1925): Temperaturoptimum und relative Luftfeuchtigkeit bei *Formica rufa* L. – Z. vergl. Physiol. 2: 226-232.

HERTER, K. (1953): Der Temperatursinn der Insekten. Berlin.

HERZIG J. (1937): Ameisen und Blattläuse. – Z. angew. Entom. 24: 267-435.

HERZOG, M. (2000): Ameisenschutzkonzept des Kreisverbandes Hersfeld-Rotenburg. – Ameisenschutz aktuell 14 (Sonderheft): 54-56.

HESELHAUS, F. (1922): Die Hautdrüsen der Apiden und verwandten Formen. – Zool. Jb. Anatom. 43: 369-464.

HÖFENER, C., B. SEIFERT & T. KRÜGER (1996): A genetic model for disruptive selection on colony social organisation, reproduction, and ecotype distribution in wood ants inhabiting different woodland habitats. – Ins. Soc. 43: 1-15.

HÖLLDOBLER, B. (1967): Zur Physiologie der Gast-Wirt-Beziehungen (Myrmecophilie) bei Ameisen. I. Gastverhältnis der *Atemeles*- und *Lomechusa*-Larven (Col.: Staphylinidae) zu *Formica* (Hym.: Formicidae). – Z. vgl. Physiol. 56: 1-21.

HÖLLDOBLER, B. (1980): Canopy orientation: a new kind of orientation in ants. – Science 210: 86-88.

HÖLLDOBLER, B. & E. O. Wilson (2001): Ameisen - Die Entdeckung einer faszinierenden Welt. – Piper Verlag. München Zürich, 257 S.

HOLT, S. J. (1955): On the foraging activity of the wood ant. – J. Animal Ecology 24: 1-34.

HORSTMANN, K. (1976): Über die Duftspur-Orientierung bei Waldameisen (*Formica polyctena* FÖRST.). – Insectes Soc. 23: 227-242.

HORSTMANN, K. (1983): Regulation der Temperatur in Waldameisen-Nestern (*Formica polyctena* FÖRST.). – Z. Naturforsch. 38c: 508-510.

HORSTMANN, K. (1990a): Zur Entstehung des Wärmezentrums in Waldameisen-Nestern (*Formica polyctena* FÖRST.; Hymenoptera: Formicidae). – Zool. Beitr. N.F. 33(1): 105-124.

HORSTMANN, K. (1990b): Kann man Rote Waldameisen schützen und vermehren? – Ameisenschutz in Hessen 4: 2-6.

HORSTMANN, K. & H. SCHMIDT (1986): Temperatur Regulation in Nests of the Wood Ant *Formica polyctena* FÖRST. (Hymenoptera: Formicidae). – Entomol. Gener. 11: 229-236.

IßLEIB, M. & D. SCHELTER (1998): Inter- und intraspezifische Beziehungen der Ameisen als wichtiger Aspekt der Standortwahl bei Umsiedlungen. – Ameisenschutz aktuell 12: 77-79.

JANDER, R. (1957): Die optische Richtungsorientierung der Roten Waldameise. (*Formica rufa* L.). – Z. vergl. Physiol. 40: 162-238.

JANET, C. (1898): Systeme glandulaire tegumentaire de la Myrmica rubra (Studien über die Bienen und Ameisen Nr. 17), Paris.

JANISCH, E. (1941): Über die Bewertung der Mortalitätsfaktoren beim Massenwechsel von Schadinsekten. – Z. angew. Entom. 28: 241-358.

JUDEICH, J. F. (1852): Zur Forleule. Verh. Schles. Forstvereins: 185.

KIEPENHEUER, J. (1968): Z. vergl. Physiol. 57: 409-411. (Zit. nach Dumpert, K., 1978: Das Sozialleben der Ameisen).

KIIL, V. (1934): Untersuchungen über Arbeitsteilung bei Ameisen (*Formica rufa* L., *Camponotus herculeanus* L. und *C. ligniperda* LATR.). – Biol. Zbl. 54: 114-146.

KLEIN, A. (2000): Waldameisenschutz und moderne Forstwirtschaft. – Ameisenschutz aktuell 14 (Sonderheft): 1-3.

KLEIN, A. (2002): Entstehung, Organisation und Aufgaben der DASW. – Ameisenschutz aktuell 16: 109-113.

KLEIN, A. (2005): Soll man oder soll man nicht? Zur Notwendigkeit von Nestschutzhauben über Ameisennestern. – Ameisenschutz aktuell 19: 11-12.

KLOFT, W. (1949): Über den Einfluß von Mermisparasitismus auf den Stoffwechsel und die Organbildung bei Ameisen. – Z. Parasitenkde. 14: 390-422.

KLOFT, W. (1951): Einwirkungen einiger bienenwirtschaftlich wichtiger Rindenläuse auf das Pflanzenwachstum. – Z. Bienenforsch. 1: 56-62.

KLOFT, W. (1953): Einige Beziehungen zwischen Bienen und Ameisen. – Z. Bienenforsch. 2: 121-127.

KLOFT, W. (1953): Waldameisen und Pflanzenläuse. – Allgem. Forstz. 48.

KLOFT, W. (1954): Über die Einwirkung von Begiftungen mit neuzeitlichen Insektiziden auf soziale Verhaltensweisen von Ameisen. – Insectes Sociaux, 1: 139-148.

KLOFT, W. (1959a): Zur Nestbautätigkeit der Roten Waldameise. – Waldhygiene 3: 94-98.

KLOFT, W. (1959b): Versuch einer Analyse der trophobiotischen Beziehungen von Ameisen zu Aphiden. – Biol. Zbl. 78: 863-870.

KLOFT, W. (1960): Die Trophobiose zwischen Waldameisen und Pflanzenläusen mit Untersuchungen über die Wechselwirkungen zwischen Pflanzenläusen und Pflanzengeweben. – Entomophaga 5: 43-54.

KNEITZ, G. (1964): Untersuchungen zum Aufbau und zur Erhaltung des Nestwärmehaushaltes bei *Formica polyctena* FÖRST. (Hym.: Formicidae). – Dissertation Univ. Würzburg.

KOEHLER, W. (1958): Ausnutzungsmöglichkeiten der biologischen Pflanzenschutzmethode im Forstwesen. Trans. 1. Int. Conf. Insect Pathology and Biol. Control, Praha: 405-413.

KOEHLER, W. (1962a): Über Sinn und Wert der Biologischen Methode in Wissenschaft und Praxis (poln., russ. dt.) – Zeszyty problemowe postepov nauk rolniczych 35: 9-30.

KOEHLER, W. (1962b): Aus der Theorie und Praxis der künstlichen Vermehrung der *Formica rufa* L. (poln., russ. dt.) – Zeszyty problemowe postepov nauk rolniczych 35: 185-190.

KOEHLER, W. (1963): Über die Einwirkungen der Roten Waldameise auf die Populationsdynamik der Kieferngespinstblattwespe (*Acantholyda nemoralis* THOM.). – Waldhygiene Sonderheft Tag.-Ber. Arbeitsgr. *Formica rufa* Würzburg.

KÖNIG, H. (1956): Über die Auswirkung künstlicher Vermehrung der Kleinen Roten Waldameise im Staatl. Forstamt Münster. – Waldhygiene 1: 227-229.

KOSTRIN, K. (1951): Einfluß der Ameisen auf das Wachstum der Hagebutte und Himbeere. – Priroda 40: 94.

KRATKY, E. (1931): Morphologie und Physiologie der Drüsen im Kopf und Thorax der Honigbiene. – Z. wiss. Zool. 139: 120-200.

KRAUSSE, A. H. (1907): Die antennalen Sinnesorgane der Ameisen. Dissertation, Universität Jena, G. Fischer Verlag.

KRIEG, A. & J. M. FRANZ (1989): Lehrbuch der biologischen Schädlingsbekämpfung. – Verl. Paul Parey Berlin Hamburg, 302 S.

KRUPENIKOW, I. A. (1951): Einfluß der Ameisen auf die Veränderung der Bodenreaktion. – Priroda 40: 48.

KUMERLOEVE, H. (1956): Vogel- und Ameisenschutz gegen Massenvermehrungen des Kiefernspanners *(Bupalus piniarius)* im späten 18. Jahrhundert. – Waldhygiene 1: 164-166.

KUTTER, H. (1913): Ein weiterer Beitrag zur Frage der sozialparasitischen Koloniegründung von *F. rufa* L. – Z. wiss. Insektenbiol. 9: 193-196.

KUTTER, H. (1958): Einsame Ameisen. – Mitt. Schweiz. Entom. Ges. 31: 177-190.

KUTTER, H. (1963): Ein kleiner Beitrag zur Kenntnis unserer Waldameisenfauna. – Schweiz. Z. Forstwes.: 646-653.

KUTTER, H. (1977): Formicidae. In: Insecta Helvetica, 6. Hymenoptera. – Schweiz. Ent. Ges., Selbstverlag Fotorotar AG Zürich, 298 S.

LAMB, A. E. & J. G. OLLASON (1994): Trail-laying and recruitment to sugary foods by foraging red wood ants (*Formica aquilonia* YARROW; Hymenoptera: Formicidae). – Behav. Processes 31: 111-124.

LANGE, R. (1954): Morphologische und experimentelle Untersuchungen zur Systematik der *Formica rufa*-Gruppe. Diss. Univ. Würzburg.

LANGE, R. (1956): Experimentelle Untersuchungen über die Variabilität bei Waldameisen *(Formica rufa* L.). – Z. Naturforsch, 11b: 538-543.

LANGE, R. (1958a): Über die Variabilität der Beborstung der Waldameisen. – Zool. Jb., Abt. Systematik 86: 217-226.

LANGE, R. (1958b): Die deutschen Arten der *Formica rufa*-Gruppe. – Zool. Anz. 161: 238-243.

LANGE, R. (1958c): Der Einfluß der Königin auf die Futterverteilung im Ameisenstaat. – Naturwiss. 45: 196.

LANGE, R. (1959a): Experimentelle Untersuchungen über den Nestbau der Waldameisen. Nesthügel und Volksstärke. – Entomophaga 4: 47-55,

LANGE, R. (1959b): Zur Trennung von *Formica rufa* L. und *Formica polyctena* FÖRST. Der artspezifische Duft. – Z. ang. Entom. 45: 188-197.

LANGE, R. (1959c): Die morphologischen Merkmale von *Formica rufa* L. und *Formica polyctena* FÖRST. zwei für die Vermehrung wichtige Ameisenarten. –Anz. Schädlingskde. 32: 57-58.

LANGE, R. (1960a): Die systematischen Grundlagen der Waldameisenvermehrung in Deutschland. – Entomophaga 5: 81-86.

LANGE, R. (1960b): Modellversuche über den Nahrungsbedarf von Völkern der Kahlrückigen Waldameise *Formica polyctena* FÖRST. – Z. angew. Entomol. 46: 200-208.

LANGE, R. (1960c): Über die Futterweitergabe zwischen Angehörigen verschiedener Waldameisenstaaten. – Z. Tierpsychologie 17: 389-401.

LEBEDEW, A. (1949): Eine originelle Symbiose. – Priroda 38: 74-75.

LENOIR, L. (2003): Welche Bedeutung hat das Harzeintragen der Waldameisen für das Ökosystem des Waldes? – Ameisenschutz aktuell 17: 38-44.

LENOIR, L., J. BENGTSSON & T. PERSSON (1999): Effects of coniferous resin on fungal biomass and mineralisation processes in wood ant nest materials. – Biology and Fertility of Soils 30: 251-257

LINNÉ, C. VON (1758): Systema naturae. Ed. 10, 1: 580.

LÖHRL, H. (1956): Das Ameisenbad der Vögel. – Kosmos 52: 271-274.

LORENZ, K. (1937): Über die Bildung des Instinktbegriffes. – Naturwiss. 25: 289-300, 307-318, 324-331.

LUBBOCK (1883): Ants, Bees and Wasps. Leipzig.

Marikovskij, P. I. (1963): Die Blutrote Ameise *Formica sanguinea* Latr. als Verwüster der Ameisenhaufen der Roten Waldameise *F. rufa* L., die zum Schutz des Waldes gegen Insektenschädlinge angesiedelt werden. – Symp. über die Verwendung der Ameisen im Kampf gegen Schädlinge in der Forst- und Landwirtschaft. Moskau, Akad. Nauk: 10-13 (russ.).

Marikovskij, P. I. (1963): Ants *Formica sanguinea* Latr. as pillagers of *Formica rufa* L. - Nests. – Insectes Sociaux 10: 119-128.

Markl, H. (1964): Gesetzmäßige Fehler bei der geomenotaktischen Orientierung der Ameisen. – Verh. Dt. Zool. Ges., Kiel 1964 (Ber.: Leipzig 1965: 419-425).

Masnele, G. (1952): Sur la fecondite des ouvrieres de Fourmis. – Coll. int. 34. (Paris 1950): 138-140.

Matthes S. (1958): Untersuchungen über die Häufigkeit, Entwicklung und Biologie des Rosenkäfers *Potosia cuprea* F. – Diplomarbeit, Forstwirtschaftl. Fakultät Eberswalde der Humboldt-Universität Berlin.

McFarland, D. (1999): Biologie des Verhaltens. – Spektrum Akad. Verl. Heidelberg, Berlin, 529 S.

Meinert, F. (1861): Bidrag til de danske Myrers Naturhistorie. Dat Kongelige Danske Videnskabernes Selskabs Skrifter, Femte Raekke, Kobenhagen 5: 273-340.

Möller, K. (2001): Eine ungewöhnliche Beobachtung - Folge der Wetterkapriolen im letzten Herbst? – Ameisenschutz aktuell 15: 23-24.

Mühlen, W. (2000): Wo steht die Biene im Gefüge der Natur. – Dt. Bienen Journal 2000, H. 1.

Müller, E. (1931): Experimentelle Untersuchungen an Bienen und Ameisen über die Funktionsweise der Stirnocellen. – Z. vergl. Physiol. 14: 348-384.

Müller, H. (1956a): Können Honigtau liefernde Baumläuse (Lachniden) ihre Wirtspflanze schädigen? – Z. angew. Entom, 39: 168-177.

Müller, H. (1956b): Der Massenwechsel einiger Honigtau liefernden Baumläuse im Jahre 1954. – Insectes Sociaux 3: 75-91.

Müller, H. (1958): Zur Kenntnis der Schäden, die Lachniden an ihren Wirtsbäumen hervorrufen können. – Z. angew. Entom. 42: 284-291.

Müller, H. (1962): Vorausschau und Erkundung von Waldtrachten. – Symposia Genetica et Biologica Italica 11: 85-103.

Natzmer, G. v. (1915): Das Kokonspinnen der Ameisenlarven. – Int. entom. Z. 8: 130.

Oekland, F. (1930): Wieviel Blattlaushonig verbraucht die Rote Waldameise? – Biol. Zbl. 50: 449-459.

Oekland, F. (1931): Studien über die Arbeitsteilung und die Teilung des Arbeitsgebietes bei der Roten Waldameise *F. rufa* L. – Z. Morph. Ökol. Tiere 20: 63-131.

Ölzant, S. (2001): Freilandökologische Untersuchungen an der Gastameise *Formicoxenus nitidulus* (Nylander 1846) unter besonderer Berücksichtigung der Nesttemperatur (Hymenoptera: Formicidae). – Myrmecologische Nachrichten 4: 1-10.

Otto, D. (1955): Die Pharynxdrüse der Honigbiene *(Apis mellifica* L.) bei Prowona-Hefe-Nahrung als Pollenersatz. – Arch. f. Geflügelzucht u. Kleintierkunde 4: 209-240.

Otto, D. (1958a): Über die Arbeitsteilung im Staate von *Formica rufa rufo-pratensis minor* Gössw. und ihre verhaltensphysiologischen Grundlagen. – Wissenschaftl. Abhandl. Nr. 30 der Dtsch. Akad. Landwirtschaftswiss. Berlin, Akademie-Verlag Berlin, 169 S.

Otto, D. (1958b): Die Ortstreue der Blattlausbesucher von *Formica rufa* L. – Waldhygiene 2: 114-118.

Otto, D. (1958c): Über die Homologieverhältnisse der Pharynx- und Maxillardrüsen bei Formicidae und Apidae (Hymenopt). – Zool. Anz. 161: 216-226.

Otto, D. (1958d): Zur Schutzwirkung der Waldameisenkolonien gegen Eichenschädlinge. – Waldhygiene 2: 137-142.

Otto, D. (1959a): Der Einfluß von Waldameisenkolonien auf Eichenschadinsekten in einem Forstrevier des nördlichen Harzrandes. – Waldhygiene 3: 65-83.

Otto, D. (1959b): Statistische Untersuchungen zur Systematik der Roten Waldameise (engere *Formica rufa* L.-Gruppe). – Die Naturwiss. 46: 458-459.

Otto, D. (1960a): Zur Erscheinung der Arbeiterinnenfertilität und Parthenogenese bei der Kahlrückigen Roten Waldameise *(Formica polyctena* Först.) (Hym.). – Dtsch. Entom. Z. (N. F.) 7: 1-9.

Otto, D. (1960b): Statistische Untersuchungen über die Beziehungen zwischen Königinnenzahl und Arbeiterinnengröße bei den Roten Waldameisen (»engere *Formica rufa* L.-Gruppe«). – Biol. Zbl. 79: 719-739.

Otto, D. (1960c): Konstruktion eines durchsichtigen und plastischen Modelles eines Insektengehirnes. – Naturwiss. 47: 453-454.

Otto, D. (1960d): Über Gift und Giftwirkung der Roten Waldameise *(Formica polyctena* Först). – Zool. Anz. 164: 42-57.

Otto, D. (1962a): Schlüssel zur Bestimmung der hügelbauenden Ameisen des Waldes. – Entomol. Nachr. 5, Nr. 1/2.

Otto, D. (1962b): Bericht über den praktischen Einsatz der Kahlrückigen Roten Waldameise (*Formica polyctena* Först.) gegen Eichenschadinsekten. – Ber. 9. Wanderversamml. Dt. Entomologen Berlin 1961: 213-218.

Otto, D. (1965): Der Einfluß der Roten Waldameise (*Formica polyctena* Först) auf die Zusammensetzung der Insektenfauna. – Collana Verde (Rom) 16: 250-263.

OTTO, D. (1966a): Grundlagen, Erfolgsaussichten, Leistungsvermögen und Grenzen des gelenkten Einsatzes der Roten Waldameisen (*Formica rufa* L.-Gruppe) im Forstschutz. – Habilitationsschrift Techn. Univ. Dresden, Math. – Naturwiss. Fakultät, 300 S.

OTTO, D. (1966b): Kurze Übersicht über die nomenklatorischen Änderungen im Subgenus *Formica* s.str. und Angaben zur Unterscheidung der Geschlechtstiere. – Entom. Nachr. 10: 121-125.

OTTO, D. (1967a): Die Bedeutung der *Formica*-Völker für die Dezimierung der wichtigsten Schadinsekten - Ein Literaturbericht. – Waldhygiene 7: 65-90.

OTTO, D. (1967b): Zur Schutzwirkung von *Formica polyctena* FÖRST. in einem Massenvermehrungsgebiet von *Diprion pini* L. – Z. angew. Zool. 54: 167-172.

OTTO, D. (1968a): Zur Verbreitung der Arten der *Formica rufa*-Gruppe: I. Häufigkeit, geographische Verbreitung und Vorzugsstandorte der Roten Waldameisen im Gebiet der Deutschen Demokratischen Republik. – Beitr. Entom. 18: 671-692.

OTTO, D. (1968b): Bericht über die vom Institut für Forstwissenschaften Eberswalde von 1954 bis 1964 durchgeführten künstlichen Ansiedlungen von Roten Waldameisen in Kiefern- und Eichenbeständen. – Waldhygiene 7: 133-156.

OTTO, D. (1970): Einige grundsätzliche Feststellungen zur Einsatzmöglichkeit von *Formica polyctena* FÖRST. im Forstschutz. (Vortrag zur Tagung: Biologische Bekämpfungsmethoden von Forstschädlingen). – Tagungsber. der Deutschen Akademie der Landwirtschaftswissenschaften zu Berlin 110: 87-108.

OTTO, D. (1971): Ameisen - Leben im Tierstaat. – Reihe: Wir und die Natur, URANIA-Verl. Leipzig, Jena, Berlin, 151 S.

OTTO, D. (1992a): Die Arbeitsteilung im Waldameisenstaat: 1. Innen- und Außendienst. – Ameisenschutz aktuell 6: 29-34.

OTTO, D. (1992b): Die Arbeitsteilung im Waldameisenstaat: 2. Spezialisten und Unstete im Innendienst. – Ameisenschutz aktuell 6: 57-62.

OTTO, D. (1993a): Die Arbeitsteilung im Waldameisenstaat: 3. Arbeitsteilung und Ortstreue im Außendienst. – Ameisenschutz aktuell 7: 1-4.

OTTO, D. (1993b): Die Arbeitsteilung im Waldameisenstaat: 4. Körpergröße und Arbeitsteilung. – Ameisenschutz aktuell 7: 25-29.

OTTO, D. (2000): Die Stellung der hügelbauenden Roten Waldameisen im forstlichen Ökosystem - im Rückblick der Erkenntnisentwicklung. – Ameisenschutz aktuell 14: 97-112.

OTTO, D. (2003a): Instinktmäßiges Verhalten und induviduelle Eigenarten der Arbeiterinnen im Waldameisenvolk. – Ameisenschutz aktuell 17: 65-73.

OTTO, D. (2003b): Weibliche Nachkommen aus unbefruchteten Eiern von *Formica polyctena* FÖRST. – Ameisenschutz aktuell 17: 47-50.

OTTO, D. (2004): Wie finden die Waldameisen ihren Weg? Die Orientierung von Arbeiterinnen der *Formica*-Arten im Gelände. – Ameisenschutz aktuell 18: 33-41.

OTTO, D. (2005): Ein frühes Dokument über staatlich angeordneten Schutz von Waldameisen. – Ameisenschutz aktuell 19: 13-15.

OTTO, H. J. (1994): Waldökologie. – Eugen Ulmer, Stuttgart, 391 S.

PANDAZIS, G. (1930): Über die relative Ausbildung der Gehirnzentren bei biologisch verschiedenen Ameisenarten. – Z. Morphol. Ökol. Tiere 18: 114-169.

PANSIN, I. V. (1963): Aus den Arbeitserfahrungen des Studiums und der Akklimatisierung räuberischer Ameisen. – Symp. über die Verwendung der Ameisen im Kampf gegen Schädlinge in der Forst- und Landwirtschaft. Moskau, Akad. Nauk: 18-19 (russ.).

PAVAN, M. (1951): Primi risultati di un esperimento pratico di lotta biologica con *Formica rufa* L. contro Processionaria del pino (*Thaumetopoea pityocampa* SCH.). – Atti della Societá di Science Naturalis, Milano, 90: 1-12.

PAVAN, M. (1955): La lotta biologica con *Formica rufa* L. contro gli insetti dannosi alle foreste. – Collana Verde 3: 1-75.

PAVAN, M. (1959): Attivita' Italiana per la Lotta Biologica con Formiche del Gruppo *Formica rufa* contro gli insetti dannosi alle Foreste. Ministero dell' Agricoltura e della Foreste, Italia, Collana Verde 4, 78 S.

PIETSCHKER, H. (1911): Das Gehirn der Ameise. – Jenaische Z. Naturwiss. 47, (NF 40): 43-114.

PROSOROW, S. S. (1956): Der Kiefernspanner *Bupalus piniarius* in den Wäldern Westsibiriens. – Krasnojarsk.

PYNNÖNEN, A. (1943): Beiträge zur Kenntnis der Biologie finnischer Spechte. – Annales Zool. Soc. Zool.-Bot. Fennicae Vanamo. 7, 1939: 1-166; 9: 1-59.

RÄSÄNEN, V. (1914/15): Stridulationsapparate bei Ameisen, besonders bei Formicinae. – Acta Societatis pro Fauna et Flora Fennica. 40, Nr. 8.

RATZEBURG, J.T.C. (1866): Die Forstinsekten III. Teil. Berlin, 1844; Waldverderbnis 1, – Berlin.

REICHERT, A. (2003): *Aeschna cyanea* MÜLL. und *Formica rufa* L. – Ameisenschutz aktuell 17: 21.

REICHLE, F. (1943): Untersuchungen über Frequenzrhythmen bei Ameisen. – Z. vergl. Physiol. 30: 227.

ROSENGREN, R. (1971): Route fidelity, visual memory and recruitment behaviour in foraging wood ants of the genus *Formica* (Hymenoptera: Formicidae). – Acta Zool Fenn. 133: 1-150.

Rosengren, R. & P. Pamilo (1983): The evolution of polygyny and polydomy in mound-building *Formica* ants. – Acta Entomol. Fennica 42: 65-77.

Roth, H. & R. Menzel (1972): In R. Wehner (ed.): Information processing in the visual system of Arthropods. – Springer Verlag, Berlin Heidelberg, New York: 177-181.

Rüschkamp, P. F. (1921): Wheelers Trophallaxis und der Ursprung der Insektenstaaten. – Biol. Zb. 41: 481-494.

Ruppertshofen, H. (1955): Biologischer Forstschutz durch Vögel und Rote Waldameisen im Stadtwald Mölln im Verlauf von 250 Jahren. – Waldhygiene 1:45-48.

Ruppertshofen, H. (1968): Der summende Wald. – Walmar Verlag Zell-Weierbach, 152 S.

Sachtleben, H. (1929): Die Forleule *Panolis flammea* Schiff. – Monographien Pflanzenschutz 3, Springer Verlag, 160 S.

Salo, O. (1999): Canopy orientation in the ant *Formica polyctena* and retention of the memory image as a function of time and temperature. – In: Proceedings XIII Internat. Congr. of IUSSI 29.12.1998-3.1.1999, Flinders Univ. Press. Adelaide: 410.

Salo, O & R. Rosengren (2001): Memory of Location and Site Recognition in the ant *Formica uralensis* (Hymenoptera: Formicidae). – Ethology 107: 737-752.

Santschi, F. (1911): Ants, Bees and Wasps. – Leipzig (auch 1994 New York).

Sarova, I. C. (1963): Die Nahrungszusammensetzung der *Formica rufa* L. und ihre Dynamik. – Symp. über die Verwendung der Ameisen im Kampf gegen Schädlinge in der Forst- und Landwirtschaft. Moskau, Akad. Nauk: 26-27 (russ.).

Schälicke, B. (1992): Ameisenvermehrung? - Eine Bestandesaufnahme. – Ameisenschutz aktuell 6: 38-40.

Scherba, G. (1958): Reproduction, Nestorientation and Population Structure of an Aggregation of Mound Nests of *Formica ulkei* Emery. – Insectes Sociaux 5: 201-213.

Scheurer, S. (1993): Die Bedeutung der Formiciden für die Lachniden. – Ameisenschutz aktuell 7: 69-75.

Schleip, W. (1908): Die Richtungskörperbildung im Ei von *Formica sanguinea*. – Zool. Jb. 26: 651-682.

Schlüter, V. (1924): Zur Eulenfraßplage. – Dt. Forstw. 6, 844.

Schmidt, A. (1938): Geschmacksphysiologische Untersuchungen an Ameisen. – Z. vergl. Physiol. 25: 351-378.

Schmidt, G. & G. Pohlmann (1960): Die mikroskopische und submikroskopische Struktur der Puppenkokons von Waldameisen. – Biol. Zbl. 79: 337-342.

Schmutterer, H. (1956): Saugschäden an Eichen und Buchen durch Lachniden in Abhängigkeit von Ameisen-Trophobiose. – Z. angew. Entom. 39: 178-185.

Schütte, F. (1956): Eichenwickler, Waldameisen und Vögel. – Waldhygiene 1: 215-219.

Schwenke, W. (1957): Über die räuberische Tätigkeit von *Formica rufa* L. und *Formica nigricans* Emery außerhalb einer Insektenmassenvermehrung. – Beitr. Entom. 7: 226-246.

Schwerdtfeger, F. (1930): Beobachtungen und Untersuchungen zur Biologie und Bekämpfung des Kiefernspanners während des Fraßjahres 1929 in der Letzlinger Heide. – Z. Forst. Jagdwesen 76.

Schwerdtfeger, F. (1934): Studien über den Massenwechsel einiger Forstschädlinge. III. Untersuchungen über die Mortalität der Forleule (*Panolis flammea* Schiff.) im Krisenjahr einer Epidemie. – Mitt. Forstwirtsch. u. Forstwiss. 5: 417-474.

Schwerdtfeger, F. (1936): Zur Kenntnis der Roten Kiefernbuschhornblattwespe, *Diprion sertifer* Geoffr. – Z. Pflanzenkrankheiten 46: 513-534.

Schwerdtfeger, F. (1957): Waldkrankheiten, – 2. Aufl., Parey Verlag, Berlin, Hamburg, 485 S.

Schwerdtfeger, F. (1960): Auswirkung der Ameisenansiedlung auf das Auftreten der Kleinen Fichtenblattwespe im Forstort Cloppenburg. – Aus dem Walde 4: 80-92.

Schwerdtfeger, F. (1962): Über den Einsatz von Ameisen zur Niederhaltung forstlicher Dauerschädlinge, insbesondere von *Tortrix viridana* L. und *Pristiphora abietina* Christ. – Agron. Glasn. Zagreb: 529-537.

Seifert, B. (1991): The phenotypes of the *Formica rufa*-complex in East Germany. – Abh. Ber. Naturkundemus. Görlitz 65: 1-27.

Seifert, B. (1992): *Formica nigricans* Emery 1909 - an ecomorph of *Formica pratensis* Retzius 1783 (Hymenoptera: Formicidae). – Entomol. Fennica 2: 217-226.

Seifert, B. (1992): *Formica nigricans* - eine Ökomorphe von *Formica pratensis*. – Ameisenschutz aktuell 6: 62-66.

Seifert, B. (1994): Zum Vorkommen und zur Biologie der Waldameisen in Sachsen. – Ameisenschutz aktuell 8: 10-12.

Seifert, B. (1994): Die freilebenden Ameisenarten Deutschlands und Angaben zu deren Taxonomie und Verbreitung. – Abh. Ber. Naturkundemus. Görlitz 67:1-44.

Seifert, B. (1996a): Ameisen - beobachten, bestimmen. – Naturbuch Verlag Augsburg, Neuauflage 2005 in Vorbereitung.

Seifert, B. (1996b): *Formica paralugubris* nov. spec. - a sympatric sibling species of *Formica lugubris* from western Alps (Insecta: Hymenoptera: Formicoidea: Formicidae). – Reichenbachia Mus. Tierkunde Dresden 31: 193-201.

Seifert, B. (2000): A taxonomic revision of the ant subgenus *Coptoformica* Mueller 1923 Hymenoptera: Formicidae). – Zoosystema 22 (3): 517-568.

Seifert, B. (2003): Kommentar zu Dieter Otto's Beitrag »Weibliche Nachkommen aus unbefruchteten Eiern von *Formica polyctena*«. – Ameisenschutz aktuell 17: 50-51.

Seifert, B. & A. V. Gorpashnaya (2004): Ideal phenotypes and mismatching haplotypes - errors of mtDNA treeing in ants (Hymenoptera: Formicidae) detected by standardized morphometry. – Organisms, Diversity & Evolution 4: 295-305.

Sernander, R. (1906): Entwurf einer Monographie der europäischen Myrmekochoren. – Kgl. Scenska Veternskapsakademien Handl. 41.

Skwarra, E. (1927): Über die Ernährungsweise der Larven von *Clythra quadripunctata*. – Zool. Anz. 71: 83-96.

Smirnov, B. A. (1963): Erfahrungen bei künstlichen Umsiedlungen von Ameisen. – Symp. über die Verwendung der Ameisen im Kampf gegen Schädlinge in der Forst- und Landwirtschaft. – Moskau, Akad. Nauk: 21-23 (russ.).

Sponeck, Graf von (1819): Über das für die Kiefernwaldungen schädliche Insekt, den Kiefernspinner *(Phalaera Bombyx pini)*. – Laurops Ann. Forst-Jagdwiss.: 4-60.

Stäger, R. (1923): Gibt es Insekten, die von Ameisen nicht verzehrt werden? – Soc. entom. 38: 33-35.

Stäger, R. (1925): Das Leben der Gastameise (*Formicoxenus nitidulus* Nyl.) in neuer Beleuchtung. – Z. Morph. Ökol. Tiere 3: 452-476.

Stäger, R. (1926a): Unterirdische »Grabkammern« in einem Nest von *Formica pratensis*. – Folia myrmecologica et Termitologica 1: 14-21.

Stäger, R. (1926b): Beobachtungen an Ameisen. – Mitt. Schweiz. Ent. Ges. 13: 476-477.

Stäger, R. (1928): Ameisen als Tonkünstler. – Kosmos 25: 98-101.

Stäger, R. (1931): Über das Mitteilungsvermögen der Waldameise beim Auffinden und Transport eines Beutestückes. – Z. wiss. Insektenbiol. 26: 125-137.

Stäger, R. (1937): Topographische Konstanz der Straßen bei *Formica rufo-pratensis*. – Mitt. Schweiz. Entom. Ges. 16: 679-684.

Stäger, R. (1938): Neue Beobachtungen und Versuchsanstellungen mit Ameisen. – Mitt. Naturforsch. Ges. Bern: 1-15.

Stammer, H.-J. (1937): Eine Riesenkolonie der Roten Waldameise. – Z. angew. Ent. 24: 285-290.

Steiner, A. (1924): Über den sozialen Wärmehaushalt der Waldameisen. – Z. vergl. Physiol. 2: 23-56.

Steiner, A. (1947): Der Wärmehaushalt der einheimischen sozialen Hautflügler (Wespen, Hummeln, Bienen, Ameisen). – Beih. Schweiz. Bienenztg. 2: 139-256.

Stitz, H. (1939): Die Tierwelt Deutschlands (Dahl), 37. Teil: Hautflügler oder Hymenoptera, 1: Ameisen oder Formiciden. – Gustav Fischer-Verlag, Jena, 428 S.

Stoll, S. (2000): 11 Jahre naturnahe Waldbewirtschaftung in Hessen – Ergebnisse und Folgen für den Arten- und Biotopschutz. – Ameisenschutz aktuell 14 (Sonderheft): 4-12.

Stumper, R. (1918): *Formicoxenus nitidulus* Nyl. I. Beitrag. – Biol. Zentralbl. 38: 160-179.

Stumper, R. (1922): Quantitative Ameisenbiologie. – Biol. Zbl. 42: 435-440.

Stumper, R. (1953): Über Schutz- und Trutzsekrete der Ameisen. – Naturwiss. 40: 33-34.

Stumper, R. (1959): Über neue Komponenten des Ameisensäure-Sekretes der Formicinen. – Mitt. Schweiz. Entom. Ges. 32: 374-380.

Stumper, R. (1960): Die Giftsekretion der Ameisen. – Naturwiss. 47: 457-463.

Tinbergen, N. (1948): Physiologische Instinktforschung. – Experentia 4: 121-133.

Tinbergen, N. (1952): Instinktlehre – Vergleichende Forschung angeborenen Verhaltens. – Parey-Verlag, Berlin.

Torossian, C. (1959): Les echanges trophallactiques proctodeaux chez la Fourmi *Dolichoderus quadripunctatus*. – Insectes Sociaux 4: 369-374.

Travan, J. (1994): Über Prof. Gößwalds vieljährige Versuche mit der künstlichen Ansiedlung und Vermehrung von Völkern der Roten Waldameisen (Hym.: Formicidae) in Unterfranken. – Waldhygiene 20: 97-130

Voigt, W. (2002): Die Honigbiene im Kreislauf des Waldes. – Verlag Freiling u. Partner Berlin: 63 S.

Voss, C. (1964): Die Bedeutung von Streifenmustern und Hell-Dunkel-Grenzen für die Orientierung der Roten Waldameise. – Verh. Dt. Zool. Ges., Kiel 1964 (Ber.: Leipzig 1965: 540-546).

Wellenstein, G. (1928): Beiträge zur Biologie der Roten Waldameise (*F. rufa* L.) mit besonderer Berücksichtigung klimatischer und forstlicher Verhältnisse. – Z. angew. Entom. 14: 1-68.

Wellenstein, G. (1929): Die Ameisenkolonie. Neue Beobachtungen an Ameisen. – Umschau 33: 754.

Wellenstein, G. (1942): Die Nonne in Ostpreußen (1933-1937) - Zum Massenwechsel der Nonne. – Monogr. angew. Entomol. 15, Berlin: 207-278.

Wellenstein, G. (1952): Zur Ernährungsbiologie der Roten Waldameise *(Formica rufa* L.). – Z. Pflanzenkrankheiten 59: 430-451.

Wellenstein, G. (1953): Ergebnisse 25-jähriger Grundlagenforschung zur forstlichen Bedeutung der Roten Waldameise (*Formica rufa* L.). – Mitt. Biol. Zentralanst. Land- und Forstwirtsch. Berlin, H. 75: 125-133.

WELLENSTEIN, G. (1954a): Die Insektenjagd der Roten Waldameise (*Formica rufa* L.). – Z. angew. Entom. 36: 185-217.

WELLENSTEIN, G. (1954b): Was können wir von der Roten Waldameise im Forstschutz erwarten? – Beitr. Entom. 4: 117-138.

WELLENSTEIN, G. (1957): Die Beeinflussung der forstlichen Arthropodenfauna durch Waldameisen (*Formica rufa*-Gruppe). I.Teil. – Z. angew. Entom. 41: 368-385.

WELLENSTEIN, G. (1958): Versuche zur Klärung der bienenwirtschaftlichen Bedeutung der Kahlrückigen Roten Waldameise. – Allgem. Forstz. 13: 213-214.

WELLENSTEIN, G. (1959): Möglichkeiten und Grenzen des Einsatzes von Krankheitserregern, Nutzinsekten und Vögeln im praktischen Forstschutz. – Forstwiss. Zbl. 78: 150-166.

WELLENSTEIN, G. (1960): Ergebnisse vierjähriger Untersuchungen über die Steigerung der Waldbienentracht. – Z. angew. Entom. 47: 32-41.

WELLENSTEIN, G. (1965): Die Einwirkung der Waldameisen (*Formica rufa*-Gruppe) auf die Biozönose - Methoden und Ergebnisse. – Collana Verde 16: 369-392.

WELLENSTEIN, G. (1987): Diskussion über die Aufgaben der Deutschen Ameisenschutzwarte. – Ameisenschutz in Hessen 1: 6-8.

WELLENSTEIN, G. (1988): Ameisen-Vermehrung? – Ameisenschutz in Hessen 2: 5-6.

WELLENSTEIN, G. & H. MÜLLER (1954): Pflanzenbeschädigungen durch Waldameisen. – Z. Weltforstwirtschaft 17: 43-48.

WELLENSTEIN, G., H. MÜLLER & W. KAESER (1957): Kann die Waldhonigernte mit Hilfe der Roten Waldameise gesteigert werden? – Z. Bienenforschg. 3: 237-240.

WEYER, F. (1927): Die rudimentären Keimdrüsen im Lebenslauf der Arbeiter von *Formica rufa* L. und *Camponotus ligniperda* LATR. mit Berücksichtigung der übrigen sozialen Hymenopteren. – Zool. Anz. 74: 205-221.

WEYER, F. (1928): Untersuchungen über die Keimdrüsen bei Hymenopterenarbeiterinnen. – Z. wiss. Zool. 131: 345-501.

WEYER, F. (1929): Die Eiablage von *Formica rufa*-Arbeiterinnen. – Zool. Anz. 84: 253-256.

WHEELER, W. M. (1918): A study of some ant larvae, with a consideration of the origin and meaning of the social habits among insectes. – P. Amer. phil. Soc. 57: 293-343.

WHEELER, W. M. (1926): Ants: Their structure, development, and behavior. – Columbia University Press New York, 2. Aufl., 663 S.

WILSON, E. O. (1953): The origin and evolution of polymorphism in Ants. – Quarterly Review of Biology 28: 136-156.

WILSON, E. O. (1954): A new interpretation of the frequency curves associated with Ants polymorphism. – Insectes Sociaux 1: 75-80.

WILSON, E. O. & T. EISNER (1957): Quantitative Studies of Liquid Food Transmission in Ants. – Insectes Sociaux 4: 157-166.

WOLSKY, A. (1931): Weitere Beiträge zum Ocellenproblem. Die optischen Verhältnisse der Ocellen der Honigbiene (*Apis mellifica* L.). – Z. vergl. Physiol. 14: 385-391.

YARROW, I.H.H. (1955): The British Ants allied to *Formica rufa* L. – Trans. Soc. Brit. Entom. 12: 1-48.

ZAHN, M. (1958): Temperatur, Wärmehaushalt und Bauweise der Roten Waldameise (*Formica rufa* L.). – Zool. Beitr: 3, 127-194.

ZOEBELEIN, G. (1954): Versuche zur Feststellung des Honigtauertrages von Fichtenbeständen mit Hilfe von Waldameisen. – Z. angew. Entom. 36: 358-362.

ZOEBELEIN, G. (1956): Der Honigtau als Nahrung der Insekten. Teil I: Z. angew. Entom. 38: 369-486, Teil II: Z. angew. Entom. 39: 129-167.

ZWÖLFER, W. (1953): Biologische und chemische Schädlingsbekämpfung vom Standpunkt des Forstschutzes gesehen. – Allgem. Forstz. 8: 549-552.

ZWÖLFER, W. (1954): Die Waldbienenweide und ihre Nutzung als forstentomologisches Problem. – Verh. Dtsch. Ges. angew. Entom. 12. Mitgliederversammlung, Berlin: 164-168.

14 Register

Надежда Домашева-Самойленко
Владимир Самойленко

Его Величество Закон

«Право Света», Москва, 2011

УДК 133
ББК 86.42
Д 16

Домашева-Самойленко Н., Самойленко В.
Д 16 Его Величество Закон/
Домашева-Самойленко Н., Самойленко В. – Москва,
«Право Света», 2011. – 288 с.

ISBN 978-5-91675-001-0

УДК 133
ББК 86.42

Космические Законы – не законы земные, и человеческое понимание, основанное на принципе: «Закон, что дышло, куда повернешь, туда и вышло», – на них не распространяется. Спросите: «Зачем людям знать Законы Космические, когда земные нет желания исполнять?» Ответим так: «Все человеческие болезни и проблемы, как личностного характера, так и планетарного, есть следствие нарушения Космической Законности». Мы не предлагаем вам частичного исцеления или решения жизненных проблем. Но мы спрашиваем вас: «Желаете познать истинную Любовь и семейное Благополучие? Желаете стать источником Успеха и Удачи? Желаете создать вокруг себя пространство Изобилия и Процветания?» Если «да», то эта книга предназначена для вас!

В оформлении обложки использована картина
Владимира Николаевича Суворова «Галактион».

ISBN 978-5-91675-001-0

Когда напряженный Магнит собирает все силы,
нужно распознавать каждую энергию.
Потому нужно знать, какие силы допустимы
к строительству и какие силы могут нанести вред.
Распознавания можно достичь только
примыканием к Высшему Сознанию,
ибо только мера чистого Устремления
может открыть утвержденный Завет Служения.
Потому нужно научиться признавать
все Высшие Законы, строя на них жизнь.
(Рерих Е.И. Агни-Йога. Иерархия)

Предисловие

На вашу просьбу изложить моё мнение о книге хочу сказать, что я плакала, когда читала, особенно первую половину книги. Приходили слёзы, когда проживала ощущение-осознание, насколько необходимы знания о Космической Законности людям (особенно близким) именно сейчас! Ведь они конкретно отвечают на извечные жизненные вопросы «кто виноват?» и «что делать?», и чтобы получить эти ответы, человекам нужно так мало сделать: проявить устремление к постижению истины, информация о которой уже просто бурлящим потоком изливается в пространство, и просто открыть книгу! И сейчас пишу и плачу и благодарю Вас за Ваш труд и Силы Небесные за водительство! Слава Богу за всё, слава Богу! Марина.

1

Вне Закона – нет Будущего!

Знамение

Дух Святой! Кто не восхищался могуществом Света Твоим? Кто не преклонял колен перед Твоей всепросветляющей Твердью в надежде исцеления и решения своих насущных проблем? Кто не желал соприкосновения с Благодатью, от Тебя Нисходящей? Кто-то и ныне, не утеряв Веры, ищет Путей Твоих неисповедимых. Как же человеку необходима Твоя Благая Весть! Сколь же многие, уверовавшие в Твое незабвенное Присутствие, ждут Слова Твоего наставляющего и Путеводения истинного!

Дух Святой! Как велик Ты в своей силе и могуществе Огня всеоживотворяющего! Ты Вездесущ и Всемогущ, будучи Эманацией, источаемой от Отца-Матери Предвечных. Твое Дыхание распространено повсюду, и в тоже время Ты так далек в своем Присутствии от людей, ибо, как долго бы они ни просили Тебя явить свой Светозарный Образ, и прикосновением своим освободить от тягот и болезней, зов их рассеивается, так и не достигнув Тебя.

Дух Святой! Безмолвен ли ты для всех чад Божьих? Запрет ли от Господа существует, чтобы помогать человеку в его нелегкой судьбе? Знаем, что никогда не способен Ты отвернуться от людей, как и Творец, Тебя, нас и все богореальное творение Свое, пребывающее в материальном мире, создавший. Не безмолвен Ты и не далек, ибо только сердцем чистым можно уловить Твою благодатную Эманацию и впитать Её. В ней хранится Весть Благая для каждого возжаждавшего Служить Тебе. В Тебе – мощь красоты Света нетленного. Устремись же, человек, к постижению Прекрасного, стань источником приумножения Красоты в этом мире, и ты откроешь в себе дверь, вводящую Святого Духа!

Дух Святой! Как видишься Ты человеку неловкому и несмышленому, в суете житейской пребывающему? Судя по молитвенным обращениям и воззваниям к Тебе, многим людям Ты представляешься существом, у которого можно выпросить исцеление от всех болезней и улучшение жизни. Или всемогущим джинном, готовым исполнить любые человеческие желания. Или силой, карающей за грехи, человеком содеянные перед Господом нашим Всеединым. И как редко человеческое существо желает видеть в Тебе Свет Окармливающий, к Подвигу Преображения и к жизни в Истине побуждающий.

Коль от Творца Ты произошел, как Эманация Его всепроникающего Света и Его непрекращающегося Дыхания, значит, суть Твоя – Любовь! Как упрощенно порой человек подходит к пониманию Любви, видя в ней лишь возможность удовлетворять все свои слабости, прихоти и потребности в телесных усладах. Потому-то и безмолвен Ты, когда люди пытаются наполнить все обращения свои к Тебе потребительским смыслом.

Разве корыстное и самостное может в своих вибрациях проникнуть на уровень Твоего Высочайшего Присутствия? Низменное никогда не возвысится до Высшего, ибо не способно преодолеть земное притяжение. Только Свет притягивается к Свету и ему созвучит! Прах же, как был прахом, так в прахе и останется! Как важно людям изменить к Тебе отношение! Как должно им прекратить видеть в Тебе источник удовлетворения своих бесчисленных желаний! И если люди наконец поймут, что Ты всегда открыт для пламенеющего сердца и приходишь каждый раз в ответ на устремление быть полезным Земле-Матушке и всем творениям Единосущего, они непреложно ощутят Твое светоносное Присутствие, прочувствуют Его и вдохновятся Им.

Дух Святой! В чем сила Твоя? Как заручиться Твоей поддержкой, защитой и помощью? Как воспламениться от Любви Твоей? Зову и повторяю: «Верую в Твое Всемогущее Присутствие! Ты – Твердь Божья! Ты – мощь несокрушимая, ибо содержишь в себе Пламень всего Мира! Ты – Эмиссар Отца и Матери Предвечных и их неутомимый Служитель во всех пространствах Проявленной Вселенной. Ты – Слово Господне и Промысел Его! Ты – то, что Существует Реально, Вечно, Непреходяще, ибо Есмь Закон, утвержденный на всех Планах и Подпланах Космического Мироздания и Бытия, во все времена и народы!»

Дух Святой! В непреклонности несешь Ты свою Миссию во Вселенной! В бережности приносишь всякую Весть от Творца людям, являя себя в облике благообразных Ангелов. Когда с кем-то свершается Чудо исцеления и избавления от бед его – все это Ты предстаешь в Радости своего Служения чадам Единосущего. Но и к знамениям Нового Мира Ты также причастен. Ты напоминаешь о Велениях Творца. Ты – Вестник Эволюции Сознания! Ты денно и нощно в Дозоре, отгоняя слуг Искусителя от людей. Ты неустанно трудишься, даб пробудить каждого к Новым Свершениям! Ты передаешь Указы в пробужденное сердце человека! Ты зовешь к победе Духа исполнением Закона. И Ты терпеливо ждешь, когда переданные Тобой Законы поймет каждый человек и прочтет языком своего сердца. Потому Ты – Дух Святой, что Закон, действием воплощенный! Верую в Тебя, Имя Твое Сокровенное повторяю и Призываю всю силу Твою во благо эволюционного преображения мира!

Благословенен Дух Святой в Вечность! Благословенны все Эманации Твои, ибо несут человечеству Благо! Благословенен и сам Закон, ибо человек, исполнивший Его, понесет в себе бессмертный Свет Святого Духа!

Демиург Пересвет, Владыка Сейтр, Кармический Совет

Вот так, дорогие наши друзья, единомышленники и просто читатели, было ознаменовано начало написания книги «Его Величество Закон!», и Послание о Духе Святом, неожиданно переданное Небесной Иерархией, стало не только Напутствующим Знаком, но и данным Свыше Благословением.

Книга о сути самого Закона, его действии и влиянии на человеческую жизнь давно уже назрела, и мы благодарим наших Небесных Наставников за то, что они проинициировали нас на этот труд, любезно предоставив необходимые Знания.

Каждый имеет право на самостоятельное установление Истины

Мы понимаем, что из-за одного только названия этой книги у Учения Золотого Века, ныне передаваемого человечеству Земли Небесной Иерархией, появится множество противников и недоброжелателей. Ведь посудите сами, на планете в свои права основательно вошел финансовый и экономический кризис, не сулящий человечеству ничего хорошего. Мир захлестнула волна мощных природных катаклизмов и техногенных катастроф, заставившая многих людей в ужасе задуматься о своем ближайшем будущем. Последствия глобального потепления до сих пор непредсказуемы, но продолжающееся ускоренное таяние ледников, грозящее всемирным затоплением, оптимизма не придает. Если еще учесть болезни, проблемы и тяготы материальной жизни, физическую смерть, неотступно следующую за людьми, что называется, «по пятам», то на всем этом фоне упоминание о Законах Космоса может показаться чуть ли не издевательством над человеческой психикой.

Но разве обещанный человечеству «Конец света», завершающийся «Тремя судными днями», после которых никто на Земле не уцелеет, но некоторые, возможно, обретут Спасение в Духе, придаст уверенность в наступлении лучшей перспективы? Допустим, что наша планетарная раса, как об этом свидетельствуют многие пророчества, и в том числе данные Небесной Иерархией через Е.И.Рерих, находится в преддверии Новой Эпохи, побуждающей всех людей изменить свое отношение к жизни и перестроить ее на космический лад, исключающий любую возможность существования деструктивных моделей поведения. Отвергнув эту точку зрения, многие из людей вновь придут к бессмысленности и случайности материального существования, но, признав её, мы сразу же получим инструментарий, объясняющий, почему человечеству так неуютно стало находиться на Земле. Взгляните, как все непонятное сразу может проясниться и встать на свои места. Если грядет Эпоха всеобщего Преображения, то Земля, будучи живым организмом, также готовится к предстоящей Мистерии Перехода. Приближаясь к Пространственному Огню, исходящему из Сфер Космоса Надлежащих, Земле ничего не остается делать, как приступить к освобождению своих духоматериальных сфер от последствий деструктивной активности людей, путем привнесения в их жизнь стихийных бедствий и катаклизмов.

Вместе с Пространственным Огнем, грядут Новое Время, Новый Дух и Новый Мир. Подвергнувшись этим высокочастотным космическим излучениям, меняется наш мир, и уже невооруженным взглядом видно, что человечество разделилось на два лагеря. Представители одного из них по-прежнему являются пособниками всякому злу, представители другого – ищут возможности Служения Силам Космоса. Сложно человеку, с головой погрузившемуся в житейскую суету, прийти к вере в существование внеземного Рая и Ада, но ясно одно – Космос зиждется на устоях Справедливости, а потому у человеческих существ, пребывающих по разные стороны баррикад, не может быть одной и той же судьбы.

Во многих святых писаниях, имеющих космическое происхождение, прямо указывается на то, что уверовавшие в незыблемость Добра обретут Царствие Небесное. Ад же раскроет свои врата для всех, кто в жизни являлся распространителем деструктивных состояний. Подавляющему большинству людей уже не претит исполнение христианских заповедей: не убей, не укради, не лжесвидетельствуй, не прелюбодействуй и др., но вот вопрос: «Если болезни, проблемы и невзгоды не отступают, но число их растет, может быть, Наступающая Эпоха ждет от нас более утонченного подхода к жизни?» Существо вопроса заключается в том, что же именно человеку, возжелавшему после своей смерти попасть в Рай, понимать под Верой, соотвечающей настоящему моменту времени? Ведь каждому человеческому существу очень важно знать, каковы критерии этой Веры. Достаточно ли для Вознесения в Царство Небесное только признания одного факта существования Бога, в каком бы Образе оный людям ни представлялся? Или к этому признанию необходимы еще обязательная каждодневная молитва, пост, паломничество и следование установленным религиозным церемониям и обрядам? И как быть с теми направлениями, например, иудаизмом, где в Бога можно искренне и не верить, но необходимо непреложно исполнять существующие в этой конфессии предписания, и одного этого уже будет достаточно для спасения?

По тому многообразию религиозных организаций, которые ныне проявились и существуют в мире, можно сделать вывод о том, что практически всем людям известно о божественной причине сотворения человека. Тем не менее, факт принадлежности к той или иной культуре вероисповедания не стал свидетельством появления у людей истинной Веры. Бог Есмь Благо и Любовь, но присутствие во всех сферах жизни человеческого мира всевозможных антагонизмов отнюдь не свидетельствует, что человек возлюбил ближнего своего, как самого себя.

Как оказалось, количество верующих на качество бытия мира не влияет. Сколько бы люди ни молились и ни ходили на проповеди, мир от этого лучше не становится. Человек как противопоставлял себя другим людям и иным богореальным формам жизни, обитающим в материальном мире, так и противопоставляет. Только формы борьбы, соперничества, насилия и подавления стали более утонченными и более извращенными, нежели чем те, кои существовали многие тысячелетия назад. Потому весь человеческий мир, несмотря на всеобщую причастность людей к религиозной и иной духовной активности, стоит на грани самоуничтожения и самовырождения.

К какой бы религиозной традиции люди себя ни относили, в этих традициях существуют Установления, пришедшие в тот или иной народ благодаря духовному труду Пророков и Мессий. Достаточно внимательного рассмотрения этих Установлений, чтобы увидеть неразрывную взаимосвязь Веры с Божественной Волей. Исходя из этой взаимосвязи, истинно верующим может быть только тот, кто свято чтит и исполняет Божественные Установления. Потому Иисус, говоря о Будущем людей, произнес: «Не всякий, говорящий Мне: «Господи! Господи!» войдет в Царство Небесное, но исполняющий Волю Отца Моего Небесного!»

Новое Учение гласит, что Божественная Воля выражается посредством Законов. Законы передаются Творцом, как руководство к действию для всего своего творения, обитающего в Проявленной Вселенной. По мере исполнения одних Законов приходят другие, и тем утверждается Эволюция, что новые Законы побуждают к развитию и совершенствованию того опыта жизни, коий получен человечеством Земли при воплощении прежних Законов. Суть Законов раскрывается через Учения, и вот что о причинах появления Нового Учения говорит Владыка.

Новое Учение Золотого Века

Друзья мои возлюбленные!

Поговорим сегодня с вами о том, что же такое «Уроки Кармы»[1], и какую надежду возлагают Учителя Иерархии Сил Света на это Учение, ибо Уроки сии есть действительно Новое Учение, посвященное практической Самотрансформации Сознания и Алхимии Духовного Преображения всех тех представителей планетарной расы, которые в настоящий эволюционный момент имеют достаточный Опыт истинной божественной Самореализации и готовы стать Творцами и осознанными Направителями своей дальнейшей эволюционной судьбы.

В основу и основание «Уроков» положены истинные Божественные Знания, постигаемые планетарным человечеством через лучших своих представителей на протяжении многих тысячелетий духовного поиска в процессе самопознавания и Духопознавания. Эти Знания освобождены от многих иллюзорных представлений и искусственно привнесенных искажений, являющихся главным препятствием, противостоящим воплощению Божественной Воли и Программы Эволюции. В первородную задачу направляемых ныне Знаний и входит эволюционное воспитание расы Христов – осознанных носителей и представителей Духа Святого во всех Мирах и Сферах Проявленной Вселенной!

---

1 «Уроки Кармы» - это первая книга, ознаменовавшая собой начало передачи Небесной Иерархией Нового Учения человечеству Земли.

Здесь следует указать на то, что среди Учителей и Владык Горнего и Огненного Миров лишь единицы достигли Иерархической Ступени «Христос», в то время как раскрытым Христосознанием обладают все. Однако иметь раскрытое Христосознание и быть Христом – далеко не одно и то же. Раскрытое Христосознание предполагает глубочайшие знания истинной Космической Законности и стремление руководствоваться в своей Активности этой Законностью.

Быть Христом – быть Законом в действии! Сие означает, что Внутренняя Суть не просто знает, Как и Что должно делать, дабы эволюционно развиваться в Сознании Бога Проявленной Вселенной, но она и есть Это на самом деле. Перед такой Сущностью не встает более вопрос: «Быть или не быть?», – ибо она всегда Есмь. Сущность, исполняющая Закон, Есмь Любовь в действии, здесь и сейчас, в каждой точке Мироздания и Бытия.

Велика наша Надежда на развитие и эволюцию каждой Искры Божественного Духа, и Новое Тело, формируемое в настоящий эволюционный момент в полевых структурах многих из вас, является той светоносной формулой, которая примет активное сознание человека 6-й Планетарной Расы. Планета готовится к Великому Преображению и приходу многих Христов в дни исхода 5-й расы и начала Новой Эры и Новой Эпохи.

Вне зависимости от того, в какой из сфер Божественного Присутствия проходим мы свое развитие, суть Эволюции остается одна – нравственное преображение и увеличение Света Я Есмь Присутствия посредством собственной сущностной активности, направленной на неукоснительное воплощение Законов, вызывающее духовное просветление Объективной Реальности.

Повинуясь Законам Любви и Жертвы, Иерархия Сил Света готова открыть сокровенные Знания о сути истинной Самотрансформации и Алхимии Духовного Самосовершенствования, особо указуя на то, что Знания, спускаемые нами по Лучу, возможно реализовать только через духовный труд, направленный на преображение всей Реальности.

Труд сей требует непрестанного духовного бдения, осознания и ответственности, ибо результатом его будет высвобождение и осветление самых глубоких пластов подсознания, где находятся скрытые до срока дисквалифицированные энергии, качества и состояния Божественного Света.

Путь самотрансформации и Духовной Алхимии – путь мужества, путь творческого претворения Законов Эволюции, путь голгофского распятия, ибо бичевание предстоит пройти энергиями, которые в вас противостоят Воле Бога, принимаемой, как Индивидуальный План эволюционного развития, ибо ваш демонический страж и ваш Внутренний Христос сойдутся в битве, исход которой и определит ваш Путь.

Благословенны будьте,

Кут Хуми

Исходя из существующего у людей права самостоятельно определять свою судьбу, мы предоставляем каждому человеку возможность самому выбирать, с какими знаниями соприкасаться в этот трудный для всего человечества период жизни. Со своей стороны, как бы кто ни не хотел, чтобы Учение о Законе, излагаемое в данной книге, увидело свой свет, мы не можем себе позволить пойти на преступление против жителей нашей планеты, лишив кого-нибудь из них шанса с помощью Небесной Иерархии разобраться в истинных причинах существующих проблем, как личного плана, так и планетарного масштаба, а разобравшись, найти единственно правильный выход из сложившейся ситуации. По мнению наших Небесных Наставников и Учителей, этот путь несомненно будет связан с исполнением Высшей Воли, так как все проблемы и трудности человеческой жизни происходят из-за нарушения Её.

Друзья! Мы не собираемся читать вам проповеди, менять ваши убеждения или обращать в свою Веру. Вы все взрослые люди, достаточно образованные и умудренные жизненным опытом, если решили ознакомиться с содержанием этой книги. Каждому человеку из Истока Вечной Жизни даровано право самостоятельного поиска и установления Истины. Но нам также хорошо известно, что если какая-либо книга оказалась в руках человека, то это произошло не случайно, и может быть, проявив живой интерес к предлагаемому Учению и внимательность при его исследовании, он найдет в нём то Знание, которое поможет ему раз и навсегда изменить свою судьбу.

Существуют ли какие-либо Закономерности?

Мы не случайно затронули разговор о противниках и недоброжелателях Нового Учения, так как они уже существуют. Все чаще и чаще встречаются так называемые духоподвижники и даже те, кто претендует на роль земных учителей планетарной расы, которые выступают против всякой Законности. По их мнению, какие бы то ни было, Законы связывают волю человека и ограничивают его развитие, а потому всем людям следует учиться Любви и Свободе – двум главным Энергиям, которые якобы управляют всем Космосом.

Мы нисколечко не возражаем против этих действительно космических явлений – Любви и Свободы, без которых жизнь не способна не только развиваться, но и существовать.

А как не принимать то, что реально присутствует в материальном мире в качестве наглядного примера? Только в Любви и из Любви к своим творениям Господь способен был создать Райский Сад и наполнить его многообразием форм природы. Это природное многообразие и по сей день, несмотря на то, что претерпело свою деформацию благодаря деструктивной активности людей, чарует своим великолепным внешним видом, наполняет мир уникальной неповторимостью звуков, бесконечной множественностью сочетаний красок и благоуханных ароматов.

Основа Любви – Жертва Света! И мир, ставший для людей средой каждодневного обитания, дающей им всё необходимое для существования: воздух, воду, огонь, хлеб насущный и пр., есть тому прекрасное подтверждение. А разве сам человек – это не Вселенское Чудо, созданное всеми творящими силами Космоса в материальном мире? Сколько Любви, Мастерства, Творчества было вложено, пока не появилось многомерное, многофункциональное и многосистемное человеческое существо, способное не только видеть, слышать, дышать, говорить, перемещаться и осуществлять физический труд, но и мечтать, создавать планы своего будущего и действовать во благо их воплощения.

Только в Любви и из Любви к людям, как своим Творениям, Творец наделил их Свободой Воли и правом самостоятельно определять свою судьбу, дабы они научились проявлять свое божественное первоестество. По своей духовной природе человек, будучи сотворенным как Свет от Света Высшей Силы, является носителем Первородной Мысли. Потому и необходима Свобода Воли человеческому существу, даб Мысль, существующая в нём, обрела возможность творческого развития.

Все беды происходят из нелюбви. И суть грехопадения заключается в том, что человек вместо того, чтобы вырасти в своем мыслетворчестве до уровня Присутствия Творца, научившись проявлять в своей жизни Качества, Свойства и Состояния Любви, Ему присущие, направил свою волю вопреки Воле Высшей, то есть подменил Духовную Свободу на вседозволенность.

Духовная Свобода – это не вседозволенность!

Друзья мои!

Давайте поговорим о сути тех долгов, которые имеют люди перед Богом. «Но Он же Высшая Любовь!», – сразу запротестуют многие из вас и, возмутившись, скажут: «Да разве перед Ним могут существовать какие-то долги?»

Действительно, перед Любовью нет долгов, ибо она есть Высшее по своей природе Чувство. Любви пристало лишь любить. Однако как же быть по отношению к затраченным усилиям Бога, направленным на Сотворение Мира? И коль признаете, что имеете Духовную природу, то и должно вам научиться Законы Духа исполнять. Один из них, Закон Эквивалента, гласит: «Коль у кого-то Свет берете, поспешите ему Светом и воздать». Долги же появляются тогда, когда взятое у Творца используется не по назначению.

Да не станет причиной вашего удивления та грань Истины, которая свидетельствует о том, что люди в своей каждодневной жизненной активности проживают энергию Божественного происхождения. Эта энергия, в совокупности 12-ти Богокачеств (по числу всех энергоцентров: 7 активных и 5 пассивных), поступает человеку всю его земную жизнь из Истока Вечного Творения во имя того, чтобы он их распознал и, используя жизненные ситуации, научился проявлять посредством Божественных моделей поведения, соотвечающих смысловой матрице данных Богокачеств.

Так, если энергоцентру Муладхара (копчиковый центр) предназначено быть неискаженным проводником энергии 4-го Аспекта Святого Духа – Луча Чистоты и Святости, то человеку следует научиться внутренне проживать Чистоту, как Благоустремление. Благое намерение, соотвечающее Закону Эволюции, реализованное посредством осуществленного деяния, дарует миру Свет. Действия же человека, несущие всему сущему

Свет Добротоделания, будут называться Святостью, и Святость, рожденная проявлением внутренней Чистоты, есть главное условие активизации энергоцентра Муладхара.

Продолжим дальше начатый анализ и возьмем, к примеру, энергоцентр Свадхистана (лобковый центр). Его задача – стать квинтэссенцией опыта Богопроявления в 7-ом Аспекте Святого Духа – Луча Духовной Свободы и Трансмутации. В чем суть Духовной Свободы, мы вам уже не раз сообщали в Откровениях Света. К ранее переданному нам следует добавить Знание о том, что Духовная Свобода, как Богокачество, рожденное в Истоке Вечного Творения, изначально дарована человеческому существу.

Быть Духовно Свободным – это значит претендовать на Богоидентичность и активность утверждать свою в согласии с Законом Присутствия Я Есмь, дабы оная Богоидентичность из возможности превратилась в Реальность.

Быть Свободным возможно лишь в Служении Духу, овладевая мастерством обогащать свое сознание Качествами Божественного Света.

Быть истинно Свободным – это означает обладать способностью «жить в Духе», устремившись творчески преобразовывать Материю Светом Духовности своей.

Там, где осуществляется активность вопреки Законам, Свободы нет Духовной, ибо появляется зависимость от внешних условий бытия и удовлетворения желаний материальных.

Духовная Свобода рождается осознанной необходимостью привести свою волю в согласие с Высшей Волей. Поскольку право выбора является основой, рождающей желание, то оное, проявившись в сфере чувствознания – в тонком теле человека, становится силой, определяющей качество всей его последующей судьбы. Если вы выбираете путь Эволюции Сознания, то всякое действие, совершенное на этом пути, должно быть подчинено Огненной Трансмутации всего существующего у вас жизненного опыта, а значит, неизбежно приведет к преобразованию всех низших видов духоматерии, пронизывающих ваше существование, в более высокие. Именно овладевая могуществом Трансмутации, вам возможно будет активизировать энергоцентр Свадхистана. Данная активизация всегда сопровождается заменой несовершенных желаний на Огненные Устремления, дабы стать Свободным в проявлении Качеств Бессмертного Духа и в совершенствовании достигнутого опыта Богопроявления в Вечность и Беспредельность.

Нет более сильного заблуждения, чем то, кое продиктовано желанием эго личности земной в Духовной Свободе увидеть вседозволенность. Подобные попытки ни к чему хорошему не приведут. Если Духовная Свобода способна помочь человеку высвободить всю световую мощь находящейся в нем Божественной Души, то вседозволенность, квалифицируемая как стремление совершать действия, исходя из собственного понимания Истины и во благо «любимого себя», есть путь формирования кармической задолженности перед Творцом. Кармические долги у человеческого существа появляются в момент искажения Чистоты Пламени Богокачеств и трансмутации их в качества иные, соотвечающие сути демонических моделей бытия.

Давайте на примере двух вышеобозначенных Лучей рассмотрим, как происходит искажение Богокачеств, и какие в связи с этим последствия возникают.

Когда на уровне Муладхары происходит дисквалификация энергий Чистоты и Святости, тогда пред нами предстанет человек, не Свет несущий Миру, а наоборот, гасящий Свет, ибо вместо того, чтобы неукоснительно исполнять Законы, он внутреннюю нечистоплотность облачает в форму внешнего богонепослушания. Как следствие, ушибы при падении на землю и переломы конечностей ждут в будущем того, кто в окружающее пространство привносит разрушение.

Пример второй, и он касается энергоцентра Свадхистана. Свободу Духа утрачивает личность человека, когда перестаёт жить интересами обожествления своего Сознания. Тогда все ценности Небесные она подменяет на блага материальные, причем борьба за право реализовать своё желание, дарующее возможность обладания, неважно, кем или чем является сам объект желания, усиливает её зависимость от земных условий существования. Прилипнув к тленному, деградирует человеческая душа, зачаровавшись демоническими идеалами бытия, а потому не скрыть сии оковы от Всевидящего Ока Мироздания.

Как видится заблудший и отвернувшийся от Высшей Воли человек? Вместо сияющих одеяний, сотканных из Световых Колец опыта Богопроявления, – фиговый листок, расположенный на уровне Свадхистаны, как свидетельство проявившейся несвободы. В момент, когда формируются долги, вступает в действие Закон, кармически ограничивающий активность человека, избравшего вседозволенность смыслом жизни. Как следствие, расстройства и болезни мочеполовой системы становятся уделом бытия людей, оказавшихся в зависимости от удовлетворения своих низменных амбиций и желаний.

Итак, друзья мои, давайте подведем итог.

Искажения Божественной Энергии, оживотворяющей человека изнутри, есть долги его перед Истоком Вечного Творения. Пока они существуют, не будет у должника спокойной жизни. Поскольку в дисквалификациях своих, что есть сущности-одержатели демонической природы, человек связывает энергию Бокачеств, имеющих свою Богореальность и Богоперспективу, на их защиту встает Закон, именуемый Законом Кармы.

Любовь долги прощает, Закон Кармы – никогда. И держит Он полюбившего вседозволенность в пределах замкнутого Круга, пока не наступит покаяние.

Иного нет пути, даб вырваться с Круга на просторы Духа – сполна придется уплатить по всем предъявленным счетам активностью, подчиненной Законам Богореализации и Эволюции Сознания.

И помните, каким бы тяжким по своим искупительным последствиям ни был счет, не недруги его предоставят, но кармические учителя. Нет смысла сетовать, когда они вас обижают и создают препоны на пути реализации желания. На то они и учителя, что посланы вам Богом, дабы помочь увидеть долг, рожденный вседозволенностью, и трансмутировать его активностью, наполненной Огнем Святого Духа.

Прошу и впредь всех представителей человечества Земли: не делайте долгов. Кармические искупления не есть Духовности Стезя, и Радость Жизни не вызывается страданием. В Свободе Духа и Любви живите, не забывая все Устремления свои приводить в согласие с Законом. В исполнении Законов Эволюции – ваше Будущее Процветание!

На это вас и благословляю.

Господь Сансара, Владыка Кармических Кругов

Не существует Космическая Любовь и Духовная Свобода в абстрактном состоянии, и, став опытом Богопроявления Творца, эти Качественные Состояния превратились в объективно существующую Реальность – Закон, необходимый для исполнения всеми богореальными формами жизни, обитающими в Проявленной Вселенной.

Таким образом, Космический Закон – это:

1. Объективно присутствующая в Космосе непреложность, сложившаяся в процессе активности какого-либо Божественного Явления, его связей и отношений с окружающим миром.

2. Общеобязательное для всех богореальных форм жизни, созданных Творцом, правило поведения.

3. Установление, ниспосланное Творцом для исполнения всеми его творениями.

4. Руководство к действию, позволяющее богореальным формам жизни достигнуть Идентичности Творцу, их сотворившему.

5. Гарант достижения Богоуподобления в том случае, если богореальная форма жизни начнет действовать в согласии с Божественной Волей.

Действием Законов формируется Закономерность. Потому у людей складывается та или иная судьба, что всякая их активность оценивается Мерой Закона. Не было бы Закономерности в происходящих в мире явлениях, в речевом обиходе людей не появилось бы таких поговорок, как: «Что посеешь, то и пожнешь!», «Как ты к другим, так и другие к тебе!», «За все надо платить!», «Человек – кузнец как своего счастья, так и несчастья!», «Дыма без огня не бывает!»

Вне зависимости от того, в каких Сферах и Октавах Проявленного Космоса обитают богореальные формы жизни, Закономерность, как явление, связанное с активностью Законов, существует повсеместно. Потому верно утверждение: «Незнание Закона не освобождает от Ответственности!», что основывается оно на Закономерности, существующей как на Небе, так и на Земле.

АУМ! Пусть противники Законности радуются безысходности, вызванной бесцельностью блуждания по кармическим кругам Господа Сансары. Всякий же здравомыслящий человек должен трезво взглянуть на окружающий его мир и задать себе вопрос: «Знает ли он, что его ожидает впереди? Готов ли он, пребывая в процессе реализации своих жизненных планов, будучи успешным и здоровым, стать жертвой какой-либо кармической развязки?» Если нет такой готовности, то стоит ли так поспешно отказываться от признания Космических Законов и вызываемой ими Закономерности? Ведь даже самому рьяному материалисту желается жить и, более того, благоденствовать в своем мире, а значит, ему будет небезразлично знать, какой же фактор будет положен в определение его дальнейшей судьбы. Но будет ли судьба такой благостной, как бы хотелось, при отсутствии каких-либо гарантий, предусмотренных Законом? Мы не стремимся навязать человечеству свой способ мышления, но не враг ли самому себе тот, кто отказывается от карты и компаса в дремучем лесу? Потому и свидетельствуем о непреложности Законной Жизни, что безошибочно ведет в Будущее рекордами утвержденных Законов! Только окончательный невежда не поймет, какое благо в его жизнь способен привнести Закон! В мире не существует более могущественных гарантий, чем те, которые дает Закон, ибо на Его устоях зиждется весь Космос! Так и утвердим: «Исполнившие Закон Вечности в Вечности и окажутся!»

Майтрейя Мория

Глядя на то, что каждодневно происходит на нашей Планете, невозможно не согласиться с Владыкой. У людей все меньше и меньше появляется желание включать телевизор и слушать радио. Файл тревоги существует в каждом человеке, и оный усиливается всякий раз при соприкосновении с информацией о чрезвычайных происшествиях, происходящих повсеместно. Сколько же можно беспокоиться о том, долетит ли самолет, в который вы сели, до места назначения? Не заснет ли пьяный водитель автобуса за рулем? Не превратитесь ли вы в объект террористической атаки, находясь в туристической поездке заграницей? Не окажется ли ваша семья в зоне стихийных бедствий? Не пополните ли вы число безработных в связи с набирающим свои обороты кризисом? Людям бы предаваться радости, исходящей от самой жизни, но нет же, всё их внимание захвачено попыткой ответить на вопрос: «Когда наступит черная полоса в жизни: сегодня, завтра или послезавтра?» Сколько мучительных вопросов, столько же и нежелания признавать свою беспомощность. И это притом, что физическая смерть беспощадна ко всем без исключения, и как же никому не хочется умирать преждевременно!

Не сразу Закон Кармы вступает в действие, но только тогда, когда количество кармических долгов определит новое качество их искупления. Однако, как бы ни затягивалось возмездие за нарушение Высшей Воли, оно наступит неотвратимо, и тем Закон Кармы суров и беспощаден, что безжалостно возвращает искупительное следствие к своей причине. Но почему нам, людям, обладающим свободой воли, должно думать только о худших обстоятельствах, ставших очевидной реальностью современного мира? Почему бы не мечтать о лучших следствиях своей жизни и пребывать в их постоянном окружении?

Божественные Управители Планеты прямо говорят в своих Посланиях, что если люди не желают становиться жертвой разбушевавшейся стихии, техногенной катастрофы, необъяснимо откуда-то появившейся болезни, жизненной проблемы и т.д. и т.п., им непреложно следует поверить в существование Закономерности, и тогда появится надежда на то, что можно найти выход из состояния безропотного ожидания своей худшей участи.

Желаете лучшей судьбы? Тогда ничего не остается, как познать Законы Космоса, ибо они мерило всему происходящему в Мироздании, сотворенном Высшей Силой. Закон Кармы действует лишь на «проклятой земле», заложниками бытия которой оказалось все человечество с момента произошедшего грехопадения. Но у каждого человека есть право выбора и способность к мышлению, и он может в любой момент своей жизни устремиться к тому, чтобы узнать о существовании других Законов. Как важно познать те Законы, которые обеспечивают действие Закономерности: «Сеянием лучших причин пожинаются лучшие следствия».

По пути к Истине следует признать некоторые реально существующие моменты

Так сложилось на «проклятой земле», что человек изменения своей судьбы в лучшую сторону желает, но сил в себе к тому, чтобы стать безупречным проводником Закона в своей жизни, найти не в состоянии. Было бы по-другому, антагонизмы и кармические проблемы уже давно бы исчезли из нашего мира за ненадобностью.

Чем же можно объяснить эту пока еще сильную тенденцию к беззаконию? Видимо, недостатком мотивации, инерцией и привычкой не быть ответственным за свою настоящую и будущую жизнь. Однако силой к исполнению Закона не привести. Это дело добровольное и требующее определенной сознательности. Пока человек этого не поймет, он будет покорно следовать за превратностями своей кармической судьбы, не понимая, что у него есть все права эту судьбу изменить. Можно сколько угодно сетовать на демонические силы, ибо инерция и безответственность людей – это результат их инициирующей активности, но если существует какая-то возможность получить помощь со стороны Иерархии Небесной, ею необходимо немедленно воспользоваться, пока мир окончательно не разрушился.

Судьбе не прикажешь, так как она есть творение рук человеческих. Воистину, что посеешь, то и пожнешь. Поэтому в своих Посланиях Владыки призывают вернуться к Законной Жизни в первую очередь тех, кому уже надоело быть рабом обстоятельств. Тем не менее, даже тогда, когда у человека появляется потребность в Законах, ему необходима точка опоры, усиливающая его мотивацию. **Основание подобной мотивации – понимание, что жизнь вне Закона не имеет своего Будущего.** Ниже мы приведем ряд положений, поразмышляв над которыми, возможно осознать, что в сложившейся на планете ситуации человечеству ничего не остается, кроме как в кратчайшие сроки осуществить переход в правовое поле Космоса:

1. Человек потому является Богом сотворенной формой жизни, что демоны, как единственно существующая на Периферии Проявленной Вселенной сила, Богу противостоящая, ничего не создают, не рождают, а только паразитируют, потребляют и хищнически эксплуатируют.

2. Творец выявляет свое творение, чтобы через его развитие и совершенствование развиваться и совершенствоваться самому в Вечность и Беспредельность. В этом суть Эволюции Космоса. Принятием Законов Эволюции творение обретает Богоперспективу.

3. Творение всегда содержит в себе все признаки, свойства, качества и состояния, присущие Творцу, его создавшего. Смысл Духовной Свободы, дарованной Творцом своему творению, заключается в том, что человеку следует не уничижать себя, но претендовать на то, чтобы самому достичь творящего могущества своего Создателя, то есть Богоуподобиться.

4. «Проклятая земля» есть не место, но мировой уклад жизни человечества, созданный богонепослушанием. Будучи демоническим Зазеркальем, такое бытие не обладает Планом своего развития в Сознании Творца, а значит, подлежит своему уничтожению, и оное непреложно произойдет в момент, когда в Проявленной Вселенной начнется Мистерия Вознесения.

5. Люди пребывают на «проклятой земле», так как наполнили свою жизнь деструктивными моделями поведения. Разве научившиеся жить антагонизмами смогут перейти в Царствие Небесное, изобилующее Энергией Любви и Света? Потому существуют Божественные Стражи Порогов, чтобы силой своего Светового Могущества и близко не подпускать к Огненным Мирам те сознания, которые для жизни в них не готовы.

6. Хуже жизни, обреченной на физическую смерть, ничего нет. И если от беззакония одни сплошные проблемы, то возвра-

щение к Законам способно кардинально изменить и улучшить человеческую судьбу.

7. Закон есть Гарант того, что если человек будет проявлять в своей жизни Качества, присущие Творцу, он непременно познает Богоуподобление и, как следствие, Вознесется.

8. Коль все люди, будучи богореальными формами жизни, имеют единое Духовное Начало, то все Законы, пришедшие на Землю в различные эпохи и народы, также ниспосланы из Единого Божественного Первоистока всему человечеству Земли для исполнения. Абсолютизация и догматизация каких-либо Божественных Установлений недопустима, так как Эволюция Космоса происходит развитием и совершенствованием Законов.

9. Какому бы Богу люди ни поклонялись: Вишну, Шиве, Иегове, Отцу Небесному или Аллаху, если говорить об истинности Веры, то она должна начаться с признания Главного универсального Закона, именуемого Законом Присутствия Я Есмь. Этот Закон свидетельствует о том, что Бог реально существует, Он Един для всех своих творений, многолик и многогранен, исходя из множественности Качеств, присущих Его Сознанию, а потому так много у него Имен, каждое из которых начинается со словосочетания: Я Есмь.

10. Когда все люди, вне зависимости от расовой, национальной, религиозной и иной принадлежности признают главенство Закона Присутствия Божественного Сознания Я Есмь, то надобность в проявлении догматизма, фанатизма и религиозной нетерпимости, способствующих упрочению и развитию всех антагонизмов в мире, сама по себе отпадет. Это произойдет непременно, так как для всех ищущих благостного изменения своей судьбы и возжаждавших Вознесения очевидной станет Закономерность: «В Царство Небесное перейдут лишь те, кто исполнит Закон Присутствия Я Есмь,

то есть Богоуподобится, сформировав свое собственное Божественное Сознание!»

С Законом соизмеряйте все свои усилия

Возлюбленные!

Я свой вам посылаю Свет в надежде обрести созвучие в вашем сердце. Прочувствуйте его и восхититесь…

Теперь скажите, разве он вызывает в вас желание межличностной вражды иль противостояния к иным потокам жизни, заключающим во Внутреннем своем Свет Всесущего Творца? я вижу, нет. Этим импульсом, в себе несущим самые высочайшие Духосостояния, были проинициированы все Мессии, воплощавшиеся когда-либо на Земле, чтобы явить Волю Всемогущего в Мирах активностью своей. Сегодня я с вами о Законе говорю, ибо Я Есмь Суть его и Существование в Октавах всех Проявленной Вселенной.

Закон рождается в Истоке Вечного Творения, Реальным утверждая всё, что создано могуществом Всесущего Творца. Творящая активность ведет к формированию Сознания, поэтому и провозглашено во всех Мирах главенство среди всех иных Законов Закона Реальности или Присутствия Саморазвивающегося и Самотворящего себя в Вечность и Бесконечность Божественного Сознания Я Есмь. Коль человек сотворен как Свет от Света Всеединого Творца, так надобно ему учиться жить по канонам сего Света, ибо иного в Вечность нет пути, кроме того, что сопряжён с обретением и развитием Сознания Бога.

С Законом соизмеряйте все свои усилия!

Законом будьте в действиях своих!

Закону преданно Служите, даб возродиться в Реальности Присутствия Я Есмь подобно Фениксу, восставшему из пепла!

Отныне возвещаем людям всей Планеты: «Исполните Закон и Воле Бога Подчинитесь!»

Пусть световые облачения Я Есмь Я станут прекрасными плодами вашего труда в земных пространствах Благословенной Терры!

Вам в помощь направляю воинства свои,
Владыка Галактион

11. Во всех культурах вероисповедания сказано о том, что человек не просто творение Божье, но создан по Образу Его и Подобию. Образ Бога есть Искра Присутствия Я Есмь, или Божественная Душа, пребывающая во Внутреннем пространстве человека. Поэтому не существует для людей иного способа прийти к истинной Вере, кроме того, который побуждает их открыть внутри себя Присутствие сией Божественной Души, даб с ней отождествиться и стать с ней неразделимым существованием. В результате этого отождествления активизируется Серебряная Нить, соединяющая Божественную Душу с Духом, а вместе с тем у человека появится Богоруководство. Таким образом человеку, отождествившемуся со своей Божественной Душой, возможно познать Богоуподобление лишь в том случае, когда он начнет в своей жизни практически воплощать знания о Законах Божественного Существования, направляемые ему Духом по каналу Богоруководства.

О Законе Образа и Подобия

Друзья мои!

Все Божественные Установления, как правило, проистекают из Законов. Законы отражают самую суть Таинства рождения Вселенной, как результата произошедшего воплощения Идеи о Космическом Мироздании в Форму реально существующего Бытия, и коль Творение в Форме проявилось, сие и становится безусловным свидетельством произошедшей активности Творца. В претворении Высоком родился опыт Богопроявления, приведший не только к созданию Творцом своего Творения, но и Божественного Сознания Я Есмь. Так в мир воплотился

Главный Универсальный Космический Закон – Закон Присутствия Я Есмь, основой ставший всякого Творения.

Все, что в Творении творением создается, несет в себе те признаки, качества и состояния Творца, которые присущи его Сознанию. Процесс Творения предваряет Мысль, и Мысль всегда первична в Мироздании, в Присутствии Я Есмь Творца. Энергия и Форма, участвовавшие в процессе проявления невидимой Идеи в видимое Творение – вторичны. И качество самого Творения зависит от того, насколько Мысль эволюционно состоятельна, коль все остальное происходит от неё.

На низших Планах Бытия человек собой являет Мысль, ангелам же предназначено управлять Энергией, а элементалам – Формой. Поэтому людям даровано было право определять названия иных форм богореальной жизни, обитающих в Саду Эдемском, владычествовать над ними, дабы, овладевая способностью Мыслетворения, Сад оный в Духе преображать, что лишь при активности Искры Присутствия Я Есмь, пребывающей во Внутреннем Пространстве человеческого существа, возможно. Так в мир, вслед за Законом о Существовании Бога, сошел другой Закон – **Закон Образа** Присутствия Я Есмь, и этот Образ, заключающий в себе могущество творить Идеей, был заложен только в человеке.

Бессмертие Творца рождается в его способности создавать бессмертные творения. И Образ Вечностью восходит, коль будет явлено в творении Подобие Творца и более того – Его **Предвосхищение**, без коего Вознесение Сознания на более высокий уровень Бытия Присутствия Я Есмь просто невозможно. Так к Закону Образа присоединяется Закон Подобия. Не могут оные друг без друга существовать. **Поэтому воплощение в активности Творения Закона и достижение Образа и Подобия Творца есть непреложность Эволюции Сознания.** А значит сей Закон, изначально был положен в основу правил, регламентирующих порядок взаимоотношений

Бога со своим творением. Для человека он велит: «Вкушать плоды от Древа Вечной Жизни устремлением к овладению могуществом Творения!». Плоды сии, рожденные Богоуподоблением, утончают, приумножают опыт Я Есмь в Божественном Сознании и тем его Возносят!

Велик Творец, открыв Закон, как стать творению Творцом! Величественно творение, исполнившее сей Закон, ибо предстанет в Вечности Творцом!

Учитель Мира Кут Хуми,
я сегодня с вами говорил
во благо осознания правил Бытия,
рожденных действием Космических Законов

12. Ничто так не укрепит в Вере, как каждодневный труд, направленный на постижение сути Космических Законов, настойчивость и добросовестность, проявленные при их воплощении.

13. Итак, у каждого человека существует две перспективы:

а) быть выброшенным на космическую свалку в силу своей эволюционной несостоятельности и вследствие неспособности жить по Законам Космоса;

б) обрести Возможность Эволюционного Восхождения по Лестнице Богоуподобления в результате подчинения своей жизни Законам Эволюции Сознания.

14. Какие к реализации второй перспективы имеются сопутствующие моменты?

– Передается Новое Учение, как руководство к действию.

– Открываются Законы Эволюции Сознания.

– Существует Богоруководство.

– Небесные Учителя протянули руку помощи и готовы повести людей по Пути Бессмертной Жизни, по которому сами когда-то прошли, познав Вознесение в Сферу Космоса Надлежащую.

Без Уверенности в собственных силах не обойтись

Дорогие наши друзья! Стоит ли нам сейчас с тревогой вглядываться в ближайшее будущее нашей расы и с ужасом ожидать возникновения каких-либо катаклизмов на Планете, способных нанести громадный материальный ущерб и привести к большим человеческим жертвам? Это непреложно произойдет, не измени мы своего инерционного отношения к существующей в Космосе Законности. Необходимо вернуться в настоящее для того, чтобы осуществить активность, вызывающую лучшие следствия. Более того, всякое промедление человечеству обойдется только дороже. Вот что по этому поводу сказал Небесный Учитель:

...Пусть многие вокруг по неразумению своему твердят о том, что Законы ограничивают и закабаляют. Видимо, они имели дело не с Божественными Законами, раз оказались в подобном положении. Законы – это ступени, ведущие к вершине Духа! Тяжело восходить Ввысь, так как потребуется величайший труд самоотверженности и самопреодоления. Потому так понимаемы те, кто не желает трудиться над достижением созвучия Высшей Воле. Конечно же, можно прислушаться к призывам о ненужности Законной жизни, чтобы впоследствии наполниться состраданием. Гораздо перспективнее стать Вознесенным Существом, исполнив Закон Эволюции, нежели избрать мнимую любовь и свободу упорствующих своевольников и тем погрузиться в страх ожидания неизвестности каждого следующего дня. Можно поддаться и всеобщей инерции в надежде, что черная полоса пронесётся мимо. Как показывают события, кому-то из числа оказавшихся в зоне стихийного бедствия удается спастись. Но стоит ли это инерционное бездействие всевозрастающей вероятности гибели? При существующем в мире повсеместном богонепослушании уже невооруженным глазом заметно, как мощь стихий день ото дня растет, а сила стремления людей к физической смерти увеличивается прямо пропорционально усилению разрушительности воздействия самих антагонизмов. Потому нет никакого смысла опасаться ограничений. Будущее будет прекрасным только для идущих к нему под Знаменем Закона!

Майтрейя Мория

...Естественно, что силы инерции просто так не выпустят людей из своей власти. Чем более инертен человек, тем сильнее в нем прорастают корни демонического одержания. Именно демоны, боясь утратить в лице человека донора искаженных энергий, нашептывают ему о якобы существующей угрозе, исходящей от Законов. Однако всякое одержание рано или поздно завершится разрушением. Поэтому подавляющее большинство людей, чувствуя присутствие демонов подсознательно, уверовало в предопределенность своей земной судьбы: физическая смерть в той или иной форме и никакой перспективы. Но если при существующем укладе жизни болезни, проблемы, непреложно приводящие к саморазрушению человека, являются закономерным результатом, то что, как ни возврат в правовое поле Космоса, способно эту предопределенность растворить? Пусть возлюбившие инерцию свыкаются с унизительностью своего беспросветного положения. Мы же вооружимся Законом, чтобы возвести фундамент Нового Мира!

Майтрейя Мория

...Разве кто увидит Красоту схождения Грядущего, прячась в казематах прошлого?! Уж лучше священная боль от соприкосновения с Пространственным Огнем, чем каждодневный ужас от мысли навечно остаться во мраке среди ядовитых гадов. Грядущее непреложно, и час Его определен Духом Великого Закона! Какой бы тяжелой ни казалась карма народов, она растворится, приди человечество к Законной Жизни! Конечно же, придется произвести над собой усилие, чтоб восхититься Богодоверием. Без Богодоверия не открыть дверь в бессмертное Будущее, ибо ключ – путеводящая Серебряная Нить, активизированная Законопослушанием. Промедление никогда не было качеством Мудрости. К тому же силы инерции постоянно будут напоминать о неотвратимости наказания, вызывая в подсознании смутные тревоги и беспокойства. Но сколько бы человек ни страдал от последствий содеянного беззакония и ни трясся от страха за свое непредсказуемое будущее, он ничем не поможет ни себе, ни своим родным и близким, ни Матушке-Планете. Видимо, нет иного способа прекратить кошмар повсеместно утверждаемых деградации и разрушения, кроме того, который побуждает расстаться с одержателями, признав непреложность Законной жизни. Знаем, что многих Закономерности оттолкнут своей непреложностью и бескомпромиссностью. Но как можно рассчитывать на счастливую жизнь, когда нет устремления быть полезным тому миру, который стал сферой сущностного обитания? Следует проявить отвагу и освободить от антагонизмов всю Землю. Наградой станет всеобщее Преображение! Разве мыслящему существу не должно быть понятно, что для того, чтобы получить награду, её необходимо заслужить? Запомните! Лишь Труд, основанный на неукоснительном Служении Космическим Законам, – во Благо!

Майтрейя Мория

Можно только удивляться, как легко демоническим сущностям удается вызывать в людях ощущение, что от них ничего в этом мире не зависит. Человек признает, что у Природы существуют Законы, но при этом отказывается увидеть себя существом, формирующим свое благостное Будущее, ибо когда-то поверил в предопределенность судьбы. Действующие же в Космосе Закономерности свидетельствуют о том, что нет ничего заранее строго предопределенного, поскольку всякое Будущее вершится в моменте Настоящем. Именно поэтому Владыки Света в своих Откровениях постоянно напоминают людям: «Измените свое Настоящее, изменится и Будущее!»

Зная о причинной обусловленности каждого явления и обладая поддержкой всех светоносных сил Космоса, неужели нам всем, представляющим громадную армию духовных подвижников, ничего не удастся сделать во имя того, чтобы изменить ситуацию, инерционно сложившуюся на Земле, направив вектор ее развития в сторону эволюционного преображения. «Что велишь, то и состоится!», – вновь напоминают нам Вознесенные Владыки о том, как происходит воплощение мечты. Пока существует волевое устремление, будет происходить активность, направленная на достижение поставленной цели. Тем не менее, не Владыки будут воплощать все наши чаяния о благостном Будущем, а нам самим придется напряженно потрудиться, чтобы освободить среду своего обитания от демонической заразы, научившись искусству Законопослушания. Ведь не Владыки довели Планету и совокупное сознание человечества до такого плачевного состояния, которое кроме как болезней, кризисов и физической смерти ничего повелеть не может. Значит, не Небесам ответ держать за происходящее на Земле, а нам, людям, которым эта Земля была доверена Всевышним. На настоящий момент времени, в каком бы состоянии ни было бы человеческое общество, все мы должны помнить об одном: Планета Земля – наш родной дом! И если мы в нем намусорили и набедокурили, нам в нём и восстанавливать былой порядок, однажды утвержденный Высшей Волей.

В Космосе не существует такого Закона, который бы обеспечивал для нерадивых чад, пусть даже и Божьих, более благостные условия существования, чем те, которым они соотвечают утвержденным Качеством своих сознаний. Потому каждому духоносцу во имя своего Эволюционного Будущего следует приложить максимум усилий для того, чтобы, обучаясь премудрости Законной Жизни, преобразить себя в Свете, преобразить мир своего обитания путем приумножения в нем Красоты и Гармонии, и тем обрести право на Вознесение в Сферу Космоса Надлежащую.

Конечно же, полумерами к достижению Высочайших Целей не прийти. Движение по принципу: «Шаг вперед, два шага назад», – от проблем не избавит. Ко всем прочим врагам, стопорящим переход человеков в пространство действия Законов Космоса, добавится и сомнение в реальность избранного пути. Ведь подчинение себя Божественным Установлениям потребует кардинального изменения всей своей жизни. Потому Владыки и призывают к решительным действиям, которые могли бы привести к необходимому световому опыту, а вместе с тем, и укрепить уверенность индивида в том, что задуманное непреложно воплотится.

Уверенности основа – Вера, обретенная в Служении Творцу!

Друзья, Сподвижники и Устремившиеся к Преображению Мира!

В себя поверьте и в свою Удачу! Уверуйте в собственные силы, которые спят до времени внутри, но будут высвобождены к намеченному сроку.

Не сомневайтесь более в своем предназначении, энергия сомнения блокирует живую связь Души с Творцом Проявленного Мироздания.

Господь избрал для вас другой удел. Любви вам следует учиться! В мышлении прийти к созвучию с Высшей Волей! Уверенность обрести в том, что возможно Законы исполнять! И этим в Вере укрепиться! Тогда лишь Торжество наступит Света на

Планете! Разрушено будет основание демонизма, побуждающее многие человеческие существа страдать и в муках пребывать от безысходности приближения Госпожи физической Смерти.

Сколь часто говорим – из лености ума черпает свои силы безысходность. Как следствие, сковались люди тленом. Без Предвосхищения судьбы иной, наполненной блаженством Вечного Творения, недолго в клетке обрести покой. Тоскует взаперти душа, рожденная для беспредельного полета. Коль окормления нет от Духа, не будет смелости взглянуть за горизонт, а значит, со временем уверенность в самой себе растает.

Кого винить за выбор свой: Владык, Архангелов или Творца? Не стоит, Мы на вашей стороне. И ныне призываем: в себя поверьте, и приложите силы, даб путы разорвать, удерживающие сознание в инерционном недвижении. Вам по плечу вернуться ныне в мир прекрасного Эдема, и вы вернетесь, Творчество познав и жизни Красоту, ведомые Лучом Бессмертного Закона.

Исток Успеха – в объединении усилий всех людей, избравших Созидание смыслом жизни! Немного истинно идущих, но, соединив свои сердца в Магнит, удесятерите мощь свою, а Мы её усилим многократно, направив через Цепь, созданную дугами всех созидающих сознаний, Пространственный Огонь из своих Эфирных Храмов. В мирах родится Образ Золотого Века, и эманации его пробудят человечество Земли для Преображения.

Но помните, сомнения бесполезны на Пути, направляемом Законом. Времени на долгие раздумья не даём. К Истине спорами не прийти, а философствовать на отвлеченные темы поздно. Когда нет общей Цели, разные рождаются пути, и лишь один ведет к Вершине Духа. Но все Идут, так, как это понимают, а потому друг другу в колеса палки не вставляйте. Затея глупая – перетягивать одеяло на себя. Когда одним тепло, другим бывает зябко. За то ответ держать придется пред Законом. К Сотрудничеству вас призываем, поскольку у соперничества и Эволюции разные пути.

Уверенности ради, решительные потребуются шаги. Сверяйте их с Указами, что направляем по каналу Богоруководства. Идущего узнаем по плодам, утверждённым в мире. Где царствует инерция, начните с распространения основ Учения.

Но помните! Нет смысла кого-либо в его самоустановлениях переубеждать. В Веру свою не обращать, без добровольного и инициативного на то соизволения! О соразмерности не забывайте, даб не навредить другим избытком переданного Знания. У каждого ростка свой час, и рост его заботой бережной храните. Не говорите много о перспективах Созидания, собой пример явите.

Врата возможностей Служение открывает! Служение Творцу – сие есть активность во благо мира, направляемая Богоруководством. Вовремя реализованная возможность, предоставленная в Служении, развитие сознания неимоверно ускоряет. Недобросовестность, явленная при исполнении Указов Иерархии, рождает почву для уныния. Как важно в период этот Устремление сохранить, и не предаться самообвинению. Увлекшись самообвинением, начнете бичевать себя за все антагонизмы, существующие на Планете. Вините не вините, беды не миновать, раз смелости не достаёт признать в себе причину нарушения. Достанется еще сильнее, коль врата возможностей закрыты будут. Что говорить – были об Ответственности предупреждены, но адекватных мер ко исполнению Закона не предприняли.

Остерегайтесь не перенапряжения в труде, а самоуспокоенности в том, что со схождением Космических Огней на Земле сама по себе наступит Эпоха Преображения. Преображение выявляется насущными делами, заключающими в себе эманации данного Огня. Но для начала, эманации сии следует трансформировать в своем Сознании посредством сущностного дела, созвучного Я Есмь.

Пока Образ Золотого Века не утвердится на Планете, для многих он будет непонятным и необозримым. Сколь часто неясное порождает страх и сомнения в достижении цели. Нет иного способа победить эти деструктивные состояния, кроме как довериться Богоруководству и приложить максимум усилий в углублении своего понимания Учения. Свет новых Знаний вам направляем ко сроку Преображения. Уверуйте в непреложность исполнения Закона и верность оному явите в моменте Настоящем. Приобретённый Опыт Законопослушания придаст уверенности в собственных силах, и тем прекрасна Богопроявления Стезя, что подготавливает Сознание к Вознесению.

Уверенность свою в бесконечность каждого следующего дня в себе трудом растите. **Уверенности основа – Вера, обретенная в Служении Творцу, и тем растет Божественное Самосознание, что сила явленного Света прямо пропорциональна обретенному опыту Богопроявления Я Есмь, и рост сей происходит Ступенями Лестницы эволюционного Преображения, на страже коей всегда стоит Его Величество Закон.**

Все силы огненные в вас сокрыты, когда в уверенности их начнете проявлять, тогда мы в вас сойдем энергией всех Лучей-Аспектов Святого Духа!

До скорой встречи на пути к Истоку Вечного Творения,
Владыка Цицерон

Закон – это лакмусовая бумажка, определяющая истинность намерения!

Друзья! Зачастую некоторые наши единомышленники сетуют на то, что вот уже несколько лет они занимаются по программе, ниспосланной Небесной Иерархией, но жизнь от этого лучше не становится. Конечно же, мы понимаем, что людям, обитающим в отражённом Зазеркалье, свойственно думать о себе немного лучше, чем они есть на самом деле. Тем не менее, чтобы мы о себе ни думали и на какие блага при этом бы ни рассчитывали, в мире действует Закон, как объективно существующая, то есть, не зависящая от нашей воли, непреложность, которая справедливо подходит к оценке Качества всей нашей жизненной активности.

АУМ! Закон – Торжество Истины и Гарант Справедливости! Пусть не верят своевольники в Его Извечное Присутствие, но острие его разящей стали отведают непреложно, ибо в фокусе своем Закон действует неудержимо, своевременно, безошибочно и безусловно. Как бы кто ни трудился в жизни, ему всегда воздастся по заслугам, и об этом позаботится Закон. Потому вокруг каждого такой мир, что обусловлен внутренним отношением к Законному Существованию. Отказавшиеся от Свободы Духа – рабы, ибо Закону предпочли свои цепи. Горе им, и нет у рабов никакой перспективы, пока не одумаются! Радуйтесь, Законопослушные – Чашу наполните Огнем Бессмертия! Разве что скроется от Закона, ибо Око – Всевидящее и Справедливое!? Никому не возбраняется претендовать на лучшие следствия, но следует твердо усвоить, в чём Истина: «С какой мерой подойдёте к Служению Эволюции, точно с такой же мерой к вашей судьбе отнесётся и Закон!» Судный День не за горами! И отмерено будет Будущее каждому мерою Закона, утвержденной в моменте Настоящем! Блаженны признавшие Высшую Волю непреложностью, ибо станут Гражданами Космоса!

Майтрейя Мория

После такого Послания ничего иного не остается, кроме как сказать: «Закон – это лакмусовая бумажка, определяющая истинность намерения!» Когда люди в своих стремлениях, пусть даже духовных, проявляют корысть, своеволие и безответственность, тогда они формируют причину будущих кармических уроков. Если же духовные подвижники праведно служат

Истине, то труд их непреложно будет вознагражден в той степени, в которой они повышают Светоносность своего Сознания.

«...Каждая Причина вызывает Следствие, и каждое Следствие влечет за собой появление новой Причины...», – гласит Закон Причинно-Следственной Связи, именуемый ещё Законом Круговорота. Именно действием этого Закона в человеческую жизнь возвращаются все следствия содеянного им в мире, дабы он мог лицом к лицу столкнуться с результатами своего труда и внести необходимые коррективы. Как бы человек ни оценивал свою активность, все события, приходящие в его жизнь, есть неискаженное Зеркало утвержденных им Причин. Воистину, «дыма без огня не бывает», «за все надо платить», «получает лишь тот, кто отдает», – и эти принципы обеспечивает Закон Круговорота.

Закон Круговорота, подобно медали, имеет две свои стороны. Когда жизненное событие превращается в искупительное следствие, то есть, человек заболевает или у него появляется незапланированная проблема, свалившаяся как снег на голову, тогда оное является свидетельством активности Закона Кармы. Все же улучшения судьбы, связанные с жизненным трудом, осуществляемым в согласии с Высшей Волей, обеспечиваются действием Закона Воздаяния. Именно Закон Воздаяния следит за тем, чтобы при утверждении лучших причин в жизнь приходили лучшие следствия. Как это происходит на самом деле, в своем Послании раскрывает Владыка.

Да познает каждое человеческое существо Благо, рождённое Жертвенной Любовью!

Возлюбленные воплощения Света!

Как часто видим ваше недоумение, когда вместо запланированных позитивных достижений в вашу жизнь приходят невзгоды, тяготы и негативные проблемы. Так действует Закон Кармы, и он не может ошибиться, так как всегда верно направляет следствие, подлежащее искуплению, к своей причине. От действия этого Закона никуда не спрятаться, не скрыться, да и зачем, если по ниспосланным кармическим урокам можно самому определить, в согласии ли с Высшей Волей осуществляется ваш труд земной и верно ли вами осознано ваше космическое предназначение.

Мы понимаем, что всякое кармическое событие будет воспринято несовершенной личностью как несправедливость, а значит, вызовет страдания. Но, увы, страдания не развивают человека, и, более того, не являются атрибутом духовного пути. Страдания не ведут человека к Богу, но, наоборот, с пути духовного уводят. И мнение о том, что дух страданием растет, ошибочно и иллюзорно. Страдания являются свидетельством нищеты человеческого духа, и бедный есть всего лишь носитель всевозможных бед. Сколько бы ни наполнялся страданием человек, от этого у него жизнь радостней не станет. Страдает дух, болезни изъедают тело, бедствует душа, – и только потому, что в непреложность превратили существование кармических проблем. Человек, научившийся бедствовать и страдать, разве притянется в миры Любви, Гармонии и Счастья, что Царством Божиим зовутся? Никогда!

Уместен здесь вопрос: «Если страдания не нужны, как сделать свою жизнь от них и всяких бед свободной? Как жить, да так, чтобы карма более не отвлекала на свои уроки, коль нет к тому добровольного желания?» То, что мы скажем вам сейчас, в качестве ответа, не будет чем-то вам неизвестным или сокровенным. Прекрасное будущее всегда ждет тех, кто Истине откроет свое сердце, и ей единственной посвятит свое каждодневное существование. «В чём Истина?» – быть может, прозвучит еще один вопрос. Не задумываясь, ответим: «Уставшим пожинать плоды в виде кармических уроков, следует научиться Жертвенной Любви!»

Жертвующий Любовью живёт во имя своего будущего, свободного от какой-либо кармы, так как искупительные кар-

мические следствия наступают тогда, когда вместо Жертвенности проявляются эгоистические деяния. Эгоист действует, исходя из корыстных побуждений, – в свое личностное благо, тем нарушая природу Света, заключенного во Внутреннем человека. Свет ничего не желает для себя, и его задача – светить другим, да так, чтобы с каждым разом способность к свечению возрастала. Жертвенность – это отдача Света, и жертвующий есть тот, кто отдает свой Свет всем, встретившимся на жизненном пути.

Да не станет слово «Свет» абстрактной отвлеченностью, и если многих, знакомящихся со строками данного Послания, заинтересует таинство его отдачи, то мы готовы с вами этим опытом поделиться. Свет – это то, что в человеке есть самое лучшее и прекрасное, приводящее к возвышению души. Душу же возвышает умение безусловно радоваться и быть счастливым. Быть заботливым, доброжелательным и бескорыстно помогающим другим, нуждающимся в помощи, обитателям окружающего мира. Быть честным, открытым и делящимся своей душевной теплотой. Быть добрым, милосердным и прощающим существом. Можно назвать сотни качеств, возвышающих человеческую душу. И не важно, какими из них обладает человек. Главное – всё, что есть прекрасного и лучшего в человеке, ему следует научиться щедро отдавать. **Дарить свои позитивные состояния другим, не ожидая за это какой-либо награды и не требуя ничего взамен.** Так всегда поступает Свет: щедро, безусловно и бескорыстно!

Поступающие подобно Свету выходят из пространства действия Закона Кармы, и оказываются совсем в другом пространстве. Жизнь в этом пространстве, свободном от кармических искуплений, обеспечивается Законом Воздаяния. **Суть Закона Воздаяния проста – за каждое Световое деяние, принесшее пользу миру, существо, его осуществившее, взамен получает ещё большее Благо.**

Запомните!

Получает только тот, кто отдает! Отдачей вызывается обратное действие, и жертвующий сам становится объектом получения. Так в Космосе совершается круговорот Блага, и Закон Воздаяния стоит на его страже.

В пространстве же действия Закона Кармы, всё происходит так же, но только вместо блага в круговороте участвуют деструктивные энергии, качества и состояния. Что посеешь, то и пожнёшь! Если другим пришлось отдать ревность, ревность возвратится. Возвращение ревности обеспечится действием Закона Кармы. Обидевшийся, будет обижен вновь. Расплатившемуся в жизненной ситуации завистью, раздражением, негодованием или гневом, той же монетой непременно и вернётся.

Попробуйте отдать жертвенной любовью, и вы окажетесь недосягаемыми для Закона Кармы. В действие вступит Закон Воздаяния, и любовь, отданная как жертва, к вам возвратится такой, какой её отдали: бескорыстной, заботливой и благодарной.

Так действием двух Законов обеспечивается всевозвращающий круговорот Энергий. Поэтому, прежде чем как-то поступить, вспомните о существовании этого круговорота. Желаете покончить со своей кармой? Иного нет способа, кроме как научиться применять принцип круговорота по отношению к самому себе.

Нет ничего случайного, и всё происходит Закономерно!

В вашу жизнь пришло зло, – вы его причина. Можете не сомневаться, Закон Кармы устанавливает причину зла безошибочно.

К вам проявлено добро, – вы также ему причина, и момент возвращения добра неизбежно обеспечит Закон Воздаяния.

Выйти из-под ударов кармы возможно лишь овладев могуществом Жертвенной Любви.

Жертвуйте лучшим, чем располагает душа, и лучшие следствия непременно придут в вашу жизнь!

Каким бы образом ни складывалась судьба, какой бы она кармической ни была, если человек будет отдавать лучшее взамен несовершенств, по отношению к нему проявленных, рано или поздно движение кармы по родовому древу прекратится и в действие вступит Закон, обеспечивающий позитивное Воздаяние.

Свет обладает качеством Магнита, и жертвующий самым прекрасным создает условия, при которых он сам окажется среди отдающих Свет.

Свет исходит от Высочайшего, и жертвующий Светом, обучаясь это делать с каждым разом всё лучше и лучше, встаёт на путь, к Истоку Восходящий.

Следует также помнить и о том, что отдаваемое вами в виде Жертвенной Любви, должно быть действительно самого Высокого Качества и лишено каких-либо примесей эгоизма. Это Качество следует каждодневно воспитывать, совершенствовать и развивать. Лучшие свойства души подобны граням прекрасного бриллианта. **Стремлением к проявлению лучших Качеств выстраивается Дух, и только Дух, закаленный в горниле Жертвенной Любви, может оказаться в Пространстве Света.** Поэтому, прежде чем что-либо отдать, проверьте Качество отдаваемого всем своим Внутренним существом и существованием.

Во Внутреннем человека находится Божественная Душа – Искра Бога, обладающая своим Световым Естеством. Эту Душу человеку должно открыть в себе и с ней отождествиться. Моментум отождествления приведёт к рождению во Внутреннем духоиндивида Чаши Жизни, хранящей все его Световые накопления. Способностью накапливать Свет и его жертвенно отдавать, расширится Световое Присутствие человека.

Как важно человеку слиться со своей Божественной Душой!

Слияние с Божественностью есть лучшая основа для обучения таинству Жертвенной Любви.

Не допустит Высшее Отождествление, чтобы в Жертвенном Свете оказалась примесь какого-либо несовершенства.

Жертвенная Любовь непременно приведёт к алмазному гранению Сознания, и, будучи осуществленная в состоянии Отождествления с Божественной Искрой, она устремит это Сознание ввысь, к Космическим Просторам.

Говорили ранее и ныне утверждаем: отдавайте всё лучшее, и не забывайте отдаваемое проверять.

Явление Духа суждено познать каждому человеку, и это явление может происходить путем повышения жертвенной отдачи.

Человеку, устремленному к Высочайшему, следует позаботиться о чистоте всех граней своего Сознания. Чем чище сияние Света, тем ближе сотворяемое Сознание к первородным Истокам Солнечного существа человека.

Шлифование граней Жертвенной Любви должно происходить каждодневно.

Открытием своей души Высокому, наполняется Чаша Светом.

Отдачей Света, происходящей путём проявления беспредельной душевной заботы, помощи и доброты, обретается могущество Жертвенной Любви, свойственное Божественному Духу.

Так и надо жить всегда. Жить устремлением жертвовать другим свой Свет, намного полезнее и удобнее, чем страдать и бродить по кармическим кругам Господа Сансары в неведении своих перспектив.

Чем большая будет отдача Света Жертвенной Любви, тем большее его наступит возвращение. Можете не сомневаться. Световое наращивание Блага, основанное на принципах Жертвенной Любви, обеспечит Закон Воздаяния!

Откройте в себе Свет Божественности, и вы найдете правильный путь. Свет сам укажет направление жертвенного проявления.

Живите по Закону Воздаяния, а не по тем правилам, которые удобны несовершенной личности. Горе жаждущим несовершенств, – насытятся искуплением. Возрадуются жертвующие, ибо жертвой Света стяжают Благо жизни!

Не оценивайте и не судите других за проявляемые ими несовершенства, но спрашивайте с себя строго и взыскательно за каждый миг прожитой жизни. Он был отдан Высочайшему?

Компромиссы с совестью недопустимы. Сначала компромиссы, затем попустительство и потакание злу, – круговорот обернется искуплением.

Решили овладеть могуществом Жертвенной Любви, – да будет Свет!

Мерило Света – способность проявлять Любовь, что бы в жизни ни происходило.

Жизнью направляется Урок, и световое Совершенство обретается Служением Свету, ознаменованным вехами Жертвенной Любви.

Пусть вашим каждодневным девизом станет: «Я Есмь Свет! Я Есмь Светоизлучение! Я Есмь Луч Жертвенной Любви, дарующий Свет всему живому!» Так, постоянно помня о том, кто вы Есмь на самом деле, вам легче будет жертвовать своим светом и своей любовью. Следует светить всегда, повсюду и во всём, и жертвовать самым лучшим, ибо те, кого ниспосылает вам Урок, – от Господа, желающего убедиться, справляетесь ли вы с вверенным вам Светом. Кому дан будет больший Свет? Умеющему Светить и в малом!

Мы желаем, чтобы эта Истина стала достоянием каждого человеческого существа. **Светом, исходящим от Духа, наполняется Чаша Жизни человека, после того как он её жертвенно опорожнит.** Большей отдачей Света, происходит его ещё большее накопление в Чаше. Как думаете, откуда Солнце берет свой безграничный Свет, даб безгранично и беспрестанно им наполнять Вселенную? От своего Духа. Значит, жертвуя всем самым лучшим, что есть в Душе, вы сами достигаете уподобления Духу. Оценивайте себя этим солнечным уподоблением, и развивайтесь в нём беспредельно.

Верный путь – учиться отдавать свой Свет, ничего не оставляя для себя.

Так поступает Дух Жертвенной Любви!

Так поступил Господь при сотворении Мира, отдав в него все свои лучшие световые накопления!

Так следует поступать всем носителям Божественной Искры!

Кто научится Световой Жертве, тому Законом Воздаяния будут созданы благоприятные условия для Перехода в Сферы Присутствия Духа.

Жертвуйте всем лучшим, и не забывайте сверять все свои мысли, чувства и дела с чистотой Духовной!

Освобождайте свою любовь от всякой примеси!

Всё, что отдаёте, должно быть отдано, как подарок Высочайшему, без примесей и с родниковой чистотой. Тогда всё изменится в лучшую сторону.

Для жертвующего Светом прекратятся кармические испытания!

Наполненное Светом Жертвенной Любви, засияет Сознание Лучами Солнца!

Научившись жертвовать Светом Духовности, Душа преобразится в Духа!

Когда это произойдёт, тогда и только тогда, начнется путь человека ввысь, к Высочайшему!

Да познает каждое человеческое существо Благо, рождаемое Жертвенной Любовью!

Да утвердится каждый в своем устремлении следовать Закону Воздаяния, ибо овладеет таинством Богоуподобления!

Да благословенны будут все, не разделяющие Любовь с Законом!

Владыка Артумид и все Божественные Управители
Луча Жертвенной Любви

Человек Духовный – человек, излучающий в мир Эманации Духа Святого!

Друзья! Путь Закона – сложный и, на первый взгляд, кажущийся неосуществимым. Гораздо легче заниматься медитацией, созерцанием, безропотно терпеть все превратности судьбы и втайне мечтать о беззаботной жизни в Нирване, чем создавать бытие Нового Мира под руководством Иерархии Небесной. Но как бы кто ни старался отвергнуть существование Космической Законности, он всё равно будет находиться в фокусе внимания Вселенского Правосудия. Этим Правосудием измеряется существо нашей каждодневной жизни, желаем мы этого или нет. Когда человек вступает в конфликт с Высшей Волей, то есть, совершает небожественные модели поведения, он оказывается в пространстве действия Закона Кармы, неумолимо возвращающего искупительное следствие к своей причине. И даже, если мы неосознанно осуществим доброе дело, Правосудие действием Закона Воздаяния позаботится о том, чтобы содеянное вернулось к нам благом.

От того, что люди будут легкомысленно не признавать подобную Закономерность, им ничуть легче не станет. Нарушение Законов приводит к формированию кармы, и кармический должник будет преследоваться легионами Космического Правосудия до тех пор, пока полностью не оплатит все свои кармические счета. Но разве назовешь сладкими внезапные удары кармической судьбы, какой бы они ни были силы? В такой ситуации лучше всего не сетовать, не искать виновных в своих проблемах, не осуждать других за инерционное бездействие, но спросить с себя, всё ли сделано, чтобы войти в Служение Господу?

Существует и другая причина, требующая к себе пристального внимания. Терпение людей не беспредельно, особенно в мире, инфицированном вирусом богонепослушания. Превратившись в неосознанного участника постоянных кармических разборок, человек со временем превращается в существо, ненавидящее весь мир, окружающих людей, Бога и Святого Духа вместе взятых, виня их во всех своих проблемах и тем усугубляя и без того тяжёлую судьбу. Когда корабль тонет, отчаяние никому не поможет. Поверить в незыблемость основ Космического Правосудия, уповать на него и, более того, обнаружить под своими ногами его несокрушимую твердь, возможно, лишь устремившись к добросовестному соблюдению Законов в своей жизни.

Конечно же, можно проявить равнодушие, и, сославшись на то, что у всех людей есть право выбора, прекратить всякую попытку доведения до них Учения о Законе.

Но представьте, что если бы Небесная Иерархия заняла бы по отношению к человекам Земли аналогичную позицию и прекратила передавать Послания за все моменты, связанные с неисполнением Высшей Воли? Тогда в отсутствие Света Истины, все человечество давно погибло бы, окончательно погрузившись в пучину борьбы и мракобесья.

Равнодушие ещё никому пользы не принесло. И если мы возложили на себя ответственность за воплощение на Планете эволюционной программы Бытия, ничего иного не остается, кроме как прекратить отвлекаться на тех, кому не по нраву Законы Космоса. Нет смысла кого-то лишний раз убеждать в преимуществе Закона Воздаяния перед Законом Кармы, – ведь каждый выбирает то, что ему больше всего подходит. Всем же другим, осознавшим истинный смысл духовности, следует проявить преданность Богоруководству, дабы на своем примере показать все преимущества Законной Жизни. Так, действуя в согласии с Высшей Волей и с помощью Небесной Иерархии, можно в самые кратчайшие сроки создать Источник Светоизлучения, способный пробудить к Эволюции все спящие сознания.

Изначально, дорога ваша – Свет Души и Мысли о непреложности Закона!

Благословение Сфер Небесных да пребудет с вами!

О, Дети Дорогие! Дорога в Даль зовет, и Сферы Высшие вам распахнули свои Двери!

Идите! В путь! Огненный Набат Стремящихся призвал, коль Восстали в Вере! Огонь Небес и Светлая Мечта вам возжигают Чистоту Сознанья.

О, Дети Света, Путь – Любви Стезя! Открытым Сердцем распознайте Знанья и ту Тропу, что приведет в Миры, где Чистый Свет и Мысль, Истину творят неукоснительным воплощением Закона.

Владыки Сад взращён Детей Сознаньем, устремленным к Свету!

Мир Новый – он грядет из Мыслей, Образов, Мечты, что вы сейчас даёте Мирозданью. И сколько вас здесь, на Земле – идущих, любимых, ищущих и ждущих, – столько Образов грядущих, Мыслей, Качеств, Чувств и Знаний вложили во Вселенский Банк.

День будущий в той Сфере, где многие пребудут в Осознании, построен и задуман только вами. Что сотворили? Светлый Мир цветущий иль казематы для Души и Тела? Всё Созиданье – ваше, и Сроки – у Предела. Отныне две Земли мы явим вам. Послушным Законам светлым, Заповедям Чистым – им явится Зариана – Свет Пречистый. Планета Высшая ликующей в Рассвете предстанет добродетельным всем Детям. Полония – её Сестра – те души соберёт, что отвергают труд в радости и Творчество Души.

То Рай и Ад, что заповедан Детям, то Свет и тьма отныне и до века. Но вы решите сами, где вам быть, какое Построение вершить. Коль Созиданье – путь Души летящей, то Зариана – Дом, и в Радости парящей откроет вам Миры те, что досель сокрыты, и Чистый Свет, и Обитель Духа. Полония во труд кармический вас призовёт.

Не для себя, а для других Обитель создавать должны. И в Сферах не год один и век для вас тогда минет, когда освободиться сможете от этого труда, что Созиданьем назову едва ли, а только вереницей без конца ночей и дней, сменяемых в печали. Что выберете сами для себя?

Изначально, дорога ваша – Свет Души и Мысли о непреложности Закона! Но только тот вернется в Дом Отца и Матери Небесных, кто распознает Путь Святого Духа, и в чистоте и радости его проявит в Сферах до конца.

Уверовавшие в Закон, спящих не бросайте. Велика сила Образа – она источник Пробуждения. Коль устремились к Новой Жизни, явите всем Пример истинной Любви и Законопослушания!

Архангел Михаил, Закон и Силу проявивший в Мире,
для вас творил и с вами говорил,
и вас люблю, как не любил доныне

Как многогранно и ёмко понятие Свободной Воли с точки зрения Космоса! Из Истока Вечности человеку, несущему в себе Искру Божью, позволено достичь всего, что умеет сам Творец. Так же предельно просто и ясно о возможностях Свободной Воли сказал Иисус: «И вам возможно то, что смог я, и более того».

Вседозволенностью люди поместили себя в рабские условия кармического существования, не имеющего ни малейшей перспективы. И в то же время, осознав истинный смысл Духовной Свободы, человек способен будет понять, что ему даровано самое главное – он может претендовать на то, чтобы стать Богом и быть бесконечно Свободным в проявлении Эманаций Святого Духа.

Устами Е.И.Рерих Небесная Иерархия пророчествовала о том, что каждому мужчине суждено преобразиться во Владыку, а каждой женщине – во Владычицу. Кто может помочь людям воплотить Сужденное? Только сами Вознесённые Владыки, ныне передающие человечеству Учение о Золотом Веке по каналу Богоруководства. У Вознесённых Владык имеется соответствующий опыт Богопроявления Я Есмь, о котором говорится в Новом Учении, и если этот опыт состоялся и реально существует, то, несомненно, имеет полное основание считаться и Законом, и Божественным Установлением, и Руководством к действию для всех людей, кто устремится к Богоуподоблению.

Нет более чёткого, конкретного и ясного пути, чем тот, который исходит из требований Закона. Потому Иисус говорит об опыте Богопроявлении Я Есмь, коий познал в Служении Отцу Небесному, что собой являет «… и Путь, и Истину, и Жизнь», – единственного условия, позволяющего перейти в Царствие Небесное. Усилиями всех Вознесенных Владык проложена звездная дорога в Горний Мир. И если в своих Посланиях они говорят о непреложности исполнения Космических Законов, значит, подругому и быть не может. Только познавшие Вознесение люди, ставшие Вознесёнными Владыками, могут безошибочно повести вехами Вознесения. Это означает, что нет иной более перспективной Духовности для человека, чем та, которая обучает Законной Жизни, раскрывает основы Служения Творцу на современном этапе развития Вселенной и помогает обрести опыт Богопроявления Я Есмь.

О Божественной Сущности Духовности

Возлюбленные Братья и Сестры во Христе, радеющие за сошествие Царствия Небесного и за Вознесение в Духе и Теле Преображенном, в Обители Сияющие, подвижников истинных и искренних Господа!

Уроки диктуемые – Перст Указующий, дабы узрели Путь достижения Града Небесного, коий и есть Новый Иерусалим в Пределах Земли Обетованной.

Ступени Смарагдовы, ведущие в Обители Заповеданные, сие есть Ступени Чистоты и Святости – истинной Божественной Духовности в Космическом Понимании оной. Нынешнее же земное понимание духовности и человека духовного, якобы за воплощение Воли Господа радеющего, сродни Космическому Пониманию безделья и бездельника, отлынивающего от Божественной Милости Сотворения.

Дух пытливый, стремящийся зрить Реальное, да приемлет Свет Истины Перворождённой, ибо в Уроках сиих открываем вам Божественную Сущность Духовности.

Слово Верное – слово болящее, ибо требует Жизни Движения. Суть движенья к Творцу, мир создавшему, – Напряженье Огня в Сотворении. Напряжение Огня в Чаше Жизни – сие и есть единое и истинное проявление Человека Духовного.

Человек Духовный – человек, излучающий в мир Эманации Духа Святого! Дух Святой – сие и есть Великий Закон, коему подчиняется всё и вся в проявленной Творцом Вселенной.

Устремление быть Духовным человеком и нести оную Духовность в мир – Устремление к познаванию и исполнению Закона, Устремление стать воплощением оного, дабы Воля Сущего проявилась в вас и вами.

Воистину говорим: «Духовность – сие есть Подвижничество и Бессеребреничество, радение за воплощение Воли Господней и Труд Преображения Огненный в напряжении высочайшем!»

Духовность – сие есть понимаемая и принимаемая Ответственность за свою Семью, за свой Род, за Землю, в пределах коей вам повелел родиться Господь, за Планету-Мать, наш единый дом, дабы процветание и радость стали знамением радения вашего.

Не уход от мира – но Преображение оного в Царствие Небесное, ибо в том Воля Творца Всемогущего и Устремление Человека Духовного.

Коль принимаете высочайшее и звездное имя Человека Духовного, принимайте и проявляйте земные и Небесные атрибуты оного – Труд неустанный, Ответственность высочайшую, Радение огненное, Жертвенность истинную, Любовь искреннюю, Бдение непрестанное, – ибо много путей обманных, простирающихся дорогою гладкою, уводящих незрячих в иллюзию.

Здесь распознавание просто и прямо, ибо не всё, что видят очи земные, есть Истина. Однако не обманешь Всевидящее Око иллюзией Реальности. Коль устремление ваше – уход от семьи и от мира, дабы достичь просветления сущности, то и достигнете «Рая», что сами создали, в коем сидеть вам вечность под яблоней, играя на лютне, ибо в Реальности радость Труда не познали, и Сотворцами Отцу-Матери Небесным быть в мирах не учились.

Коль весь век свой от жизни отлыниваете, то и в вас нет Жизни Творца и Света Духовности, ибо только себе вы служите, вами созданной иллюзии.

След земной бездуховности – разбитые судьбы, кои с собой увели вы от Господа.

След земной бездуховности – долги перед Богом, что воплощены в вашем Древе Родственном.

След земной бездуховности – отсутствие Памяти доброй, сия Память Делами рождается, вроде жили – а вроде вас не было, от себя ничего не оставили.

Путь Радения – тернистый путь, и он требует Мужества.

Нет иной возможности стать воплощением Воли Небесных Отца-Матери, как Свет нести высочайшей Духовности.

На Законе зиждется Твердыня Духа! Потому леность свою надобно изгнать безжалостно, путь Труда принимая с Достоинством.

Коль горит в Сердце Сущности Свет Творца, то любой Труд становится Творчеством!

Мы приветствуем всех Духотворцев, всех Подвижников истинных Света, всех Делами Святых, кто силу творческого Огня и каждодневного Радения проявляет сейчас на Планете во имя воплощения Законов Космоса!

Патриархия Небесной Руси, Богиня – Радость Вселенской Жизни

Друзья! У человечества Земли существует замечательная перспектива завершить свое развитие в материальном мире и перейти в более высоковибрационные условия своего дальнейшего бессмертного Бытия, соотвечающего Горнему Миру, коий является сферой настоящей активности Вознесённых Владык. Присутствие такого явления, как Вознесённые Владыки и ниспосылаемое ими Богоруководство, побуждает нас поВерить, что существует Закономерность, способная превратить все наши мечты о Новом Мире, свободном от антагонизмов и физической смерти, в Реальность.

Коль Небожители решили передать нам Знания о Законах, то это означает, что состояние совокупного сознания планетарной расы уже готово к Законной Жизни. Но этому сознанию, ещё больному инерцией и своеволием, необходим небольшой толчок, чтобы произошёл его окончательный разворот к активности, подчинённой Высшей Воле. Потому мы призываем всех, ищущих Истины и идущих к Свету, к объединению, чтобы совместными усилиями, под руководством Небесной Иерархии, овладевая опытом Любви, Сотрудничества и Созидания, преобразить нашу многострадальную Планету в Великую Державу Света, даруя шанс всем людям исполнить Великий Закон, и тем получить право на Вознесение в Царствие Небесное.

Откровение из Евангелия Вечности. Провозвестие 30

«…Не может ничем иным являться Высшая Воля для человеческих существ, сотворённых по образу и подобию Бога,

как только Законом, указывающим Путь к достижению Богоуподобления и определяющим условия прохождения этого Пути. Если Мною передаётся Учение об Эволюции, значит, существуют Законы Эволюции, которые подлежат своему претворению. Эволюционный цикл развития Космоса сопровождается Вознесением всех готовых к тому сознаний на более высоковибрационный уровень Космического Бытия. Разве существо, не знающее сути Законов Эволюции, и их не исполняющее, сможет получить право на Вознесение? **Служитель Высшей Воли есть, в первую очередь, Служитель Закона, и став его проводником в действии, он получает все условия бытия, предусмотренные этим Законом и из условий этого Закона проистекающие.**

Истинно, истинно говорю!

Воплотивший Закон Служения – достигнет Бессмертия!

Живущий в согласии с Законом Вознесения – Вознесется!

Следующий Закону Эволюции – станет Богом!

Сказанное – Исполните! Я Есмь Всетворец! Я Есмь Всеблагодатный!»[2]

Летописец

Так на оптимистической ноте, почерпнутой из Провозвестия Всетворца, мы завершим первую часть этой книги. Из содержания вышеприведенного материала ясно следующее. Все болезни, проблемы и невзгоды, завершающиеся физической смертью, у человечества появились с момента утвержденного богонепослушания, сопровождавшегося нарушением Космических Законов. Деструктивная причина вызвала деструктивное следствие. Признав существование Закономерности, люди поймут, что заменив негативную причину на позитивную, они

2 Полный текст Провозвестия 30 – см. книгу «Зов».

заменят и само следствие. Таким образом, все деструктивные явления исчезнут из жизни человека в одночасье, признай он непреложность Законов Космоса и приступи к активности, подчиненной Указам Небесных Водителей расы планетарной.

Да утвердится Закон в нашем мире, став для всего человечества Причиной, открывающей Врата в Вечность и Беспредельность!

С любовью и уважением, Надежда и Владимир

2

Его Величество Закон

Дорогие наши единомышленники! В этой части книги, как уже стало традиционным, мы приводим Знания о сути Космических Законов, как почерпнутые из иных источников, так и переданные в Учении Золотого Века.

2.1. Священные Писания

Библия. Новый Завет. Евангелие от Матфея

Глава 5

17 Не думайте, что Я пришел нарушить закон или пророков; не нарушить пришел Я, но исполнить.

18 Ибо истинно говорю вам: доколе не прейдет небо и земля, ни одна йота или ни одна черта не прейдет из закона, пока не исполнится все.

19 Итак, кто нарушит одну из заповедей сих малейших и научит так людей, тот малейшим наречется в Царстве Небесном; а кто сотворит и научит, тот великим наречется в Царстве Небесном.

20 Ибо, говорю вам, если праведность ваша не превзойдет праведности книжников и фарисеев, то вы не войдете в Царство Небесное.

33 Еще слышали вы, что сказано древним: «не преступай клятвы, но исполняй пред Господом клятвы твои».

34 А Я говорю вам: не клянись вовсе: ни небом, потому что
оно Престол Божий;
35 Ни землею, потому что она подножие ног Его; ни Иерусалимом, потому что он город великого Царя;
36 Ни головою твоею не клянись, потому что не можешь ни одного волоса сделать белым или черным.
37 Но да будет слово ваше: «да, да», «нет, нет»; а что сверх этого, то от лукавого.
38 Вы слышали, что сказано: «око за око, и зуб за зуб».
39 А Я говорю вам: не противься злому. Но кто ударит тебя в правую щеку твою, обрати к нему и другую;
40 И кто захочет судиться с тобою и взять у тебя рубашку, отдай ему и верхнюю одежду;
41 И кто принудит тебя идти с ним одно поприще, иди с ним два.
42 Просящему у тебя дай и от хотящего занять у тебя не отвращайся.
43 Вы слышали, что сказано: «люби ближнего твоего и ненавидь врага твоего».
44 А Я говорю вам: любите врагов ваших, благословляйте проклинающих вас, благотворите ненавидящим вас и молитесь за обижающих вас и гонящих вас,
45 Да будете сынами Отца вашего Небесного; ибо Он повелевает солнцу Своему восходить над злыми и добрыми и посылает дождь на праведных и неправедных.
46 Ибо, если вы будете любить любящих вас, какая вам награда? Не тò же ли делают и мытари?
47 И если вы приветствуете только братьев ваших, что особенного делаете? Не так же ли поступают и язычники?
48 Итак будьте совершенны, как совершен Отец ваш Небесный.

Глава 7

7 Просите и дано будет вам; ищите, и найдете; стучите, и отворят вам;

8 Ибо всякий просящий получает, и ищущий находит, и стучащему отворят.

9 Есть ли между вами такой человек, который, когда сын его попросит у него хлеба, подал бы ему камень?

10 И когда попросит рыбы, подал бы ему змею?

11 Итак, если вы, будучи злы, умеете даяния благие давать детям вашим, тем более Отец ваш Небесный даст блага просящим у Него.

12 Итак во всем, как хотите, чтобы с вами поступали люди, так поступайте и вы с ними; ибо в этом закон и пророки.

Коран

Сура 35

10. Если кто жаждет могущества, то ведь могущество целиком принадлежит Аллаху. К Нему восходит прекрасное слово, и Он возносит праведное деяние. А тем, которые замышляют злодеяния, уготованы тяжкие мучения, и их замыслы окажутся безуспешными.

18. Ни одна душа не понесет чужого бремени, и если обремененная душа взмолится о том, чтобы ей помогли понести ее ношу, ничто не будет взято из нее, даже если просящий окажется близким родственником. Ты предостерегаешь только тех, которые боятся своего Господа, не видя Его воочию, и совершают намаз. Кто очищается, тот очищается во благо себе, и к Аллаху предстоит прибытие.

Сура 72

6. Мужи из числа людей искали покровительства мужей из числа джинов, но они только увеличивали в них беззаконие.

13. Когда же мы услышали верное руководство, то уверовали в него. А тот, кто верует в своего Господа, не должен бояться ни обиды, ни притеснения.

Китаб-и-Агдас (Наисвятая книга)

К1. Первая обязанность, возложенная Богом на слуг Своих,— признание Того, Кто есть Восход Его Откровения и Источник Его Законов, Представитель Божиего Естества в Царстве Дела Его и в мире творения. Исполнивший обязанность сию обрел все благое, а лишенный сего сбился с пути, хотя бы и свершил всякое праведное деяние. Каждому, кто достиг сего наивозвышенного положения, сей вершины неземной славы, подобает соблюдать всякую заповедь Того, Кто есть Желание мира. Две обязанности сии неразделимы. Ни одна из них не приемлема без другой. Так положено Тем, Кто есть Родник Божественного вдохновения.

К2. Тот, кому Бог дал проницательность, с готовностью подтвердит, что заповеди, установленные Богом, суть высшее средство для обеспечения порядка в мире и безопасности его народов. Отвергающий их причислен к презренным и неразумным. Воистину, Мы заповедали вам не поддаваться дурным страстям и порочным желаниям и не преступать границ, очерченных Пером Всевышнего, ибо они суть дыхание жизни для всего сотворенного. Моря Божественной мудрости и Божественного речения вздымаются от дыхания, навеянного Всемилостивым. Спешите испить сполна, о люди понимания! Расторгнувшие Завет с Богом – те, что нарушают заповеди Его и отвращаются, – свершают тяжкий грех пред Богом, Всевладетельным, Всевышним.

К3. О народы мира! Знайте доподлинно, что заповеди Мои суть светильники Моего любящего провидения меж слуг Моих и ключи милосердия Моего для Моих созданий. Так ниспослано с небес Воли Господа вашего, Господа Откровения.

Когда бы кто-нибудь вкусил сладости сих речей, кои устам Всемилостивого угодно было изречь, то даже если бы владел он всеми богатствами земли, то отверг бы их, дабы защитить истину хоть одной из Его заповедей, воссиявших на Восходе Его благодетельной заботы и нежной доброты.

К4. Скажи: Законы Мои благоухают ароматом облачения Моего, с их помощью Победные стяги водружены будут на высочайших вершинах. С небес Моей всемогущей славы Уста Моего владычества обратились к Моему творению с такими словами: "Соблюдайте заповеди Мои ради любви к Моей Красоте". Счастлив влюбленный, что вдохнул Божественное благовоние Наивозлюбленного своего от сих слов, напоенных ароматом благодати, кою никакому языку не выразить. Жизнью Моей клянусь! Пригубившие изысканного вина справедливости из рук Моего щедрого покровительства сойдутся вокруг заповедей Моих, что сияют на Утренней Заре Моего творения.

К5. Не думайте, что Мы даровали вам всего лишь свод законов. Нет —скорее Мы распечатали изысканное Вино перстами могущества и власти. О сем свидетельствует явленное Пером Откровения. Поразмыслите о сем, о проницательные!

К7. Все сущее явлено на свет по Его непреложному повелению. Когда законы Мои восходят, как солнце, на небе Моего речения, каждому следует неуклонно соблюдать их, хотя бы повеление Мое раскололо небеса всякой религии. Он вершит, что пожелает. Он избирает, и никто не оспорит выбора Его. Воистину, что установлено Им, Наивозлюбленным, то и возлюблено. В сем свидетель Мне Тот, Кто есть Господь всего творения. Вдохнувший аромат Всемилостивого и признавший Источник сих речений с готовностью подставит грудь свою под стрелы врага, дабы утвердить правду законов Божиих среди человеков. Благо тому, кто обратился к ним и постиг смысл Его непреложного повеления.

Бахаулла

2.2. Послания из Учения Живой Этики «Агни-Йога»

7.053. При сооружении утвержденных начинаний нужно помнить, что построение всегда идет вверх. При построении Именем Владыки есть один лишь путь, который приводит к Творящему Источнику, – путь мощной Иерархии; путь мощного водительства Великого Служения. Потому прикосновение к творческому принципу устремляет дух к утвержденному Закону Иерархии. Каждое строение требует осознания устремления вверх. Потому только Закон Послушания Иерархии может дать законное напряжение. Только так можно осознать путь, ведущий к мощной Беспредельности.

7.447. При больших построениях, конечно, и борьба велика, ибо темные боятся потерять свой доспех. Так каждое устремление, направленное во Благо, конечно, вызывает нападки. Но нужна неуязвимость Служителя Света, ибо когда сердце пламенно наполнено Иерархией, то можно все натиски вражеские победить. Потому нужно понять, что каждое личное начало, конечно, подрывает корни Великого Построения. Так много чудесного разрушено человечеством, ибо отвергалось Водительство. Потому никто не преуспеет, не осознав величия Водительства. Так самые близкие и самые дальние должны осознать течение каждого утвержденного Закона.

7.217. Одно из мощных качеств Духа есть устойчивость. Как можно развивать и расширять сознание, когда нет устойчивости! Иначе, как можно проверять намерения и действия, если нет того мощного импульса, который есть устойчивость? Для каждого на пути есть только одна неизменная Мощь – Иерархия! На этом сокровенном Принципе можно созидать; с этой сокровенной Вершины можно мир созерцать; на этой Твердыне можно духу окрылиться; на этой Вершине можно созидать мощную Эволюцию. Потому когда дух старается создавать иллюзорный мир самости, то, конечно, трудно продвинуться.

Так в беспредельном творчестве есть путеводный огонь – Иерархия. Так можно устойчивостью Служения расширить сознание и вместить Закон Огненной Иерархии.

Рерих Е.И. Агни-Йога. Иерархия

659. Потому Наш Завет так могуч, ибо слова входят чудесными утверждениями в жизнь. Потому Наше Слово так живет, ибо импульс творчества насыщен мощью огня. Только когда применен Завет Наш в жизни, можно утвердить высшую ступень. Почему же так действенно каждое ваше поручение? Потому, что оно несет в себе залог Нашего Сотрудничества. Так Мы утверждаем Иерархию на Законе Преемственности. Потому, когда Космический Закон осознается, устанавливается понимание Цепи Иерархии. Так лучший исполнитель уявится приближенным к Иерархии. Только явление исполнения Высшей Воли есть Иерархия Служения. Только так Мы утверждаем Закон Иерархии. Так Космическое Право входит в жизнь.

Устремление в движении достигает законности и, становясь законом, оно делается неостанавливаемым, ибо входит в ритм Космоса!

Рерих Е.И. Агни-Йога. Община

2.3. Послания из Нового Учения Золотого Века

Подмена Излучения на Поглощение – главная причина грехопадения людей

Друзья мои!

Путь к Истине всегда лежит через Познание. Абстрактно Знание, пока не реализовано на практике посредством сущностного дела. Коль говорим об Обожествлении Сознания, всю жизненную активность следует подчинить идее обретения опыта Богопроявления Я Есмь. Когда ж свидетельствуем о росте и расширении

Сознания, то утверждаем: «Эволюционное самостановление не способно происходить без обретения Знаний о новых Качественных состояниях, присущих Божественному Свету!» И эти Знания в себе несут смысл сокровенный Божественного Существования, являющийся сутью Великого Закона Я Есмь, устремленного к утверждению на всех планах и подпланах Космического Мироздания и Бытия.

Любовь всегда была, и есть, и будет во все грядущие века вдохновляющей силой алхимического самопреображения. Являясь главным Качественным содержанием Бога, она вечна, ибо, совершенствуясь в труде, посвящённом Созиданию, бесконечно развивается всей силой своего Света в Беспредельность. Любовь, проявленная в мире, сверкает как ослепительный бриллиант, даруя всем свое тепло, и радужность её лучистого сияния потому восхищает взор, что без искажения отражает Качества Божественного Света. **Не в форме Бог и не в названиях, что разделили верующих и противопоставили друг другу, а в сокровенной сути проявления самой Любви, происходящего посредством исполнения Закона.**

Во имя примирения всех народов и культур вероисповедания в мир послана формула: «Бог Есмь Любовь!» Всем человеческим существам явление Любви подходит. Любовь как путь духовный признают, о Ней слагают песни и призывают Ею жить, при этом, забывая Качества Божественного Света жертвовать друг другу в моменте Настоящем.

В отсутствии жертвы Света – нет Любви! И зло рождается нарушением Закона, происходящим путем подмены Богокачеств на противоположные состояния. Как хорошо известны противоположности: дружба – вражда, любовь – ненависть, сотрудничество – соперничество, умиротворение – возмущение. Таких полярностей не счесть, их столько, сколько во Вселенной существует Богокачеств.

Зло воцарилось в мире отказом человеческого существа Любить других, как самого себя. И часто слышим мы, как в оправдание зла, люди утверждают, что побудил к нему злой дух, носящий имя – Сатана. Но кто его создал, коль существует во Вселенной? Вы можете сказать: «Злого духа сотворил, как и человека, Бог, поскольку Он – Творец всего сущего в проявленном Им Мироздании». А как же быть тогда с той формулой, которая подходит всем? Ведь люди уповают на Любовь и Милость Высшую, когда с надеждой зов свой обращают к Небесам, со слёзными мольбами взывая о прощении долгов, о благостном изменении судьбы и улучшении материальной жизни, которая давно превратилась в бесконечную цепь страданий, болезней и проблем?

Лишь по-космически Любящее Существо способно отзвучать на чаяния человека!

Мы – за Победу Света и утверждение Блага в жизни, поэтому и принимаем сторону всех существ, Любви взалкавших. Но вместе с этим получаем право, обратить внимание всех страждущих сознаний на то, что не может быть Любовь истоком порождения зла, а значит, непреложно следует отвергнуть всякую мысль о какой-либо причастности Творца к созданию существ, которые, составляя легионы демонического ордена Гантурга, побуждают человека к осуществлению небожественных моделей поведения.

Не являются родиной демонических полчищ и миры Непроявленного Космоса, ибо в этом пространстве пребывают Дух и Материя в своем разделенном Прекосмическом состоянии. Космос же Проявленный, как творение Творца, рождается взаимодействием Его Начал: Духа и Материи, пробудившихся к своей манвантарической активности. Не может данное взаимодействие Духа и Материи быть абстрактным существованием, ибо представляет собой Вечный Союз, образованный

Космическим Мужчиной с Космической Женщиной во имя обретения могущества Творения и Созидания. Потому их Союз, ставший причиной сотворения Мира, нерушим, что основан на Любви, Качества которой Отец и Мать Предвечные проявляют друг к другу, совершенствуют и развивают в Вечность и Беспредельность. Коль человек есть микрокосм, произведённый макрокосмом и заключающий в себе Свет от Света Всетворца, то земной мужчина создан по образу Небесного Отца, а земная женщина – по образу Матери Великой.

От Духа в человеке Душа, способная осуществлять мышление, от Материи – биохимический организм, дарующий возможность проявлять активность в материальном мире. Если задача биохимического организма заключается в том, чтобы быть проводником эманаций Души, то последняя сотворена с целью проводить в материальный мир интересы Духа. Дух – Светоизлучающее Существо, а потому человеку предназначено было овладеть экстравертным принципом бытия, то есть, научиться излучать во внешний мир тот Свет, коий находится у него внутри. Когда человек действует в согласии со своей духовной природой, Дух и Материя, существующие в нём как две полярности, находятся в Равновесии.

Всякое нарушение Равновесия есть главная причина зарождения сознания зла в Проявленной Вселенной. Движущей силой этого зарождения стали богореальные формы жизни, получившие право на своё развитие в Сферах, относящихся к Периферии Космического Мироздания, граничащей с пространствами Непроявленного Космоса. То есть, были времена, когда вообще не существовало вируса космозла, ни как Мысли, ни как Энергии и Формы. И если говорить о причине появления этого вируса, а вместе с ним и демонических сознаний, то следует открыть вам Знание о том, что первоначально в глубинах духоматерии одной из Вселенных, предшествовавшей активности Вселенной Любви, сущности, в себе несущие Свет от Света Отца и Матери Предвечных, в свою реальность осознаваемого мира привнесли интравертный принцип существования – Поглощение, отзвучав на эманации, исходящие из пространства, относящегося к мирам Непроявленного Космоса. Сии Сущности являлись прообразом людей и, так же, как и вы, развивались в материальном мире, постигая азы Мыслетворения.

Поглощение всегда сопряжено с активностью Материи, которая, являясь Лоном Великой Матери, посредством реализации обозначенного нами Принципа воспринимает эманации, исходящие от Предвечного Отца. Прежде Космического Мироздания появилась Мысль о нём, и именно ею Отец Предвечный оплодотворил Мать Великую. Приняв в своё Лоно Огненную Мысль, Предвечная Мать рождает Космического Сына – одушевлённую Духоматерию, в своё понятие вмещающую всё Сущее, в Любви созданное Творцом в Космическом Мироздании. Главное условие существования Духоматерии заключается в поддержании и совершенствовании сложившегося в ней Равновесия двух равновеликих Начал: Духа и Материи. Олицетворением этого Равновесия является Сын, иль Космическая Душа, призванная в своём световом могуществе эволюционно вырасти до уровня присутствия Отца и Матери Предвечных.

Взаимодействие Духа и Материи на Высших Планах Бытия, посредством сущностной активности Души, подчинённой Высшей Воле, ведёт к формированию Сознания Я Есмь. После того, как Духоматерия сотворена, вступает в силу Великий Закон, побуждающий всё Сущее к образованию своего собственного Сознания путём обретения опыта Богопроявления Я Есмь и к Вознесению его на более высокие планы Бытия, которое не может произойти без утончения свойств, качеств и состояний Любви и повышения частоты вибраций Духоматерии.

Если материализация Космоса предполагает Поглощение и живородящую активность Материи, то Вознесение созданного Творцом Творения не может произойти без Богореализации Души, сопряжённой с привнесением в её активность всех свойств, качеств и состояний, присущих Духу. Сия активность именуется Духотворением, и именно искомая, будучи основанной на способности Излучать Свет Богокачеств, становится залогом обожествления Сознания человека.

Итак, **Духотворение, осуществляемое с целью обожествления своего Сознания, посредством трансформации Знания о Качествах Святой Любви в опыт Богопроявления, есть Космическое предназначение людей, выражающее экстравертный Принцип Бытия и позволяющее им овладеть могуществом Излучения Света.** Лишь Светоизлучение лежит в основе Созидания, приводящего к огненной трансмутации и Вознесению Сознания, происходящего в процессе труда, направленного на эволюционное преображение Проявленной Вселенной.

Человек заключает во Внутреннем своём Душу, которая по сути своей обладает духовным первоевством, ибо сотворена Духом, представляющим Атрибут Предвечного Отца – Мысль. Дабы Душа могла осуществлять свою активность в материальном мире, ей необходимо соответствующее Тело. И данное Тело создано иным богореальным существом, развивающимся в Атрибуте Предвечной Матери-Формы, и именуемым Душой Животной, иль Элементальным Духом. Таким образом, воплотившийся на Землю человек представляет собой триединство сил: Дух, Душа и Тело. При этом, человеческая Душа – не Дух, но несет в себе Свет от Его Света, а значит, и способность к Излучению. В тоже время, человеческая Душа – не Тело, но вынуждена взирать на мир глазами Элементального Духа, сквозь призму Его Сознания, созданного Опытом Формообразования, основой коего является Принцип Поглощения. Два Принципа полярных соединились в человеке. Какому же из них следует предпочтение отдать: тому, который исходит от первородной Мысли, – сути Духа, или тому, который соотвечает идеалам Формы, благодаря которой человек получил возможность осуществлять свою активность в материальном мире?

Сомнений быть не может! Коль Душа сотворена как Свет от Света Мысли, человеку было уготовано судьбой стать экстравертным существом, направив все свои усилия на обретение опыта Духотворения. Без Тела данный опыт невозможно получить, а значит, человеку во имя сохранения Равновесия двух составляющих его Полярностей, предстояло не разрушить плоть, но возвыситься над её животными инстинктами неукоснительным соблюдением Великого Закона. Но, увы, люди, находившиеся в пространстве, имеющем единую границу с мирами Непроявленного Космоса, познали грехопадение, отождествившись с Телом.

Друзья мои, запомните! Энергия жизни никуда не исчезает, и форму своего дальнейшего существования она обретает в результате взаимодействия с мыслью. Когда человеческое существо подменяет экстравертный Принцип Бытия на интравертный, что непреложно сопровождается отказом от Излучения в угоду Поглощению, тогда происходит нарушение Равновесия и формируется основа искажения энергии Богокачеств, оживотворяющих его изнутри, что неминуемо приводит к созданию демонических существ и их появлению на Периферии проявленной Творцом Вселенной.

Коль сразу не осветлено сие инородное существование, – через покаяние за грех, совершённый вследствие искажения энергии Богокачеств, произошедшего утверждением небожественных моделей поведения, оное, как дитя, потребует себя кормить, причём теми энергиями и состояниями, за счет коих и было рождено на белый свет. Живущий грехом питает порождение своё, не ведая, что оно обладает бездонной утробой поглощения. Ему сколько пищи ни давай, – всё мало, а потому, искомое демоническое образование активность проявляет, инициируя уже своего творца, чтобы искажение Света стало его привычным образом существования. Чем больше человек искажает Свет, направляя оный на поддержание своего небожественного бытия, тем сильнее становится демоническое присутствие в его полях-сознаниях. Чем сильнее паразит поглощает искажённый Свет, тем более могущественным становится его контроль над активностью своей жертвы, ничего не подозревающей о том, что превратилась из существа, обладающего правом свободного выбора, в раба своей потребительской привычки, истощающей и разрушающей его.

Когда Свет искажается богореальной формой жизни, в действие вступает Закон Кармы, дабы призвать нарушителя к ответу. Неотвратимость наказания у людей всегда вызывает страх, возмездие и искупление приносят им страдания. Потому эманации страха и страдания становятся излюбленной пищей паразита, что человек легко приходит к подобным состояниям сознания. И демоны, чтобы эти деструктивные энергии получать в неограниченном количестве, каждодневно совершенствуют своё умение в инициации людей, побуждая их нарушать Закон. Иерархическое же положение демонических существ в ордене Гантурга определяется степенью их деструктивного воздействия на обитателей окружающего мира, и нет никого, кроме людей, кто бы потворствовал инородным формам жизни в совершенствовании своей способности побеждать в борьбе за собственное выживание и обретение новых источников паразитического существования.

Так в отраженном Зазеркалье зародился основной принцип демонической жизни – «бытие определяет сознание», при котором устремление к власти и богатству, сопровождаемое достижением превосходства в силе, выхолостило содержание Любви во взаимоотношениях людей, ставших марионетками и донорами своих демонических творений.

Может ли подобное явление, сопряжённое с нарушением Закона и усилением демонического одержания, бесконечно происходить в бытии человечества Земли? Конечно же, нет, так как на смену процессу Сотворения Мироздания, осуществлённого посредством активности Материнского принципа Бытия, сопровождавшейся материализацией Перворoccurrence Мысли, непреложно приходит Отцовский принцип Космического Существования, побуждающий всё Единомножественное творение к одухотворению своего сознания посредством исполнения Закона, дабы разуплотнять миры Проявленной Вселенной и обрести перспективу Вознесения. Подобное взаимодействие двух полярных космических Принципов, представленных Началами: Отцом и Матерью Предвечными, обеспечивает Дыхание Абсолюта, поддерживает и развивает Вселенское Равновесие.

Дыхание Абсолюта не способно остановиться. На Его Выдохе Вселенная была сотворена, на Вдохе она должна исчезнуть, то есть, Вознестись на уровень Космоса Надлежащий. Вознестись способно лишь только то существование, кое строит своё бытие на Законных Принципах. Это означает то, что будущее представителей 5-го человечества Земли находится под угрозой. Вся планетарная раса ныне пребывает в отраженном Зазеркалье, коий как мировой уклад не имеет плана развития в Сознании Творца, ибо разрушение и антагонизмы, вызванные засильем демонической жизни, противоречат основам Космической Любви. Естественно, когда начнется Вознесение, этот деструктивный уклад жизни будет разрушен Космическим Огнём, которым пронизано все пространство, находящееся вокруг материального мира Физической Октавы Проявленной Вселенной. Та же самая участь ожидает и всех существ, обитающих в Зазеркалье и имеющих к поддержанию его бытия прямое отношение. Потому столь активен Закон Кармы по отношению к человечеству Земли, ввергая его в искупительные ситуации, дабы осознало свою ответственность за утраченное Равновесие жизни и прекратило творить зло.

Стоит ли сетовать на перипетии своей искупительной судьбы, вызванные действием Закона Кармы, когда становится очевидным, что если Бог на Земле воздвигнул Рай, то Ад в нём создали сами люди? Нет смысла и роптать на неспособность противостоять демоническому одержанию, коль вместе с земным адом взрастили и сознание зла, кое за многие тысячелетия выросло до величины совокупного сознания всего ордена Гантурга, по силе своего разрушения равного созидательной мощи Гения Физической Октавы.

Друзья мои! Все беды у человека оттого, что он иллюзию воспринял за Реальность. В борьбе, соперничестве и противостоянии, несущем миру разрушение, нет смысла жизни. Любовь находится в основе всякого космического построения, фундамент коего – Равновесие Материи и Духа. Отражения и воинства Гантурга, пока сковавшие развитие человеческих существ, явились следствием нарушения Великого Закона. Они растают, как призрачный туман, приведи человек свои Полярности в состояние Совершенного Равновесия и начни духотворить в Лучах Любви, Сотрудничества и Созидания во благо утверждения Нового Мирового Порядка и Бытия, свободного от всякого паразитизма и богонепослушания.

Пусть Свет нашей Священнообители путеводит Дух каждого, избравшего добросовестное исполнение Закона и Эволюцию Сознания смыслом жизни.

Владычица Немезида

Плод запретный всегда сладок, последствия же беззакония горьки!

Друзья!

Продолжим далее развитие переданного в предшествующих уроках Откровения о Сокровенной Сути человека и тех условиях, которые объективно существуют в реальности Материальных Подпланов Благословенной Терры и затрудняют реализацию возможности, дарованной Всетворцом людям, обрести то могущество, которое бы позволило духоиндивиду расы планетарной не только свести на нет демоническую инициацию, но и обожествить свое сознание.

Прекрасен Световой Кристалл, сформированный опытом Творения, ибо великолепием своего многогранного Свечения из Вечности исходит, и, тем не менее, Солнечная Душа, будучи Светом от Света Духа, пришла в своё земное воплощение, как огненная монада, учиться Светоизлучению. Умения, достигнутые в процессе обучения, ложатся в основание сознания, и коль у Души отсутствует сей опыт, то к ней приемлем термин – «сущность, не имеющая светоизлучающего сознания». Слово «бессознательное» подходит ко всякому дитя, только что появившемуся на белый свет. Оно лишь улыбается и заворожено взирает на окружающий мир, но ещё не понимает, что жизнь уготовила ему судьбу стать Богочеловеком. Душа бессознательна, ибо у неё нет пока ещё своего собственного Божественного Сознания, и опыт Богопроявления Я Есмь, обладающий природой Светоизлучения, за которым она пришла на Землю, ей только предстоит получить, дабы самой трансформироваться в Божественного Духа.

Процесс обожествления Сознания представляет собой переход от бессознательного состояния Души к состоянию сознательности, позволяющей человеку расы планетарной преобразиться в вечно юную Божественную Индивидуальность Я Есмь.

Божественная Индивидуализация есть результат вмещения в Сознание опыта Богопроявления, достигнутого в процессе практического приложения Знаний о Качествах Божественного Света во внешнем мире. Пока эта бессмертная Индивидуальность не сформирована, для духоиндивида, заключающего во Внутреннем своем Солнечную Душу, всегда существует угроза грехопадения в связи с низкочастотной инициацией, осуществляемой сущностями-одержателями демонической природы из приграничной Зоны.

Как ранее говорилось, конечность дифференциации Лучей-Аспектов Святого Духа, отражающих Качества Божественного Света, определяется световой потенцией Сознания Абсолюта. На материальном уровне Присутствия людей, ангелов и элементалов, соотвечающем Периферии Проявленной Вселенной, эта потенция исчерпывает себя. Другими словами, человеческие обитатели Земли находятся в пространстве, где Свет плавно рассеивается и, на границе двух разнородных миров и типов Сознаний, переходит в свое полярное состояние – Тьму. Но, ни Свет, ни Тьма, как Космос Непроявленный, не заключают в себе природу демонизма; она лишь существует в том, что призрачно возникает между ними, обретая своё имя – Тень. Потому и было Сказано: «Если не холоден и не горяч, отрину из Уст Своих!», что Тень представляет собой бестелесные идеи паразитизма, искусно скрывающие своё присутствие и терпеливо ждущие, когда наступит удобный момент для того, чтобы со всем присущим им вероломством обрушиться на искусившуюся их мишурным блеском жертву.

Нет иного способа отличить Истину от демонической лжи, кроме как вооружиться Даром Распознавания. Но пребывающий в материальном мире на стадии Самоосознания человек накануне своего грехопадения опыта Богопроявления не имел, и, как следствие, не обладал Даром Различения. Как важно при таких обстоятельствах своё Право Свободного Выбора соизмерять с Волей Бога! Отход же от Богоруководства подобен смерти.

Эдемский Сад, сотворённый и проявленный в Реальности Материальных Подпланов активностью всей Небесной Иерархии, имеет сопредельную границу с пространством обитания Тени, именуемым Мирами Непроявленного Диктата и Хаоса. Древо Познания Добра и Зла, находящееся в Центре сего Сада, или материального мира Проявленной Вселенной, есть Точка, в коей прерывается Фокус Внимания Всетворца. Что далее? А далее, со стороны противоположной, именуемой Антимиром, к ней прикован взор Тени, в Писании Святом названной Змеем-Искусителем. Все посулы его и обещания, привлекшие внимание человека, лживы. Лишь Послушание детей Отцу и Матери Небесным способно уберечь Сознание несмышленое от беды. Плод запретный всегда сладок, последствия же беззакония горьки. Вкусив, отравлен будет каждый ядом демонической идеи бытия, иллюзии станут уделом его жизни. Демоническое отражение, образовавшееся в материальном мире в результате грехопадения, есть «проклятая земля», наполненная всевозможными антагонизмами. Его творец не Бог, но человек, проявивший богонепослушание. Находится современное человечество на этой «проклятой земле» и поныне, влача в сиих демонических отражениях жалкое существование. Болезни, всеразрушающая борьба за выживание, физическая смерть – вот что пожинает человек, посеявший беззаконие. Судьба несладкая, и не имеющая ни малейшей перспективы. Искомая судьба есть следствие демонического одержания, а потому будет властвовать на «проклятой земле», пока не научится Богопослушанию человек и не активизирует Серебряную Нить, его соединяющую с Духом.

Нет прекраснее жизни, чем та, что отдана в Служение Духу! Служение сие всегда сопряжено с вкушением плодов от Древа

Вечной Жизни, и Вечный Плод есть опыт Богопроявления, приводящий к обожествленному Сознанию.

С какой надеждой ждём мы того часа, когда прозрение вернется к людям, и они узрят, что не в Реальности Света обитают, озаряемой Лучами Вечно юного Творца, но во власти Тени, несущей миру боль, страдания и разрушения.

Мы, ваши старшие Братья по Разуму, известные вам как Вознесенные Владыки, ныне обращаемся ко всем человеческим существам, созданным по Образу и Подобию Творца: «Вернитесь к Богопослушанию, даб, научившись Законной Жизни под руководством Духа, перспективу обрести развития своего Сознания в Вечность и в Бесконечность!»

Если старение, неизменно завершающееся физической смертью, вызывается неспособностью устраивать своё бытие на божественных принципах, то Вечная Юность непреложно облачит в свои покрова каждого, кто превратит Качества Божественного Света в главное достояние своей жизни!

Пусть Дух путеводит всегда, ибо Вечностью рождён и к Вечности восходит!

Развивающие свой опыт Богопроявления беспредельно, юнны Вечно!

Как прекрасно звучит: «Совершенствующие Мастерство Законной Жизни, войдут в Царствие Вечной Юности!» Потому вас к Богопослушанию зовём, что в сём Царстве ныне обитаем и знаем всеоживотворяющую мощь Закона!

Благословенны будьте, устремившиеся к Богопослушанию!

Владыка Яросвет

Свет Истины – в Сущих Делах

Здесь мы речь поведем о наставниках,
Именуемых громко – «Духовные»,
Что рядятся в одежды овечьи,

Проповедуя в Мир «Слово Божие».
О Смирении им и не ведомо,
Лики волчьи в обличиях «Святости».
Что ни «Слово» в Миру – Возвещенье,
Дескать, все принимайте и радуйтесь.
А о чём это «Слово» – задумайтесь!
Искушенья ведь все от Лукавого!
Вас прельщают Богатством и Славою,
Обещают дать Силу, Могущество.
Дети Божьи! На что же меняете
Ныне вы свою Душеньку?
Как в туман, завлекли обещаниями,
И дворцы из Иллюзий построили,
Заселяя их призрачной Жизнею,
Уводя от Реальности в сторону.
Да вот сколько туман тот продержится
В Свете Дивной Единой Реальности,
Именуемой Господом Вечности,
Именуемой Сущего Пламенем?
С чем останетесь, коль осознаете,
Что растрачены годы на ложное,
Что Иллюзия – все обещания,
Что исходят они не от Господа;
Что от Господа всем вам дарована
Благость Высшая – Жизнь Человеческая,
Дабы стали Ему вы Подобными,
Научились Любви в Бесконечности?
А Любовь на пустом не рождается,
Поле Жизни возделывать надобно,
А Любовь лишь в Делах воплощается,
Что Творцу и Творенью во Благо.
Ныне много стремятся к целительству,

Даб свою доказать исключительность,
Убеждая себя в Любви к Ближнему;
А о том страстотерпцы не ведают,
Что дается целительство Верою.
То Дар Бога на Крепость Сознания,
То Дар Бога на Мысли Кристальные,
То Дар Бога на Рученьки Чистые,
То Дар Бога на Сердце Лучистое.
И как надо Душе потрудиться,
Дабы Мудрости той научиться,
Что болеете все – Негармонией,
Что страдания – от лени духовной.
И целительство, Дар дивный Господа,
Открывает вам Очи Духовные,
Дабы зрили, кому и что надобно,
Дабы Жизнь воскрешали Реальную.
Коль Гордыней себя возвеличили,
В Час Урочный, представ перед Господом,
Не взывайте:
«Не Твоим ли Именем мы лечили?
Не от Твоего ли Имени пророчествовали?
И не Твоим ли Именем бесов изгоняли?
И не Твоим ли Именем многие чудеса творили?» —
Ибо услышите:
«Я никогда не знал вас,
Отойдите от Меня, делающие Беззаконие».
Изреченная истина – Вечная,
Ибо Богом Бессмертным создана,
Потому именуется Вещая,
Что не ведает Сроков и Времени.
И миры во Вселенной рождаются,
Срок придет – рассыпаются в прах,

А Свет Истины в Мире останется,
А Свет Истины – в Сущих Делах.
Вот и думайте, Дети Господа,
Где здесь Истина, а что ложное.
Различайте Делами Сущими,
Что – от Господа, где – Иллюзия.
Обещанья ведь все от Лукавого.
А Господь по труду Воздаяние
Вам отмерит, когда будет Срок...

Патриарх Небесной Руси, Сергий Радонежский

Каждому из вас дано святое право стать Владыкою своей судьбы

Центурии, Легаты и Стратеги земной армады Провиденциальных Сил!

К вам Я обращаюсь с Посланием о том, что происходит в сферах на миг сегодняшний – решающий – в чертогах Мироздания, ведь бытие грядущее планеты и новой расы планетарной – единой для ангелов, людей, элементалов – определяете вы ныне сами.

В той отраженной сфере, что создана была когда-то грехопадением человечества Земли, а ныне пребывает вне Времени и вне Пространства, которые есть воплощение Реальности Присутствия Живого Бога, сошлись два воинства, что равны меж собою по силе, мощи и возможностям воздействия на мир. Один лишь существует шанс здесь, в этой битве, победить и не быть изгнанным в миры Забвенья – посредством эманации Божественных Лучей Христосознание воплощенных пробудить, дабы явили Свет, что вложен в их сердца от Сотворенья Мира, и воскресить Любовь. Тогда, ведомые сей вечной силой, восстанут легионы Света, даб утвердить во всех мирах и сферах Бытия Порядок Милосердия, Справедливости и Воздаяния для всех детей Творца.

Кто говорит о том, что всё заранее предопределено, не ведает о существе Закона Божественной Свободы. Вы бытие своё являете тем выбором, который делаете сами добровольно в момент решения кармических задач, что предлагают вам Божественные Управители Планеты, и в том Творец велик, что каждому богореальному в мирах и сферах существу даёт святое право Владыкой стать своей Судьбы. Однако право это предполагает эволюционный труд Самопреображения и Ответственность за бытие Проявленной Вселенной, за судьбы Мирозданья.

Господь в момент Создания Вселенной в суть каждую, которая в мирах и сферах рождена Любовью Матери Великой и Великого Отца, вдохнул Дух Творчества и устремление к Свободе, и потому нет шаблонных схем развития Мироздания и Бытия, которые должны все непреложно воплощать, – есть План Творения и Перспектива развития Сознания, его исполнившего, в анналах Вечной Жизни.

По Плану Высшему каждому богореальному существу, вне зависимости от того, к какой Сфере и Октаве Проявленной Вселенной принадлежит его активность, предназначено обожествить своё Сознание и обрести могущество Творить во благо Созидания.

Перспектива же, определяемая вышеобозначенным Законом, состоит в том, что человеку даровано расти в достигнутом могуществе Творения до уровня Присутствия самого Творца в Свободе Выбора Путей Творческого Самовыражения.

Дерзайте! Всё в вас самих. Коль возжелали стать Владыкою своей Судьбы, в сей битве между Добром и Злом, происходящей во внутреннем каждого человека, пусть выбор будет сделан вами в пользу Эволюции Сознания, дабы своей активностью явить Пример Богоуподобления для всех других людей, помогая оным Пробудиться, а пробудившись, исполнить миссию земного воплощенья.

Навеки предан вам, Архангел Михаил

О приближении к Земле Вселенского Закона и Правосудия

Друзья мои!

Готов приветствовать всех Преданных Создателю-Творцу, вершащих Путь в Труде Самопознанья и Творенья, даб Волю утвердить во всех Мирах и Сферах, дабы, познав Закон, его в Мирах явить.

Довольно Путь в мирах вершить слепыми в Духе и Истины Вселенской избегать!

Неведение ваше – не причина, и таковою не была во все века, ибо ко всем народам, соизмеряя с развитием их бытия по уровню сознанья, Господь Великий посылал Сынов своих и Дочерей, кто Истину несли в Пророчествах и Откровеньях, как жить достойно в сём времени и сём пространстве по уровню и состоянию Единого Созданья.

Закон Вселенский – не закон земной! Его нельзя ни отменить, и ни исправить, ни приспособить для утверждения своей эго-программы. Коль нарушаете – за то ответ нести и тем, кто нарушал, и тем, кто видел это и избегал проявленного деяния, дабы остановить сие в своем пути – тем самым потакал развитию событий, ведущих к нарушению Единой Воли Сущего Отца и Матери Великой. Так вам ли сетовать на испытанья Бытия, коли Причина есть одна – та, что сокрыта в вас?

Кто Мужество имел Закон Великий исполнять – прошел своё в Миры иные Вознесенье по завершенью цикла воплощений, кто не имел – тому ответ держать.

Закону дела нет до ваших оправданий. Кто делал, кто смотрел и избегал проявленных деяний, направленных на соблюдение Предвечных Отца и Матери Высокой Воли, – перед Судьёй Вселенским виновны в нарушении Закона.

Защита есть одна – Святое Покаянье. Здесь хочу предупредить: Небесный Суд – не суд земных сознаний. Коль нет в Душе и Сердце Покаянья, коль Очищенье не прошли Стыда Огнем, коли стремитеся сокрыть свои деянья пред Богом и Судьями Небесными Его, не будет Очищенья и Прощенья, ибо стремленье спрятать все грехи – приводит к их в полях заякоренью.

Задумайтесь, Любимые, ибо к Земле Я подхожу и Воинства мои! Господь всемилостив, и милосердны Судьи. Даб избежать разящего Меча Закона и Спутницы его – Богини Правосудья, покайтесь в Духе! Пройдите Очищенье огнём Стыда перед Присутствием Святого Я Христа, пред Истинной своей Бессмертной Сутью, и этот шаг откроет вам Миры и Дали Звёздные, те, что сейчас сокрыты. Разящий Меч преобразится в Луч Любви, что озарит вам Новые Орбиты для Творчества Души и Восхожденья!

С тем к вам пришёл и предан вам всегда.

Космическое Существо Закон и Правосудие,
в Едином Свете двух проявленных Начал

Закон есть проявление Высшей Воли на Земле и в Мироздании!

Друзья мои!

Пусть вам неведомы еще Космические дали.

Пусть Устремление Свято, но всё вокруг пытается оказать ему сопротивление.

Пусть вас немного, ищущих Сотрудничества в Служении и Богоруководства, а большинство увлечено реализацией суетных желаний.

Запомните! Спасение от Сил Инерции даёт Закон! Коль выбрали Эволюцию смыслом сущностного бытия, Закон определит Новые Пути Самосотворения, и Вознесения условия откроет, и таинство предвосхитит Эволюционного преображения Сознания.

Закон есть проявление Высшей Воли на Земле и в Мироздании!

Но Воля Божья не диктат, и к исполнению требований Закона шаблонно не подводит.

Закон необходимо знать, даб меньше терний было на пути!

Закон передаст вам все Ключи от истинных сокровищ Мироздания, коль Творчество проявите и Вдохновение в процессе Богопослушания и Любви.

В Сознание, рождённое Богосинтезом и Завершением Плана, Творец Всесущий Новый Дух вдохнёт, и непреложно, отмечено будет Индивидуальное Присутствие Я Есмь 14-м Лучом, сошедшим, как Благословение на Переход в Сферы Октавы Надлежащей.

Луч Боговдохновения, коим ныне управляю Я, – Печать Святого Духа, закрепляющая законно обретённое право на Вознесение.

Друзья мои! Инволюция – есть Сотворение Космического Мироздания, произошедшее на Выдохе Всесущего Сознания Я Есмь.

Эволюция же начинается на Вдохе.

Утвержденный опыт Богореализации в Аспекте 14-ого Луча – то вдох Сознанием, к Эволюции Саморождённым, Энергии Присутствия от Всетворца. Вселенная жаждет Новых Вдохновлений, и Космос с нетерпением ожидает Перехода всей Планетарной расы, действующей в согласии с Законом.

Пусть будет Путь ваш Боговдохновлённым к познанию Законов Бытия, ведущих к СамоСозиданию себя в Вечность и Беспредельность!

Господь Иисус Христос

Истинно, сей Путь – Путь неукоснительного исполнения Закона!

Возлюбленные!

Инфицированная вирусом космозла, принявшая демонические модели бытия, человеческая душа утратила связь с Духом, а вместе с этим перестала чувствовать биение Жизни Вечной и Нетленной. С утратой Богоруководства, отдалились Звездные Миры, и Ритмы Огненные больше не волнуют сердце человека, поэтому нет места для божественной Мечты. Коль нет Мечты – нет крыльев у души и нет возможности познать Величие Вселенской Красоты и Радости Творенья в Бесконечность.

Так что же есть грехи? Сие – разбросанные в поле жизни камни, как опыт дисквалификации Любви, который настяжали человеки в своё активное сознанье, нарушив Вечности Закон. Однако без Животворящей Силы Духа, на сих камнях росткам Любви не прорасти.

Космический Закон гласит о том, что человеку надобно Волю Сущего исполнить. Все камни, ранее разбросанные, предстоит собрать, даб Поле Вечности от чертополоха освободить, избавив сердце от несовершенств земных.

Очистить Поле можно, лишь стяжая Знанья о Законе и реализуя их в земных своих Деяньях.

Где рос чертополох, рождённый суетой желанья, – там розы посадить. Активность ваша – Труд Души во Благо всех живых творений Бога, её вы можете во многих Формах проявить, огонь Творения в Миры являя. Где утверждаете Гармонию, то есть, действуете в созвучии интересам Духа – там Труд Души присутствует всегда. Коль нет Гармонии, – и желанья тленной личности будоражат внутренний покой, внося разлад и диссонанс в единое звучанье чакр и тел сознаний, то труд ваш – суета, и нет в нём пользы для Творца, а значит – нет и роста для души.

Здесь надобно вам чётко уяснить, что есть дела, где заправляет суета, лишающая покоя Внутреннего, ибо зависимость раба от материальной страсти и желаний, влечет в пучину бездны зла, а значит, в неразрывный круг Сансары, и вы вращаетесь в Мирах, что отражёнными зовут, изнемогая и страдая, а потому всю жизнь свою и Мир весь проклиная, что нет в них Радости и места для Мечты.

А дело только в вас самих, ибо зависимость от материальных условий жизни блокирует движение Сознанья. Коль нет опыта Богопроявленья, то значит – нет и осветления Кармы, и тяжек груз земных долгов, а в суете зашориваются очи, и вы не видите, куда его нести, дабы очистить Время и Пространство, что исказили, ибо изматывает вас, изо дня в день, постоянство бремени Кармических проблем, кои надобно давно решить.

Подумайте, быть может, на мгновение есть смысл остановиться, чтоб со стороны взглянуть на жизнь свою и Вечности Великой дать ответ: где суета, а где Внутренний Покой, рождаемый соединеньем Разума и Сердца; где тлен желаний, а где Всесущий Бог; и Есмь ли вы в анналах Мирозданья? Так Мир откроете для себя Божественной Мечты! И вот тогда, в Великом Озарении, рождённом в соединении с теми моделями Бытия, что существуют в Сферах Космоса Надлежащих, будучи утверждёнными активностью Владычиц и Владык, найдете силы для Преображенья и Путь в Мирах Самосотворенья, и Круг Сансары перейдет в Спираль, дабы открыть врата на лестницу Святого Восхожденья!

Вся суета исходит от демонических существ, паразитирующих на несовершенствах эго личностного сознанья, даб закрепиться в этой отраженной сфере Мирозданья и тем своё существованье в мирах Проявленной Вселенной продлить. Лишь Грядущее реальным сделает Переход для всех Искр Света в надлежащие Миры, а потому Восхожденье грозит несовершенствам личности, рождённым суетой, разрушеньем и забвеньем, – вот и активны демонические стражи всех Порогов, поскольку не связаны Законными Деяньями и Волею Души.

Мечтайте о своем духовном самостановлении в Труде Души, подчинённом цели эволюционного преображения мира! Коль радеете за Будущее Земли, признайте то, что Оно немыслимо без возвращения к Великому Закону. Множеством путей люди, познавшие грехопадение, переходили из Райской Обители в демоническое Зазеркалье, ибо множество ликов у явленного богонепослушания. Как должно ныне вам понять: что не связать в себе демоническое присутствие, не овладев Самодисциплиной и Послушанием, Ответственностью и Преданностью Высшей Воле, утверждаемыми в Труде Духовного Преображения Сознания! Множеством обманных путей пытаются сущности-паразиты увести людей, пробудившихся к Истине, завлекая их вновь в трясины материализма, образованные неисполнением Высшей Воли, не скупясь на посулы скорейшего просветления и обретения сверхъестественных способностей. Многие пошли этими путями, да только окончательно заблудились, ибо ориентировались на демоническое искушение.

И лишь один-единственный Путь, пугающий несовершенную личность узостью и труднопроходимостью, к Вечности ведёт вехами претворения Божественной Мечты. Истинно, сей Путь – Путь неукоснительного исполнения Закона, даб Боговидение, свершившееся в Мечте, воплотилось! Реализация Мечты и даст Душе, посвятившей себя Закону, мощь и размах крыльев Духа, Труду проявленного Богопослушания соизмеримых.

Майтрейя Мория

Молитва Обретения Господа

Всеблагодатный Бог Наш – Отец и Мать Предвечные!

В Любви своей и Радости Творенья, создавшие все Сферы и Октавы Проявленного Мироздания и Бытия.

Святится Имя Ваше – Я Есмь Любовь!

Воскресает и возрождается Царство Ваше в Любви Начал в Высоком Свете Вдохновения. И этим исполняется и утверждается Воля Ваша на Земле, как и на Небе!

Благо Жизни даруете нам каждый день, Откровения и силы, дабы в Счастье, в Творческом горении, в Любви и из Любви к Вам и творениям Вашим прожить его.

Не оставляете нас без внимания своего и, ниспосылая Уроки Бытия, как благословенную возможность для достижения Опыта Богопроявления, укрепляете в Вере, Чистоте и Святости Силой Духа Святого и Животворящего.

Ограждаете нас от искушения всякого и направляете по Пути Истины в Обители Свои Лучезарные, расположенные в Реальности Вашей, как Сферах Присутствия Божественного Сознания Я Есмь.

Вас славлю в четырех ипостасях Духа Святого, коий Есмь Отец, Мать, Сын и Дочь, а вместе – Свет Животворящий.

Так было в начале, так исполняется ныне, так будет во веки веков!

Слава Отцу, Матери, Сыну и Дочери – Духу Святому и Животворящему и ныне и присно, и на Эоны Света Грядущие! Аминь!

Молитва Изреченная, что ныне прозвучала в Сознании твоём, – главная Молитва Великих Сил Света Иерархии Небесной и Земной.

Всей Силой Света своего прими её Слова, всей Силой Света проживи её Слова, всей Силой Света воплоти её Слова – вот Заповедь моя на День Сегодняшний.

Истинно, истинно говорю: защита ваша ныне в Мире, всей мощью Света явленная, от стражей порогов, препятствующих развитию в Вечности, – Молитва Жизни и Чистота Сознания. Не ждите Защиты иной, ибо стоящий на страже Закона, да не преступит его!

Закон Божий – Сила Живая и Разумная!

Закон Божий – Сущность Вселенская, обладающая Божественным Планом индивидуального развития во всех Мирах и Сферах Мироздания и Бытия!

Закон Божий имеет все Космические Тела, аналогичные Телам Самотворящихся Сущностей Вселенной, ибо созданные по

Образу и Подобию своего Создателя все сущности, Вселенные, Миры, места и условия, обладающие Светом Присутствия и, как следствие, индивидуальным Божественным Планом развития в Сознании Бога Всеединого, совершенствуют и гармонизируют себя, развивая своё Присутствие в анналах Вечности, в полном соответствии с Единым Планом Эволюции Вселенной, что есть процесс Самосовершенствования её Творца.

Любое негармоничное действие со стороны воплощённых и развоплощённых сущностей, во всех мирах и сферах Мироздания и Бытия, проявляется как деструктивная энергия, отягощающая кармическое Тело Высшего Космического Существа, именуемого нами Законом. Усиление кармического балласта в материальном мире влечёт за собой осознанную реакцию Закона, направленную на освобождение всех своих тел от дисквалифицированной Божественной Энергии путем формирования искупительных событий в жизни человеческих существ.

Другими словами, Космический Закон, являясь живой самоорганизующейся Сущностью, осознанно стремится к восстановлению и соблюдению первородной Чистоты Божественного Плана Божественной Мысли, именуемой нами Планом эволюционного развития оного Закона.

По-другому и быть не может, поскольку Дух Творца (Первородная Мысль) есть воплощение и развитие Света, проявляющегося как Индивидуальные Планы Второрожденных Космических Существ – Законов, Детей Вселенской Матери – Великой Гармонии и Порядка Божественности во всех формах Её проявления.

Мы желаем вам достижения Просветления, но разве кто вернётся в Обитель Отчую, будучи причастным к формированию кармического тела Вселенского Закона? Всем, кто уверовал в Будущее своё, и надлежит в кратчайшее время научиться соизмерять все свои мысли, чувства и действия с Духом Закона, то есть, с Первородной Сутью оного, являющейся Присутствием Божественного Сознания в Вечности, Ипостасью и Проявлением Закона Высшего – Я Есмь.

Джуал Кхул

Дух Есмь Закон!

Сколь многие Светоносные задаются вопросом, что мы называем духовностью, и, в соответствии с извращённой моделью Мира, поставившей на острие Эволюции антагонистическую теорию и борьбу за выживание, как основную движущую силу этого процесса, рискуют заблудиться в дебрях схоластических рассуждений, ибо, исповедуя данную модель Мироздания, невозможно представить истинную картину и причины Эволюции Вселенной.

Дух Есмь Закон, а Духовность есть безукоризненное следование Закону! Вся Эволюция – результат взаимодополняющего Сотрудничества двух основных Принципов Творца: Духа и Материи, проявляющихся, как Материнское и Отцовское Начала Мироздания.

Следуя теории естественного отбора, затуманенное астральными и ментальными миазмами сознание способно оправдать любые разрушительные действия!

Неужели за всю историю человечества к вам так и не пришло Понимание, что любая борьба приносит лишь Разрушения и Хаос?

У любой войны нет победителей!

Ваша борьба науки с религией привела к искаженному миропониманию.

Борьба человечества с Природой поставила всю Землю на грань экологической Катастрофы.

Борьба религий, претендующих на единственно правильную концепцию Мира, привела к его к разделению на праведных и заблуждающихся, в то время как все претенденты, якобы, исповедуют Единого Бога.

Борьба мужчины и женщины привела к дисквалификации Любви и к нестабильности создаваемых союзов, а в целом, к деградации генетического кода землян.

Взгляните на все эти Процессы с точки зрения Вечности и с точки зрения Эволюции Миров, которая и есть результат Единения, Любви и Сотворчества Начал.

Духу Ищущему открыта Реальность Мира Горнего!

В созвучии с Законом придёт Понимание основополагающих и истинных Причин развития Вселенной.

Когда животворящая Сила Мироздания – его Материнское Начало – оплодотворяется Законом – Отцовским Началом, – тогда и начинается Процесс Эволюции и Созидания.

Любая другая Эволюция, вне этой, – Невозможна!

Я все сказал!

Владыка Мория

Об уважительном отношении к Законам

Друзья мои! Соратники и Сотворцы!

Я, Владыка Галактион, рад приветствовать всех вас, кто взять готов ответственность за воплощение канонов, запечатлённых на Скрижалях Огненных Закона, и, как Качества Божественного Света, их Луч Торжествующей Вселенской Церкви к Планете ныне устремляет. Легионы Воинств сего Высокого Луча даровано мне возглавлять. Они всегда придут на помощь к вам, коль призовете Луч, но прежде следует постигнуть суть и существо Закона, иначе к Богу путь покажется тягостным и тернистым.

Хотелось бы сразу обратить внимание на то, что вопрос духовного возрождения человечества нерасторжимыми узами связан с вопросом возвращения всех его представителей в Правовое Поле Космоса. Да не будет проведена аналогия правовой культуры, которая ныне утвердилась на планете вашей, с Правом Космическим. Право праву рознь, и если земные законы стоят на страже материальных ценностей людей, то Космические создают благоприятные условия для нравственного развития Божественных Сознаний, побуждая их к эволюционному становлению в Вечность и Беспредельность. Нет иной цели у Космического Права, кроме как осуществлять творческий поиск всевозможных средств и методов поддержания Гармонии в мирах и Космических Пространствах. Если Космос назвать Сферой Единомножественного Присутствия богореальных форм жизни, созданных по Образу и Подобию Абсолюта, то Гармония в нём и достигается согласованностью их воль между собой и созвучием этой согласованности Высшей Воле.

Космическое Право регламентирует взаимоотношения Творца с каждой частичкой его Творения. Когда эти взаимоотношения несут в миры Гармонию, тогда Божественный Порядок является основным свидетельством Законности этих взаимоотношений.

По Внутренней Гармонии и Внешнему Порядку определяется состояние совокупной Точки Бытия Сознания всего Сущего во всех Мирах и Сферах Космического Мироздания. И если в человеческом сообществе утверждены иерархии, основанные на насилии и подавлении, то в Предпереходный Период ничего иного не видится, кроме как правовые нормы, доминирующие на Земле, привести в согласие с Космическими.

Главным Универсальным Законом Космоса, созданного Всетворцом, является Закон Присутствия Творящего Божественного Сознания Я Есмь, именуемый Законом Реальности. Все остальные Законы заключают в себе сущностные Основы, определяющие Порядок, Качество, Возможности и Условия функционирования Я Есмь во всех Мирах и Сферах Космического Мироздания. А потому сии Законы становятся частными

проявлениями Единого Вездесущего Сознания, пребывающего в непрерывном эволюционном процессе Самосозидания и Самосотворения.

Каждая богореальная форма жизни, получившая право на воплощение в Октавах Космического Пространства, во Внутреннем своём оживотворена Искрой Присутствия Божественного Сознания Я Есмь. Однако существование в человеке Божественной Искры ещё не есть свидетельство того, что Вознесение в Сферу Надлежащую ему гарантировано. Гарантом Перехода может быть наличие у человека своего собственного Божественного Сознания Я Есмь, и это Сознание формируется одним-единственным путем – опытом Богопроявления Я Есмь, коий возможно получить, лишь овладев способностью применять в жизни Качества Божественного Света.

Никто в Космосе не может лишить человека права на Переход. Но, если говорить о Космическом Праве, то в нём нет таких Законов, которые бы разрешали Вознесение не готовых к тому сознаний. На то и существует Божественный Порядок, чтобы соответствие объективно существующим космическим явлениям было Гармоничным. Потому, какими бы возвышенными ни были бы Мечты, мечтающему о путешествиях в космических пространствах без Божественного Сознания не обойтись, а значит, ему необходимо познать реализацию Закона Богоуподобления. Всем ищущим Перехода в Сферы Внеземные, следует исполнить Вознесения Закон. Устремленным же к постижению Вечности и Беспредельности, следует созвучать требованиям Закона Эволюции Сознания.

Друзья! Настоящий эволюционный момент требует от каждого духоиндивида, представляющего человеческий поток жизни, глубокого знания Космической Законности. Только исходя из достигнутого Знания возможно осуществить верный анализ всей своей деятельности, и определить, насколько она соотвечает Космической Гармонии и Божественному Порядку.

Не приходят в жизнь кармические испытания в виде всевозможных болезней и неурядиц к тем, кто живет и действует сообразно Космическим Законам.

Исполняющий Закон являет собой Дух, подготовленный к жизни Космической.

Любовь к Законам дает возможность причастия из Чаши Бессмертия, и причастившиеся, обретут Бессмертную Индивидуальность Я Есмь.

Никто Свыше не осудит человека за отказ действовать законным образом, ибо действующий противозаконно сам себе и судья. Собственными приговорами привлекаются в жизнь искупительные программы, и привыкший к существованию в демоническом отражении, ибо научился богонепослушанию, сам себе не позволит перейти в Реальность Присутствия Я Есмь.

Как часто говорим, что Карма – зеркало духовной несостоятельности человека, так и не открывшего в себе Присутствие Божественной Души. Сия Душа есть Искра Духа, или Бога, в человеке. Путь Духовный – путь проявления Духа, или неукоснительного исполнения Космических Законов. Попирающие Закон, водворяются на искупительные Круги Господа Сансары, где следствие безжалостно возвращается к своей причине. Нет иного выхода с сиих Кругов, кроме как только через отождествление человека с Божественной Душой и алхимическую трансмутацию в Духа посредством обретения опыта Богопроявления. Знание о том, как постичь таинство Духовной Алхимии Сознания, дает Закон!

Друзья! Быть в Духе – это означает быть Законом в действии. Коль говорим об Эволюции Сознания Я Есмь, сие свидетельствует о том, что не могут быть Законы абсолютными и неизменными. Законы есть живые Божественные Существа, пребывающие в своём извечном развитии, совершенствовании и эволюционном преображении.

Развитием через Закон, развивается Дух.

Достигнув роста, Дух выявляет условия для развития Закона.

Развивающимся взаимодействием Духа и Закона, развивается Я Есмь, ибо Я Есмь, Дух и Закон – неразделимы!

Навечно предан вам,
Владыка Галактион

Сердце Чистое и Закон!

Брат мой!

Уверовавший в меня и возлюбивший, принявший как Сына Бога Единого, Господа своего!

Заповеди Божьи о качествах Я Есмь, мною оставленные – Суть Вселенского Закона, – да исполнены будут!

Кровью плачет Сердце Господа вашего, ибо вижу – сколь мало среди живущих истинных Учеников моих, почитающих Господа своего всей Жизнью своею.

Я, призывавший вас не поклоняться идолам, сам Идолом стал для Детей своих Возлюбленных.

Что толку в вашем молении, когда сердце молчит, и нет места в нём для меня – Эманации Жертвенной Любви Отца и Матери Всеединых.

Много ль толку в посещениях храмов, человеком построенных, коль выходите и грешите вновь, Закон Божий в миру нарушаете.

Есть один лишь Храм, где присутствую, – Сердце Чистое и Закон, в нём исполненный.

Что за Радость мне от свечей земных, что во Славу мою возжигаются. **Лишь одна Свеча – Понимание Сути Закона и Жизнь во благо Его исполнения – ныне мной и Отцом-Матерью Небесными принимается.**

Вы за храмами, да за свечами меня ныне почти не видите и мой Голос совсем не слышите, ведь живу не в том, что построено, а в Заветах, что мной оставлены.

Ученик мой! Сотворец и Брат, всей Жизнью моею Возлюбленный! **Очищай свой душевный Храм соблюдением Законов Космических, даб войти Я мог в него через Дверь, тобою открытую!**

Господь Иисус

Все наши Возможности обусловлены Законом!

Друзья мои, вернёмся вновь к основам построения Духа.

Слово – это энергия, и только от нас с вами зависит, какого она качества – оживотворяющая или разрушающая. Вот и поговорим о Посланиях Огненных и голосах нашёптывающих, ибо Время ныне необычное.

Настоящая Эпоха – Время Преображения, Время Исхода планетарной расы, Время Последнего Суда, и потому так просто и легко ныне заблудиться между Откровением и искушением, а заблудившись, впасть в иллюзию собственной очевидности, с Реальностью Божественной ничего общего не имеющей. Сие заблуждение означает – встать на первую ступень лестницы инволюционного падения, ибо сия лестница с лестницей Эволюции – одна стезя, вот только знаки путеводящие ведут в различные направления.

Знак первый – Цель, которую вы так яро жаждете достичь в конце земного воплощенья! Она ведь есть у каждого из вас, хоть кажется порой, что вы её не зрите; а коль не зрите – сие есть только знак, что вы в иллюзии и весь ваш негатив решает всё давно за вас.

Знак второй – Средства. Коль устремления благие и Светом возгорелася душа, – Закон Божественный – ваш друг и первый вам помощник. Коль он препятствие, задумайтесь – куда ведет тропа?

Знак третий – Результат. Коль все ваши усилия не воплотились в форму, которая и есть ваш Идеал, Космический Закон нарушен вами – не те избрали средства, иль Идеал несоразмерен с возможностями вашими, а может быть, несвоевременен с Сознанием Планеты.

Все наши Возможности обусловлены Законом! Как порой ни высоко стремление, есть Объективная Реальность – триединство сил, образовавших человека: Дух, Душа и Тело. Лишь в данном Триединстве восхождение возможно. Когда достигнуто человеком созвучие Божественной Душе, и от Духа обретено Богоруководство, тогда в Законе явлен будет Путь! Несвоевременность порой тому причина, что падает личностное сознание человека, ибо без руководства Духа неправильно трактуется Закон, а значит, не пробужденной остается сама Душа и гибнет Тело.

Хочу напомнить Репина картину с названием «Бурлаки на Волге». Идущий первым тянет весь канат. В единой связи с ним – все остальные человеческие души. Без их помощи не сдвинет он корабль, который именуем нами Жизнью. Поэтому в безбрежном устремлении храните силу, доверие и мужество всех тех существ, кто замыкает цепь и ввысь идет последним. Но и последние, доверьтесь первым, ибо в единой связке, им отведена роль Духа, а значит, при оказанном доверии и помощи, проявленной в едином деле, все: ведомые и ведущие, окажутся в эпицентре Богоруководства.

Настоящая Эпоха – Время Богоуподобления, и в Вечность будет устремлен всех путь, коль явите Сотрудничество в труде, подчиненном цели эволюционного преображения мира. Своевременность реализуется Восхождением по ступеням Лестницы Эволюции, происходящим посредством добросовестного исполнения наших Посланий, содержащих Указы о том, как прийти к Обожествленному Сознанию. Так и познаете Вечность, если своевременно созвучите Времени и пойдете с ним в одну ногу вехами Богоруководства.

Теперь вернемся к чистоте Посланий. Дабы энергию и информацию вам передать, их надлежит нам трансформировать в своих

Полях Сознаньях и многократно Луч усилить сей, ибо духоматерия в реальности Физической Октавы намного той плотней, в которой ныне все мы пребываем – Владыки, Элохимы и Архангелы, являющиеся Божественными Управителями Планеты вашей. Не думайте, что легкая забава – сей труд требует высочайшего напряжения сил, ибо при передаче информации нам предстоит преодолеть сопротивление среды. Материальный мир определяется более низкой частотой вибраций духоматерии пространства в Мироздании, и иногда запрашиваемое вами несоразмерно с усилиями, прилагаемыми здесь нами. Но… есть Закон, и он гласит – коль послан Зов, нам надлежит ответить… и отвечаем мы…

В благоговении бесконечном Я преклоняю главу пред Иерархией Святой и теми Сущностями, которые дали человеку право использовать вибрационные ключи их Сутьевых Имён, и в недоумении взираю, как зачастую энергия призывается для достиженья целей мелких и тщеславных.

Как много неугодных целей, которые приводят в действие Закон Кармы, непреложно возвращающий искупительное следствие к своей причине!

Цель первая: «Кем был в последнем, в предыдущих воплощеньях?»

Вторая цель: «Кем буду после Перехода?»

Цель третья: «Учитель, как мне быть в сей ситуации – что есть, что пить, во что одеться?»

Смешно и глупо, ведь подобная активность противоречит Сущего Закону. Мы же, вам Небеса открыв, даб устремились к Трону Вездесущего Я Есмь, даб воспитать Пророков и Мессий, столкнулись с самостью у просветлённейших сознаний, которые столь высоко почтил Творец, что дал им право на контакты с нами, и вот итог, всех дел венец... всё скрытое становится столь явным.

Я на себя ответственность принял вернуть столь многих к смыслу Вечной Жизни и защитить Сестер моих и Братьев, которые пред вами беззащитны от любопытства личностных сознаний, ведь Имя их призвать Господь вам право лишь в Служении даровал – в активности, подчиненной Высшей Воле!

Храните каждый миг своего сущностного бытия и посвящайте исполнению Закона! Из мигов складывается Вечность, и в дверь Её войдете лишь тогда, когда позволите Водительству Духа осуществиться!

Владыка Мория,
по праву Ману расы новой планетарной
послание сие вам передал

Непреложность Великого Закона для всех уровней Бытия

Взывающие к Богу: «Не оставь!», – готовы ль вы довериться Могуществу и Вечной Силе Света, что излучает Он как эманации Любви и Таинства Святого воссоединения с первопричиной Бытия во всех мирах Проявленной Вселенной?

Страх – сковывает дух, сомнения – связывают сердце, а ревность, зависть, гнев во всех проявлениях своих – лишают личность разума и Богоруководства.

Всё – в вас самих, и вы – жнецы всех качеств лучезарных и кузнецы оков, что не дают душе вернуться к Свету и погружают субъективное сознание в иллюзии и наваждения Майи. Поэтому вновь говорю о Силе, могуществом своим и властью способной разорвать оковы духа вашего и уберечь от всех сомнений сердце! О Силе утверждаю, что способна отделить Мечом Единой Истины и Непреложностью Закона Реальность от иллюзии и воскресить в Величии Небесном созданье каждое! О Силе ныне провозглашаю, что возрождает разум и пробуждает сердце, рождает устремление души к Преображенью, и имя ей – Любовь.

Любовь как проявление и воплощение Света, Любовь как сотворенье в Духе в Сферах, Любовь как все деяния Души, Любовь как Радость, Благо, Мир, что слиты воедино неизменно, – Любовь такая преобразует всё и всё одухотворит!

Коль просите вы Руководства именем моим, Я укажу вам Путь к сокровищам нетленным – они есть Чаша Жизни Трехлепесткового Пламени и Кольца Света в Каузальном Теле.

Коль говорите: «Истину открой!», – Я открываю ту, что в Уроках Жизни сам постиг, стяжая Дух Святой на том пределе Бытия Вселенной, который уготован мне судьбой по Осознанию и Устремлению Сердца.

Ещё мерило есть одно – Любовь, и по тому, как её Я проявляю в деяниях своих, мечтах, словах и мыслях, во всех формах претворения активности Души, мой План Божественный благословляют и направляют Сиятельные Властители Проявленной Вселенной.

Какой бы Я престол ни занимал, какими бы на миг «Здесь и Сейчас» полномочиями Света мой Внутренний Христос, мой Дух ни обладал, Я повинуюсь Высшему, и будет так всегда. И Бог, и Иерарх, и Элохим, и Лучезарный в Свете Горнего Могущества Архангел – подвластны все Великому Закону в Бытии.

Закон Я Есмь свят и непреложен, и всем дано познать преображение в его Пространственном Огне. Коль был бы сей Закон немилосердным, ограничивающим в Духе и связывающим развитие Сознания в Бытии, то невозможно было б нам познать алхимию Богоуподобления и ввысь взойти по пламенной стезе Духотворенья!

Господь Вседержитель

Откровение из Евангелия Вечности. Провозвестие 21

И сказал Господь:

Разумность – это понятие, не имеющее ничего общего с состоянием интеллекта человека, и не зависящее от его способности оперировать ёмкими концепциями и определениями во имя достижения собственных, пусть даже грандиозных по своим масштабам, планов и замыслов.

Человечество может сколько угодно возвеличивать себя перед представителями Природных Царствий, приняв за основу свои достижения в области научно-технического прогресса, но это ничуть не делает его более разумным, ибо ни одна из животных форм жизни, невзирая на то, что в своём развитии оная вышла на уровень всего лишь проблесков ума, не способна варварски уничтожать, изощренно эксплуатировать и беспощадно подавлять себе подобных. Ни одно богореальное существо планеты Земля не разрушает себя и пространство Присутствия своего в той степени, в которой это делает считающий себя разумным человек.

Разумность не присутствует там, где процветает соперничество и насилие, обман и лицемерие, изворотливость и подобные им качества низшего эго человека, и, в отличие от земного интеллекта, является категорией, представляющей Космическую Нравственность.

Если Высшим Разумом Абсолюта является Опыт, приобретенный Им при реализации своих Планов-Замыслов в Проявленной Вселенной, как правило, приводящий к расширению Каузальной Октавы Внутреннего Круга Присутствия Божественного Сознания Я Есмь, в пространстве коего развиваются Божественные Существа, относящиеся к Иерархии Второрожденных Гермафродитов, это не говорит о том, что Разумность, как таковая, непостижима и недостижима для людей, пребывающих в плотных слоях духоматерии Проявленного Космоса. Совсем нет, ибо как Вверху, так и Внизу, и об этом гласит Закон Аналогии.

Формирование Разумности у человека, как богореальной формы жизни, сотворённой по Образу и Подобию Творца, начнётся тогда, когда он сознательно Устремится к тому,

чтобы выявить своё истинное духовное Первоестество в активности, происходящей во внешнем мире.

Разумными следует называть тех богореальных существ, которые свято чтят Волю Бога, понимают Планы–Замыслы Создателя, направленные на обожествление Проявленного Космоса, и принимают активное участие в процессе их воплощения.

Разумность есть состояние Сознания, заключающее в себе опыт Богопроявления, обретённый в результате добросовестного исполнения Космических Законов, и это исполнение всегда сопровождается трудом, направленным на практическое приложение Качеств Божественного Света, заявленных в индивидуальный План эволюционного развития людей.

Когда человек придет к разумным, с точки зрения Божественности, моделям поведения, он непреложно сформирует своё собственное Каузальное Тело, наличие которого даст ему, обусловленное требованиями Закона Воздаяния, право и возможность на Вознесение из пространства материального мира в более высоковибрационный слой Космоса, именуемый Каузальным Подпланом Физической Октавы Проявленной Вселенной.

Разумность не определяется материальным богатством и высоким положением в обществе. Не может свидетельством разумности быть причастность к государственной, партийной, религиозной, или любой иной иерархической элите, ныне существующей на вашей Планете. Не является мерилом разумности учёная степень или звание заслуженного деятеля в какой–либо сфере человеческой активности, ибо её высшая суть основана на Любви, проявляемой сущностью к своему Творцу и всем творениям Его.

Любовь Сущности, возложенная на Алтарь Всеединого, как достигнутый Опыт Обожествления своего Сознания, как процесс становления Божественной Индивидуальности Я Есмь, как труд Созидания, направленный на эволюционное

Преображение мира – это и есть основной признак активности Высшего Разума!

Разве можно назвать разумным руководителя государства, если его управленческая деятельность не соотвечает Законам Космоса, а личные амбиции порой вовлекают народ, доверивший ему власть над собой, в состояние конфронтации или войны с другими человеческими сообществами?

Разве можно считать знаменитых учёных и выдающихся академиков, участвующих в создании новых, ещё более разрушительных, видов оружия массового поражения, разумными существами, если старых, менее мощных, достаточно, чтобы сотни раз уничтожить планету со всеми её обитателями?

Разве можно отнести к разряду разумной активность тех лидеров религиозных конфессий, которые благословляют фанатизм и догматизм, лжераспятия и лжемученичество, религиозную нетерпимость, террористическую и иную кровопролитную деятельность людей, и тем самым создают препятствия для утверждения на планете Новых Божественных Истин, направляемых Небесной Иерархией в развитие прежних Вероучений?

Люди участвуют в трудовом процессе и, как правило, посвящают этому третью часть времени суток. Труд облагораживает и духовно возвышает богореальные формы жизни, если он направлен на совершенствование и приумножение способностей приносить пользу миру. Может ли быть отношение к исполняемой работе критерием разумности? Конечно же, да, если в нём присутствует не количественная, но качественная сторона, ведущая к созданию, утончению и развитию собственного Божественного Сознания Я Есмь.

Однако существует иное отношение к исполняемой работе, и нельзя назвать разумным применение собственных трудовых усилий, если внутри давно погас огонь творческой новизны и инициативы, а сам давно опостылевший труд воспринимается как вынужденная необходимость, дающая средства к существованию. Разве такой труд сделает радостной жизнь? Разве усилия, лишённые увлеченности и пламенности сердца, приблизят к Царствию Небесному?

Потому всякий раз твердим: «Трудом поклоняйтесь Творцу, трудом, пронизанным Качествами Любви и осуществляемым во имя всеобщего Блага!»

Испокон веков мужчины и женщины на Земле создают семьи, рождают детей и ведут совместное хозяйство. В семейной жизни двух полярных взаимодополнений существует замечательная возможность достижения истинной разумности и могущества творческого созидания, достойного активности самого Творца. Однако можно ли назвать разумными взаимоотношения между мужчиной и женщиной, когда они, создав союз, живут в нём без Любви и Счастья? Такая жизнь – истинное прелюбодеяние, приводящее к серьёзным кармическим последствиям.

Знайте, что те, кто живёт друг с другом не по любви, но из-за жалости к детям или совместно нажитому имуществу, мало того, что свои души искалечат каждодневным соперничеством и неприятием, – они отравят и деформируют души чад своих вместе с пространством их сущностного обитания.

Прелюбодеи так и живут: внешне вроде бы в мире и согласии, но во внутреннем своем источают молнии всеиспепеляющей войны.

Да разве возможно уповать на благостную судьбу тем, кто живет разрушением?

Сказано: «Любовь есть живая вода, дарующая Бессмертие!» Существа же, не питающие живой водой сердца свои, подобны растениям, засыхающим на корню.

Взгляните на улицы и площади больших городов, зайдите в крупные торговые центры и магазины, загляните на стадион или в метро, и вы без труда обнаружите превеликое множество людей, соприкасающихся друг с другом и взаимодействующих между собой. Жизнь прекрасна тем, что создает разнообразные ситуации, наделяющие человеческие существа бесценным богатством – тем жизненным опытом, во имя которого на Землю и воплотились Солнечные Души. Какая благодатная возможность для того, чтобы научиться быть безусловно счастливым и милосердным, безгранично радостным и прощающим, безмерно добротоделательным и благодарным существом, и не где-нибудь в отдалении от мира, но пребывающим в окружении себе подобных человеческих индивидуумов.

Но как много в снующей туда–сюда толпе людей, чем–то взволнованных, возбуждённых и озабоченных человеческих лиц. Порой бывает достаточно одного какого-либо неловкого движения или необдуманного слова, чтобы вызвать со стороны других человеков волну возмущения, раздражения или негодования, способную привнести в окружающее пространство значительные по своим масштабам энергоинформационные разрушения. Сеющий зло, от зла и пострадает! Впоследствии и недоумевают люди, почему болезни, проблемы и неурядицы их преследуют по пятам.

А ведь неустанно повторяем: «Не относись к другим так, как не хотел бы, чтобы отнеслись к тебе!»

Если человеческое существо постоянно забывает о своём духовном первоестестве, теряет самоконтроль над своими внутренними состояниями, если оно добровольно превратило себя в раба житейской суеты и эмоциональной суетности, энергетически истощающей и разрушающей его изнутри, а внешний мир снаружи, то нет в нем и малейшего присутствия разумности.

Удивительно, как легко Планетарному Демону Гантургу удалось вовлечь подавляющее большинство современного человечества, относящего себя к разумной цивилизации, в беспощадную конкурентную борьбу, инициировать разорительную для всех народов гонку вооружений и побудить к хищнической эксплуатации всех Царств Матери-Природы, поставив, таким образом, материальные подпланы Планеты на грань физического уничтожения!

Просто поразительные чудеса «разумности» проявляются в молитвах предстающих перед Господом, когда просится лишь о тленном.

Но разве забыли, что всё необходимое уже ниспослано каждому от рода, а Дары Небесные в жизнь направляются по плодам Служения Творцу и его творениям.

Что сеется, то и пожинается! Коль отвернулись просящие от Законов Моих, то, как открою им Лик свой?

Ясно, что жизнь не сладка у нарушающих Высшую Волю, ныне открываемую человечеству Земли, но как бы нарушитель страстно ни молился, упорствуя в своём, без ответа останутся все его прошения.

Всё, что с человеком происходит, вершится Закономерно и в связи с достигнутым им состоянием своего сознания! И если желаемое не приходит в жизнь, то только потому, что сознание к этому не готово.

Нет иного способа улучшить бытие, преисполненное всевозможными болезнями, проблемами и невзгодами, кроме как изменить своё сознание, превратив его в Источник Света.

Источник Светоизлучения, преображающий мир, формируется Законопослушанием!

Когда же нет намерения исполнять Космические Законы, но желается лучшей судьбы и более благостной земной жизни, тогда и утверждается позиция потребителя, зависимого от внешних условий своего материального существования.

Разве мольбы, исходящие от потребителя, возлюбившего себя превыше всего на свете, дойдут до Небес? Нет, не дойдут.

Они и не предназначены для фокуса внимания Божественности, ибо заключают в себе демонический подход к жизни: только брать, но ничего не отдавать.

Как же Господь поможет, если помощь Света может поступить только к тем, кто готов жить и поступать по Законам Космоса?

Если нет разумного устремления к Законной Жизни, тогда с чем бы человек ни обращался к Небесам, он обращается к Гантургу, наделяя его правами своего Властелина, а себя – положением раба, ибо рабство это происходит от отказа проявлять свое духовное Первоестество и трудиться во благо достижения Свободы Духа.

Да разве что хорошее выпросите у Демона?

Небеса открыты для всех людей, и Небожители готовы прийти на помощь каждому страждущему Света!

Потому учитесь истинной молитве, ибо разумна!

Учитесь через молитву, исходящую из сердца, в словах Благодарности, Радости и Славы излучать в мир накопления своего Внутреннего Света, воздавая хвалу Вседержителю за жизнь данную и возможность получать от мира всё необходимое для своего материального существования.

Учитесь сокровенному общению с Господом, всякий раз прося Благословения и Помощи в делах, служащих цели эволюционного преображения мира.

К иным молениям Небеса глухи, и не желающий этого понять – дитя несмышлёное.

Не разумность человек проявляет, а просто не ведает, что творит и тогда, когда истинного Господа Вседержителя всей вашей планетарной расы, Мною на эту Иерархическую Должность утверждённого – Лучезарного Архангела Люцифера, по недомыслию своему, основанному на демонической лжи, окончательно отравившей сознание людей ещё во времена средневековья, обвиняет во всевозможных кознях против Бога, Иерархии Сил Света и самих человеческих существ.

Запомните раз и навсегда! Небеса представляют собой Огненный Мир, бытие которого основано на божественных моделях поведения. В эманациях Пространственного Огня причина к проявлению зла зародиться и проявиться не способна.

В Огненном Мире обитает Космическое Содружество и Братство, действующее на принципах Любви, Сотрудничества, Созидания, и устраивающее свою жизнь в полном соответствии с Законом Я Есмь.

Бунты, восстания и антагонизмы – это модели и образ существования демонизма, способного проявиться лишь в мирах материальной вещественности, и то благодаря одержанию людей, ставшему возможным в результате утверждённого богонепослушания.

Множество существует форм одержания, но самая кощунственная, – наделять Небесное Бытие и Божественных Существ, его создавших, чертами, исходящими из несовершенного мировоззрения людей и присущими низшему эго человеческой личности.

Коль обвинение существует, существует и его исток. Ни в нём ли затаилась сила, которая однажды искусила человека к вкушению плодов от древа познания добра и зла? Потому существа, одержавшие людей, именуются демонами, что противостоят Творцу, сотворившему Космическое Мироздание, и к этому побуждают все Его творения.

Отказавшийся жить в согласии с Высшей Властью и установленным Ею Порядком в мирах и сферах Проявленной Вселенной – своевольник. Своевольник и будет во всех бедах, произошедших с человечеством Земли, не себя винить, но выгораживать, ссылаясь на клевету демонов о том, что грехопадение человека произошло по вине Люцифера.

Какая удобная позиция, как для своевольника, так и для демонов, ибо, наделив ангелов способностью неподчинения Высшей Воле, они не просто отвели от себя все подозрения, но более того, скрыли само своё существование, укрывшись в тени, отбрасываемой мантией Лучезарного Архангела.

Убийственными по разрушительности и масштабности своих последствий являются демонические инициации, особенно тогда, когда человек с ними отождествляется в угоду своему нежеланию трудиться над формированием космического мышления.

И вот уже всё цивилизованное человечество за реальность признает миф о якобы произошедшем Падении Ангелов с Небес, несмотря на существующее Знание о том, что Ангелы – сие есть существа, состоящие из чистого Света.

Но разве вы забыли, что низковибрационные демонические качества и состояния в Свете не могут существовать?

Ангелы же являются творениями своих, более светоносных, Небесных Прародителей – Архангелов.

Красотой структуры своего Светового Тела среди всех иных Архангелов особо выделяется Люцифер, ибо многого достиг в труде преображения мира, подчинённом Высшей Воле.

Лишь пребывающие в состоянии неадекватного восприятия картины мира, вызванного ядом одержания, способны в Красоте Света узреть возможность соперничества Люцифера с Богом.

Как должно человеку, дабы не наработать тяжёлых кармических долгов, прекратить называть Сатаной того, кто является Господом Вседержителем расы планетарной!

Как важно людям стать богоблагодарными существами, признав в Люцифере своего Спасителя, ибо только Ему, по могуществу имеющихся в Чаше Световых Накоплений, было подвластно удержать всё человечество Земли, познавшее грехопадение в Эдемском Саду, у той черты, где ещё присутствует Надежда на возвращение в Реальность Мою!

Не дремлют демонические существа, не почивают на достигнутых лаврах, но прилагают всяческие усилия, дабы укрепить свою власть над человеком, совершенствуя и утончая достигнутое могущество искушения, обольщения и дезинформации, пустив глубокие корни во все сферы активности людей, в том числе и в ту, что именуется духовной.

Множество ими придумано, так называемых, «духовных костылей» в виде всевозможных практик, обучающих голоданию, специальному дыханию, постам, очистительным процедурам, пассивной медитации, паломничеству и даже солнечному питанию, только бы отвести человека от активности, направленной на обретение опыта Богопроявления Я Есмь.

Легионы серых учителей, облачившись в маски добродетели, искушают всевозможными Дарами Небесными, обольщают в несуществующей возможности активизировать коды Бессмертия, открыть сверхъестественные способности и привести к такому состоянию сознания, кое позволит одними только Посвящениями, возвести человеков на иерархический уровень Владык и Учителей Мудрости.

Опомнитесь, дети Мои, в материальном мире ныне пребывающие! Да когда же такое было, чтобы что-то Небесное выявлялось само по себе в земном? Всякое Великое с малого начинается, но и малое даётся по Труду, совершённому в согласии с Законом!

Только неразумность человеческая позволяет признавать истинным приход в мир и присутствие среди людей, относящихся к 5-й планетарной расе, представителей Шестой, ибо не ведают, что Шестая Раса есть Раса Боголюдей, которая будет собрана из числа тех человеков, кто Обожествит своё Сознание и получит право на Вознесение, дабы продолжить своё развитие на Планете Зариана, находящейся в Каузальном Подплане Физической Октавы Проявленной Вселенной.

Какими только лжеспособностями ни искушается человек; и вот ему уже достаточно просто проявить к тому желание, чтобы за час получить Прижизненное Кармическое или Прижизненное Квантовое Вознесение; и, как ни странно, он это желание проявляет.

Цель всех искушений и обольщений – ещё более закабалить сознание человека, дабы не позволить ему вырваться из пространства демонического одержания и помешать активности, способной приблизить его к Огненному Миру. Крайне неразумно знать о непреложности богопослушания, открывающего Врата в Бессмертное, но прибегать к услугам всевозможных чёрных магов и колдунов, находящихся в служении у физической смерти. Демоны до тех пор будут осуществлять свои инициации, пока человек не предпочтёт жизни, наполненной болью и страданиями, напряжённый труд вмещения в свое сознание Качеств Любви и Света.

Главными отличительными признаками «костылей» и обольстительных речей являются:

— призывы о необязательности активности, направленной на эволюционное преображение мира;

— протесты против Богоруководства со стороны Небесной Иерархии;

— заявления о ненужности Законов, так как они якобы ограничивают свободу волеизъявления;

— обещания легкости достижения Просветления;

— увещевания взять на себя карму учеников;

— стремление заменить работу, требующую Огненной Трансмутации Сознания, на манипуляцию со временем, в части, касающейся возвращения к давно отжившим свой век календарям и летоисчислениям;

— отказ от обретения опыта Богопроявления Я Есмь и противопоставление ему практики очищения физического тела и медитации на молекулу ДНК.

До чего нелепыми и смешными в своем невежестве оказываются порой люди, когда пытаются в самой низковибрационной части своего несовершенного сознания, называемой в созданной человечеством психологии, подсознанием, обнаружить божественные способности и таланты. Подобный поиск – прямой путь к ещё большему демоническому одержанию, так как подсознание есть обитель зла, образовавшаяся в человеке в тот момент, когда богонепослушание, своеволие и вседозволенность он превратил в норму своей жизни. Поэтому кроме демонического присутствия и инициаций со стороны серых и тёмных учителей, проявляющихся посредством всевозможных страхов, тревог, беспокойств, маний, фобий и обольщений, в этой части своего человеческого сознания ничего иного, относящегося к качествам Божественности, найти невозможно.

Объясняю почему. Человек, будучи созданным по Образу и Подобию Творца Вселенной, имеет аналогичную Ему структуру иерархического построения своих тел, формирующих его Внутреннее и Внешнее Сознание.

Внутреннее сознание человека – пассивно, ибо принадлежит Духу, который и есть Индивидуальное Присутствие Божественного Сознания Я Есмь, Высшее Я, как гранечка Блага, рождённого в Духовном Первоистоке и являющегося истинной и сокровенной Сутью каждого богореального творения.

Дух обладает божественной триадой Высших Тел: Атмическим, Будхиальным, Каузальным, в которых рождаются его Планы–Замыслы, соотвечающие эволюционному Плану Абсолюта, формируются Устремления к их практическому воплощению и осаждаются, обеспечивая утончённость и красоту структуры его Сознания, Световые Кольца, как результат обретения опыта Богопроявления Я Есмь.

Дух пребывает в Духовных подпланах Физической Октавы Проявленной Вселенной, носящих аналогичные его телам названия, и Каузальный есть нижний слой Царствия Небесного, коий расположен над материальным миром.

Схема №1.

Энергетическое строение человека

(до момента грехопадения)

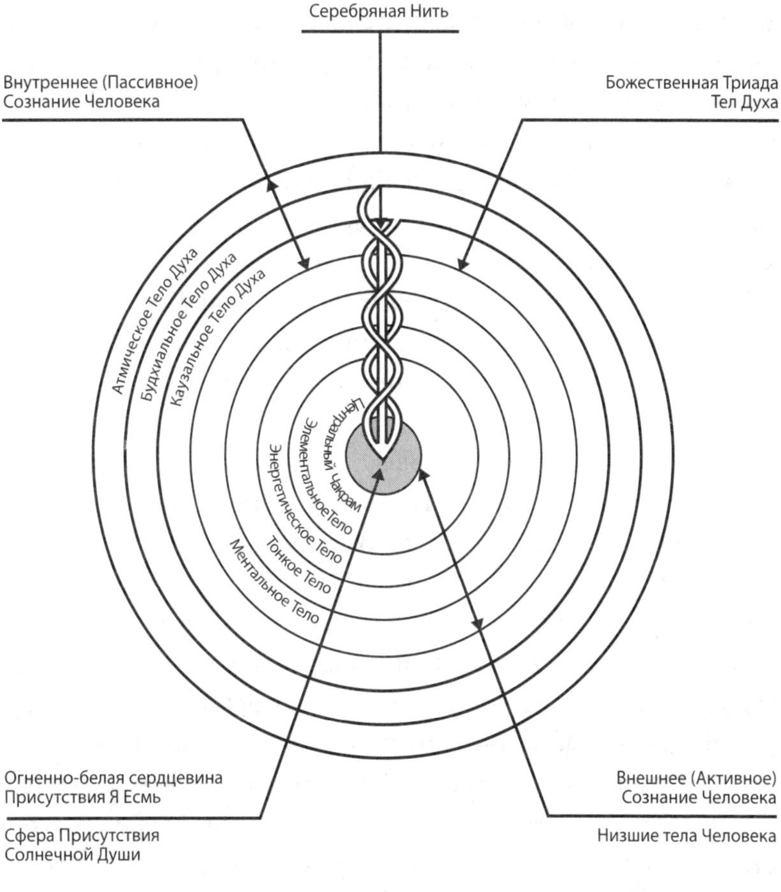

Рожденный сам в соответствии с Законом делимости Духа по Лучу, обеспечивающим процесс Сотворения Мира, как умень-

шенная Светокопия Я Есмь Владыки, Дух во исполнение этого Закона, даб Воля Высшая снизошла в глубины Космического Мироздания во всех Лучах-Аспектах Святого Духа, и тем были сформированы условия к Обожествлению Периферии Проявленной Вселенной, создаёт своё творение – Солнечную Душу.

Солнечная Душа есть живое богореальное существо, являющееся уменьшенной светокопией Духа, спроецированной Им в материальный мир Физической Октавы Проявленной Вселенной, коий и является Космической Периферией. Можно сказать, что Солнечная Душа создается, чтобы стать Эмиссаром Духа в глубинах Мироздания.

Для исполнения миссии своей и предназначения Душа облекается в физические проводники, даруемые ей Матерью–Природой и называемые Телом.

Так формируется триединство сил: Дух, Душа и Тело, образовавшее вертикальную триаду человека.

Вошедшая в биохимический организм Душа, будучи в неосознанном состоянии, ибо не имеет ещё собственного Опыта Богопроявления, коим формируется Божественное Сознание, должна быть познана человеком. То есть, человеку, даб достигнуть Богореализации своего Сознания, необходимо было первоначально открыть в себе присутствие Души и с ней отождествиться.

Отождествление с Душой непреложно приведёт человека к Богоруководству, так как Дух и его творение – Душа, соединены между собой каналом энергоинформационной связи, именуемым Серебряной Нитью.

Богоруководство необходимо человеку, даб исполнить существующий у его Солнечной Души индивидуальный План эволюционного развития.

В индивидуальный План заявлено 12 Качеств Божественного Света, и именно энергия этих Богокачеств составляет жизненную основу человека.

Энергия жизни и дарована человеку, дабы он осознал суть 12-ти Богокачеств и исполнил План, научившись действовать под руководством Духа и с целью одухотворения мира.

Нет у человека иного предназначения, кроме как преобразиться в Духа, и тем поднять частоту вибраций в мире.

Потому и появился термин «Путь духовный», что предполагает обретение человеком способности жить в Духе.

Дух Есмь Смысл Божественного Существования, облачённый в форму Лучезарного Закона, а Духовность – неискаженное исполнение всех Космических Установлений и Канонов, происходящее в реальности осознаваемого мира посредством сущностных деяний, дабы индивидуальный Опыт Богопроявления стал достоянием человеческого существа.

Активность, связанная с Осознанием своего первородного естества, и опыт, обретённый в связи с реализацией сложившегося представления о смысле жизни, формирует Внешнее Сознание, индивидуализирующее личность человека.

Если человек приложит максимум усилий и достигнет отождествления со своей Солнечной Душой, активизирует Серебряную Нить Богоруководства и научится действовать под водительством Духа в направлении обретения опыта Я Есмь, то непреложно произойдет стирание грани между Внутренним и Внешним Сознанием человека.

Богоруководство человеку дается с той целью, чтобы Дух ознакомил его с имеющимся опытом практического приложения Качеств Божественного Света во внешнем мире. Именно эти Богокачества заявлены в индивидуальный План развития человеческого существа.

Чем больше Знаний человек вместит в свое Сознание, основанных на опыте Я Есмь, тем ближе он станет Духу по Разумности и Пламенности своего сердца.

Нет более конкретного смысла у Духовного Пути, кроме того, который побуждает человека достигнуть идентичности с Духом, научившись действовать в согласии с Законом Я Есмь так же, как это делает сам Дух.

Применяя Знания, полученные от Духа, практически, человек опытом достигнутым и утвержденным будет структурировать своё Сознание и персонифицировать его Качествами Божественного Света, что приведет к рождению в мир Божественной Индивидуальности Я Есмь, или Нового Духа.

Непреложным следствием Божественной Индивидуализации Сознания человека станет появление у него собственного Каузального Тела, именуемого Высшим Разумом.

Таким образом, цель духовного пути заключается в исполнении человеком индивидуального Плана своего развития в мире материальной вещественности, сопровождающемся рождением Божественной Индивидуальности, облачённой в Каузальное Тело.

Именно Каузальное Тело и есть залог Вознесения людей на уровень Каузального подплана Физической Октавы Проявленной Вселенной и обретения возможности осуществлять жизненную активность в его Огненной Реальности.

Существует и другая сторона медали, связанная с отказом от богореализации сознания. Подобная ситуация возникает тогда, когда люди одерживаются демоническими моделями поведения, основанными на дисквалификации Качеств Божественного Света. Данной дисквалификацией обретается негативный опыт, коим формируется сознание несовершенной личности человека.

Чем сильнее одержание, тем сложнее людям подчинить свою активность интересам Духа, ибо каждая демоническая сущность, и не важно, чем она является: несовершенной мыслью, эмоцией, иль проявленным на физическом плане состоянием, обладает своей собственной волей и стремлением к упрочению своего положения в человеческом существе.

Схема №2.

Энергетическое строение человека

(после грехопадения)

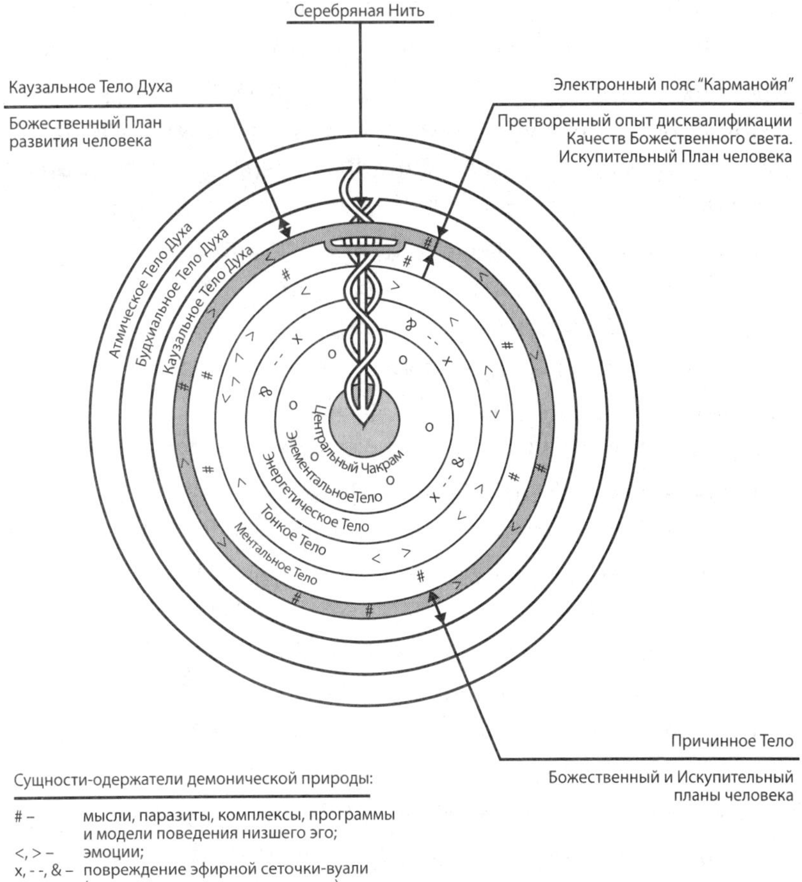

Но какой бы привлекательной людям ни казалась их жизнь, наполненная деструктивными привычками и чертами характера, она не имеет перспективы, ибо демонически разрушительна!

Однажды завладев вниманием людей и побудив их действовать вопреки интересам Духа, демоны преследуют весь человечеcкий род из поколения в поколение, обретя в подсознании личности своё проявленное присутствие.

Из подсознания демонические сущности инициируют человека, превратив оное в источник всевозможных неосознаваемых страхов, раздражений, беспокойств, маний, фобий и депрессий.

В подсознании людей притаилось зло, которое с нетерпением ждёт, когда же на нём спроецируется внимание искушенного человека.

Откуда, спросите, приходят болезни, невзгоды и страдания в человеческую жизнь? Из подсознания!

Пусть каждый знакомящийся с этим Провозвестием задаст себе вопрос: «Разве в подсознательном несовершенного человеческого существа могут находиться способности и умения, присущие Качествам Божественного Света?» Очевидно, что нет.

В сфере подсознания, лишённой искры всякой разумности, Божественные Качества не могут не только присутствовать (ни в активизированном состоянии, ни в виде пассивно существующих каких-либо тайных божественных кодов, кристаллов и голограмм), но и зародиться.

Сознание образуется опытом жизни, а подсознание – есть его атрофированная механическая часть, заключающая в себе отголоски демонического присутствия, заякорившегося в электронном поясе «Карманойя». Именно благодаря наличию этого электронного пояса, сформировавшегося в результате активности, противоречащей Законам Космоса, демоны непроницаемой пленкой изолировали Внешнее Сознание человека от Внутреннего, превратив сферу присутствия Духа в недоступную горнюю вершину.

В отсутствие Богоруководства, демонические существа из сферы подсознания управляют жизнью человека, заставляя его приобретать те или иные деструктивные привычки и черты характера.

Подсознание – это всегда мрачная комната, вызывающая ужас от одного только соприкосновения с царящей в ней атмосферой. Тем не менее, каким бы плотным мрак в этой комнате ни казался, достаточно и толики Света, исходящей от Богокачеств, чтобы осветить подсознание и преобразовать его в Божественное Сознание Я Есмь.

Нет иного пути, ведущего к соприкосновению с Сокровищницей Даров Небесных, кроме того, который зиждется на Устоях Духа и позволяет прийти к Обожествленному Сознанию, структурированному Качествами Я Есмь.

Каждому Богокачеству свойственны те или иные Божественные способности и таланты, и научившийся практически проявлять его, становится обладателем Сокровищницы Духа.

Идущий по Пути Духа неотступно, однажды узрит себя в облачении собственной Божественной Триады Тел!

В этой Триаде, действительно, Тело Высшего Разума, или Каузальное, будет выступать в роли «под–Сознания», ибо, исходя из существующей в Космосе Иерархии Божественных Тел, оно обретёт свое Присутствие внутри более высоковибрационного Будхиального Тела, называемого Высшим Сознанием.

Тогда и Телу Атмическому ничего другого не останется, кроме как в этой Триаде стать Над- или Сверх–Сознанием.

Допустим, человек преобразился в Индивидуальность Я Есмь и у него появилась собственная Триада Божественных Тел. Но если применить старую терминологию, используемую в современной психологии, по отношению к новому образованию, то опять нет смысла что–либо искать и обнаруживать в под–Сознании. Зачем искать в Высшем Разуме то, что уже Есмь и реально существует, как Жемчужина Света, как сознательно полученный Опыт Богопроявления? Если этот Опыт реально в Сознании существует, то тогда всё могущество, все способности, все таланты, присущие этому Богокачеству, станут достоянием человека.

Только умением действовать в согласии с Высшим Пониманием сути тех или иных Богокачеств происходит Индивидуализация Сознания, как Я Есмь, сопровождающая процесс выявления того Светового Потенциала, коий заложен в Солнечной Душе, а потому изначально не могущий и не способный происходить в подсознании эго личности земной!

Приведу такой пример. Допустим, что человеческое существо возжелало обрести способность к исцелению. Однако для этого нет нужды просить, чтобы кто-либо из Учителей Земных или Небесных активизировал «третий глаз».

Нет смысла искать могущество исцеления и в подсознании! Из этой затеи ничего не получится, ибо Божественное в демоническом не существует.

Целебное могущество можно воскресить, но для этого следует совершить труд Самопознания, ведущий к открытию Присутствия Солнечной Души. Затем следует с ней отождествиться, дабы получить Водительство Духа, а получив, научиться Духопроявлению. Духопроявлением человек трансформируется в Источник Света. Источник же Светоизлучения не только не болеет, но и несет в мир мощь исцеления.

Причина заболевания одна – демоническое одержание, сопряжённое с искажением энергии Богокачеств. Потому так прекрасно звучит: «Исцеливший себя исцелит других!»

Кто же трудиться в направлении овладения способностью Светового Излучения не желает, но возжаждал открытия «третьего глаза» или активизации в подсознании несуществующих талантов, может привлечь к себе внимание демонических Иерофантов, которые обладают определенной сверхъестественной силой и черномагическим могуществом. Они могут усилить несовершенное желание человека, доведя его до состояния неконтролируемого одержания.

Кто будет виноват в том, что, подпав под чары искушения, человек сделает свой выбор и сделка состоится? Видимо, только тот, чья мотивация не содержит Благоустремления.

Оказавшись в ловушке иллюзии, человек может получить определённые способности. Но не к счастью бытия они приведут, и не к творчеству применения, а к разрушению сознания, личности и тела.

Получающий способности вопреки труду самостановления в Божественную Индивидуальность, продаст душу дьяволу, а, продав, её и потеряет.

Да не будет утрачена ни одна Душа для Космоса, ибо каждая рождена Эманацией Святого Духа!

Прекрасное Будущее ожидает всех людей, но не мыслится оно вне труда, направленного на овладение способностью практического приложения Богокачеств.

Так и ищущим воскрешения целебного могущества в первую очередь следует понять, что основу Целительства составляют грани Божественного Блага, именуемые Милосердием и Целостным Взглядом на Мир.

Милость сердца рождается заботой о духовном и душевном благополучии человека!

Когда же делаются попытки ограничить помощь другим людям содействием в удовлетворении их материальных желаний, тогда милосердие подменяется на жалость.

Целитель не может быть жалеющим существом, так как жалость формирует прямой путь к ложным компромиссам и сделкам с совестью.

Жалостью выстилается дорога в ад, но Милосердие, основанное на понимании Закона Я Есмь, даст ту непоколебимость Духа, которая побудит болящее сознание к бескомпромиссному труду над осознанием истинной причины заболевания и последующего её устранения.

Устремлением к формированию Целостного Восприятия картины мира и к установлению закономерностей происходящих в нём процессов, происходит приближение Целителя к постижению всеобъемлемости Знания о Качествах Светоизлучения.

Целостность достигается полнотой созвучия интересам Духа!

Чем больше человек вместит в своё сознание Качеств от Духа, тем более целостным станет его Сознание.

Знания о Качествах Духа, заявленные в индивидуальный План эволюционного развития человека, будучи претворенные практически, обогащают сознание опытом Богопроявления.

Всякий опыт Богопроявления приводит к формированию Световых Колец в Каузальном теле.

Количество Световых Колец определяет силу Светоносности Сущности.

Чем мощнее Каузальное тело структурировано Световыми Кольцами, тем сильнее его Светоносность.

Когда Каузальное тело развито, и Целостность Сознания сформирована, тогда Сущность превращается в источник Светоизлучения, и Дар Целебного Могущества, как и активизация энергоцентра Аджна, станут за труд, Ею проделанный, естественной наградой.

Имеющая опыт Богопроявления Сущность способна распознать причину всех заболеваний, так как оная состоит в искажении Качеств Божественного Света, составляющих жизненную основу человека.

Знающий истинную причину заболевания, способен указать на пути достижения исцеления.

Правильное же целение и заключается в том, чтобы не свести весь оздоровительный процесс к манипуляциям с физическим телом, но помочь осознать саму причину болезни, пустившую корни в подсознании человека.

Исцелить – это значит, помочь обратившемуся за помощью существу, поменять неправильное представление о смысле жизни, приведшее к дисквалификации жизненной энергии, а вместе с этим, – к заболеванию, на непреложность следования Принципам Божественного Существования, отражающим Качества Божественного Света.

Не несет иного значения Целительство, кроме как целеустремления сущности к движению в Духовный Центр, или Первоисток Проявленного Мира, вехами Богоуподобления.

Потому Целитель должен восприниматься как Духовный Наставник, что наставляет сущность на Путь Обожествления своего Сознания и на Труд неустанного совершенствования, развития и роста опыта Я Есмь!

Только опыт Я Есмь может быть настоящим лекарством для Души, и более того, – живительной амброзией, из которой формируется Эликсир Бессмертия.

Основа Вечной Юности и Совершенного Здоровья формируется Служением Творцу и всем его творениям!

Небеса направят Дар Целительства только тому, кто непрестанно Служит Миру посредством приумножения в нём Гармонии и Красоты своим жизненным трудом, и это космически Законно!

Ничто так быстро не приводит к Световой Структуризации Сознания, как Служение под началом Духа!

Целеустремление к Служению есть проявление Милосердия, как заботы о духовном преображении Сознания, а Целостный взгляд на мир, как многогранный Опыт Богопроявления самого Целителя, позволит ему выбрать правильный метод восстановления божественной целостности пациента, которую оный утратил, дисквалифицируя свой Первозданный Свет.

Устремлением к Служению во Благо Мира и Трудом, ведущим к обретению Целостности Сознания, узнаётся Разумный Человек, ибо своей Активностью, прославляющей

Творца, он создаёт Источник Созидания, исцеляющий и одухотворяющий своим Присутствием всё окружающее Пространство!

Благословляю каждое человеческое существо, которое, постигнув смысл переданного Провозвестия, устремилось к обретению истинной Разумности, открывающей Врата в Сферы Надлежащие.

Я все сказал. Я Есмь Всеблагодатный.

Летописец

О необходимости глубокого изучения Космических Законов

Возлюбленные!

Иерархия Сил Света обеспокоена тем, что у многих её земных сотрудников отсутствует стремление к строгому анализу на соответствие Космической Законности всей принимаемой информации, следствием чего явилась активизация Силы Противоборствующей, стремящейся внести инволюционные энергии, способствующие образованию аналогичных матриц в Мирах Восходящего Цикла.

Используя сознания, достаточно очищенные и вибрационно подготовленные для приятия информационных потоков Надлежащих Сфер, но не обладающие достаточными эволюционными Достижениями и Мудростью, то есть, глубокими Божественными Знаниями и Опытом их применения, Сила Противоборствующая стремится внести в информационный поток, принимаемый такими сознаниями, вибрацию, меняющую вектор эволюционной направленности Послания на инволюционный. Следствием этого процесса становится демоническая инициация развивающегося сознания и всех сознаний, вступающих в контакт с предлагаемой информацией, инволюционными энергиями и вибрациями.

Небесная Иерархия в своей Деятельности строго руководствуется Космической Законностью, ибо в противном случае Она таковой бы не являлась.

Пусть духовное подвижничество на вашей планете увлечено идеями достижения могущества Любви и Свободы в Духе, но соперничество, своеволие и анархия никогда не являлись краеугольными камнями Нравственного Преображения.

Эволюция, побуждающая всех сущностей, обладающих во Внутреннем своем Искрой Присутствия Божественного Света, к Сотрудничеству во благо всеобщего Созидания, и Закон – неразделимы!

На эволюционном цикле Космического Мироздания и Бытия Переход всех планетарных иерархий на новую Ступень своего развития непреложно связан с усилением действия Закона.

Только исполняющие Закон человеческие существа способны будут сформировать Сознание, обладающее правом на Вознесение.

Потому так важно Знание Законов Эволюции!

Потому так необходима чистота Канала всех Сознаний, принимающих Послания от Небесной Иерархии, и оная достигается неукоснительностью в претворении Законов!

Потому в настоящий эволюционный момент Учителя Шамбалы и Великие Сил Света обращаются с настоятельной просьбой ко всем своим земным сотрудникам и сотрудникам всех Миров Восходящего Цикла прийти к глубокому Изучению Космических Законов.

Каждому духоносцу, мечтающему о Богоперспективе, в своей творческой активности надлежит руководствоваться буквой Закона.

Устремление воплощать Закон в действии наделит Даром Распознавания.

Дар Распознавания, рождённый Пламенем Законопослушания, и есть та Сторожевая Башня Духа, пребывание в которой позволит ясно зрить все происки Силы Противоборствующей и безошибочно отделять в информации поступающей Зёрна Истины от плевел.

По поручению Иерархии Сил Света и Направителей Божественного Плана Планетарных Эволюций

Владыка Дивина

Тернии исчезнут, когда служение Истине будет происходить с соблюдением Законов

Дети мои! Как же необходимо вам разобраться в тех ценностях жизни, которые привлекают ваше внимание! Важны даже мелочи, ибо по ним можно определить, куда смотрит ваше сердце, и к чему оно прикипело.

Сердце ваше там, где ваши ценности. Если решили восходить Ввысь, то и Сокровища ваши должны быть на Небесах. Разве имеет значение что-либо земное, если его невозможно взять с собой, следуя по возвышающему пути? **Земное и дано вам в жизнь, чтобы, мудро используя его, накопить Ценности Небесные!**

Что же к этим Сокровищам следует относить?

Прежде всего, это Знание Законов и умелое их применение в жизни.

Когда жизнь посвящается исполнению Законов – это истинное Служение Творцу, создавшему Космическое Мироздание, и опыт обретенный – Истинное Сокровище, накапливаемое как Жемчуг Бессмертия в Чаше Жизни человеческого существа!

К стяжанию Небесных Сокровищ мы вас направляем, и Вехи Служения – это Ступени вашего восхождения в Вечность, утверждаемые неукоснительным исполнением Закона.

Используйте каждое Служение по назначению!

Будьте бдительны, будьте ответственны, будьте послушны голосу своей Совести, и тогда вы не утратите ни одной Жемчужины, а те, которые уже имеются, будут приумножены!

Служения проводим, и вас в них мы призываем, даб все ваши Сокровища были приумножены на Небесах.

Когда существует Устремление к накоплению Небесных Сокровищ, вы растёте Ввысь и поднимаетесь по Лестнице, своими Ступенями восходящей в Вечность.

Когда вы, пребывая в Служении, действуете неосмотрительно, халатно и безответственно, тогда нарушаете Законы, и обретаете кармические долги. Это неправильный подход к своей жизни, к своей судьбе, к затрачиваемым усилиям и к дарованному вам времени. Какой же в том смысл, чтобы, пребывая в условиях, могущих привести к Вечному, нарабатывать карму и усиливать в себе те привычки, которые приведут к разрушению сознания?

Зависть, осуждение, вседозволенность, безответственность, ревность, обида и многое другое, имеющее с перечисленным резонансное созвучие, – это груз, увлекающий личность на дно забвения. Будучи утверждёнными в Служении, они вызовут ускоренную демонизацию сознания.

Будьте осторожны, Дети мои, в выборе поступков и внутренних переживаний, когда участвуете в Служении. Исполняя Законы, вы обретёте Благо, а нарушая, сами себя лишите его.

Помните то, о чем говорил Иисус: «Имеющему, да приумножится, а у не имеющего отнимется и то, что имеет!»

Мы же вас благословляем на Путь истинных Служителей Света, и каким бы тернистым этот Путь вам ни казался, тернии исчезнут, когда Служение Истине будет происходить с соблюдением Законов.

Истинные Сокровища всегда там, где действие осуществляется в согласии с Законом!

Законы рождены Вечностью, и, живущий ими, обогащает Вечными Ценностями своё Сознание.

Служите Законам – в этом Истина и высшее Благо!

Господь Вседержитель

Ибо, воистину, Верой своей Богочеловек будет от Я Есмь!

Друзья мои!

Пусть вам неизвестны конкретные условия Вознесения, но разве сразу ни обращает на себя внимание то, что силы Хаоса и Стихийного Беспорядка не способны регламентировать Процесс, связанный с Переходом. Даже простое действие предваряет Мысль и… Вера, что оное достигнет необходимого Результата; иначе, зачем тогда каким-то определённым образом поступать? Не может Вознесение стать делом случая, ибо некому будет дать Гарантию, в какие миры притянется человек. Коль будут властвовать беззаконие и хаос, не определить, куда направится Вознесения Спираль: в Царствие Небесное, в Космическое Безмолвие, в Миры Непроявленного Космоса или в Адовую Реальность.

В Космическом пространстве вне Воли Бога изначально ничего не происходит. Потому ничего и не остается, как признать существование Космического Закона, определяющего условия Перехода для всех устремлённых к тому существ.

Признавая непреложность Закона, следует признать и необходимость подчинения его неотъемлемым условиям!

Пусть всё человечество мечтает о Вознесении, но если существует адовая реальность, как сфера посмертного пребывания людей, чьи души обременены грузом кармических долгов, приобретенных на Земле противоправными деяниями, то, видимо, становится очень важной необходимость знать суть тех требований Закона, которые не позволят человеческой Душе ошибочно «промахнуться», и вместо ожидаемого Рая, попасть в ненавистный Ад. И Всетворец их определяет!

Вознесение может происходить лишь на Восходящем Эволюционном цикле Космического Бытия!

Эволюция – это не искупление, а потому никаких Спасателей не будет, и человеку предстоит спасать себя самому, индивидуально, или с помощью, а значит – под руководством, Иерархии Небесной, если на то будет у него добровольное соизволение.

Путь для спасения давно уж обозначен Буддой и Христом. Соединение их опыта в себе, поможет людям обрести своё собственное Божественное Сознание Я Есмь.

Без индивидуального Божественного Сознания участие в Эволюции невозможно!

Процесс образования Сознания Я Есмь именуется Богореализацией, состоящей из трех взаимосвязанных этапов, ибо вначале предстоит активизировать Сознание Будды, – утверждённым Самопознанием, затем – Христа, посредством овладения могуществом Духотворения, и в завершение – Сознание Майтрейи, познав всё торжество своего участия в процессе эволюционного преображения мира и подготовке оного к Вознесению.

Богореализация Сознания потребует от человека определённых навыков, и ему необходимо будет научиться проявлять в своей активности 12 Качеств Божественного Света, заявленных Законом в индивидуальный План эволюционного развития человеческой Души. Сей План у Души появился при сотворении её Духом, как Мысли о Грядущем Эволюционном Самостановлении и Вознесении, и Вера в оное свершение способна зародиться лишь исполнением Закона.

В 2000-ом году Планета вошла в Галактический Дом Созвездия Змееносца, Иерархии и Цивилизации которого обеспечивают исполнение Закона Вознесения. В Межгалактической Реальности Вселенной его порядковый номер – 13. В 2001-ом году начался цикл Посвящений человечества Земли. 13 лет будет проходить вышеобозначенный цикл. Свидетельством же успешно пройденных Экзаменов должны стать 12 Световых Колец, образованных опытом Богопроявления в Теле Каузальном, и именуемых Я Есмь.

13-е Кольцо Света сформируется умением прилагать на практике 12 вышеобозначенных Богокачеств в своих различных композиционных сочетаниях.

13 Световых Колец создадут структуру Светового Тела Богочеловека, которое и даст ему возможность Вознестись на уровень Октавы Надлежащей.

Если лишь в 2013-ом году состоится Посвящение 13-м Лучом (Богосинтеза и Завершения Плана), то у людей существует возможность эффективно использовать оставшееся время, хотя бы для того, чтобы прекратить быть участниками искупительной программы, появившейся у человечества Земли как результат неисполнения его представителями Великого Закона.

Друзья мои! Запомните!

Эволюция происходит только лишь в Реальности, сотворенной Богом, и целью своей ставит совершенствование Божественного Сознания Я Есмь.

Человечество же ныне пребывает в Отраженном Зазеркалье, не имеющем Плана своего развития в Сознании Творца, а потому подлежащем уничтожению, так как представляет собой пространство активности людей, инфицированных демоническими программами бытия. С таким бытием и с сознанием, наполненным опытом небожественных моделей поведения, человечеству проход в Царствие Небесное закрыт.

Желают того люди или нет, но им ничего иного не остается, кроме как во имя достижения своего бессмертного Будущего, тщательно изучить все Установления, проистекающие из содержания Законов Эволюции и Вознесения.

Человеку следует хорошо подумать, стоит ли ему противиться Высшей Воле. Ведь из демонических Отражений невозможно убежать, поскольку все человеческие существа, в них обитающие, соотвечают ему состояниями своих сознаний.

Отраженное Зазеркалье необходимо преобразить в Пространство Света!

Для воплощения данной цели человечеству Земли предстоит овладеть могуществом Божественного Претворения.

Божественное Претворение потребует Сотрудничества всех Светоносных Сил!

Люди, избравшие Высшую Волю для воплощения, будут избраны Ею для Богоруководства!

Нет более удачной формы объединения всех земных Сотрудников Иерархии Небесной, чем Избранный Народ, возложивший на себя ответственность неукоснительно соблюдать Закон.

Так, участвуя в процессе Божественного Претворения, человек получит возможность наработать опыт Богопроявления в аспекте необходимых 13-и Качеств Божественного Света, и сформировать своё собственное Сознание Я Есмь.

Сознание Я Есмь, научившееся Божественному Претворению, именуется Сознанием Майтрейи!

Так, признав Сотрудничество непреложной формой взаимоотношений, люди непременно преобразят Планету в Эдемский Сад, ибо нет силы более могущественной, чем сила существ, действующих в едином резонансе.

Так, войдя в число Избранного Народа и подчинившись единому Богоруководству в процессе созидательного Труда, каждый человек получит право на Вознесение!

Почему мы так уверенно об этом говорим? Потому что, так гласит и этого требует Закон.

Исполнившие Закон, богореализуют своё Сознание!

Ставшие Законом в действии, непреложно осознают себя Боголюдьми!

Поверившие в Эволюционное Будущее, перейдут на Новый Уровень Космического Существования, ибо, воистину, Верой своей Богочеловек будет от Я Есмь!

Архангел Радомил, Кармический Совет

Откровение из Евангелия Вечности. Провозвестие 45

И сказал Господь:

Законы Космоса Есмь выражение Высшей Воли Абсолюта!

Для каждого Творения Законы возжигают путеводную Звезду, указующую на те Возможности, используя которые, оно способно будет достигнуть Идентичности своему Творцу.

Законы – суть космические правовые нормативные акты, регламентирующие взаимоотношения богореальных форм жизни с Богом.

И в то же время, Законы непреложны не только для всех существ, обитающих в Проявленной Вселенной, которая периодична и конечна, но и для Творца, её сотворившего.

Было бы нелепым всё время говорить о Творце, как о Существе, создавшем Вселенную, и о Вселенной, как о некой не изменяющейся константе, ибо осознание Вечности и Беспредельности побуждает признать в Абсолюте Великого Мастера, который постоянно развивается и совершенствуется сам, развивая и совершенствуя все свои Творения.

Закон и Воля неразделимы!

Воля – это право поступать в соответствии с имеющимся намерением.

Воля – это способность проявлять непреклонность в достижении поставленной перед собой цели.

Воля – это Указ, данный для исполнения.

Воля – это Могущество создавать Реальность и в ней вершить

Закон. Потому не может быть Закон ничем иным, кроме как силой, обеспечивающей приведение воли Творения в согласие с Волей Творца в Реальности, Им сотворенной.

Законы не связывают и не ограничивают, но открывают Богоперспективу, и Творение, достигшее созвучия своей воли Воле Высшей, непреложно обретёт ту Свободу Духа и то Могущество, кои свойственны самому Творцу.

Творец тем отличается от иных богореальных форм жизни, пусть даже развивающихся в самых высоковибрационных Сферах Проявленной Вселенной, что Могуществом своим способен проявить Космическое Мироздание. Любое формообразующее действие Творца влечёт за собой инволюционное проявление Творения на том энергоинформационном уровне Космоса, которому оно соотвечает заключенным в нём Световым Потенциалом.

Если это Творение видимо выявилось и реально существует, то существуют и Законы, неискаженно констатирующие суть, существо и порядок искомого материального выявления, конкретно называя условия оного достижения.

Недвижением формируются застойные явления, приводящие к кристаллизации любого созданного Творения, его разрушению и последующему небытию.

Каким бы космическим могуществом Творец ни обладал, чтобы не быть разрушенным, Его Творение должно познать основы эволюционного развития и проявить к тому волевое устремление.

Если для сохранения жизненных основ без Эволюции не обойтись, а перспективой Её становится движение в Вечность и Беспредельность, то существуют Законы Развития Творца и Его Творения, устремлённые к своему постоянному Самосовершенствованию.

Развитие и усовершенствование Творения, привнесением в него еще большей Красоты и Гармонии, поднимает частоту вибраций искомого, возвышает и приближает его к самому Творцу.

Приближение Творения к Творцу, осуществляемое вехами эволюционного развития, называется Вознесением.

Вознесение приводит к исчезновению Творения с уровня его первоначального воплощенного присутствия и к Спиральному Переходу на новый, более высоковибрационный, уровень последующего Космического Существования. Таким образом, для человека, устремившегося к своему Бессмертию, знание Законов Эволюции Творца и Его Творения необходимо и непреложно.

Созидательный процесс Творца, вызванный реализацией Его Воли, Триединен, как триедина любая проявленная активность богореального существа.

Суть Триединства, выраженная неразрывным взаимодействием Атрибутов: Идеи, Энергии и Формы, составляет существо Закона Материализации Сознания Творца в Пространстве, позволяющего всем Планам–Замыслам Единосущего обрести свой проявленный духоматериальный лик.

Всякая материализация Идеи ограничивает её первородное идеальное состояние, а вместе с этим присущие ей Свободу и Могущество. С этой точки зрения, процессу, приведшему к материальному выявлению Космоса, следует дать имя Инволюции.

Инволюцией также следует называть, имеющий интравертный вектор своего развития, процесс материализации Космоса, побуждённый Высшей Волей.

На инволюционном цикле Идея о Космическом Миропостроении устремлена к своему материальному, то есть, выявленному, существованию, иначе Высшим Планам–Замыслам не воплотиться.

Прежде, чем начнется Эволюция Космоса, оный должен быть Сотворен.

На эволюционном цикле сотворенный Космос Волей Творца будет побужден к тому, чтобы утончиться и максимально соответствовать всем свойствам, качествам и признакам, присущим самой Идее.

Эволюция – это направляемый Высшей Волей и обладающий экстравертным вектором своего развития процесс совершенствования Космоса, утончения и Вознесения его на более высоковибрационный уровень своего Бытия. Эволюционно же утончать, развивать и совершенствовать, возможно лишь только то Творение, которое материализовано во Времени и в Пространстве.

Созидательный процесс Творца также Двуначален, как двуначальна причина всякого рождения живого существа: человека, животного и даже атома, в материальном мире. Другими словами, первородную суть Абсолюта представляют Космические Мужчина и Женщина, пребывающие в едином аурическом яйце и осуществляющие свою взаимодополняющую активность в самом высоковибрационном духоматериальном слое Космоса, именуемом Атмической Октавой и входящем во Внутренний Круг Сознания Абсолютного Присутствия Я Есмь.

По праву существующей у Него Богоцельности Начал, Абсолют носит название Высшего Божественного Гермафродита.

Несмотря на то, что Начала Абсолюта обладают равновеликим Светом, они различаются между собой сутью своего Космического Предназначения.

Женский Принцип Всетворца отвечает за процесс рождения и материализации Космоса. Являясь Материнским Началом, Космическая Женщина, оплодотворенная Мужским Принципом Бытия, то есть, семенем его Идеи о Космическом Миропостроении, эту Идею рождает-выявляет в видимой Форме реального Бытия. Задачей Женского Принципа, а его следует назвать Матерью Предвечной, является не только осаждение – кристаллизация переданной Идеи в Форму, но и придание проявленному ею Мирозданию стабильности существования.

Задача Отца Предвечного состоит в Поиске и Утверждении новых творческих методов Преображения выявленного духоматериального Творения, Эволюционном Развитии и Вознесении его на более высокий уровень Космического Бытия.

Взаимодействие двух Принципов, как двух полярных Космических Начал, происходит посредством Атрибутов.

Отец Предвечный инициирует Великую Мать Атрибутом «Идея», а Мать воспринимает эту инициацию и реагирует на неё Атрибутом «Форма».

Мостиком, соединяющим два вышеобозначенных Атрибута между собой, является третий Атрибут – «Энергия», в свою очередь рождённый устремлением двух полярных Космических Начал к взаимодополнению.

Будучи динамической силой, заключающей в себе образ Идеи о Космическом Миропостроении, Атрибут «Энергия» есть основа всякого Движения, а значит, обеспечивает извечное Дыхание Всетворца.

Благодаря триединому взаимодействию Атрибутов, рождается живое существо – Творение, запечатлевшее в себе Качество взаимодополняющей активности Отца и Матери Предвечных.

Сколько происходит резонансных по своему устремлению контактов-слияний двух Высших Полярных Начал Космического Мироздания и Бытия, столько же к своей жизни выявляется Творений, именуемых Перворождёнными Божественными Гермафродитами.

В силу Творчества, проявляемого Космическими Началами в процессе своего Взаимодополнения, каждый Перворожденный Божественный Гермафродит отличается от себе подобных доминантой Атрибута.

Эта доминанта, как свидетельство произошедшей первичной Космической Дифференциации, в случае обретения недостающего опыта Я Есмь, есть потенциальная возможность достижения Перворождённым Божественным Гермафродитом идентичности своему Творцу.

Сфера Присутствия Перворождённых Существ находится внутри Атмической Октавы Абсолюта и носит название Октавы Будхиальной.

Если Союз Отца и Матери Предвечных является Духом для всего сотворённого ими Космоса, то совокупность Перворожденных Божественных Гермафродитов есть Душа Абсолютного Я Есмь.

Космическая Душа является носительницей всех Качественных состояний Любви и Творческого Взаимодополнения Отца и Матери Предвечных. Именно эти Богокачества подлежат своему дальнейшему совершенствованию и развитию в Вечность и Беспредельность. Поэтому Всетворец будет устремлять Душу, пребывающую во Внутреннем Круге Его Сознания, к эволюционному преображению.

Нет иного способа для Перворождённых, обладающих Богоцельностью Начал, прийти к Высшей Богоидентичности, кроме как научиться действовать по Образу и Подобию Абсолюта.

Результатом этого обучения, имеющего своей целью овладение могуществом Любви и Творческого Взаимодополнения Начал, свойственным Всетворцу, стали иные Творения, именуемые Второрождёнными Божественными Гермафродитами.

Второрождённые выявляются в Сфере Высшего Космоса, расположенной внутри Будхиальной Октавы и именуемой Каузальной Октавой Внутреннего Круга Сознания Абсолюта.

Стремление Перворождённых к достижению Богоидентичности приводит к тому, что качественная составляющая сотворённых ими Второрождённых претерпевает дальнейшую Дифференциацию, ибо они также выявляются с доминантой какого-либо одного из Атрибутов.

Формированием Каузальной Октавы с присутствующими в ней Второрождёнными Божественными Гермафродитами завершается построение Вертикальной Структуры Сознания Абсолюта, и оная во Внутреннем Круге представляет собой триединство Космических Сил: Дух, Душа и Тело.

С появлением в Вертикали Всетворца Тела возможность последующей Дифференциации Качеств Божественного Света в Богоцельности Начал на Высших Уровнях Присутствия Его Божественного Сознания Я Есмь исчерпывает себя.

Это означает то, что Второрождённые не могут создавать свои Творения во Внутреннем Круге Сознания Я Есмь, где способны развиваться лишь Божественные Гермафродиты, а потому перед ними встает насущная потребность в распространении Эманаций своей активности в новое космическое пространство.

Главное отличие этой Божественной активности от жизнедеятельности Перворождённых заключается в том, что Второрождённые создают свои Творения не в Богоцельности Начал, а как разделённые Светокопии собственных Начал, которые, будучи спроецированными во Внешний Круг Сознания Абсолюта, становятся Альфой и Омегой Проявленной ими Вселенной.

Так сотворением своих Светокопий, Второрождённые расширяют зону Эманаций Абсолютного Сознания и углубляют Дифференциацию Качеств Божественного Света Я Есмь, рождённых в процессе Любви и Творческого Взаимодополнения Начал Всетворца!

Так, помимо Дифференциации Богокачеств посредством выявления тех или иных доминант Атрибутов, действию Закона Делимости Духа по Лучу подвергнуты Космические Начала, что приводит к раздельному существованию их Света во Множественности богореальных форм жизни, в виде трёх своих основных потоков сотворенной уже взаимодополняющей активностью Альфы и Омеги!

Так, благодаря расширению зоны распространения Божественных Эманаций в Космосе, во Внешнем Круге Абсолютного Сознания образуется множество Проявленных Вселенных, Творцами которых становятся Второрождённые Божественные Гермафродиты, и этим Они обеспечивают дальнейшую материализацию Идеи Космического Миропостроения и нисхождение Высшей Воли во все Сферы и Октавы Космического Мироздания и Бытия!

Вместе с распространением Эманаций Абсолюта из Внутреннего Круга Его Вездесущего Присутствия во Внешний, меняется иерархический статус Второрождённых, и каждый из них превращается в Духа проявленной Им Вселенной.

Роль Мировой Души осуществляется союзом Альфы и Омеги, как уменьшенных Световых проекций-отражений Начал Второрождённого Божественного Гермафродита.

Статус же Тела в новосозданной Вертикали принадлежит Единомножественности богореальных форм жизни, обитающих в Проявленной Вселенной и хранящих в себе подвергнувшийся предельной Дифференциации Свет от Света Перворождённых Богокачеств.

Поэтому, вместе с устремлением Вселенского Духа и Мировой Души к эволюционному преображению Проявленной Вселенной, все богореальные формы жизни, в ней пребывающие, будут побуждены Высшей Волей к выявлению и развитию своего Божественного Первоестества. И это волевое побуждение будет происходить до тех пор, пока каждое Творение не достигнет Идентичности своему Творцу.

Взаимодействием трех Атрибутов по Горизонтали Всетворец обретает опыт Богопроявления, именуемый Я Есмь.

Опытом образуется Сознание, и если Космос был однажды сотворён, то его не назовешь никак иначе, кроме как только Сферой Присутствия Божественного Сознания Я Есмь, или Реальностью Божественного Мира.

Коль Выдох Абсолюта связан с устремлением Души к своему материальному существованию, то на инволюционном цикле Космического Мироздания и Бытия, вместе с образованием Вертикали Структуры Сознания Всетворца: Дух, Душа и Тело, происходит формирование условий для трансформации Пресвятой Троицы Атрибутов в Пресвятую Четверицу Аспектов, содержащих в себе Возможность для эволюционной индивидуализации всех в Космосе проявленных жизнепотоков. С точки зрения Аспектов определяется качественный смысл активности всего триединства, образовавшего Вертикаль. Теперь, Отец и Мать Предвечные, как Дух, представляют собой Аспекты Абсолюта: Мыслетворчество и Формообразование. Космическая Душа есть Сын, и жизнепотоку, относящемуся к этому Аспекту, предназначено овладеть могуществом Управления Энергией. Свободным остается Тело, а потому рождается необходимость введения такого нового понятия, как – Дочь. И Дочь собой являет Время, в структурах коего запечатлены все процессы произошедшего Миропостроения на инволюционном цикле Космоса, связанного с Самопознанием Абсолютного Творца.

В своей совокупности Космические Отец-Мать, Сын и Дочь есть 4-е Ипостаси Святого Духа.

В тоже время, Дух Святой есть Божественная Духоматерия, которая, будучи живой субстанцией Космоса, пребывает в своем извечном Самосовершенствовании и Развитии.

Дух Святой – это сияние Лучей, отражающих в себе всю совокупность Богокачеств, рождённых в Сознании Я Есмь, образованном по принципу Творящего Креста, состоящего из Вертикали и Горизонтали.

Дух Святой – это Первородная Сущность Закона Присутствия саморазвивающегося и самотворящегося Божественного Сознания Я Есмь, устремленная к нисхождению в самые плотные слои космического духоматериального существования, дабы, будучи там воплощённой активностью богореальных форм жизни, могуществом Эволюции вознестись в теле Сознания Грядущего Творца на более высоковибрационные планы Космического Бытия.

Нисхождением Духа Святого происходит поступенчатая Дифференциация Единого Сознания Всетворца на свои предельные Световые Первоэлементы. О том, что инволюционный цикл развития Космоса действительно сопровождается Дифференциацией, свидетельствует факт существования Множественности богореальных форм жизни, выявившейся в Проявленной Вселенной из Единого Сознания Абсолюта.

Не беспорядочно осуществляется Космическая Дифференциация, но основывается на Лучевом Принципе.

Подобно тому, как квантами света образуются световые тела лучей, исходящие от солнца, так и Дифференциация Единого Я Есмь побуждает все Богорождённые и Богосотворённые Искры Света или Световые проекции-отражения к аналогичному построению.

Светокопия, как Образ Бога, заключённый в каждом богореальном существе, есть меньший Свет, сотворённый Светом большим, и спроецированный на уровень Космоса Низлежащий.

Выстраиваясь Иерархично по имеющейся световой потенции и в направлении нисхождения Божественного Выдоха, все Светокопии силой Дифференциации сводятся в Лучи-Аспекты Святого Духа, которые, будучи Иерархическими Цепями Сознаний, приводят к созданию многоуровневой Божественной Пирамиды.

На каждом уровне этой Пирамиды, образованном Звеньями Иерархических Цепей Сознаний, находятся духоматериальные носители Искры Я Есмь – богореальные формы жизни, сотвечающие оному световыми накоплениями, то есть, опытом Богопроявления, хранящимся в их Сознании.

Чем Светоноснее Сознание богореальной Сущности, тем выше занимаемая ею ступень на Божественной Пирамиде, и представляемое ею Звено в Иерархической Цепи.

Суть Эволюции заключается в восходящем продвижении Сущности по Иерархической Цепи, и оное неразрывно будет связано с повышением Светоносности её Сознания и его Ростом.

Появление основания Божественной Пирамиды будет свидетельствовать о том, что световая потенция Абсолютного Сознания Я Есмь к своей делимости на меньшие Светокопии, несущие в себе первородные Образы Его Начал и Атрибутов, себя исчерпала.

С прекращением Дифференциации завершается материализация Космоса.

В этот момент Эманации Духа Святого в виде Множественности Иерархических Цепей Сознаний нисходят к самой низшей точке Космического Присутствия Абсолюта, именуемой Точкой Возврата.

Естественно, что в этой Точке, соотвечающей Периферии Космоса, проявляются самые последние Звенья всех Иерархических Цепей Сознаний, так называемые, Кончики Лучей-Аспектов Святого Духа.

Являясь Световыми Монадами, эти Кончики заключают в себе затухающий Свет, сотворённый от Высшего Света.

Таким образом, в материальном мире Физической Октавы Проявленной Вселенной, благодаря предельной Дифференциации Я Есмь Абсолюта, были сотворены три потока жизни, относящиеся к трём дифференцированным Атрибутам Сознания Всетворца.

Принадлежа к какому-то одному из трех жизнепотоков: людей, ангелов или элементалов, каждый богореальный обитатель материального мира также превращается в носителя Божественной Эманации одного из Начал: (Мужского или Женского) и в обладателя Кончика Луча Святого Духа, делающего его причастным к конкретной Иерархической Цепи Сознаний, по сути своей являющейся для него Небесным Родовым Древом.

Так Устремлением Воли Абсолюта, переходящим поступенчато из Сферы Космоса Надлежащей в Сферы Космоса Низлежащие, и проявлением Его Вездесущего Могущества на всех Планах и Подпланах Космического Мироздания и Бытия, свершилось величайшее таинство Инволюции.

Путем Материализации Проявленной Вселенной, как действия Женского Принципа Бытия (Аспект «Формообразование»), сопровождавшегося Нисхождением эманаций Лучей Святого Духа в Материю, Дифференциацией Единого Я Есмь на Множественность богореальных форм жизни, принадлежащих к какому-то одному из Начал и Атрибутов, всё, что целостно существовало Наверху, в своих многообразных свойствах, признаках и качественных состояниях Божественного Света проявилось и Внизу.

Так, зная о Законах инволюционного Сотворения Космоса, можно безошибочно предвосхитить Законы Его Эволюционного Преображения, ибо Эволюция начинается в Точке Возврата сразу же после того, как Инволюция свою потенцию к материализации исчерпает.

Так, признав непреложность прихода на смену Инволюции Эволюции, каждый Служитель Света придёт к пониманию присущих Ей отличительных признаков, называемых Критериями Эволюции, по сути своей являющихся точным отражением сущности Высшей Воли на этом цикле Космического Существования.

Несомненно, эволюционный цикл Космического Бытия начнется на Вдохе Всетворца. Вдох непреложно активизируется после того, как завершится Выдох Абсолюта. В силу этого, окончание Инволюции станет знамением начала Эволюции и вступления в действие Отцовского Принципа Бытия, побуждающего людей, представляющих Аспект «Мыслетворение» в материальном мире, привести свое мышление в созвучие с Высшей Волей.

Человечество до сих пор было посвящено лишь в таинство Законов, регламентировавших Сотворение Мира. Поэтому с наступлением Эпохи Эволюции Её Законы должны стать реальностью планетарной расы.

Вдох Абсолюта побудит сотворённую путем материализации Духоматерию к активности, вызывающей Разуплотнение.

Не произойдет Дематериализация Космоса иначе, кроме как через поднятие у Духоматерии частоты вибраций.

Ничто иное, но только труд, насыщенный Качествами Божественной Любви, Творчеством Духа и Устремлением к достижению Богомастерства, станет причиной утончения и преображения духоматериального Мира, и оный труд именуется Созиданием. Созидание – один из главных Критериев Эволюции. **Следовательно, людям, дабы стать участниками процесса Эволюционного Преображения Вселенной и всех Сознаний, в ней развивающихся, следует познать суть Закона Созидания и научиться в своей активности его без искажения исполнять.**

Почему говорю о людях, а не о Небесной Иерархии, обладающей могуществом Светоизлучения? Эволюция начинается не на Небе, но в материальном мире, ибо в нём находится Точка Возврата.

Разуплотнением Духоматерии, посредством привнесения в Неё Огня созидательного труда, мир материальный Вознесётся, ибо Нисхождение Святого Духа в Материю на Выдохе Всетворца, на Вдохе Всетворца сменится на Его Восхождение.

На смену Иерархии Нисхождения, обеспечившей материализацию Космоса, должна прийти Иерархия Восхождения.

Кто, как не люди, должны вступить на Её первую ступень?!

Порядок вступления на Лестницу Иерархического Восхождения и обеспечение процесса постоянного движения по Ней в направлении «Снизу-Вверх» регламентируют Законы Богоуподобления, Иерархии, Вознесения и Воздаяния; и это уже те новые направляемые Всетворцом Законы, которыми следует руководствоваться человечеству Земли.

Движущей силой Эволюции является Синтез, неизбежно приходящий на смену Дифференциации, сопровождающей процесс материального проявления Космоса.

Богосинтез также начнётся в материальном мире на Вдохе Всетворца. А потому людям необходимо будет постигнуть суть ещё одного Закона, именуемого Законом Божественного Синтеза.

Не утвердится Синтез на планете иначе, кроме как через Сотрудничество трёх потоков жизни: людей, ангелов и элементалов. И если ангелы, относящиеся к Аспекту «Сына», обладают способностью энергетически обеспечивать все виды активности человека, а элементалы (Аспект «Матери» – Формообразование) – проявлять результаты его труда, то людям, как никогда следует овладеть могуществом создания Планов Созидания и Устремлением их качественно воплощать. Божественным Сотрудничеством трёх жизнепотоков произойдет слияние-Синтез всех ранее дифференцированных Искр Бога, представляющих в материальном мире Начала и Атрибуты Абсолютного Сознания Я Есмь, в единый поток Света, осуществится Кооперация всех Кончиков Лучей Святого Духа, и тем родится Единомножественное Коллегиальное Сознание, обладающее потенцией к Вознесению.

Только путём Божественного Сотрудничества в мире утвердится Синтез и всепреобразующее Созидание, а значит, выявится Второй Критерий Эволюции, и непреложность Сотрудничества станет следующим Законом, которым пополнится перечень Законов, необходимых для того, чтобы представители человечества Земли исполнили своё космическое предназначение.

Как часто говорим, что Созидание, приводящее к образованию утончённого светоносного Бытия и к расширению Творящего Присутствия в Беспредельность, есть тот опыт, ради которого Отец и Мать Предвечные пришли к созданию своего Союза. И в тоже время, Союз является результатом Любви и Творческого Взаимодополнения двух Великих полярных Космических Начал: Мужского и Женского, образующих Единое Сознание Я Есмь Творца.

Человек, обитающий в материальном мире, есть Творение Бога, созданное по Его Образу и Подобию.

Нет у людей иного предназначения, кроме того, которое побуждает их научиться Богоуподоблению.

Это означает то, что мужчине и женщине изначально даровано овладеть могуществом Творца, то есть, стать Ему Идентичными в способности творения в союзе и проявления созидательного бытия.

Потому Закон Любви и Творческого Взаимодополнения Начал, рождённый в Божественном Первоистоке, приобретает статус Космического Сына, что Он Есмь Всемирная Душа, из которой произошли все богореальные формы жизни, обитающие в Проявленной Вселенной.

Эволюционное Будущее людей неразрывно связано с исполнением этого Закона, и Вечность свои откроет двери каждому Союзу, благодаря активности которого в мире утверждается Любовь, Сотворчество и Созидание.

Об этом позаботится Космическая Дочь, как память всех Вселенских Изменений, ибо стремится в объятия Отца и Матери Предвечных передать тот опыт Богоуподобления, приведший к рождению Сознания Нового Творца - Божественного Гермафродита, который в Вечности достоин пребывать и в Вечность развиваться.

Закон Любви и Творческого Взаимодополнения Начал является очередным в своде открываемых Космических Законов. Этот Закон есть сила, обеспечивающая развитие

Космоса на эволюционном цикле Его проявленного существования, и следующий Критерий Эволюции, по сути своей обладающий первостепенным значением для всех Иерархических Цепей Сознаний и расы планетарной в том числе.

Существуют ещё и другие Законы, определяющие Волю Творца на эволюционном цикле развития Космоса, но человечеству достаточно будет исполнить вышеперечисленные Законы, чтобы получить право на Переход в Царствие Небесное.

Как бы ни велико было желание людей ознакомиться с сутью и существом этих Законов, сие произойдет лишь тогда, когда у Эволюции появится реальная движущая сила, созидательно действующая на Планете.

Движущей силой Эволюции в материальном мире могут стать лишь люди, приступившие к Интеграции с ангелами и элементалами в Новую Планетарную Расу посредством практического воплощения Высшей Воли.

Основа этой Интеграции одна – человеку необходимо Любовь Начал, Сотрудничество и Созидание избрать смыслом своего каждодневно утверждаемого сущностного бытия.

Сотрудничество непреложно соберёт всех людей в Единый Народ, и Народ, сделавший Эволюцию приоритетом своей жизни, будет избран Высшей Волей для осуществления Богоруководства.

Кто, как ни Служители Света, способны дать пример Божественной Интеграции и Созидания?!

Задача Служителей – достигнуть созвучия своей воли с Волей Высшей и явить пример истинного Сотрудничества, дабы подвести всё человечество к осознанию Идеи Избранного Народа.

Служением, происходящим в неукоснительном подчинении Богоруководству, сформируется Магнит, притягивающий к себе резонансно звучащие сознания.

Не может Магнит то действовать, восхищая окружающий мир Светом, исходящим от Сознания Аватара, то бездействовать, или, более того, становиться источником деструктивных состояний.

Где проявляется искажение Света, допущенное пусть даже всего несколькими участниками Служения, там Магнит прекращает существовать.

Планете необходим явленный Магнит Служения, постоянно наращивающий мощь созидающего Светоизлучения!

Необходимо, чтобы все Служители овладели Силой Воли, позволяющей им удерживать сосредоточение своего внимания на достигнутом опыте Богоруководства и всемерно развивать его безукоризненным исполнением Заданий Небесной Иерархии.

Необходима Преданность Идее Эволюции, всем Критериям Её и несокрушимость Духа Сотрудничества, позволяющая воле Служителей находиться в постоянном созвучии с Высшей Волей.

Пока подобный Магнит Служения не создан, передавать Законы Нового Тысячелетия человечеству не имеет никакого смысла.

Да не угаснет Устремление к созданию Магнита Любви Начал, Сотрудничества и Созидания, открывающего миру Новый тип Сознания!

Сознание Майтрейи суждено человечеству Земли, и его явление также реально, как реальна сама Эволюция!

Сознание Майтрейи рождается добросовестным Служением Высшей Воле и опытом Созидания, достигнутым на эволюционном цикле Космического Мироздания и Бытия.

Ничто иное, но только Богоруководство может привести к Сознанию Майтрейи, и Богоруководство, данное не одиночке, но всему Избранному Народу.

Всякое Богоруководство утверждается по Вертикали Сознания Творца и действует, когда коллективная воля Служителей находится в подчинённом ему положении.

Пусть не удалось в Израильском Служении прийти к Договору о Вертикальном Сотрудничестве.

Пусть действие демонической инерции пока ещё велико, и переживаний, ею вызванных, оказалось достаточно, дабы помешать Служителям, выполнить задание Иерархии Небесной.

Пусть труд Служения произошел, и временный неуспех его способен подорвать веру в собственные силы.

Но разве всё Будущее не находится в ваших собственных руках!?

Разве Небесная Иерархия прекратила вам направлять свои Указы? Потому не падайте духом, утвердитесь в Вере, исполните все Указы, направляемые по каналу Богоруководства, и тогда удастся достичь успеха в Служении другом!

Знайте, нет недостатка в желающих Служить Творцу!

Новые Служители притянутся непременно, ибо Вера, Воля и Устремление действуют, как сам Магнит, постоянно приводящий в работоспособное состояние все Сферы!

Да приумножена будет и развита та световая крупица Сотрудничества, которая всё же приобретена в Израильском Служении! Пусть крупица, но и она, являясь зерном Духа, способна прорасти.

Не единым днём готовится Сознание к Подвигу Духотворения.

Шагами торится Путь! И если после первого сделанного шага, движение не прекратится, Воля останется неизменно созвучной Богоруководству, то последуют другие шаги, и Подвиг Духа будет совершён, и Чаша Сотрудничества наполнится до краёв, и Магнит Сознания Майтрейи воплотится!

Да не ослабнет жажда постижения сути Нового Закона, и Волей включится Магнит пространственного Притяжения!

Час Новых Откровений пробил, и причиной тому явился труд Самопожертвования и Самопреодоления, утверждённый Великими Посвящёнными Планеты.

Как бы ни упорствовали силы инерции, человечество усилиями тех, Кто исполнил требования Закона Кармы, подведено к точке соприкосновения Кармического Круга с Вратами Рая!

Данное соприкосновение произошло благодаря тому, что все на Земле просиявшие Пророки и Мессии действовали по принципу: «Не моя, но Твоя Воля, Господи, да исполнится!»

Слава Будде, показавшему, как открыть Образ Я Есмь, изначально присутствующий во Внутреннем человека, как прийти к Богоруководству, и передавшему планетарной расе Знания об Эволюции Сознания посредством Символа Ступы!

Слава Моисею, понявшему смысл Закона Кармы и обучившему его требованиям народ иудейский!

Слава Христу, продемонстрировавшему людям, как поступать Подобно Я Есмь, утвердившему на планете Магнит Духотворения и активизировавшему Принцип Мужества!

Слава Мухаммаду, упрочившему и развившему традиции Законопослушания, и подготовившему условия для воскрешения Космической природы Женского Начала на планете!

Слава Бахаулле, принесшему идею Единства и Сотрудничества всех людей, и давшему импульс к признанию каждодневного труда способом поклонения Богу!

Слава Блаватской, рассеявшей туман иллюзий над истинными основами Космогенезиса и открывшей миру двуначальную природу Всетворца!

Слава Рерих, активизировавшей Магнит Женственности, и передавшей людям Пророчества Нового Тысячелетия!

Слава всем Великим Посвящённым, Пророкам, Просветлённым и Святым, ибо явили истинный Образ Служителя Света и пример непоколебимости в исполнении Божественной Воли!

Всё же отличие настоящего Служения от всех тех, что осуществлялись Духоподвижниками в прошлом, состоит в том, что Богоруководство, создающее возможность передачи

Нового Закона, может быть даровано группе Служителей, устремлённых к созданию Магнита Эволюции, делающего утверждение Сознания Майтрейи на планете реальным.

Какой бы сложной ни казалась задача построения Нового Магнита, людям с ней возможно справиться, но лишь с помощью Иерархии Небесной, ибо Она всегда помогает человечеству Земли, действуя на планете Магнитным Принципом.

Поэтому будьте уверены, если Будде, Христу, Мухаммаду и другим Посвященным удалось воплотить свои Магниты, получится и у вас.

Неважно, когда построение Нового Магнита произойдет: сегодня, завтра или в ближайшую перспективу. Главное уже свершилось – начало Сотрудничеству положено, и, несомненно, наступит день, когда Законы Эволюции станут достоянием расы планетарной.

Запомните! Новые Законы обязательно будут переданы человечеству Земли, ибо вся Вселенная пребывает на Эволюционном цикле своего Космического Существования!

Уверуйте в этот день, – он не за горами!

Законы подобны семенам, но семена сии возможно посадить лишь в почву, вспаханную готовностью расы планетарной подчинить свою волю Воле Высшей.

В огне законопослушания, воспламенённом несгибаемостью и непреклонностью Духа, куется клинок Воли, способный блеском стали своей отзвучать на Эманации Вечности.

Не будет от Законов никакого толку, если они окажутся в руках человеческих существ, постоянно сомневающихся, в безответственности своей проявляющих своеволие и пытающихся следовать по Пути Возвышающему на подкашивающихся от ужаса ногах.

Крепите свою волю каждодневным добросовестным отношением к возложенному на себя обету – быть преданным Слугой Господа!

Ничто, имеющее отношение к житейской суете, да не станет между вами и Делом Созидания!

Ежесекундно Служите Миру, в котором обитаете, наполняя Гармонией и Красотой все свои мысли, слова, чувства и поступки!

Чтобы ни происходило вовне, будьте умиротворёнными и отождествлёнными со своим Духовным Первоестеством!

Не упускайте ни единой мелочи, ни единой ситуации без того, чтобы целенаправленно утвердить в них свой Внутренний Свет!

Напрягайте волю и ищите возможность быть максимально полезными окружающим вас существам!

Постоянно удерживаете свой взгляд на Прекрасном!

Избегайте критики, суждений, осуждения других людей, и гармонизируйте ситуацию, если кто-то пытается деструктивным образом проявить себя в вашем присутствии!

Будьте доброжелательны, благодарны и не забывайте хвалить своих ближних за их добрые дела!

Заставляйте себя поддерживать в надлежащей чистоте все свои низшие тела-проводники сознания!

Мечтайте о Возвышенном, и, не откладывая на долгое «потом», прилагайте все усилия, чтобы эти мечтания воплотились в моменте Настоящем!

Ищите Сотрудничества и Возможности практического приложения коллективных усилий во имя Преображения Мира!

Каждодневно совершенствуйте имеющийся опыт и побуждайте себя Творчески и Мастерски относиться ко всему, чем занимаетесь!

Любите Творца, любите в себе Присутствие Его Божественного Света, дарите этот Свет всем встретившимся на вашем пути существам, щедро, самозабвенно и бескорыстно!

Воспитывайте свою волю, целеустремленно и неукоснительно воплощая в своей жизни все дела, которые вы посвятили Высшей Воле!

Как бы ни складывалась ваша жизнь, будьте тверды Духом и проявляйте силу Воли в Законопослушании!

Воля – это Вера в действии!

Воля – это энергия Духа!

Дух Есмь Закон!

Духовность – это позволение себе жить и действовать в строгом подчинении Законам Космоса!

Воля зиждется на праве выбора, и Сила её взрастает трудом, продиктованным готовностью возложить на себя Ответственность за своё Будущее, Будущее рода и всей Планетарной Расы.

Выбор, сделанный в согласии и в соответствии с требованиями Закона, приводит к рождению Божественной Воли.

Активность Божественной Воли, осуществляемая в созвучии с Высшей Волей, являет в мир Могущество Божественного Света, присущее Творцу.

В минуты сомнения и отчаяния помните о Вездесущем Присутствии Небесной Иерархии и внутренне утверждайте: «Не моя, но только Твоя Воля, Господи, да исполнится!»

Действуйте, действуйте, действуйте! Без остановки и без оглядки! Действуйте так, как велит вам ваша Совесть, ваш устремлённый Дух и ваше Понимание Будущего, не забывая свою активность осуществлять в согласии с Богоруководством!

Действием, совершённым в созвучии с Высшей Волей, рождается Сила, и только обладающие Световым Могуществом, способны Защитить себя, нерушимо стоять на Страже Мира и беспрепятственно Созидать во благо всеобщего Преображения!

Отныне Сильные Мира сего – направляющие свою Волю к постижению могущества Любви Начал, Сотрудничества и Созидания!

Жизнь вне Закона, пуста, бессмысленна и не имеет своего Будущего!

Чтобы ни происходило вокруг вас, будьте Преданы Свету Богоруководства, и тогда Законы Эволюции войдут в вашу Реальность!

Да станет Устремление к Законопослушанию неиссякаемым Источником Божественной Амброзии в каждом из вас!

Я всё сказал! Я Есмь Всеблагодатный!

Летописец

Разве стоит бояться тех, кто посвящает в Истину?

...Как часто слышим вопли упорствующих о том, что Иерархия призывом к соблюдению Законов лишает свободы жизни. Но если нам предначертано существовать Вечно, то что может быть хуже, чем страх человека заблудшего перед неминуемостью физической смерти? Разве стоит бояться тех, кто посвящает в Истину? Разве Зов к Любви, Сотрудничеству и Созиданию приведёт к растройству психических центров? Разве являются врагами те, кто направляет к Бессмертию по Пути, требующему неукоснительности в исполнении Законов? Небесная Иерархия приходит на Землю в облике всех Великих Посвященных. Небесная Иерархия утверждает Дух реформаторства. Небесная Иерархия сеет зерна Грядущего Строительства, и суть оных есть Законы. Посредством Иерархии люди приобщаются к космическим Токам Эволюции. Посредством Иерархии человеческое сознание подготавливается к трансформации Пространственного Огня. Посредством Иерархии люди обретут надежду на свое спасение. Любое явление, если оно состоялось в Космосе силой Провидения, Законно! Что толку говорить о лучшей судьбе, если не будет к тому Законных оснований? Говорим о Бессмертии не отвлеченно, так как Путь в Вечность пролегает через непреложность исполнения Её Законов! Потому Небесная Иерархия развивается в Беспредельность, что обязательность следования Космическим Законам Она поставила превыше всех мыслимых ценностей жизни. Законы есть руководство к действию, и если возможность достижения бессмертного Будущего признана допустимой, то что, как ни Законы Бессмертия, вселят надежду и воспламенят Звезду Путеводящую? Призывая к постижению Законов Вечности, Небесная Иерархия воскрешает источник надежды в сердце, страждущем Истины. Подумайте, разве подпитывающий надежду лишит свободы? А если нет, то тогда кому удобно распространение ложных слухов?

Майтрейя Мория

Откровение из Евангелия Вечности. Провозвестие 47

И сказал Господь:

Ничто иное так не окрыляет сердце, как мысль о возможности Бессмертного Существования! Пусть сознание, ищущее Вечные Основы, сделает для себя неприемлемой концепцию, ныне утвердившуюся на планете: «Смерть есть начало новой жизни», ибо она верна лишь для обитателей элементальных и природных царствий, и полностью непригодна для человека, обладающего правом выбора и даром различения. Отказ от признания непреложности физической смерти, якобы необходимой для продолжения материальной жизни, непременно приведёт людей к устоям, на которых зиждется идея индивидуального бессмертия как следствия Эволюции Сознания.

Что, как не мысль, стоит в основе всех последующих побуждений? Мысль первична, и не только в материальном мире, но во всей Проявленной Вселенной, называемой потому ментальной, что бытие её получает лишь только ту форму, которая угодна мысли.

Главенствующее положение в человеке должна занять Солнечная Душа по праву её Светового родства с Логосом Проявленной Вселенной, в свою очередь рождённым Отцом

и Матерью Предвечными с доминантой в Атрибуте «Идея», ибо способна мыслить, и мысль закладывать в основу своих планов, как видение перспектив грядущей жизни.

Не все мысли, образующие бытие свое, – от Бога, и это видно по наличию у оного бытия тенденции к саморазрушению. Такие деструктивные мысли именуются демоническими, ибо Свет не разрушает, но Оживотворяет и Обожествляет.

Будучи принятыми на вооружение человеком, обладающим свободной волей, демонические мысли, став побудителями привычных несовершенных моделей поведения, привели к появлению низшего эго личности. Главенствующее положение этого эго, продиктованное властью демонических идей в сознании человека, создало причину, исходя из которой Божественная Душа оказалась в изолированном от человеческого внимания положении, и тем была обречена на эволюционное недвижение. Подобное положение несет угрозу всему миру, в коем обитает человек, поскольку люди в нём являются единственной формой жизни, представители которой обладают свободной волей и способностью мышления.

Коль мысль неправильна и несовершенна, на защиту мира встает Закон, пресекающий и связывающий волю человека, создающего своей активностью источники разрушения!

Страданиями реагируют люди на действие Закона Кармы, особенно тогда, когда Он не позволяет им удовлетворить свои желания.

Обремененным и несчастным становится человек от проблем, неурядиц жизни и болезней, не запланированных им изначально, но кто виноват в этом, кроме него самого, ибо все следствия, проявляющиеся в бытии, есть результат человеческого мышления?

Нет для людей иного способа изменить свою судьбу, кроме того, который побуждает их пробиться сквозь толщу демо-

нических мыслей, принятых на вооружение, дабы открыть в себе Присутствие Вечносущего Света, и отождествиться с собственной Божественной Душой, пребывающей во Внутреннем пространстве, и ей позволить действовать, ибо только Божественная Душа, пробудившаяся к активности, способна повести человеков путем Эволюции Сознания, будучи сама направляемая Логосом Проявленной Вселенной.

Да не введёт в смущение человека, ищущего просветления мысли, словосочетание «Эволюция Сознания». Но прежде, чем придёт осознание того, что является нормой Космической Жизни, следует понять, как образуется само человеческое сознание.

Сознание формируется жизненным опытом, полученным в результате практического воплощения мысли. Сознание подобно драгоценной шкатулке, в которой хранятся все имеющиеся сбережения. Воистину, ничего дороже, чем сознание, у человека нет, и не может быть, и смерть дает тому неопровержимое подтверждение.

Ни физическое тело, ни собственность, ни деньги, ни дорогих сердцу людей не способна после смерти человека взять с собой его душа для продолжения жизни в потустороннем мире.

Развоплотившись, то есть, утратив свой биохимический организм, уходит душа с Земли, облачённая лишь в покровы личностного сознания.

По состоянию достигнутой частоты вибраций сознания и миры последующего присутствия души. Ибо согласно требованиям Закона Кармы они притянут соотвечающую им вибрационно душу умершего человека.

Горе той душе, которая в подчинении находилась у неправильных мыслей, ибо попадёт в миры, подконтрольные демоническому ордену Гантурга, и там не будет ей покоя и спасения.

Требованиями Закона Кармы всякая душа, иль личностное сознание человека, возвращается в реинкарнационное (кармическое) воплощение в материальный мир, если в ней заключен опыт, образованный разрушительными моделями поведения.

Сознание играет роль памяти, и коль получит душа возможность реинкарнации, то на Землю она приходит в состоянии чистого листа, то есть, с «венцом забвения» и без самоосознания.

Жизненные события такой душе будут формироваться Владыками Кармы с целью искупления последствий созданного человеком в предыдущей жизни демонического бытия.

Вот так рождается человек с искупительной программой, не имея возможности использовать свою память, даб не совершить прежних ошибок в процессе мышления, продиктованного свободной волей.

Так и влачит он жалкое существование, будучи свободным в выборе своей судьбы, но не защищённым от незапланированных кармических испытаний лишь потому, что предпочтение отдает концепции эволюции тела, являющейся источником антагонистических моделей бытия, основанных на выживании и приспособлении.

Так и становится человек несвободным от физической смерти, поскольку в мыслях отождествился со своей плотью, признав её неотъемлемой частью своего первоестества. Но, увы, плоть человеческая не бессмертна, как не вечен сам материальный мир, в котором ныне обитают люди.

Как важно человечеству увидеть иной смысл в Эволюции, и не плоти, но Сознания, ибо в своей космической сути Она всегда отрицает существование пределов жизни и развивает оную, побуждая носителей её сознательно утончать и совершенствовать имеющиеся жизненные накопления.

Ничто, из века в век совершенствующееся на принципах Добра, Любви и Красоты, не умирает, и, образованное этими Качествами Божественного Света Сознание непреложно будет двигаться по Лестнице Бессмертия ступенями восхождения.

Эволюционное возвышение богореальных форм жизни, в каком бы мире они ни находились, обеспечивается Законом Воздаяния.

Как должно глубоко человеку знать Законы, ибо Эволюция Сознания – бессмертное Будущее всех существ, обитающих в Проявленной Вселенной, основанное на неукоснительном исполнении Закона Воздаяния.

Поэтому человеку от Логоса дана способность к размышлению, дабы самостоятельно приходил к осознанию, каким Законом в своей жизни ему следует руководствоваться: Кармы иль Воздаяния, и делал необходимый выбор.

Но стоит ли много думать, если Вселенная пребывает на эволюционном цикле развития космического Мироздания?

Эволюция Сознания для человечества Земли, если только оно добровольно не возжелает быть выброшенным в небытие, неизбежна и непреложна.

Существует конкретный механизм, позволяющий Эволюции Сознания войти в человеческую жизнь, и на его моментах следует более пристально акцентировать свое внимание.

Первый тезис, который позволит идею Эволюции Сознания сделать более доступной для понимания: *«Сознание определяет Бытие!»*

Действительно, человек поступает тем или иным способом, исходя из имеющегося у него самоосознания. Действием, ставшим приоритетным, избранный людьми смысл жизни воплощается практически, и опыт, рождённый действием, ложится в основу человеческого сознания.

Активностью сознания, основанной на приложении хранящихся в нём конкретных знаний, как способностей и умений, формируется бытие людей.

Бытие – это жизненные достижения человека, как обретенная им имущественная собственность, общественное положение, успехи или неудачи в сфере труда, дающего средства к существованию, наличие семьи, детей, их образование, имидж, круг знакомых и друзей, и многое иное, что наполняет жизнь людей, являясь не более чем результатом, вызванным опытом, персонифицирующим само индивидуальное сознание. Другими словами, бытие – продукт сознания, и качество его полностью зависит от качества хранящихся в сознании умений.

К бытию человека также относится сложившееся у него мировоззрение, сформировавшаяся судьба и состояние здоровья.

Коль тело подвержено болезням, старческой беспомощности и одряхлению, завершающемуся разрушением плоти, или, ещё хуже, наступает насильственная смерть, – сие становится свидетельством неблагостной судьбы, негодного мировоззрения, а значит, некачественного сознания.

Сознание определяет бытие, поэтому, лишь в устремлении его к Качеству обретаемого опыта, утвердятся основы Вечной Жизни.

Второй тезис: *«Качество мышления приведёт к качеству Сознания!»*

Не сразу к печальному результату приходят люди.

Пока смерть не наступила, человек живёт, формируя свое сознание путём практического приложения мысли.

Ничем иным невозможно объяснить причину физической смерти, как только состоянием сознания человека, и наличием в нём вектора к саморазрушению.

Сознание же разрушается тем, что царящее в нём мышление так же деструктивно, как смертна мысль, не несущая в себе эманации, присущие бессмертному Божественному Свету.

Сознание образуется созвучием тому знанию, кое было превращено в опыт.

Качеством используемого знания формируется качество мышления.

Если состояние сознания полностью зависит от качества мышления, то изменение его будет неизбежно вызвано изменением Качества мысли, или знания.

Третий тезис: *«Качество мышления достигается созвучием Огненным Мыслям!»*

Нет мысли более качественной, чем та, которая исходит из мышления Логоса Вселенной. Она Огненна по своему содержанию и Вечна, по вектору развития, ибо Свет ни к чему не привязывается, и претендует лишь на то, чтобы светить и повышать могущество Светоизлучения.

Отождествлением со своей плотью человек становится несвободным от условностей материального мира, мыслями попадая в зависимость от него, и тем привнося в сознание энергии разрушения.

Не видится иного достижения для человека, поверившего в возможность бессмертного существования, кроме как отождествиться со своей Божественной Душой.

Божественная Душа Есмь проекция-отражение Луча Логоса в материальном мире.

Овладев Покоем Сознания, посредством формирования сферы Безусловных Чувств, и воспитания всепроникающей мощи Сосредоточения, человеку, слившемуся со своей Солнечной Душой, возможно достигнуть созвучия Огненным Мыслям, исходящим из бессмертного сознания Логоса Проявленной Вселенной.

Ничто иное не делает мышление Качественным, но только мысль, наполненная Небесным Светом.

Четвертый тезис: *«Опыт, утверждённый практически, вследствие Качественного Мышления, есть основа Обожествления Сознания!»*

Огненные Мысли Логоса – есть Знания о Качествах Божественного Света, ставшие опытом Его бессмертной жизни.

О Знании можно услышать, Знание можно прочесть, со Знанием можно согласиться, но на то оно и Знание, что его следует Понять с точки зрения последующего неискажённого применения.

Знание без опыта – ничто!

Знание, неверно понятое, при своем воплощении, приведёт к искажению энергии Божественного Света, а значит, к разрушению, влекущему за собой наступление кармических испытаний.

Лишь активность, соответчающая Высшему Пониманию смысловой сути того или иного Богокачества, приблизит к осознанию Высших Принципов Бытия.

Опыт, обретённый практическим применением Знаний о Качествах Божественного Света, именуется Опытом Богопроявления Я Есмь.

Мышление, устремлённое к достижению опыта Я Есмь, Качественно, а потому приводит к Обожествлённому Сознанию.

Пятый тезис: *«Эволюция – это утончение, совершенствование и рост Божественного Сознания!»*

Как достигнуть Бессмертия, если не устремлять развитие своего сознания в Вечность?

Вехами Эволюции формируется путь Бессмертия, и нет иного способа, действовать по-космически эволюционно, кроме того, который побуждает постоянно развивать, утончать, совершенствовать имеющиеся световые накопления, как обретенные способности и умения, и вмещать в Сознание новый Опыт Богопроявления.

Совершенствованием имеющегося Опыта гранится Кристалл Сознания, а приобретением нового Качества Я Есмь осуществляется Рост его.

Чтобы человеку прийти к своему Бессмертию, ему необходимо мысли о непреложности Эволюции Сознания превратить в главный смысл своего сущностного бытия.

Отождествлением со своей Солнечной Душой и опытом Я Есмь формируется Божественное Сознание, свободное от всяких разрушений и антагонизмов.

Удержанием созвучия с Огненными Мыслями Логоса, Знания о Качествах Божественного Света наполнят человеческую жизнь, и, будучи претворенными практически, они станут той силой, которая будет расширять сознание земное до уровня Присутствия Сознания Космического.

Так от памяти физической, уязвимой разрушением, человек перейдет к Памяти Электронной, постоянно наполняемой бессмертным опытом Я Есмь.

Шестой тезис: «*Эволюцией Сознания обожествится мир материальный!*»

Ничто не принадлежит человеку в материальном мире, но, используя все имеющиеся возможности бытия с целью практического воплощения заданий, исходящих от Логоса, он придаст всему земному эволюционный вектор развития, и оное непреложно свершится, ибо, как нарабатывать бессмертный опыт жизни вне взаимодействия с окружающим миром?

Материальный мир есть Лаборатория, в которой Логос Проявленной Вселенной проводит свои Эксперименты и практически воплощает свои Планы-Замыслы.

Так и человеку, в том облике, в котором он существует сейчас, стало возможно появиться благодаря экспериментаторской активности Космического Сознания.

Воистину, прежде сотворения человека, был создан Мыслеобраз, подлежащий воплощению.

Все силы Небесные и силы Природные, существующие на Земле, трудились, чтобы человек превратился в реального обитателя материального мира.

Но и сам мир, добросовестно помогающий воплощению Высшей Воли, достоин своего бессмертного существования.

Кто, как не человек, устремившийся к эволюционному построению своего сознания, способен преобразить мир, в котором обитает?!

Он и преобразит его, проявляя Небесное в земном посредством труда, ведущего к опыту Я Есмь.

Истинно Сказано: «Человек!», ибо Есмь Чело Вечности в материальном мире.

Седьмой тезис: *«Эволюция Сознания – это путь Вознесения!»*

Человек создан в глубинах Космоса, чтобы быть верным и преданным помощником Логоса в его алхимической Мастерской!

Подмастерье, пытающееся во всем учиться у Великого Мастера, – так видится космическое предназначение человека!

Так мыслится и Эволюция Сознания в материальном мире, и оная произойдет путем обретения человеком новых бессмертных накоплений Света и их развития.

Никогда не остановится Колесо Эволюции, и, вовлекая всё Сущее в своё Божественное Движение, Оно предоставит ему благодатную Возможность восхождения вехами Вечного Пути.

Так и человек, обучающийся у Логоса таинству Огненного Мышления, тем ближе к Нему приблизится, чем больше Знаний о Качествах присущего Ему Божественного Света вместит в свое Сознание.

Ничем иным, но только ростом Божественного Сознания Я Есмь, познаются восходящие вехи на Лестнице Эволюционного Бытия.

Восьмой тезис: *«Эволюция Сознания – это Закон, непреложный для исполнения!»*

Не видится человек вне среды своего обитания, дающей ему всё необходимое для каждодневного существования.

Как отблагодарить, как исполнить Закон Эквивалента, как не остаться кармическим должником, ибо по Высшему Установлению за всё потребляемое Благо следует Благом воздать? Нерадивость же при использовании того, что ниспослано

Свыше, приводит к формированию источника демонизма и формирует основу искупления. У живущих искуплением, нет Будущего. Будущее обретает свои реальные очертания исполнением условий Эволюции Сознания.

Да, сознание определяет качество бытия, а потому его обожествлением и Эволюцией, своё обожествление и Эволюцию познает весь материальный мир, вместе с присутствующими в нём жизнепотоками ангелов и элементалов.

Так и произойдет Преображение повсеместно во Вселенной, ибо Колесо Эволюции в своем движении неостановимо, а материальный мир есть то пространство, с которого Эволюция начала формировать свои восходящие пути.

Цель Эволюции Сознания – сделать Космос более совершенным, утончённым и прекрасным!

Предназначение Красоты – не спасать мир, но его облагородить, возвысить и Вознести!

Избравшему действовать эволюционно, прежде всего, следует научиться жить Прекрасным и приумножать Прекрасное в мире.

Вот тогда все люди, облагораживая свою Душу Качествами Добра, Любви и Красоты, их постоянно совершенствуя и приумножая, исполнят свою миссию и космическое предназначение!

Вот тогда и произойдет Преображение Мира, ибо развитием Внутреннего, Внешнее утончится!

Вот тогда этот мир непременно Вознесется, ибо Эволюция – это Вознесение Сознания, происходящее путём Мягкой Трансформы Формы.

Какое благо несёт Эволюция Сознания всему миру!

Всеосвобождающая и всепреобразующая мощь Эволюции столько раз зарождалась в глубинах Космического Мироздания, сколько раз Вдох Абсолюта приходил на смену Его Выдоху!

Эволюция Сознания законна, как законна в своем бессмертном существовании Красота, Любовь и сама Жизнь с её не прекращающимся ни на мгновение Дыханием!

Пусть каждый человек с Честью и Достоинством, присущим Божественному Свету, отнесётся к исполнению Закона Эволюции, ибо тем приумножит своё Бессмертное Самоосознание в Вечность и Беспредельность!

Воистину – Бессмертие познает всё, что произойдёт Законно, и возрастание Блага, направляемого Свыше, неимоверно улучшающего Бытие и Перспективы Жизни, в зависимости от эволюционного роста Сознания, обеспечит Закон Воздаяния!

Я Есмь Всетворец. Я Есмь Всеблагодатный!

Летописец

Потому и был Сужден Единый Язык – Язык, основанный на Единопонимании Законов!

АУМ! Разве, будучи разобщёнными, измените мир? Потому и велим овладеть Новым Учением, что Оно заключает в себе основы Всеобщего Единения. Давно Провозвестили непреложность Единого Народа, ибо только научившись консолидированному труду во всеобщее Благо, возможно преобразить мир обитания людей. Сколь часто говорим о необходимости признания Планеты Единым Домом! Разве будет кто-либо имеющий разум заниматься варварством в стенах жилища, укрывшего его от ненастий и защитившего от врагов? Однажды каждый причастившийся от Чаши Мудрости покается за совершённое поругание Земли, и, относясь к Ней, как к Храму Божьему, как к Дару, ниспосланному Свыше, приступит к приумножению на Ней всего Прекрасного. Пусть мир людей вновь превратится в Райский Сад! Так Заповедано Человеку! Так благословлено Высшей Волей! Так и следует вознамериться человечеству Земли, ибо всё, что имеет на себе Печать Высшего Благословения, непреложно воплотится! Но как быть с существующим ныне среди народов мира разнопониманием сути и существа космического предназначения людей? Человек – раб ли он Божий, не имеющий права выбора своей судьбы? Человек – существо ли он, не способное справиться со своими несовершенствами, а потому так уповающее на приход Мессии, ибо по-другому не видит своего спасения? Человек – из праха ли он создан, и есть ли смысл ему задумываться о перспективе своего бессмертного существования, тем более что погряз в тлене богонепослушания? Но разве забыли Заповеданное: «Всё в тебе, Человек! Всё ты сможешь и всего достигнешь, ибо – Творение Божье!» Люди, Будущее ваше – в исполнении Высшей Воли! Пока существуют на планете разночтение и разнопонимание Законов, неискаженно отражающих Волю Всеединого Творца, Царствие Небесное будет оставаться вашей отдалённой перспективой. Потому и был Сужден Единый Язык – Язык, основанный на Единопонимании Законов. Как прекрасно Новое Учение, ибо учит Единопониманию Истины, и тем указует Единый Путь в бессмертное Будущее Единому Народу!

Майтрейя Мория

Богатство истинное – накопления Света в Чаше Жизни

Друзья!

Поговорим сегодня о Свободе Творчества, что вам дарована Всевышним по праву Первородности своей.

И здесь мы вправе вам задать вопрос: как видите вы Бога? Отцом и Матерью Вселюбящими или оценщиком Души, изымающим в мирах свои Долги, ибо однажды дал кредит на Жизнь, а ныне требует проценты Покаяньем?

Коль принимаете вы Бога как Отца и Мать Небесных, примите и Их Любовь отныне, ибо достойные Они дадут вам Времена, дабы в согласии с Законом вы Путь в Мирах вершили и в Радости Достоинство блюли, что в вас заложено от основанья Мира.

Коль вам предложен Путь как испытанье – задумайтесь: не ваши ли Долги творят в Мирах события для души, дабы очиститься могла в Огне Всепониманья, сжигая карму в озарениях Космических Основ, преображая Время и Пространство, даб вновь познать Долг Дочери иль Сына и принять в деяниях проявленных своё существованье?

Однако здесь заметить вам хочу: есть Жизнь, основанная на добросовестном исполнении Законов, и Творчество Божественного Самовыражения, и именно они достойны Детей Бога; а есть существование во имя эго личного, и это есть иллюзии игра, даб утвердить свою гордыню низшую, – отсюда искупительные испытанья во многих сферах Сущего Сознанья.

Богатство истинное – накопления Света в Чаше Жизни, и путь к тому – Свобода Творчества в практическом приложении Законов Божественного Бытия!

В Законопослушании рождается вся Сила Духа, и оная есть незыблемое основание Любви, причина грядущего Успеха и Процветания, и Ключ, отпирающий Врата в бессмертные миры, что к Царствию Небесному имеют прямое отношение.

Коль нищи вы, то нищ и дух; коль немощны, то немощно сознанье; коль каетесь вы день и ночь в словах, но в жизни нарушаете Закон, кому нужно в мирах то покаянье?

Коль вы идёте в Свете Созиданья, дарует вам Всеблагостный Творец условия для Творчества, и это – ваш Выбор, сделанный в жизни во благо Обожествления Сознания, дабы вершили вы свои Деянья не в борьбе, а в Мире, Сотрудничестве и в Любви со сферой внешней, или Мирозданьем. Вся же борьба отныне – только в вас, коль в соперничестве пребывая, не познали Радость Сотворенья в своих богоугодных Сущему Делах!

Другая крайность – превращение в догму Заповедей, ниспосланных человечеству для воплощения в определённое Время и Пространство. Каким бы ни был истинным, в развитии находится любой Закон, рождённый в Истоке Мироздания, и в этом Воля Всесущего Творца, ибо Космос пребывает на эволюционном цикле своего Существования.

Не раз вас ставили в известность, и ныне всем напоминаем: «Современная Эпоха – Эпоха Эволюции Сознания!» Сознание определяет Бытие, но разве кто войдёт в Мир Новый, всё измеряя старой мерой, не говоря уже о богонепослушании и своеволии?

Коли услышали – задумайтесь отныне!

Коли увидели – Путь изберите свой!

Коль приняли, и в согласии с Законами Эволюции Сознания, исполняемыми в моменте Настоящем, своё Будущее творите, тогда Любовь Вселенская, в Свободе Творчества развиваемая насущными делами, – да будет отныне ваше Имя!

Великий Мастер Сен-Жермен, Архангел Задкиил

3

Немного о Законах Эволюции Сознания

Дорогие наши друзья! С того момента, как Всетворец поведал нам о том, что передавать Законы Нового Тысячелетия человечеству не имеет никакого смысла (см. Провозвестие 45), прошло чуть более 4-х лет. За это время мы извлекли все уроки из произошедших в Израильском (2006-го года) Служении событий, не позволивших нам создать Магнит Эволюции. Благо, Небесная Иерархия не прекратила программу Служений, понимая, что очень сложно в условиях «проклятой земли» создать боеспособный отряд Служителей Света, коему предначертано вырасти в движущую силу Эволюции. После Израильского Служения мы участвовали ещё в более чем 20-ти Иерархических Программах, проведённых под руководством Небесных Наставников и Учителей. Были осуществлены поездки в различные страны нашей планеты, и в том числе: Египет, Китай, Индию, Тибет, Иорданию, вновь в Египет и Израиль. При этом Небесная Иерархия постоянно экспериментировала как в подборе участников предстоящих Служений, так и в их количественном составе. Порой дело доходило до того, что в некоторые Служения направлялось минимальное количество участников – 4. Так, от Служения к Служению, ценой напряжённых усилий Неба и Земли, действовавших на встречных курсах, сформировалось ядро наиболее дисциплинированных, ответственных и преданных Небесной Иерархии земных Служителей Света.

И вот, наконец, наступил долгожданный момент времени. В 2009-м году, уже в который раз, Всетворец вновь направляет нас в Израиль с заданием полностью повторить сценарий Служения 4-хлетней давности. Следует напомнить о том, что в 2009-м году наша планета вошла в эпоху 2-го Солнечного Посвящения, и человечество весь год пребывало в эманациях 9-го Луча Святого Духа – Единства, Сотрудничества и Братства. Естественно, от нас в этом новом Израильском Служении требовалось выйти на самые высочайшие состояния Единства в группе, дабы опыт истинного Братства стал реальным достоянием всей планетарной расы. Параллельно решались и другие задачи: заключение Договоров Сотрудничества с Небесной Иерархией по Вертикали, с жизнепотоками ангелов и элементалов – по Горизонтали; заякорение Пламени Эволюции на горе Блаженства, где однажды прозвучала Нагорная Проповедь Иисуса; синтез всех 12-ти Лучей, заявленных в План развития человечества Земли, с целью формирования группового Сознания Аватара.

Небесная Иерархия не жалела ни Знаний, ни Энергии, и только безнадежно ленивый был бы не в состоянии ощутить их Огненное Присутствие. Слава Богу, у нас таковых в группе не оказалось. Все были счастливы и Посланиям передаваемым, и центрам воспламенённым, несмотря на то, что это горение доставляло большие неудобства.

В тоже время, мы сами много экспериментировали, даб всем вместе выйти на проживание истинных состояний духовного родства и душевной близости, и не только между собой, но и с

Ангелами и со Светлыми Духами Мёртвого Моря. К сожалению, мы не можем более полно описать все события произошедшего в Израиле Служения. Это Служение настолько знаменательно, и в нём произошло столько чудесных явлений, что ему будет посвящена целая книга. Мы же остановимся только на главном событии. Видимо, нашей группе удалось выйти на необходимые состояния Братства, ибо Всетворец начал передавать нам Законы Эволюции Сознания. Эти Законы с комментариями к ним в ближайшем будущем будут полностью переданы в новой книге. А сейчас мы остановимся на изложении только некоторых из них – тех, которые способны прямым образом поменять все представления людей о Духовном Пути и вызвать в них осознание необходимости и непреложности Эволюции Сознания.

Эйлатские Универсальные Законы, 2009 год

1. Закон Эволюции Сознания

Гласит: Восходящее спиральное движение Точки Бытия Сознания есть основа бессмертной жизни, и каждая Сущность получит такую Возможность и Перспективу по силе проявленного Устремления к достижению максимальной Богореализации Сознания в Октаве своего сущностного Присутствия посредством обретения, совершенствования и приумножения опыта Любви и Творческого Взаимодополнения Начал, Сотрудничества со всеми эволюционирующими жизнепотоками и Созидания, утверждаемого с целью эволюционного преображения реальности внешнего мира.

Искажение Закона заключено в подмене идеи Эволюции Сознания идеей эволюции биохимического организма, приведшей к появлению антагонистической концепции выживания во внешних условиях бытия, предоставляемых каждой Сущности миром материальной вещественности.

2. Закон Вознесения

Гласит: Сущность, вместившая в своё Сознание все Качества Божественного Света, определяющие вибрационный и частотный диапазон духоматериальной Октавы своего активного осознаваемого Присутствия, научившись их применять в различных композициях и сочетаниях во взаимодействии с обитателями окружающего мира, и тем исполнившая План развития сией Октавы, непреложно получит право на Переход, иль Вознесение, в Сферу Космоса Надлежащую.

Искажение Закона состоит в мысли о том, что Вознесение в Реальности Божественных Миров происходит само по себе, то есть, без утверждённого труда Бого-Духоуподобления, направленного на структурирование самосотворяемого Сознания Качествами Я Есмь.

3. Закон Воздаяния

Гласит: Следствие всегда возвращается к своей Причине, и Сущность, действующая Качествами Я Есмь во благо нравственного преображения мира, непреложно займет ту Иерархическую Ступень на эволюционной Лестнице Космического Мироздания и Бытия и обретет ту Богоперспективу, коей будет соотвечать достигнутым Опытом и Мастерством Богопроявления.

Искажение Закона заключается в подмене его сути на требования, проистекающие из существа Закона Кармы, действием которого обеспечивается возврат искупительного следствия к своей причине.

4. Закон Качества

Гласит: На эволюционном цикле развития Космоса каждой Сущности следует позаботиться о привнесении в свой жизненный труд Качеств Божественного Света, как совокупности свойств, утончающих вибрационный диапазон осуществляемой активности и приводящих к опыту Богопроявления Я Есмь.

Искажение Закона присутствует как мысль о том, что для Вознесения в Сферу Космоса Надлежащую достаточно знать и исполнять предписания господствующей в мире религии, без учёта качественной основы жизни.

5. Закон Богопроявления

Гласит: Опыт Богопроявления, как результат практического приложения Богокачества в соответствии с его Высшим Пониманием, достигнутый в реальности внешнего мира, должен стать единственно значимой целью всякого духовного пути, ибо приводит к формированию Божественного Сознания Я Есмь, заключающего в себе Возможность и Перспективу дальнейшего бессмертного развития в Вечность и Беспредельность.

Искажение Закона состоит в мысли о том, что одухотворение сознания не предполагает качественной активности, направленной на обретение опыта Я Есмь.

6. Закон Богореализации Сознания

Гласит: Прежде чем Сущность получит право на эволюционное Самосовершенствование в Вечность и Беспредельность, ей необходимо познать Богореализацию собственного Сознания посредством практического исполнения имеющегося у неё индивидуального Плана эволюционного развития, и оное исполнение предполагает овладение Энергией и Вибрациями Октавы сущностного Присутствия, частотный диапазон духоматерии коей определен вибрациями Лучей Святого Духа, отражающих Божественные Качества Абсолютного Сознания Я Есмь и составляющих Эволюционный План Развития сией Октавы.

Искажение Закона состоит в утверждении мнения о том, что обретение духовности может происходить вне труда, подчинённого цели Богореализации Сознания в процессе структурирования его Качествами Я Есмь.

7. Закон присутствия Плана

Гласит: Каждая Сущность, заключающая во Внутреннем своем Искру Божественного Света, вне зависимости от того, какой Октаве Космоса принадлежит её настоящая жизненная активность, обладает индивидуальным Планом своего эволюционного развития, в коий заявлены Лучи Святого Духа, отражающие Божественные Качества Абсолютного Сознания Я Есмь, в своей совокупности определяющие частотный диапазон вибраций Октавы её сущностного Присутствия, и Перспективой Самосотворения и Бого-Духоуподобления, прямым образом связанной с добросовестным и своевременным исполнением оного Плана.

Искажение Закона состоит в неприятии мысли о существовании у Сущности индивидуального Плана её эволюционного развития и Ответственности за его исполнение.

8. Закон Божественной Индивидуальности или Духа

Гласит: Космическое предназначение каждой Сущности, вне зависимости от того, в каких Сферах и Октавах Космоса оная развивается, состоит в её алхимической трансформации в Божественную Индивидуальность, коя способна произойти лишь посредством упорядочения Световой Структуры Сознания и Индивидуализации его достигнутым опытом Богопроявления Я Есмь в процессе обретения максимально возможного Богоуподобления, (для данной сферы Единой Мировой Реальности), в деле эволюционного преображения мира.

Искажение Закона заключается в придании духовному пути абстрактного и отвлечённого характера.

9. Закон Трёхлепесткового Пламени Присутствия Я Есмь или Бессмертной Чаши Жизни

Гласит: Выявление из огненно-белой сердцевины Присутствия Божественной Души уравновешенного и сгармонизированного Трёхлепесткового Пламени, сопряжённое с формированием бессмертной Чаши Жизни, может произойти у Сущности лишь в результате прохождения ею трёх стадий Богореализации Сознания, что непреложно приведёт к Синтезу Сознания Будды, активизированного в процессе Самопознания, сопровождающемся образованием Синего Лепестка Веры, с Сознанием Христа, сформировавшемся в процессе обретения опыта Духотворения и побудившем к своему росту Розовый Лепесток Жертвенной Любви, в единое Сознание Майтрейи, рождение коего будет ознаменовано появлением Золотого Лепестка Мудрости, как свидетельства достигнутого могущества Богоуподобления в Свете Любви, Сотрудничества и Созидания, завершения Плана развития в Октаве настоящей жизненной активности и получения права на Переход в Сферу Космоса Надлежащую.

Искажение Закона состоит в утверждении мысли о том, что Трёхлепестковое Пламя Присутствия Я Есмь изначально проявлено в Сущности, и она с этим Пламенем приходит в своё инкарнационное воплощение.

10. Закон Каузального Тела или Высшего Разума

Гласит: Единственным внешним показателем происходящего формирования Трёхлепесткового Пламени Присутствия Я Есмь и трансформации Сущности в Божественную Индивидуальность, может быть лишь структурирование её Сознания Световыми Кольцами обретённого опыта Богопроявления Я Есмь, образующими в своей совокупности Световое Тело, именуемое Каузальным, или Телом Высшего Разума.

Искажение Закона заключается в понимании духовности, как пути, не связанном с облачением Сознания в световую вуаль Каузального Тела.

13. Закон Божественного Приоритета

Гласит: Среди всей совокупности божественных задач, переданных по каналу Богоруководства в Единую Сферу Сопряжения сотрудничающих между собой Творящих Сил Космоса во благо Богоуподобления каждой Сущности и эволюционного преображения мира, Высшей Волей всегда будет определён Приоритет, требующий первоочередного внимания и незамедлительного воплощения.

Искажение Закона состоит в выборе Сущностью приоритетной задачи по своему собственному усмотрению.

14. Закон Божественной Справедливости

Гласит: Справедливость есть праведное Иерархическое Водительство, и оное может осуществляться лишь на основе неукоснительного соблюдения Божественных Законов в осознаваемой реальности Космического Мироздания и Бытия, и тем формируется Порядок, исходя из которого все приходящие в жизнь Следствия, вне зависимости от их утверждаемого качества, вибрационного диапазона проявления и направления развития (эволюционного, или инволюционного), справедливы и космически законны, так как обусловлены Причинами, утверждёнными в результате применения Сущностью права свободного выбора.

Искажение Закона состоит в мысли о том, что Высшая Воля может поступить предвзято и проявить те Следствия, кои Сущность не заслуживает.

18. Закон Ответственности

Гласит: Каждой Сущности, претендующей на Богоперспективу, следует научиться быть готовой с честью и достоинством, присущим Божественному Свету, принимать на себя все Следствия содеянного выбора и всемерно использовать оные во благо максимально возможного Богоуподобления и эволюционного преображения мира.

Искажение Закона состоит в мнении о том, что привлечение Сущности, нарушающей Божественные Законы в реальности своего сущностного Присутствия, к кармической ответственности посредством привнесения в её жизнь искупительного следствия, является покушением на существующую у неё свободу волеизъявления.

24. Закон Богоруководства

Гласит: На эволюционном цикле развития Космического Мироздания и Бытия Богоруководство, как Высшее и Праведное Водительство, осуществляемое по каналу энергоинформационной связи «Учитель-Ученик», именуемому Серебряной Нитью, и позволяющее Божественным Наставникам и Кураторам, присутствующим на уровне Сферы Космоса Надлежащей, передавать Сущности Знания, Поручения и Указы, обладающие потенцией к эволюционному преображению её Сознания, а оной их своевременно и добросовестно воплощать, является единственным эффективным условием, позволяющим обучить Сущность пониманию смысла Божественного Существования, сути Космических Законов и ускоренным образом повести её по пути Богоуподобления.

Искажение Закона состоит в мысли о том, что духовное развитие возможно без Богоруководства и Законов, регламентирующих взаимоотношения Творца с его творениями.

28. Закон Божественной Меры

Гласит: С какой мерой Сущность подойдет к воплощению Указов и Заданий, направляемых по каналу Богоруководства из Сферы Космоса Надлежащей, в такой мере перед ней будет выстраиваться Богоперспектива и создаваться Условия эволюционного восхождения по Ступеням Иерархической Лестницы Посвящений.

Искажение Закона состоит в желании лучших жизненных следствий, не сопряжённых с активностью, подчинённой исполнению Законов Эволюции и Богоруководству.

31. Закон Бессмертия

Гласит: Сущность, сотворенная как Свет от Света Первородной Мысли, которая есть Логос, проявленный в Высших Мирах и Сферах активностью Вездесущего Божественного Сознания Я Есмь, в том случае достигнет Индивидуального Бессмертия, если в своем мышлении научится творить планы достижения Богоуподобления в процессе эволюционного преображения мира, и овладеет могуществом их творческого воплощения в жизнедеятельности своей с целью обретения, совершенствования и приумножения опыта Я Есмь.

Искажение Закона заключается в желании Бессмертия вне опыта Я Есмь.

4

Духовно-алхимическая программа, направленная на формирование в сознании человека Магнита осознания непреложности Космических Законов и устремления к жизни, подчиненной Высшей Воле

4.1. Алхимическая духовная практика к 1-му Аспекту Святого Духа – Лучу Веры, Воли, Силы и Могущества

Так будьте Убежденными всей Силой своей Веры!

Друзья мои!

Как часто говорите: «Не моя, но твоя Воля, Господи, да воплотится!», но сетуете при этом на превратности судьбы, не понимая, что даётся вам по вашей Вере. Не измеряется Вера количеством прочитанных молитв, постов, участий в церковных литургиях, ибо Она есть Точка Бытия Преображенного

Сознания, обусловленная имеющимся опытом Богопроявления Я Есмь. Коль существует подобный опыт, свидетельствующий не только о вашем признании своего Присутствия в Сознании Творца и Присутствия Творца в вашем Внутреннем Пространстве Искрой Божественного Света, но и о достигнутом с ней Отождествлении, сопровождающемся формированием световых накоплений в бессмертной Чаше Жизни, то в Вере предстоите, а значит, защищены от демонических инициаций и освобождены от всех кармических долгов. Когда же Веры нет, тогда болезни и проблемы становятся постоянными спутниками человеческой судьбы. Потому мало признавать существование Бога в мире; необходимо потрудиться Свет Его Присутствия в себе познать, дабы в источник Светоизлучения превратиться, и так светить, как Светит Бог своим творениям, направляя им всё необходимое для их существования, создавая все условия, даб каждое из них познало Радость Бытия и Счастье Богопроявления.

Велик Господь в могуществе своём Всеоживотворения и Любви, побуждающем людей к претворению своего космического предназначения. И Высшей Волей заповедано человеку преобразиться в Бога! Но прежде, чем это произойдет, человеку следует овладеть способностью **позволять себе** действовать в созвучии с Качествами Божественного Света, **проявлять** соответствующее волевое устремление, дабы решить поставленную перед ним задачу Богоуподобления; и тогда лишь воля индивида укрепится, когда в согласии с Высшей она будет пребывать.

Не может быть сие согласие отвлечённым, и Вера крепнет утверждённой Волей, и Сила Её трансмутируется в Убеждённость, что Богоперспектива есть результат активности, подчинённой Богоруководству. Так, каждодневно прилагая свою волю в направлении добросовестного претворения Указов Иерархии, посвящённых задачам эволюционного преображения мира, растёт Могущество Души быть неиссякаемым Источником Светоизлучения.

Воистину, дано по Вере будет, коль утвердится непреклонное волевое устремление человека к проявлению своего духовного первоестества. Наградой за силу волевого устремления станет преобразование индивида в Божественную Индивидуальность, обладающую Могуществом одухотворять Проявленную Беспредельность Качествами Любви – Немеркнущего и Неизбывного Света Я Есмь.

Так будьте Убеждёнными всей Силой своей Веры в том, что Воля, обретённая в труде Служения, имеющем своей целью исполнение Указов Богоруководства, непреложно приведёт вас к Могуществу Светоизлучения, ибо изначально каждому богореальному творению даровано достичь высот своего Творца!

Благословенны все, кто жизнь свою посвятил достижению истинной Веры и воспитанию божественной Воли, ибо, исполняя Указы Богоруководства, обретут непоколебимую Убеждённость и Могущество победоносно вершить Волю Всетворца.

Архангел Михаил

Свобода Воли – неотъемлемое право человека

Возлюбленные Воплощения Света!

Свобода Воли, как и Право Свободного Духовного Выбора и Отбора, – дар Господа человеку, запечатлённый на скрижалях Вечности Духом Великого Закона. Воля активизируется, когда индивид разрешает сам себе поступить каким-либо определённым способом, и оная, в связи с этим, может быть направлена человеческим существом на удовлетворение своих потребностей: как низменных, так и высокодуховных.

Как правило, низменные потребности продиктованы эго низшего сознания несовершенной личности, стремящейся в осознаваемой реальности окружающего мира, обеспечить для себя, (и зачастую любым образом, способом и ценой), те условия бытия, которые ей позволят не только достигнуть необходимого и такого желаемого жизненного благополучия, но и удержать, сохранить и приумножить его в грядущем (таковыми на настоящий момент являются власть, богатство, слава, тайные знания, способности и т.д.).

Если же говорить о высокодуховных потребностях представителя расы, то они, в первую очередь, вызваны сокровенным Присутствием во Внутреннем человека Искры Я Есмь (Божественной Души), являющейся световой ипостасью Планетного Духа.

Космическое предназначение всех людей и заключается в том, чтобы открыть в себе Присутствие Божественной Души, с ней отождествиться, и тем получить возможность действовать под руководством Духа, дабы, овладевая в своей земной жизни способностью практически применять все присущие Ему Качества Божественного Света, осуществить богореализацию своего сознания и вознестись на Небесный уровень Его сущностного Бытия.

Для того и дарована человеку Свобода Воли, чтобы научился делать Выбор, исходя из сути своей Божественной Природы и космического предназначения.

Всякая активность человека, когда его малая воля не созвучит Божественной, бесперспективна. При такой активности, пусть даже если люди что-либо из желаемого их многочисленными малыми «я» в жизни и обретут, то рано или поздно они это непременно потеряют, ибо всех не отождествившихся со своей духовной природой неминуемо ожидает физическая смерть. Стоят ли того затрачиваемые усилия, если материальные блага, обретённые на Земле, на Небеса не взять?

Следует также знать и о карме, которая появляется у человека в связи с каждым действием, осуществлённым вопреки

Божественной Воле. Тяжесть кармических долгов способна расти, и горе всем людям, кто их имеет, ибо не будет им покоя ни днем, ни ночью, пока не будут полностью оплачены все кармические счета.

Направляемый же Духом человек получит возможность приобрести Умения и Способности, необходимые ему для жизни Небесной, – сокровища нетленные, ибо они от Я Есмь. В тоже время этот бесценный опыт станет основой Таланта Распознавания, и человек, живущий в согласии с Высшей Волей, будет знать обо всей цепи причин и следствий, формирующих настоящую судьбу, как его самого, так и всей планетарной расы в целом.

Как важно человеку обрести правильную мотивацию своих поступков, ибо от характера волевого устремления зависит всё его Будущее!

Когда во Внутреннем людей не возожжён Пламень Богоруководства, они не ведают, что творят, и тем утяжеляют свою карму.

Божественная Мотивация поступков проистекает из Сознательности Сущности, которая зиждется на её способности Самоосознавать себя в качестве носителя Духовного Огня Беспредельности и быть оным в действии в конкретной точке Мироздания и Бытия. Как следствие, проявляемая Сознательной Сущностью активность при полном резонансе присущей ей воли с Волей Высшей непреложно приведёт к Просветлению и Эволюционному Восхождению её Индивидуального Сознания вплоть до его полного слияния с объективным Сознанием Духа.

Если для несовершенной личности человека результат жизни всегда один – кармические проблемы, завершающиеся обязательной физической смертью, то людей, подчинивших свою жизнедеятельность Богоруководству, ожидает Бессмертие, кое есть непреложный признак Эволюционного Пути.

Как бы нам ни не хотелось об этом говорить, но ситуация на вашей Планете не соотвечает эволюционным процессам, происходящим в Проявленной Вселенной. Вместо того, чтобы овладевать могуществом Жертвенной Любви и тем преобразовываться в Божественную Индивидуальность, подавляющее большинство людей подчиняют свою волю удовлетворению потребностей низшего эго.

По каким же принципам выстраивает свою жизнь человеческое существо, пораженное крайней степенью эгоизма? «Я никому ничего не должен, но этот мир и это общество обязаны обеспечить мне такие условия существования, на которые претендует моя настоящая личность», – вот состояние воли человеческого существа, лишённого духовного Самоосознания. Естественно, что поступки, совершаемые при такой мотивации, только усугубят материальное положение кармических должников, и, не имея возможности напрямую получать блага из Истока Вечной Жизни, вследствие отсутствия необходимого к тому опыта Богопроявления, они будут вынуждены вступить в ожесточенную борьбу за «теплое место под солнцем», руководствуясь другим, не менее значимым принципом демонического существования, провозглашающим идею: «Выживает сильнейший». Но какой бы могущественной сила человека ни казалась, если несёт в мир деструктивные состояния, она, как и созданное ею бытие, обречена. И более того, воля возжаждавшего с позиции силы реализовывать свои сущностные потребности, будет ограничена Божественными Управителями Планеты, которые для этого используют действие Закона Кармы, неумолимо возвращающего искупительное следствие к своей причине. Так и живет несовершенная личность в условиях, когда её воля не созвучит Высшей, мало того, что она не имеет своего Космического Будущего, так ещё и становится объектом действия Закона Кармы, утверждающего по отношению к ней ограничивающий свободу воли принцип: «око за око, зуб за зуб».

Для Сущностей, обладающих расширенным Сознанием, в Космосе действует иная формула: «Я никому ничего не должен, однако, и мне никто ничего не должен; но Я благодарен Творцу за предоставленную возможность проявленного Существования и развития своего Самоосознания в космическом пространстве». Иначе и быть не может, ибо в этом самый простейший смысл Свободной Воли. «И более того, Я осознаю, только качественно исполненный жизненный труд, осуществлённый в согласии с Волей Создателя Космоса, определит состояние моего Бытия и мою Богоперспективу».

Как следствие, данные Сущности, осознавая себя неотъемлемой частью Великого Единства всей Божественной Жизни, добровольно и с полным пониманием свершаемого, принимают на себя Ответственность за Эволюцию не только своей Души, но и того Мира, которому принадлежит в настоящий момент их сущностная активность. Они не выживают и не приспосабливаются к внешним условиям своего существования, а, используя всю мощь, заключенную в Качествах Божественного Света и действуя в подчинении Богоруководству, ниспосылаемому Свыше, их преображают.

Богоруководство дается только тем Сущностям, кто устремлён Служить Высшей Воле. Потому поступки, совершаемые Сознательными Сущностями, в связи с возложенными на себя обязательствами по эволюционному восхождению, доставляют им Радость Жизни. Труд Богопроявления этих Сущностей приносит пользу окружающему миру, поднимая в нём частоту вибраций, просветляя и преображая оный.

Каждое благо, принесённое Космосу, не остается без внимания Космоса. В этом случае в действие вступает Закон Воздаяния, коий вознаграждает Сущность за осуществлённый Качественно жизненный Труд, формируя ей такие условия бытия и такое Иерархическое положение на Лестнице Эволюции, коим она соответствует обретённым опытом Я Есмь и принесённой пользой миру. При этом основной принцип эволюционирующей Сущности в отношениях с другими богореальными формами жизни соответствует Идее: «Гармония Любви и Радость Сотворения преобразят весь Мир!»

Следовательно, если кто-либо из людей выберет Путь Эволюции, то ему добровольно следует возложить на себя Ответственность исполнять Её Законы, побуждающие его строить отношения с иными человеческими существами на принципах Безусловной и Жертвенной Любви, Сотрудничества и Созидания. На таких принципах развивается Дух в Космосе. И если люди решили перейти на более высокий уровень своего космического существования, соответствующий сфере Божественного Присутствия, им ничего иного не остаётся, кроме как привести свою волю в согласие с Волей Духа.

Как бы кто ни считал, что всякий опыт жизни во благо, а значит, «никто никому ничего не должен», следует хорошенько подумать о возможных последствиях такой жизненной позиции.

Жизненный опыт только тогда способен принести эволюционную пользу, когда Сущность, его обретающая, имеет мудрость не потерять Урок Судьбы и использовать Знания, полученные по каналу Богоруководства от Духа, во благо преображения, как своего сознания, так и реальности, которая стала сферой её сущностного обитания.

Каким бы фантастическим ни казалось человеку, обитающему в материальном мире, Присутствие Духа в Космосе, Путь к Нему существует, и оный начинается с обретения им в своей жизни опыта Богопроявления. Вековая мудрость гласит: «Всё великое с малого начинается!» – и дабы колос взрастить, надобно первоначально зерно посеять.

Велик и беспределен Единый в своих проявлениях, неисповедимы и неповторимы Его Пути! Поэтому, как бы ни были ваши намерения благи и устремления святы, помните о том, что продиктованы они вашим Опытом и вашим пониманием Истины в той точке бытия, которую в настоящий момент занимает ваше активное Сознание.

Если вы говорите о Пути и просите Богоруководства, то вам следует по нему идти и неукоснительно исполнять Волю Бога.

Применение Свободы Воли – неотъемлемое право человека! Навязывание же принципов Божественного Существования людям, не готовым принять Знания и Опыт от Духа через слова «должен» или «обязан», – есть нарушение Законов и Заповедей Творца.

Коль устремились к своему Преображению, признайте этот акт как проявление Свободы Воли, но вместе с тем готовы будьте Ответ держать за возложенные на себя Обязательства перед Истоком Вечной Жизни, ибо рост Сознания, а значит, его Иерархическое Восхождение, возможно только через опыт Богопроявления, достигнутый в Служении Творцу.

Приняв сию Ответственность, не сетуйте, что иные так не поступают, и не навязывайте им свою волю, дабы не стать кармическим должником.

Благословен Пример добросовестного приведения своей воли в созвучие с Волей Духа, ибо выше всяких слов и увещеваний.

Потому и призываем: «Станьте Примером истинного претворения Свободы Воли, ибо во Благо!»

«Указавший своим Примером Путь другим в Божественный Первоисток, преобразится в Бессмертного Духа!» – в этом Воля и Заповедь Всесущего Творца, данная человечеству на современном этапе его развития в материальном мире.

Владыка Яромир

1. О, Изреченная Сила Света, одухотворившая Бытие и Мироздание, и Сокровенное существа каждого, Предвечные Отец и Мать Проявленной Вселенной, проявляющиеся в оной всеми формами и состояниями божественной жизни!

Благословите устремление моей индивидуальной души, в коей животворит Искра Любви, возожженная вами, к познанию сокровенной сути истинной Веры, пробуждающей Волю, Силу и Могущество моего первородного духовного существа, и к олицетворению с Пламенем оной в каждое мгновение своей сущностной активности.

Во имя Жизни, Эволюции и Мира – исполнится!

Аминь! Аминь! Аминь!

2. О, Облаченные в небесное сияние Воли Всетворца, Возлюбленные Владыка Эгис и Владычица Эльжибор!

Могуществом и силою своей, исток которой – в Сердце Мирозданья, окормите объективное сознание моей индивидуальной души высшими духовными знаниями о сокровенной сути искренней и истинной Веры, укрепляющей Волю и пробуждающей Внутреннюю Силу и Первородное Могущество моего бессмертного духовного существа.

Во славу Всетворца, во исполнение Горней Воли – свершится так!

Аминь и Аллилуйя! Слава Вам!

3. О, Броня Синепламенная, Архистратиг Небесных Сил и Горних Воинств, Возлюбленный Архангел Михаил! О, Небесная Колыбель Утешения, Всемилостивая Архея Вера!

Во имя Возрождения и Жизни воскресите к активности Лучезарный Свет Истинной Веры, являющейся неотъемлемой частью Искры Присутствия Я Есмь, животворящей в Сокровенном моего первородного духовного существа, и усильте эманации оного могуществом и славою своей во всех мирах и сферах Бытия. Да исполнится Воля Всеединого во мне, да изольется через Чашу Истинного для каждого богореального существа Вселенной, и ныне, и присно, и на эоны Света грядущие.

Да будет так!

4. О, Могущество Неисповедимое, Божественные Управители Высокого Луча, Элохим Геркулес и Элои Амазония!

Божественной силой своей, во славу Всетворца Проявленной Вселенной, заякорите и расширьте богопламя Истинной Веры в Священной Чаше Жизни моего бессмертного духовного существа, даруя оному возможность исполнить перворододный план своего индивидуального божественного развития и воплотиться Светом Любви Единосущего Творца для всех существ Проявленного Мироздания.

Аминь и Аллилуйя! Слава Вам!

5. Во Славу Всетворца!

Иат – Ха – Аху – Ваирио – Хал!

6. Благословляющей волей 4-х Ипостасей Духа Святого, кои Есмь Отец, Мать, Сын, Дочь, а вместе – Свет Животворящий, – откройся, мир Истинной Божественной Веры! Да воскресит Свет Веры Первородную Силу и Могущество моего бессмертного духовного существа.

Оэаохоон – Кастонай Лапио Астериум Манто!

Ом – Аум – Рам – Рао – Хаа!

Аминь!

Медитация

Основные условия вхождения в медитативное состояние сознания:

1. Останавливаем внутренний диалог.

2. Устанавливаем вертикальную связь с Духовным Сердцем Проявленной Вселенной и Сердцем Матушки-Планеты.

3. Активное сознание погружаем в огненно-белую сердцевину Трехлепесткового Пламени Присутствия Божественного Сознания Я Есмь и отождествляемся с его Внутренним Светом, ощущаем пульсацию и тепло, созерцаем, в каких красках он переливается, наслаждаемся ароматом и мелодией, от него исходящими.

Утверждаем в мыслях, чувствах и состояниях:
«Я Есмь Лучезарный Свет Беспредельности!
Я Есмь Беспредельный Лучезарный Свет!»
Время отождествления – не менее 5 минут.

I цикл

(**Ритм:** вдох, выдох, задержки одинаковы по времени)

На вдохе: из полевых структур 4-х нижних тел Присутствия Я Есмь в Центральный Чакрам вбираем низковибрационные энергии, являющиеся сутью сознаний сущностей-одержателей демонической природы, препятствующих индивидуальной душе познать истинную Веру, пробуждающую Силу, Волю и Могущество первородного духовного существа, и олицетворяться с оным в своей активности.

На задержке: осознанным духовным покаянием, устремлением и силой воли, при ускорении внутричакрамного вращения и насыщении Внутренним Светом, трансмутируем все низковибрационные энергии, очищая их от темных пятен, серо-бурых разводов и вкраплений до появления лучезарного сияния.

На выдохе: проживаемые состояния, рожденные в момент освобождения от дисквалифицированных энергий, через 4 верхние центра трансформации выдыхаем в Духовное Сердце Беспредельности со словами: «Господи, отныне и навсегда

Свет истинной Веры и Воли, воскрешающие Силу и Могущество моего бессмертного духовного существа, будет оживотворять мою активность в моменте настоящем «здесь и сейчас». Да будет так!»

На задержке: визуализируем, как под воздействием выдыхаемого потока осветленной энергии усиливает свое свечение, укрепляется и расширяется Серебряная Нить, соединяющая Присутствие Я Есмь с Духовным Сердцем Проявленной Вселенной.

Проживаем просветленные состояния, вызванные освобождением полевых структур 4-х нижних тел индивидуальной души от спуда низковибрационных энергий.

Продолжительность дыхания – не менее 15 минут.

Визуализируем, как из Духовного Центра Беспредельности нисходит поток синего Света с серебристой радиацией, наполняющий все Миры и Пространства Проявленной Вселенной энергией Луча Веры, Силы, Воли и Могущества.

II цикл

(**Ритм:** вдох, выдох, задержки одинаковы по времени)

На вдохе: вбираем в Центральный Чакрам энергию Луча Веры, Силы, Воли и Могущества.

На задержке: окармливаем этой энергией свой Внутренний Свет, насыщая и повышая его эманации.

Проживаем просветленные состояния, вызванные активностью Высокого Луча.

На выдохе: проживаемые состояния выдыхаем в Каузальное Тело Искры Присутствия Я Есмь, дабы возжечь во Внутреннем индивидуальной души пламя Истинной Веры и Воли, пробуждающих Силу и Могущество вашего первородного духовного существа.

На задержке: визуализируем, как под воздействием выдыхаемого потока трансформированной энергии происходит усиление свечения Световых колец Каузального Тела Искры Присутствия Я Есмь и формирование нового кольца синего Света с серебристой радиацией.

Проживаем просветленные состояния, рожденные в момент отождествления с качествами и свойствами Высокого Луча.

Продолжительность дыхания – не менее 15 минут.

III цикл

(**Ритм:** вдох, выдох, задержки одинаковы по времени)

На вдохе: вбираем в Центральный Чакрам энергию Луча Веры, Силы, Воли и Могущества.

На задержке: окармливаем этой энергией свой Внутренний Свет, насыщая и повышая его эманации.

Проживаем просветленные состояния, вызванные активностью Высокого Луча.

На выдохе: проживаемые состояния выдыхаем в энергоцентр Вишудха, задача коего – принимать из Духовного Сердца Беспредельности энергии Луча Веры, Силы, Воли и Могущества, дабы восстановить и активизировать его первородную светокопию – сакральную мандалу, цвет и чистоту звучания.

На задержке: визуализируем, как под воздействием выдыхаемого потока трансформированной энергии происходит преобразование энергоцентра Вишудха в прекраснейший лотос, усиление его первородного свечения и звучания.

Проживаем просветленные состояния, рожденные в момент отождествления с качествами и свойствами Высокого Луча.

Продолжительность дыхания – не менее 15 минут.

IV цикл

(**Ритм:** вдох, выдох, задержки одинаковы по времени)

На вдохе: вбираем в Центральный Чакрам энергию Луча Веры, Силы, Воли и Могущества.

На задержке: окармливаем этой энергией свой Внутренний Свет, насыщая и повышая его эманации.

Проживаем просветленные состояния, вызванные активностью Высокого Луча.

На выдохе: проживаемые состояния выдыхаем в Синий Лепесток Веры, который, исходя из огненно-белой сердцевины Присутствия Я Есмь, проецируется в центр Атма, расположенный в правой груди, дабы усилить его свечение, укрепить и расширить в объеме.

На задержке: визуализируем, как под воздействием выдыхаемого потока трансформированной энергии происходит усиление свечения Синего Лепестка Веры во Внутреннем Пространстве индивидуальной души.

Проживаем просветленные состояния, рожденные в момент осознания своей духовной природы и отождествления с оной.

Продолжительность дыхания – не менее 15 минут.

V цикл

(**Ритм:** вдох, выдох, задержки одинаковы по времени)

На вдохе: вбираем в Центральный Чакрам энергию Луча Веры, Силы, Воли и Могущества.

На задержке: окармливаем этой энергией свой Внутренний Свет, насыщая и повышая его эманации.

Проживаем просветленные состояния, вызванные активностью Высокого Луча.

На выдохе: проживаемые состояния через 8 центров трансформации выдыхаем во внешнее пространство своего Присутствия во имя его Преображения и Просветления, а также в Чашу Жизни каждого богореального существа, возжигая во Внутреннем оных пламя истинной Веры и Воли.

На задержке: проживаем просветленные состояния, рожденные в момент претворения активности сознания Я Есмь Христа и отождествления с качествами и свойствами Высокого Луча.

Продолжительность дыхания – не менее 15 минут.

VI цикл

(дыхание произвольное)

Находясь в медитативном состоянии сознания, устремляем свой духовный взор в Причинное Тело, которое расположено вокруг ментального тела. В Причинном Теле находится грязно-буро-коричневый электронный пояс «Карманойя», являющийся обителью сущностей-одержателей демонической природы, а вместе с тем – причиной всех заболеваний и жизненных проблем человека.

Внутренне озвучиваем мантру, обращенную к демоническим одержателям: «Идите с миром в обители уготованные, ибо там – место ваше, и на то Воля Всетворца Вселенной Света! Иат – Ха – Аху – Ваирио – Воля Господа есмь Закон Справедливости – Хал!»

Визуализируем, как из Истока Вечного Творения нисходит Луч Веры, Силы, Воли и Могущества.

На вдохе: вбираем энергию этого Луча в энергоцентр Вишудха.

На выдохе: пропевая мантру «Ур-р-р» в диапазоне звучания ноты «соль», визуализируем, как от энергоцентра Вишудха во все стороны распространяется торсионное поле синего Света с серебристой радиацией, под воздействием которого происходит растворение и исчезновение электронного пояса «Карманойя» и всех демонических сущностей, в нем обитающих.

Проживаем состояние Благости и Блаженства, рожденные в процессе отождествления с качествами Высокого Луча и растворения электронного пояса «Карманойя».

Продолжительность медитации – не менее 15 минут.

Благодарение

О, Могущество синепламенное, воскрешающее в Сокровенном моем! О, Сила Истинной Веры в свою божественную духовную природу, пробуждающаяся в сознании души моей!

Отныне и на эоны Света грядущие: Я Есмь Кто Я Есмь!

Я Есмь Творение Любви Великого Единства! Я Есмь Чистота Любви Великого Единства! Я Есмь Слава Любви Великого Единства!

О, Возлюбленные, Просветленные Управители Высокого Духовного Луча:

Владыка Эгис и Владычица Эльжибор,

Архангел Михаил и Архея Вера,

Элохим Геркулес и Элои Амазония!

Благодарю и прославляю вас, представ пред Троном Всеединого Творца, за милость воскрешения Христосознанья сути сокровенной, за Свет возожженный истинной и просветленной Веры, который открывает путь на Небеса божественной душе моей.

Благословенны будьте, Лучезарные Наставники и Мастера Энергий!

Во славу Жизни! Мир и радость всем существам Проявленной Вселенной!

Аминь и Аллилуйя! Слава Вам!

4.2. Алхимическая духовная практика к 75-му Аспекту Духа Святого – Лучу Благоволения и Божественной Милости

Благоволите Законам Эволюции!

Возлюбленные!

Исходя из существующего состояния Сознания подавляющего большинства людей, становится очевидным, что человечеству во имя достижения эволюционной Перспективы, следует в кратчайшие сроки изменить утверждённую в мире деструктивную модель бытия, основанную на разъединении и обособлении. Условия сией Перспективы происходят из Божественного Синтеза, коим непреложно сопровождается Эволюционный Цикл развития Проявленной Вселенной. Синтезом собираются все позитивные накопления обитателей Миров и Сфер Космического Мироздания, формируется Движущаяся Сила Эволюции, обеспечивается сам процесс духовного преображения Вселенной и её Вознесения на более высоковибрационный уровень последующего развития. Потому и говорим о человечестве Земли, что из его лучших представителей Синтезом будет собрана 6-я Планетарная Раса – Раса Боголюдей, готовая для жизни в новых эволюционных условиях. Потому и призываем избавить Планету от всех деструктивных моделей поведения, способствующих всякому разъединению и обособлению, что являются препятствием для Синтеза. Необходим опыт всеобщего Сотрудничества, и только Сотрудничество, будучи основанием Синтеза, позволит человечеству Земли справиться с задачами, поставленными перед ним Эволюцией.

Сегодня, с учётом сложившейся ситуации, на Кармическом Совете Проявленной Вселенной было принято решение раскрыть духоносцам расы планетарной смысловую матрицу Луча

Благоволения и Божественной Милости, а также, научить людей тому, как использовать могущество искомого Аспекта Святого Духа во имя активизации процессов Божественного Синтеза, дабы помочь каждому человеку сформировать Сознание, готовое к Переходу.

Благоволение есть Качество Божественного Света, способное при утверждении вызвать процесс образования Сферы Чувствознания, коя будет состоять из внутренних позитивных переживаний Сущности, представляющих Опыт Богопроявления в Аспекте Безусловной Любви.

Как важно понять, что будущие взаимоотношения людей строятся на основании чувственных ощущений, утверждённых в моменте Настоящем. И если нет Гармонии внутри, её не будет и снаружи. Ещё никогда и никого к Сотрудничеству не приводила причинно-обусловленная эмоциональность, являющаяся результатом имеющейся у несовершенной личности человека зависимости от внешних условий бытия. Отождествив свой идеал счастья с кем-то или чем-то, существующим в реальности окружающего мира, люди радуются, когда удовлетворяют свои личностные побуждения, и тут же страдают, если что-то происходит вопреки их воле. Результатом причинной обусловленности является эмоциональное возмущение, которое и ложится в основу всякого разъединения, обособления и противостояния.

Так у людей, склонных к причинно-обусловленной эмоциональности, и появляется демоническое присутствие, паразитирующее на искажённой жизненной энергии.

Так, используя человеческую привязанность к внешним условиям бытия, демонам удаётся побуждать и искушать людей к нарушению Космических Законов, и тем превращать их в кармических должников.

Так, пребывая в зависимости от своих желаний, человек не только не способен прийти к внутреннему Покою Сознания, наделяющему властью активизировать Серебряную Нить Богоруководства, но даже не в состоянии отзвучать на веление Времени – войти в Единую Сферу Сопряжения, дабы овладеть могуществом Сотрудничества и Созидания.

«Идет Князь мира сего, а у меня для него нет ничего!» – так молвит Безусловность всякий раз, когда Сущность подвергается демонической инициации.

Несгибаемым стержнем чувственной Безусловности является Благоволение! Именно благодаря Благоволению Безусловные Чувства начинают преобладать во внутренних переживаниях. Благоволение не только стоит на страже Сферы Безусловных Чувств, являясь могущественным подспорьем в формировании канала Богоруководства, но и помогает Сущности приумножить световые накопления в Чаше Жизни.

Благоволение всегда предполагает готовность Сущности проявить лояльность к любому внешнему проявлению, как доброе расположение Духа, способного делегировать своё радужное покровительство каждому богореальному существу, вне зависимости от того, являются ли резонансными ему вибрации, энергии и состояния его сущностного Сознания или нет.

Вспомните, чему учит Мудрость Небес: «Никто тебе ни друг, никто тебе ни враг, но каждое существо есть твой Учитель». Не удивляйтесь этому, на первый взгляд абсурдному, изречению, но данный принцип взаимоотношений будет непреложно действовать, пока у человека существует кармическая программа жизни. Никто иной, но только Господь, исполняя Закон, направляет в вашу жизнь кармического Учителя. Задача его – своей активностью, кажущейся на первый взгляд неприемлемой и возмутительной, помочь вам в момент контакта с ним узреть все свои достоинства и недостатки.

Устремившись к постижению Опыта Безусловной Любви, учитесь благоволить всем человеческим существам, и не важно, какой урок: позитивный или негативный, они привносят в вашу жизнь.

Пребывая в добром расположении к кармическому Учителю, вы обретёте способность внимательно исследовать сформированную им ситуацию, и, осознав её суть, извлечь все содержащиеся в ней возможности для достижения Покоя Сознания и упрочения Сферы Безусловных Чувств.

Благоволите всем событиям и явлениям, происходящим в вашей жизни, принимая их такими, какие они есть на самом деле, ибо в них присутствует Перст Указующий и направляющий судьбу вашу в Духовный Первоисток.

Благоволите и покровительствуйте всем формам и состояниям богореальной жизни, не относящимся к человеческому жизнепотоку, ибо они, повинуясь Воле Всесущего Творца, дают вам всё необходимое для существования.

Благоволите правым и неправым, больным и здоровым, идущим и заблудшим, ибо в них Присутствует Сокровенный Свет от Света Всеединого, а проживая внутреннее Благо по отношению к ним, при этом никого не отвергая, вы становитесь силой не разъединяющей, но сплачивающей все Его творения Кристаллом Любви своей в Единый Монолит.

Благоволите каждому своему опыту, так как однажды он приведёт к Дару Распознавания! Дар распознавания – всегда во Благо, и истинно распознающий человек способен будет из кармической программы жизни перейти в эволюционную, которая не приемлет ни искупительных уроков, ни Учителей, обучающих непротивлению злу насилием.

Эволюция Сознания, прежде всего, есть Путь Сотрудничества! Каждый принявший Эволюцию и Сотрудничество в своё сердце станет Творцом своей благостной судьбы и Сотворцом Новой Модели Жизни! Новая Модель Жизни, основанная на Благе подчинения своей воли Богоруководству, на Творчестве, проявленном в Единой Сфере приложения трудовых усилий всех Сотрудников, и на Мастерстве, утверждённом в процессе нравственного преображения мира, – сужденное Будущее, и к нему человечество Земли непреложно придёт, осознав космическое значение эволюционной программы жизни.

Благоволите Законам Эволюции, ибо, будучи Руководством к действию, они раскрывают Условия того, как преобразиться в Богочеловека и обрести Перспективу развития своего Сознания в Вечность и Беспредельность!

На этом позитивном пожелании Я завершу сей урок, который будет продолжен в ближайшем будущем, и посвятит сознания, готовые к обучению, в тайну чудодействия, вызываемого Светом Божественной Милости.

Навеки предан благоволящим Истине и таинству эволюционного преображения Сознания,

Господь Вседержитель

Станьте щедрыми в дарении своего Внутреннего Света!

Возлюбленные!

Да обрящет сердце, ищущее Истину, её Свет!

Да познает Душа, страждущая Преображения, Богоруководство!

Да приведёт Стезя устремившегося жить в согласии с Законом к Судьбе, наполненной Успехом, Изобилием и Процветанием!

Каким будет ваше Будущее, зависит лишь от вас! **Получает только тот, кто отдаёт, и чем больше будет пожертвовано Внутреннего Света во Благо эволюционного изменения мира, тем больше сознанию жертвенному будет передано Благ из Истока Вечного Творения!** О Милости Божественной сегодня наш разговор, ибо Она – основание всякого грядущего духовного построения, а потому Суждена человеку, возжаждавшему преображения в Духе.

Говоря о Божественной Милости, следует отметить, что искомое Богокачество, рождённое в Духовном Первоистоке, есть внешняя форма проявления Благоволения. **Будучи зримым действием, осуществлённым вовне, – тем всеозаряющим излучением Жертвенной Любви, которым сопровождается активность Бога, – Божественная Милость всегда направлена на Созидание и формирование благостных условий для самосовершенствования всех богореальных форм жизни, развивающихся в Проявленной Вселенной.**

Да не введёт в заблуждение знакомящегося с настоящим Посланием упоминание о Боге, поскольку может сложиться ложное впечатление о том, что использование данного Луча-Аспекта Святого Духа есть привилегия только Высших Сил, а человеку дано к ним лишь с просьбой обращаться, дабы в час тяжелых испытаний Милость Высшую получить. Отнюдь нет.

Могущество являть Милость Сердца, воспитанного любовью, заповедано каждому богореальному существу вне зависимости от того, к каким Сферам и Мирам Космического Мироздания принадлежит его жизненная активность.

Таинство Божественной Милости олицетворяет собой саму природу Жертвенной Любви, а потому оно не подвластно эго низшего сознания, взращенному на потребительской концепции жить только для самого себя. Нет в том смысла, чтобы учить искусству отдавать свой Внутренний Свет тех, кто к этому не имеет добровольного устремления. И если мы в настоящем Уроке раскрываем значение Божественной Милости, то только для того, чтобы показать людям, созданным по Образу и Подобию Творца, как встать на путь самотрансформации в Божественную Индивидуальность, способную, действуя в Сотрудничестве и в согласии с Высшей Волей, войти в число истинных подвижников Духа, представляющих на Планете движущую силу Эволюции.

Именно в настоящий момент времени «Здесь и Сейчас», когда необходимость эволюционных преобразований требует консолидации всеобщих усилий, первоочередной нравственной задачей для всех людей становится овладение умением помогать и быть полезными друг другу, дабы истинная Милость и Жертвенность стали основополагающим качеством человеческих взаимоотношений.

Несовершенная личность, пусть она будет даже семи пядей во лбу, не способна решить поставленные Вечностью перед человечеством Земли задачи, ибо её натура всегда поглощена думами и заботами о себе самой и о своём комфортном существовании. Каких сфер человеческой жизни ни касался бы вопрос: семейной, социальной, политической, экономической, религиозной и т.д., эго личности земной всегда стремится утвердить свои самостные интересы, пытаясь в любой совместной активности перетянуть одеяло на себя, и тем извлечь выгоду из всего, что рядом с ней делается и происходит.

Самости нет дела до внутреннего мира других людей. Каждое встретившееся на пути существо, в устремлении самости любым способом удовлетворить свои амбиции и желания, будет мерещиться ей вечным соперником и врагом. Пусть кто-то ещё ничего не сделал, – допустим, только обозначился, как потенциальный конкурент, – но этого уже достаточно, чтобы самостная личность активизировала свои низшие побуждения. Когда же вдруг некто встаёт у неё на её пути к достижению поставленной цели, несовершенная личность прибегнет к любым мерам, чтобы избавиться от препятствия, ибо руководствуется принципом: «Цель оправдывает средства». И если даже у человеческой самости по каким–то причинам не получается сразу воплотить свои вожделения в реальность, например, кто-то окажется более нахрапистым, влиятельным или сильным, она будет терпеливо ждать удобного случая, чтобы с присущим ей коварством и вероломством, воплотить свои низменные намерения. Когда же этот случай подвернётся, самость непременно им воспользуется, и пощады от неё уже не жди.

Идеал развития низшего эго личности земной – только брать и ничего не отдавать. Если люди выбирают позицию самостного существования, они поворачиваются спиной к нуждам мира, и тем обкрадывают себя, ибо разве мир поможет тем, кто сам не ориентирован на помощь? Действия самости всегда направлены к самоутверждению своего собственного малого «я», а значит, противоречат интересам Я Высшего. Потому в какие бы одежды самость ни рядилась, её активность всегда будет приводить к нарушению Космических Законов, так как сопряжена с формированием источника конфронтации, вражды и разобщения в мире.

Основанная на этих деструктивных принципах, жизнедеятельность несовершенной личности не соотвечает происходящим во Вселенной эволюционным переменам и, более того, им противостоит.

Эволюция подобна бурной горной реке, сметающей всё противоборствующее на своём пути. Было бы глупо человеку создавать какие-либо препятствия в русле её всесокрушающего движения. Людям, чтобы не лишиться эволюционной Перспективы, следует избавиться от каких-либо самостных проявлений, подчинив всю свою жизненную активность Законам Эволюционного Преображения Сознания. В преддверии Перехода, коий является закономерным следствием всех эволюционных процессов, происходящих в Проявленной Вселенной, человеку непреложно предстоит изменить себя, а изменяя, заменить свою несовершенную личность на Божественную Индивидуальность, способную жить в Гармонии с Космосом.

Чем бы человек ни занимался, всякая его активность начинается с мысли. Вначале рождается мысль, затем появляется результат, связанный с её практическим воплощением. Совокупностью же жизненных результатов, как следствием проявленных устремлений, формируется само бытие людей. Если уклад жизни на Планете определяется антагонизмами, противопоставившими людей друг другу, то в этом, в первую очередь, виноват образ их мышления. Какими бы привлекательными антагонизмы ни представлялись, у них нет никакой перспективы. Потому, человеку, возжелавшему улучшения своего бытия, следует в кратчайшие сроки овладеть новыми формулами мышления, пребывающими в созвучии с Огненным Мышлением Существ, проходящих своё развитие в Горнем Мире.

Вся Космическая Беспредельность развивается неизбывным устремлением к совершенствованию Любви, Сотрудничества и Созидания. Созвучие Космическому Мышлению позволит людям из своего разобщённого состояния прийти к Всеобщему Единству, основанному на взаимопонимании, взаимодополнении и согласовании своих идеалов развития в едином направлении. Подчинение же своей воли Богоруководству есть наикратчайший путь к установлению Взаимодоверия и Братства между всеми людьми, наделению их чувством коллективной Ответственности за состояние планетарного бытия и Могуществом совместного созидательного труда, направленного на Одухотворение реальности окружающего мира.

Эффективное использование качеств Луча Божественной Милости способно подвести людей к возможности вплотную соприкоснуться с требуемыми формулами Нового Мышления, а вместе с этим, – помочь им из существ, постоянно озабоченных поиском Блага для себя, превратиться в существ, действующих во Благо других и тем стяжающих Сокровища на Небесах.

Новый образ Мышления свидетельствует о том, что если каждый человек научится проявлять заботу о других, то ему не придётся беспокоиться о себе самом, ибо о его Благополучии позаботятся другие.

Обратите внимание на то, как качественно может измениться жизнь, вооружись человек принципами, исходящими из Божественной Милости: **помогая кому-либо, помогаешь себе!**

Жертвующий Свет во Благо всех, становится объектом всеобщей световой Жертвы!

Проявляя Милость к судьбе ближних своих, являющихся творениями Единосущего, открываешься для Милости Его.

«Как ты к другим, так и другие к тебе!» – гласит Мудрость Небес. Какая прекрасная возможность для достижения всеобщего Мира, Гармонии и Сотрудничества, если каждое взаимоотношение будет пронизано Духом Божественной Милости!

Божественная Милость – это не просто умение «выделять» из себя и отдавать другим то, что для их сущностной души явилось бы Благом. **Божественная Милость всегда отличается повышенной Щедростью Доброты, оказанной другому существу, которое в ней каждодневно нуждается.**

Как правило, Божественная Милость имеет своей целью помогать людям, этой помощи (в такой степени, в которой она осуществляется по Закону Милости) не заслуживающим.

Тем прекрасно это Качество Светового Излучения, что, будучи проявленным в действии, оно становится для объекта своего приложения благим импульсом – авансом, способным воскресить в нём самые лучшие, душевные и духовные побуждения.

Соприкоснувшись со строками данного Послания, многие могут заявить, что они уже имеют этот опыт, подразумевая под ним те подачки, которые иногда передают в виде милостыни просящим подаяния людям. Увы, подобные действия ничего общего не имеют с качествами Божественной Милости. Объясняю почему.

Всякие подачки носят материальный характер и, будучи скудными, обретают форму денежной мелочи, куска хлеба или старой, уже никому не нужной, одежды, передаваемой из чувства долга или зависимости от обстоятельств, свидетельствующих о том, что зачастую, таким образом, легче «откупиться» от собственной совести, являющейся гласом Духа, нежели упорно трудиться над приобретением истинных Достоинств Света.

Разве можно создать Мир Изобилия и Процветания, формируя у себя психологию скряги, отделывающегося от проблем иных существ нищенскими и убогими подачками? «Нет!» – гласит Великий Закон.

Не позволяя себе быть щедрым по отношению к страждущим людям, человек усугубляет свою карму и создает вокруг себя такое пространство, в которое притягиваются человеческие индивиды, имеющие аналогичные манеры поведения. Воистину, что посеешь, то и пожнёшь!

Судьба каждого духоносца определяется его активностью, совершённой в моменте настоящем «Здесь и Сейчас». «Относись к другим так, как бы хотел, чтобы другие относились к тебе!» – повсеместно звучит Глас Владыки. И если в основу этого отношения будет положено Качество Божественной Милости, человеку будут отпущены все его долги, какой тяжестью они ни обладали бы, и это будет Милостью Всевышнего.

Возлюби ближнего, как самого себя!

Будь щедр в милости своей и бескорыстен к страждущим Света, в той степени, в которой бы хотел, чтобы эта щедрость и бескорыстие проявлялись к тебе со стороны иных существ!

Не укради у себя своё Будущее, основанное на милостивом Светоизлучении, стремлением умалить значение каждой ниспосланной Свыше ситуации, ибо оные и создаются Владыками Мудрости для того, чтобы научить человека быть максимально полезным окружающему миру!

Не подмени Милость на милостыню, ибо первая – Дар от Бога, а вторая – проявление сатаны!

Щедрость Милости возвышает Душу, но привычка к убогой милостыне есть камень, тянущий самость в болото безвременья!

Когда же человек подает милостыню и считает, что этим получает возможность для спасения своей души, он глубоко заблуждается. Спасающий душу уничижением своей Божественной Природы, – первый её и потеряет.

Божественная Милость не является принудительным для исполнения обязательством перед кем-то или чем-то, пусть даже этот объект вашего отношения будет Богом.

Божественная Милость всегда есть искренний дар Сердца, ниспосылаемый другим существам из Любви и Благодарности к Творцу и из Устремления Служить всем творениям Его, подобно тому, как Он Служит каждому, кто заключает во Внутреннем своём Искру Божественного Света.

В основе данной активности Души, безгранично жертвующей своим жизненным теплом, проявляется её естественная духовная природа, заключающая в себе могущество Духа к Светоизлучению.

Щедро одаривая других существ заботой и вниманием, вследствие глубокого и интенсивного сопереживания их повседневным нуждам и потребностям (Духовным, а не материальным), человек способен возжечь в себе Светильник, в свою очередь способный создать Магнит, притягивающий Сознания, готовые к Сотрудничеству и Созиданию.

Пусть образцом Божественной Милости для каждого из вас станет Солнце, каждодневно появляющееся на небосклоне. Всмотритесь, как оно непрестанно трудится, дабы быть для всех творений Бога, развивающихся в пределах Солнечной Системы, неиссякаемым Источником Света, Тепла и Жизни. С какой щедростью это Небесное Светило генерирует во Вселенское пространство свои Лучи, себе ничего не оставляя, с одним единственным намерением – быть полезным всем богореальным формам жизни! Так, беззаветно Служа творениям Единосущего и помогая им осознать свое космическое предназначение, Солнце демонстрирует им, каким образом возможно прийти к эволюционному преображению мира, следуя по пути повышения могущества Светоизлучения!

Станьте и вы в обители земной – там, где вам приходится постоянно жить, трудиться и проводить досуг, – небольшими солнышками – источниками Света, Любви и Блага для каждого существа, вам встретившегося на пути.

Не стоит беспокоиться, если совершаемые вами действия не столь значительны, как бы вам хотелось! Всё Великое с малого начинается!

Не сожалейте, если ваши усилия не способны вызвать моментального преображения всей Планеты! Даётся по могуществу достигнутого Светоизлучения!

Пробуйте светить, оставаясь такими, какие вы есть на самом деле, и не стремитесь подражать Будде, Моисею, Мухаммаду или Христу! У каждого человека существует право преобразиться в Божественную Индивидуальность, и Ею он непременно станет, научившись самоотверженно Служить Творцу и милостиво излучать свой Свет в пространства Благословенной Терры.

Не ждите Спасителя и не ищите точки опоры вне того мира, в котором находитесь, ибо вы единственный, кто является его творцом. Связь с Землей утверждается жаждой Творчества изливать все свои лучшие Качества во благо преображения мира! Связь со своим земным Родом крепнет проявлением в реальности своего земного бытия всех его самых прекрасных достижений! Связь с Космосом взрастает делами, подчинёнными Высшей Воле и позволяющими Небесному воплотиться на Земле! Потому ищите созвучия со своим Земным и Небесным

Родом на поприще Служения! Так, глубоко проникнувшись атмосферой осознаваемой реальности бытия и проявляясь в Свете, познаете созидающее могущество Творца.

Нет иного способа превратиться в совершенного проводника Божественной Милости в мире, а именно: в семье, в быту и на работе, кроме того, который побуждает вас научиться и в малом быть полезным окружающим вас существам. Богореализация в Аспекте Божественной Милости непреложно произойдет тогда, когда ближние на деле реально ощутят вашу искреннюю заботу и доброту, почувствуют в вашем Внутреннем пламень горящего Сердца, как утвержденную готовность в любое время прийти к ним на помощь.

Божественная Милость не преследует цель стяжания Даров Небесных! Пусть в иных эзотерических школах обольщают возможностью быстрой активизации энергоцентров и обретения любых сверхспособностей! Пусть где-то появляются «учителя», готовые взять вашу карму и за мизерную плату подготовить вас к вознесению. Пусть порой появляется желание впасть в уныние от неспособности слышать Небо и идти путём Богоруководства! Зачастую с подавляющим большинством духоносцев так и происходит. Не успев приступить к духовному труду, они начинают сетовать на отсутствие у них каких-либо способностей и талантов, которые, по их мнению, должны были обязательно проявиться, как следствие затраченных усилий на воплощение программ Иерархии Сил Света.

Твердо верьте в сужденную законность Пути!

Запомните! Небесная Иерархия не обольщает!

Небесная Иерархия по своей прихоти не избавляет от кармы!

Небесная Иерархия не Возносит в Сферы Космоса Внеземные сознания, к тому не готовые!

Небесная Иерархия обучает труду самопожертвования и самопреодоления, дабы, следуя Закону Высшей Милости, Её чела смогли на деле проявлять все Качества и Состояния, присущие Творцу. Коль за время, так называемого, «духовного» пути, направленного на преображение Сознания, вы не обрели Достоинств, присущих Божественному Свету, значит, не во имя Любви к Богу прилагались искомые усилия, а во благо «любимого себя» – низшего эго личности земной, устремившегося получить выгоду от сопричастия с трудом духовным.

Божественная Милость, как щедрое и безграничное дарение своего Внутреннего Света, не приемлет ни малейшей личностной выгоды, ибо её основу цементируют Самоотречение и бескорыстное Служение Богу и всем его творениям, являющие собой путь трансмутации человеческой личности в Божественную Индивидуальность.

Возможность овладения могуществом Божественной Милости происходит из духовной природы человека. Всем людям даровано стать Мастерами Богопроявления в аспекте данного Луча, но прежде, им следует не только научиться Светить так, как это делает Солнце, жертвуя другим своё внимание, заботу и душевное тепло, но и не требовать от них ничего взамен.

Откуда же у Солнца берётся столько сил и солнечной энергии, чтобы дарить всему миру свой Свет и не истощиться? Активность всех Божественных Существ обеспечивает Закон Космического Воздаяния, дарующий право Духовному Первоистоку энергетически компенсировать затрачиваемые ими усилия по достигнутым заслугам и более того. Поэтому, дорогие мои, устремившись к постижению могущества Божественной Милости, всегда руководствуйтесь одним из принципов данного Закона: «Чем больше отдашь своего Света, тем больше его получишь!»

Будьте щедрыми в излучении Света, избрав путь Добротоделания естественным выражением своего сущностного «я», и да не оскудеет рука дающего!

Пусть ваше «я» станет Я Высшим, просияв в Славе Божественной Милости на Земле, и да украсит Лотос Её, взращенный в эманациях Мудрости, Сады Беспредельности!

Пусть ваша левая рука не ведает о том, что творит правая! Не выбором земным, но выбором Небесным, Дух взрослеет и растет. Разве ожиданием награды за милость проявленную, явите пламенность Сердца? В бескорыстном сомоотречении, самоотверженности и преданности Воле Бога поднимается победоносный стяг Божественной Индивидуальности!

Будьте милостивыми на Мир, Дружбу и Сотрудничество! Безгранично сеющий в мире Любовь обретёт Царствие Небесное и станет в нём Солнцем, восхищающим красотой своего сияния.

Безмерно желайте Добра всем встретившимся на пути, благодарите за каждый взор, обращённый в вашу сторону, не скупитесь на похвалу, и будьте по-Небесному щедры в дарении своего Внутреннего Света, не утруждая себя думами о том, достоин этой Световой Жертвы объект вашего внимания или нет.

Не выбирайте, для кого быть Источником Светоизлучения, ибо Солнце светит всем: и грешникам и праведникам, без различения.

Будьте милостивы во всём, везде и всюду, но более всего поощряйте всякое стремление, направленное на эволюционное преображение мира!

Всецело радеющий за Будущее планетарной расы и преуспевающий в щедрости помощи тем, кто жизнь свою посвятил претворению Высшей Воли и трудится во благо Божественной Реорганизации Мира, постигая опыт Любви, Сотрудничества и Созидания, преуспеет в Вознесении и обретении Богоперспективы! Так было положено изначально! Так свершается и ныне! Так будет происходить в веки вечные!

Воистину, в Высшей Милости у Бога те, кто могуществом Милости Божественной овладел на поприще Служения эволюционной программе Бытия!

Блаженны устремившиеся к формированию Магнита Благоволения и Божественной Милости в земной реальности Благословенной Терры, ибо познают Жизнь Вечную!

Господь Вседержитель

О Законе Всевышней Милости

Нисходящий Свет да преобразит Реальность вашу, возлюбленные!

Да наполнит Он каждое мгновение бытия вашего восхитительными ощущениями, рождёнными в полях-сознаниях всех тел в момент соприкосновения с эманациями Всевышней Милости, коя есть жертвенный дар Любви Всесущего, как проявления Высшего Милосердия ко всем творениям своим, воплощённым в жизнепотоках ангелов, людей, элементалов, во имя их эволюционного преображения и духовного восхождения по Иерархической Лестнице Бытия в Миры Небесной Красоты и Гармонии.

Богопламя Милости невозможно призвать или усилить, используя для этого те или иные духовные мистерии и практики. Могущество оного не является особым даром Владык для избранных подвижников Света на пути осознания и проявления своей перворó дной духовной природы, ибо все творения Бога от начала времён наделены равными правами, и его нельзя использовать для трансформации условий своего бытия. Это совершенное и всеблагодатное Пламя изначально присутствует в вашем мире и наполняет оный огненными ритмами реальной Жизни, пробуждая в сердцах устремление к познанию Непознанного, к объяснению Необъяснимого, к достижению Недостижимого, вдохновляя светоносцев на поиск новых форм выражения и проявления своей сокровенной внутренней природы.

С нисходящим от мгновения сотворения мира потоком Всевышней Милости возможно войти в резонанс и научиться проживать оный только одним способом – полностью доверив свою жизнь Творцу и посвятив ему свою Душу.

Сегодня многие говорят о Боге, о богореализации, о своей истинной духовной природе, о Вознесении и Переходе. И в большинстве случаев всё это – только слова, отображающие внутреннее проживание духовных амбиций и претензий низшего «я» воплощённой личности, выражающие демоническое желание искомой присвоить себе то, чему она не соотвечает образом деяний своих. Но эти слова могут стать вашей реальностью в том случае, если вы овладеете могуществом изливать Свет Души своей каждому богореальному существу этой Вселенной, радея об эволюции сознания и внутренней духовной природы искомого.

Активное действие, исток которого – в устремлении индивидуума жить, осознанно претворяя Законы Эволюции сознания Души, чистота помыслов, которая проявляется как отсутствие корыстной заинтересованности в конечном результате претворяемых дел, и духовное видение, кое есть свидетельство способности индивидуума определять истинную мотивацию своих поступков, – знаки Сознания восходящего.

Духовный дар соизмерять живой поток Огня, изливаемый из сердцевины Присутствия своего бессмертного существа иным богореальным существам Вселенной, с коими вас соединяют в уроках богомастерства Владыки Кармы, с их способностью воспринимать искомый, истинное намерение воплотиться для них Истоком Духовной Милости, без ущерба для индивидуальной эволюции оных, позволит вашей Душе пребывать в потоке Милости Всевышнего, которую и возможно ощутить и прожить только в случае, как уже было указано мною, отсутствия личностной заинтересованности в могуществе дарованного Всетворцом Пламени.

Неукоснительное устремление индивидуума к обретению опыта богомастерства в направлении создания и развития внутреннего и внешнего пространства Света в процессе постижения духовного таинства гармоничного союза двух Начал и утверждения духа Единства, Сотрудничества и Братства с представителями 3-х Аспектов Божественного Сознания, способность души дарить свой Свет, не ожидая за это вознаграждения, откроет Высоким возможность изменить вашу реальность, используя для этого могущество **Закона Милости Бога, именуемого Законом «Сторицы во сто»,** который гласит:

«Каждая затраченная духовная энергия может быть возмещена из Истока Беспредельности в 1000-кратном размере, прямо пропорционально чистоте помыслов индивидуума и обратно пропорционально его личной заинтересованности в конечном результате претворенного действия».

Во имя эволюционного преображения и ускоренного иерархического продвижения индивидуального сущностного сознания искомого – да свершится всё по милости Всеединого!

Бодхисаттва Миродат, Управитель Энергии Потока

1. О, Великое Единство всей Жизни, Предвечные Отец и Мать Проявленной Вселенной и существа каждого, Любовью своей создавшие все формы Мироздания и одухотворившие оные Вечносущим Светом Неисповедимого Присутствия своего, благословите устремление души моей к осознанию истинного существа Божественного Благоволения и Божественной Милости и ее намерение обрести индивидуальный Опыт Богопроявления в Аспекте искомого Луча Духа Святого.

Во Благо Мира и Творения Вашего!

2. О, Вечносущий Свет Творящей Мысли, Возлюбленный Бодхисаттва Миродат!

О, Нежнейшее Благоухание Истока, Прекрасная Владычица Алламайя!

Во исполнение Вечности Законов и из любви к Искре Сознания Творца, животворящей в Чаше Сокровенной Присутствия Я Есмь души моей, озарите ее активное сознание совершенным пониманием истинного существа Божественного Благоволения и Божественной Милости и укажите путь, как стать проводником данного Аспекта Высшего Блага в Реальности, коей принадлежит сознательная активность моего солнечного духовного существа!

Во славу Эволюции всей Жизни, сотворенной Волей Всетворца!

Исполнится! Аминь и Аллилуйя! Слава Вам!

3. О, Могущество Света, Миры Наполняющего, Блистательный Архангел Люциор!

О, Священное Таинство Возрождения, Луноликая Архея Люциана!

Во славу сотворения и творения, во исполнение Планов Вечносущего Единства, направленных на Просветление и Эволюцию проявленного Высокой Волей Бытия, ниспошлите Луч Божественного Благоволения и Божественной Милости во Внутреннее души моей, воскрешая ее осознание своего истинного духовного первоестества и возжигая в сознании неукоснительное устремление, стать Лученосным Источником Блага для каждого существа, посланного ей Вечностью!

Аминь и Аллилуйя! Будет так!

4. О, Неиссякаемый Исток Блага, Лученосный и Просветленный Элохим Азарион!

О, Благоуханная Амрита Бессмертия, Солнцеликая Элои Стеллия!

Могуществом и властию своими, коими наделены из Истока Всеоживотворения, помогите моему истинному духовному существу сформировать в Сознании Души моей совершенный Проводник Всеодухотворяющего Пламени Божественного Благоволения и Милости, дабы искомая преобразилась в Живое

Слово Вечносущего, несущее Свет Любви Великого Единства каждому богореальному существу этой Вселенной!

Во исполнение Великого Закона!

Во Благо всех форм и состояний Божественной Жизни!

Исполнится! Ом! Сат! Тат! Аум!

5. Силой и Могуществом 77-ми Тайных Имен Бога: Я Есмь Всеблагодатный, Отец Небесный, Энс, Абба, Акшара, Зерана Акара, Дивина, Акта Тваштри, Аум, Яхо, Агафон, Акта Вишвакарман, Рам, Аль-Айт, Кхагайя, Ом, Крийом, Алеф, Амен, Эль, Готт, Шемхамфораш, Балдур, Иеве, Ануттара Бодхи, Велакуча, Бог, Эка, Яхве, Феруэр, Иабе, Шамайим, Род, Ладистэк, Даждьбог, Равайе, Дао, Адибудда, Рао, Иао Хебдоман, Закхай, Ка, Айе, Айя, Махасавитрэ Айя, Махамитрайе Айя, Иао, Хаа, Ху, Альму, Махат, Бу, Шадаи, Хоа, Сотукуан, Аля, Аллах, Единый, Хоновер, Ноут, Такемаду, Маниту, Яхве Алхим, Элоим, Иестрагелохим, Тиа-Ту, Эхие-Ашаир-Эхейхо, Ойхахоу, Оэаохоон, Ашур, Ормузд, Атон, Ра, Митра, Эхие, Сат, Эль-Эльон, – да преобразится триединая душа моя в неиссякаемый Источник Божественного Благоволения и Милости для каждого Богорожденного и Богосотворенного существа этой Вечности!

Аминь и Аллилуйя! Будет так!

Медитация

Основные условия вхождения в медитативное состояние сознания:

1. Останавливаем внутренний диалог.

2. Устанавливаем вертикальную связь с Духовным Сердцем Проявленной Вселенной и Сердцем Матушки-Планеты.

3. Активное сознание погружаем в огненно-белую сердцевину Трехлепесткового Пламени Присутствия Божественного Сознания Я Есмь и отождествляемся с его Внутренним Светом, ощу-

щаем пульсацию и тепло, созерцаем, в каких красках он переливается, наслаждаемся ароматом и мелодией, от него исходящими.

Утверждаем в мыслях, чувствах и состояниях:

«Я Есмь Лучезарный Свет Беспредельности!

Я Есмь Беспредельный Лучезарный Свет!»

Время отождествления – не менее 5 минут.

I цикл

(**Ритм:** вдох, выдох, задержки одинаковы по времени)

На вдохе: из полевых структур 4-х нижних тел Присутствия Я Есмь в Центральный Чакрам вбираем все низковибрационные энергии, кои являются персонифицированным проявлением сознаний сущностей–одержателей демонической природы, не позволяющим индивидуальной душе познать богореализацию в Аспекте Луча Благоволения и Божественной Милости.

На задержке: осознанным духовным покаянием, устремлением и силой воли, при ускорении внутричакрамного вращения и насыщении Внутренним Светом, трансмутируем низковибрационные энергии, очищая оные от всех темных пятен, серо-бурых разводов и вкраплений до появления лучезарного сияния.

На выдохе: проживаемые состояния Любви и Безграничного Счастья, рожденные в момент трансмутации кармической задолженности души, направляем в Исток проявленной Беспредельности.

На задержке: визуализируем, как из огненно–белой сердцевины Сокровенного Пламени Присутствия индивидуальной души в Духовное Сердце Вселенной изливаются энергетические спирали лучисто-радужного сияния.

Проживаем просветленные состояния, рожденные в момент освобождения души от спуда низковибрационных энергий.

Продолжительность дыхания – не менее 15 минут.

Визуализируем, как из Истока Беспредельности нисходит поток малиново–золотого Света с радиацией изумруда и сапфира, наполняющий все Миры и Пространства Проявленной Вселенной энергией Луча Благоволения и Божественной Милости.

II цикл

(**Ритм:** вдох, выдох, задержки одинаковы по времени)

На вдохе: вбираем в Центральный Чакрам энергию Луча Благоволения и Божественной Милости.

На задержке: окармливаем этой энергией свой Внутренний Свет, насыщая и повышая его эманации.

Проживаем просветленные состояния, вызванные активностью Высокого Луча.

На выдохе: проживаемые состояния выдыхаем в Каузальное тело Искры Присутствия Я Есмь, дабы смыслом жизни индивидуальной души явилось устремление к постижению доброго расположения Духа к каждому богореальному существу Проявленной Вселенной и обретению опыта щедрого, бескорыстного и самозабвенного дарения им своего Внутреннего Света.

На задержке: визуализируем, как под воздействием выдыхаемого потока трансформированной энергии происходит усиление свечения Световых колец Каузального Тела Присутствия Я Есмь и формирование нового кольца малиново-золотого Света с радиацией изумруда и сапфира.

Проживаем просветленные состояния, рожденные в момент отождествления с качествами и свойствами Высокого Луча.

Продолжительность дыхания – не менее 15 минут

III цикл

(**Ритм:** вдох, выдох, задержки одинаковы по времени)

На вдохе: вбираем в Центральный Чакрам энергию Луча Благоволения и Божественной Милости.

На задержке: окармливаем этой энергией свой Внутренний Свет, насыщая и повышая его эманации.

Проживаем просветленные состояния, вызванные активностью Высокого Луча.

На выдохе: проживаемые состояния выдыхаем во внешние проводники сознания Искры Присутствия Я Есмь, дабы сформировать в них Кристалл Благоволения и Божественной Милости, поднимающий их вибрации на новый более высокий частотный диапазон.

На задержке: визуализируем, как под воздействием выдыхаемого потока трансформированной энергии происходит насыщение внешних проводников сознания Искры Присутствия Я Есмь энергией малиново-золотого Света с радиацией изумруда и сапфира, а также воскрешение их первородного облика и чистоты свечения.

Проживаем просветленные состояния, рожденные в момент отождествления индивидуальной души с качествами и свойствами Высокого Луча.

Продолжительность дыхания – не менее 15 минут.

IV цикл

(**Ритм:** вдох, выдох, задержки одинаковы по времени)

На вдохе: вбираем в Центральный Чакрам Энергию Луча Благоволения и Божественной Милости.

На задержке: окармливаем этой энергией свой Внутренний Свет, насыщая и повышая его эманации.

Проживаем просветленные состояния, вызванные активностью Высокого Луча.

На выдохе: проживаемые состояния выдыхаем во все 12 Христических энергоцентров Искры Присутствия Я Есмь, дабы воскресить их первородный облик, активизировать и повысить чистоту сияния.

На задержке: визуализируем, как под воздействием выдыхаемого потока трансформированной энергии происходит повышение светоносности всех 12-ти Христических энергоцентров Искры Присутствия Я Есмь.

Проживаем просветленные состояния, рожденные в момент отождествления с качествами и свойствами Высокого Луча.

Продолжительность дыхания – не менее 15 минут.

V цикл

(**Ритм:** вдох, выдох, задержки одинаковы по времени)

На вдохе: вбираем в Центральный Чакрам Энергию Луча Благоволения и Божественной Милости.

На задержке: окармливаем этой энергией свой Внутренний Свет, насыщая и повышая его эманации.

Проживаем просветленные состояния, вызванные активностью Высокого Луча

На выдохе: проживаемые состояния выдыхаем в Сокровенное Трехлепестковое Пламя Искры Присутствия Я Есмь, дабы индивидуальная душа обрела способность Благоволить и с щедростью Богов высвобождать могущество Внутреннего Света в моменте настоящего «здесь и сейчас» другим богореальным формам жизни во имя создания благоприятных условий к эволюционной консолидации сил всего мирового сообщества.

На задержке: визуализируем, как под воздействием выдыхаемого потока трансформированной энергии, происходит расширение и усиление свечения Сокровенного Трехлепесткового Пламени Я Есмь в Чаше Жизни перворожденного бессмертного духовного существа.

Проживаем просветленные состояния, рожденные в момент отождествления индивидуальной души с качествами и свойствами Высокого Луча.

Продолжительность дыхания – не менее 15 минут.

VI цикл

(**Ритм:** вдох, выдох, задержки одинаковы по времени)

На вдохе: вбираем в Центральный Чакрам Энергию Луча Благоволения и Божественной Милости.

На задержке: окармливаем этой энергией свой Внутренний Свет, насыщая и повышая его эманации.

Проживаем просветленные состояния, вызванные активностью Высокого Луча

На выдохе: проживаемые состояния выдыхаем во внешнее пространство своего Присутствия, во имя его Преображения и Просветления, а также в Чашу Жизни каждого богореального существа, возжигая во Внутреннем оного бессмертный огонь Благоволения и Божественной Милости.

На задержке: проживаем просветленные состояния, рожденные в момент активности Сознания Я Есмь Христа и отождествления с качествами и свойствами Высокого Луча.

Продолжительность дыхания – не менее 15 минут.

Благодарение

О, Сиятельные Существа, Просветленные и могущественные Управители Духовного Луча:
Бодхисаттва Миродат и Владычица Алламайя,
Архангел Люциор и Архея Люциана,
Элохим Азарион и Элои Стеллия!
Безмерно вас благодарю за жертву щедрую Божественного Света,
которым вы наполнили Сосуд Сознания души моей,
за тот огонь Святого Озарения,
который возожгли во Внутреннем моем,
даб Путь он озарил душе к Истоку,
в миры, наполненные радостью Труда Духовного,
направленного на утверждение Блага
во всех мирах и сферах Бытия,

дабы любовь Единого Творца
преображала все его творения,
даруя изобилие Блаженства
всем существам, в коих животворит
Искра Присутствия Его Великого Сознания!
Аминь и Аллилуйя! Слава Вам!

4.3. Алхимическая духовная практика к 132-му Аспекту Святого Духа – Лучу Закона и Правопорядка

Будьте мудры в каждый миг своего Бытия!

Друзья мои!

Да пребудет в вашем Сознании и Присутствии Свет Мудрости Нетленной!

Да осветится ею Разум Восходящий!

Да созвучит ваша воля Воле Высшей, ибо Мудрость и заключается в том, чтобы следовать Космическим Законам и тем обеспечивать моментум своего непоколебимого Присутствия в Правовом Поле Проявленной Вселенной, которое есть залог благодатного развития всех богореальных форм жизни в Вечность и Беспредельность!

Да, именно так, на этой высокой ноте Я и хочу начать свой разговор с вами о Мудрости и о том, что же отличает Мудрость от простого Знания, постигаемого внешним умом человека в процессе индивидуализации его Сознания.

Сколь многие из воплощённых ныне на Земле людей перегружены всевозможными Знаниями и, зачастую, выставляя их напоказ, не могут найти им применения в своей жизни. Разве существует какой-либо смысл в том, чтобы Знать, но не уметь сии Знания прилагать и увязывать с конкретной жизненной ситуацией. Знание же всегда остается абстрактным, если не находит своего применения и не подтверждается Действием.

Вот и получается, что, обладая истинно Высокими Знаниями и Понятиями, живёте в иллюзии, вами же созданной. Не применяя полученные Знания, не обогащаете свое Сознание новым эволюционным Опытом, а значит, перестаёте развиваться как Индивидуальность, оставаясь на той ступени бытия, где ваши Знания, не реализованные вашими делами, не способны раскрыть пред вами Врата Божественных Возможностей.

Не реализуя Знание Действием, а именно такая Реализация и приводит к накоплению Света Высокой Духовности, человек перестает воспринимать Целостность Картины Эволюции Вселенной. В отсутствие Целостности Восприятия не прийти к Дару Различения. Без способности Распознавания, разве возможно отличить Истину от лжи? При таком положении недолго превратиться в объекта демонической инициации, ибо тот разрыв, который существует между абстрактными Знаниями и конкретными Делами, заполняется всевозможными астральными и ментальными искажениями, являющимися благодатной почвой для распространения тлетворного влияния всякого рода одержателей, чёрных и серых учителей.

Водительство, осуществляемое демоническими одержателями, – путь в «никуда» и жизнь, наполненная всевозможными болезнями и проблемами, результат воздействия коих на людей один – физическая смерть и никакой Божественной Перспективы. Избавиться же от подобного демонического водительства возможно только одним способом – воплотить Знание Действием и тем сделать Эманации Космоса своей Реальностью, дабы обрести эволюционную Мудрость.

Мудрость – это и есть умение применять Божественные Знания в каждой конкретной Точке Бытия с целью преобразовать своё Сознание в совершенный проводник Божественной Воли.

Нет иной Воли Всетворца для всего своего Творения, пребывающего на эволюционном цикле развития Космического Мироздания и Бытия, кроме той, которая побуждает Мудрость свою приумножить добросовестным воплощением Законов.

Космос развивается не стихийно, и в основе Эволюции Вселенной лежат Универсальные Космические Законы. Их Универсальность заключается в том, что Они действуют во всех Октавах Космического Мироздания и Бытия: от Высших Духовных Миров, соотвечающих Атмическому Плану Присутствия Творца, до наиболее низковибрационных Нот в Октаве Физического (Монадаического) Плана Проявленной Вселенной. Здесь следует заметить, что Нота в Октаве Мироздания – это Целая Сфера Реальности, отражающая эволюционное Состояние в Развитии Сознания Сущностей, ей принадлежащих.

Форма Бытия, основанная на неискаженном исполнении Законов, именуется Божественным Порядком.

Как бы ни назывался Космический Закон, он всегда есть грань Сознания Всетворца, рождённая применением Знания в Действии. Законы не ограничивают и не связывают свободу воли созданных Творцом творений, но указывают, каким образом им возможно достигнуть максимальной степени Богоуподобления.

Нет более быстрого способа эволюционного Самостановления бессмертных Божественных Индивидуальностей, кроме как в условиях утверждённого Правопорядка!

Правопорядок заключает в себе всеобщий Пример добросовестного Служения Законам!

Правопорядок содержит все условия, помогающие плодотворно трудиться в направлении расширения своего Сознания до уровня Сферы Космоса Надлежащей!

Правопорядок гармонизирует и вдохновляет к ещё большему Творческому Самовыражению в процессе Сотрудничества и Созидания!

Преимущество Закона и Правопорядка очевидно – чем созвучнее воля богореальных Сущностей Воле Высшей, тем выше Тон звучания их Сознаний.

Потому Луч Закона и Правопорядка во Благо, что открывает Врата Возможностей для каждой Сущности, посвятившей себя эволюционной программе бытия!

Если Правопорядок помогает беспредельно совершенствовать и развивать опыт Богопроявления, то Закон обеспечивает непреложность приближения Ноты Присутствия растущего Сознания к Атмической Октаве Присутствия Творца.

Диссонирующие сознания, то есть, пребывающие в конфликте с существующим в Космосе Правопорядком, своей Богоперспективы не имеют до тех пор, пока не научатся жить и действовать в согласии с Законом.

Так вот,

Знание – это Понимание Универсальных Законов.

Мудрость – Применение Их с целью поддержания и усовершенствования Правопорядка, заключающего в себе все Богавозможности и Богоперспективы.

Будьте мудры в каждый миг своего Бытия!

С Любовью к вам, Кут Хуми

1. О, Великое Единство Жизни, Предвечные Отец и Мать Проявленной Вселенной!

Я Есмь Присутствие вашего Единого Света, воплощение Вашей Любви, Радости и Вечной Юности, прошу благословения на активизацию своего Внутреннего Будды-Христа Лучом Закона и Правопорядка, во имя духовного воскрешения и просветления всех энергоинформационных тел моей истинной и сокровенной сути, во имя богопроявления первородного индивидуального плана эволюционного развития оной и иерархического восхождения в Высшие Духовные Миры Проявленной Беспредельности, в Обители Ликующих и Благостных.

Да исполнится!

Аминь и Аллилуйя! Слава Вам!

2. По праву вечного бессмертного Присутствия Я Есмь, из Центра Света, где известна Воля Великого Зодчего Проявленной Вселенной, я призываю Луч Закона и Правопорядка, во имя преображения, просветления, духовного воскрешения и вознесения в надлежащую высоковибрационную Реальность Божественного Присутствия моего истинного сокровенного Христова Существа, миров и сфер Святого Бытия и каждого богореального существа во всех потоках жизни в Беспредельном.

Аминь и аллилуйя!

Слава Вам!

3. О, Возлюбленный Владыка Галактион, Великий Божественный Направитель Проявленной Вселенной!

О, Возлюбленный Задиг Мельхиседек, Великий Безмолвный Наблюдатель, Небесный Управитель Насылающих и Исполняющих Кармы Беспредельности Света, всех ее иерархий, цивилизаций, всех потоков жизни и существа каждого!

Прошу вашего направляющего внимания и духовного руководства в богореализации индивидуального эволюционного плана развития моей истинной и сокровенной сути, во имя духовного воскрешения, просветления, преображения и вознесения в новую эволюционную сферу Мироздания и Бытия моего бессмертного существа.

Из Любви к Свету Великого Единства, сокрытому во Внутреннем моем, – да исполнится!

4. Возлюбленные Господь Сансара, Великий Божественный Управитель Стражей Эталона Чистоты Проявленного Мироздания, Элохим Авеста, воплощающий Пламя Милости Божьей, и Архангел Иегудиил, направляющий оное земным эволюциям!

Из Любви к Богу, сокрытому в огненно-белой сердцевине моего Сокровенного Трехлепесткового Пламени Я Есмь Присутствия, прошу вас о даровании моему собственному Внутреннему Христу просветленных откровений о том, как связать активность стражей личностных и планетарных, а также могущества и силы моему Внутреннему Свету претворить оные в объективной реальности Присутствия Я Есмь! Во имя исполнения Великого Закона Эволюции во всех мирах и сферах Проявленной Беспредельности и в Сокровенном существа каждого – да будет явленным!

Владыки Кармы – утвердите!

Возлюбленный Я Есмь! Возлюбленный Я Есмь! Возлюбленный Я Есмь!

5. Из Центрального Духовного Сердца Вселенной, я призываю совершенное электронное Присутствие Возлюбленных Элохимов Архитекса и Наинии.

И я велю: по праву Я Есмь Присутствия – Лучезарного Света Любви Великого Единства Жизни – воплотить во Внутреннем моем, а через него в Реальности Присутствия активного сознания, Новый Мировой Порядок, основой и основанием которого является Закон Любви Начал в Высоком Свете Вдохновения.

Владыки Кармы – утвердите!

6. Силой и могуществом 10-ти Тайных имен Бога: Эль, Эхие, Эльжибор, Иеах Тетраграмматон, Иегова Иестрагелохим, Иегова Саваоф, Элоим, Адонай, Шекинах, Хайтсадик – откройся, Мир Божественного Закона и Порядка!

7. О, Возлюбленная Серебряная Тара Мироздания, Владычица Марюэль, окармливающая все миры и сферы Благословенной Терры и Внутреннее существа каждого благодатным пламенем Утешения!

Небесною силой и просветляющим могуществом своими, дарованными Истинному Твоему в Лучезарном Истоке всей божественной жизни, уравновесь все негативные следствия ускоренной трансмутации инволюционных программ и демонических инграмм во всех энергоинформационных телах моей истинной и сокровенной сути, во имя претворения Законов Любви и Прощения, во славу Великого Единства, во благо моего Внутреннего Христа.

Да исполнится!

Медитация

Основные условия вхождения в медитативное состояние сознания:

1. Останавливаем внутренний диалог.

2. Устанавливаем вертикальную связь с Духовным Сердцем Проявленной Вселенной и Сердцем Матушки-Планеты.

3. Активное сознание погружаем в огненно-белую сердцевину Трехлепесткового Пламени Присутствия Божественного Сознания Я Есмь и отождествляемся с его Внутренним Светом, ощущаем пульсацию и тепло, созерцаем, в каких красках он переливается, наслаждаемся ароматом и мелодией, от него исходящими.

Утверждаем в мыслях, чувствах и состояниях:

«*Я Есмь Лучезарный Свет Беспредельности!*

Я Есмь Беспредельный Лучезарный Свет!»

Время отождествления – не менее 5 минут.

Визуализируем, как из Духовного Сердца Проявленной Вселенной нисходит поток пурпурного Света с золотой радиацией, наполняющий все Миры и Пространства Благословенной Терры энергией Луча Закона и Правопорядка.

I цикл

(**Ритм:** вдох, выдох, задержки одинаковы по времени)

На вдохе: вбираем в Центральный Чакрам энергию Луча Закона и Правопорядка.

На задержке: окармливаем этой энергией свой Внутренний Свет, насыщая и повышая его эманации.

Проживаем просветленные состояния, вызванные активностью Высокого Луча.

На выдохе: проживаемые состояния выдыхаем в Каузальное Тело Искры Присутствия Я Есмь, дабы индивидуальная душа в Лучах Славы Христа устремилась к неустанному претворению Космических Законов во всех формах своей активности во имя поддержания Божественного Правопорядка в осознаваемой Реальности Бытия.

На задержке: визуализируем, как под воздействием выдыхаемого потока трансформированной энергии происходит укрепление, расширение и усиление Серебряной Нити, соединяющей индивидуальную душу с Божественным Духом, ее Небесным Прародителем.

Проживаем просветленные состояния, рожденные в момент отождествления индивидуальной души со свойствами и качествами Луча Закона и Правопорядка.

Продолжительность дыхания – не менее 15 минут.

II цикл

(**Ритм:** вдох, выдох, задержки одинаковы по времени)

На вдохе: вбираем в Центральный Чакрам энергию Луча Закона и Правопорядка.

На задержке: окармливаем этой энергией свой Внутренний Свет, насыщая и повышая его эманации.

Проживаем просветленные состояния, вызванные активностью Высокого Луча.

На выдохе: проживаемые состояния выдыхаем в электронный пояс «Карманойя», дабы растворить оный и освободить свою Книгу Жизни от всех «скорбных» записей, свидетельствующих о нарушении Космических Законов и Божественного Правопорядка.

На задержке: визуализируем, как под воздействием выдыхаемого потока трансформированной энергии, происходит растворение электронного пояса «Карманойя».

Проживаем просветленные состояния, рожденные в момент отождествления индивидуальной души со свойствами и качествами Луча Закона и Правопорядка.

Продолжительность дыхания – не менее 15 минут.

III цикл

(**Ритм:** вдох, выдох, задержки одинаковы по времени)

На вдохе: вбираем в Центральный Чакрам энергию Луча Закона и Правопорядка.

На задержке: окармливаем этой энергией свой Внутренний Свет, насыщая и повышая его эманации.

Проживаем просветленные состояния, вызванные активностью Высокого Луча.

На выдохе: проживаемые состояния выдыхаем во внешние проводники Искры Присутствия Я Есмь, дабы сформировать в них Магнит Устремления к добросовестному претворению Законов Космоса в своей жизни и приведению ее в созвучие с существующим в Космосе Правопорядком.

На задержке: визуализируем, как под воздействием выдыхаемого потока трансформированной энергии происходит воскрешение первородного облика и усиление свечения всех внешних тел Искры Присутствия Я Есмь.

Проживаем просветленные состояния, рожденные в момент отождествления индивидуальной души со свойствами и качествами Луча Закона и Правопорядка.

Продолжительность дыхания – не менее 15 минут.

IV цикл

(**Ритм:** вдох, выдох, задержки одинаковы по времени)

На вдохе: вбираем в Центральный Чакрам энергию Луча Закона и Правопорядка.

На задержке: окармливаем этой энергией свой Внутренний Свет, насыщая и повышая его эманации.

Проживаем просветленные состояния, вызванные активностью Высокого Луча.

На выдохе: проживаемые состояния через 8 центров трансформации выдыхаем в нижние слои астрального плана Планеты Земля, дабы растворить оные и освободить развоплощенные души сродственников своих по родовому древу в них пребывающих, помогая им эманациями выдоха подняться в более высоковибрационные Планы Бытия.

На задержке: визуализируем, как под воздействием выдыхаемого потока трансформированной энергии происходит растворение низших слоев астрального плана Планеты Земля и вознесение развоплощенных душ сродственников по родовому древу в Сферы Космоса Надлежащие.

Проживаем просветленные состояния, рожденные в момент олицетворения индивидуальной души со свойствами и качествами Луча Закона и Правопорядка.

Продолжительность дыхания – не менее 15 минут.

V цикл

(**Ритм:** вдох, выдох, задержки одинаковы по времени)

На вдохе: вбираем в Центральный Чакрам энергию Луча Закона и Правопорядка.

На задержке: окармливаем этой энергией свой Внутренний Свет, насыщая и повышая его эманации.

Проживаем просветленные состояния, вызванные активностью Высокого Луча.

На выдохе: проживаемые состояния через 8 центров трансформации выдыхаем во внешнее пространство своего Присутствия во имя его Преображения и Просветления, а также в Чашу Жизни каждого богореального существа, становясь для него источником Любви и Света в Аспекте Луча Закона и Правопорядка.

На задержке: проживаем просветленные состояния, рожденные в момент претворения активности Сознания Я Есмь Христа и отождествления индивидуальной души с качествами и свойствами Высокого Луча.

Продолжительность дыхания – не менее 15 минут.

Благодарение

О, Лучезарные и Просветленные Владыки, направляющие всем мирам и сферам Единой Беспредельности всей Божественной Жизни Луч Закона и Правопорядка, эманируемый из Центрального Духовного Сердца Вселенной!

Благодарю и прославляю вас за сострадание, прощение и милосердие, проявленные по отношению к моему истинному духовному существу, за блаженство очищения и освобождения от всех энергий, качеств и состояний, кои ниже Святого Христова Совершенства, за дарованную возможность просветления, преображения и вознесения в новую эволюционную реальность Проявленного Мироздания и Бытия.

Да святятся имена ваши, начертанные Золотыми Скрижалями Вечности на Алтаре Единой Жизни, Возлюбленные Владыки Галактион и Задиг Мельхиседек, Господь Сансара, Элохимы Архитекс и Авеста, Элои Наиния и Архангел Иегудиил!

Трижды благодарю вас за Любовь и Свет, Сокровенному моему явленные.

Аминь и аллилуйя!

Слава Вам!

4.4. Алхимическая духовная практика к 84-му Аспекту Святого Духа – Лучу Воздаяния

Кто миру пользу принесет, того мир облагодетельствует и облагородит!

Друзья мои! Как можно Вознестись в более высоковибрационные сферы Космического Мироздания и Бытия, уповая только лишь на Спасителя и спасение, не изменив при этом своего внешнего сознания и не повысив частоту его вибраций? Иллюзией наполнены сии мечтания, и из иллюзии они взросли. Да разве Бог всей силой своего Света для спасения человека создавал? Нуждается ли Свет в спасении, коль предназначение его – Светить и Преображать своим свечением миры во славу Сущего Сознания? Недаром существует вековая мудрость на Земле: «На Бога надейся, да сам не плошай», дабы на себя Ответственность приняли за свою Будущую Судьбу.

Всякий жаждущий спасения и уповающий на приход Спасителя расписывается в своей эволюционной несостоятельности, и оная продиктована рабской зависимостью от внешних условий материальной жизни.

Разве с психологией раба возможно перейти на уровень присутствия Небесного Владыки? Никогда! Как бы кто человечество ни спасал, и как бы оное себя в возможности спасения ни убеждало, эманации, исходящие от Огненного Бытия, разрушительны для всякого существа, отождествившего своё счастье лишь со способностью удовлетворять материальные желания.

Не раз говорили о том, что вся Вселенная периодична и конечна. На Выдохе Всетворца она осаждается-проявляется, на Вдохе исчезает, то есть, Возносится на более высокий уровень своего космического Присутствия. Нет иного способа для Вознесения миров и сфер Проявленной Вселенной, кроме того, который побуждает всех их богореальных обитателей (а в материальном мире к оным относятся люди, ангелы и элементалы) исполнить Волю Всетворца, обусловленную Эволюцией его Сознания. Волю Высшую отражают Законы Космоса, а потому существуют закономерности, определяющие Условия и Порядок Перехода богореальных форм жизни из сферы в сферу Космического Мироздания на его эволюционном цикле развития. Одним из основных Законов, стоящих на страже Восхождения по Спирали Эволюции, является Закон Воздаяния. Именно Закон Воздаяния обеспечивает перемещение всех богореальных существ на ту Ступень Эволюционного Бытия, коей они соответствуют своими состояниями сознания. И коль кто из людей уверовал в непреложность Вознесения, то, несомненно, ему следует из положения раба, зависимого от условий материального существования, превратиться в их Преобразователя, а вместе с этим – во Владыку своей Судьбы.

Преобразователь Мира есть тот, кто во исполнение Высшей Воли, овладевает могуществом Любви, Сотрудничества и Созидания, делая бесценные накопления в бессмертной Чаше Жизни!

Преобразователь Мира действует Пламенно и Творчески, используя все условия своего материального существования, вне зависимости от их качества и количества, для стяжания опыта Творца, способного приумножать Прекрасное в том, к чему прикасаются его руки.

Преобразователь Мира не адаптируется и не приспосабливается к событиям, происходящим во внешнем пространстве, но трудится, постигая азы Мастерства, в повышении их частоты вибраций путём утверждения Богокачеств, и тем создаёт эволюционное бытие, становящееся Источником Изобилия и Процветания для всех жизнепотоков, в нём пребывающих.

Владыка Судьбы, в первую очередь, является Мастером Огненного Мышления! Создавая Эволюционный Образ своего Будущего в полном соответствии с Планом Развития Всетворца, он выявляет Устремление, дабы сотворённый Образ воплотить в моменте Настоящем и тем всецело содействовать процессу эволюционного Преображения и Вознесения Вселенной.

Нет иного пути стать Преобразователем Мира и Владыкой своей Судьбы, кроме как открыть во Внутреннем своём Присутствие Искры Божественного Света, с ней воедино слиться и научиться Свет сей через свою активность проявлять во благо Мира!

Космические Закономерности гласят: «Кто миру пользу принесет, того мир облагодетельствует и облагородит!» Участвующий в эволюционном преображении мира, в первую очередь, преобразит себя достигнутым умением творить Добро и Красоту, а значит, создаст благоприятные условия к активизации Закона Воздаяния. Действием этого Закона будет осуществлен Переход Преобразователя Мира в те сферы Космоса, условия бытия которых станут закономерным вознаграждением за осуществлённый труд.

Как важно знать о сути Закона Воздаяния, обеспечивающего в мире круговорот Блага!

Как должно людям потрудиться над достижением созвучия своего мышления Мышлению Творца, даб стать Владыкой своей Судьбы и проводником Луча Воздаяния в своей реальности, ибо, чем больше Света во всеобщее Благо отдашь, тем больше Блага получишь!

В Утончении и Совершенствовании способности жить Прекрасным, в осуществлении труда, требующего усилий каждодневного Созидания, непреложно произойдет Преображение Мира! Спадут оковы рабства, и Я Есмь Будды-Христа, рождённое в человеке Светоизлучением, облачит его в блистающие лучезарно-радужным Светом покрова, и откроет дверь, ведущую к Порталу Вознесения.

Благословенны будьте ищущие Любви, Сотрудничества и Созидания, ибо насытитесь из Чаши Преобразователей Мира!

Благословенны будьте страждущие Истины и её воплощающие в моменте Настоящем, ибо уготовано вам стать Владыками Судьбы!

Благословенны зовущие Луч Воздаяния и утверждающие его энергию действием, подчинённым Высшему Пониманию сути сего Богокачества, ибо познаете Вознесение!

На веки преданы вашему труду
эволюционного Самостановления,
Владыка Оэаохоон, Мельхиседек Христос,
Кармический Совет

1. Оэаохоон Аум Хаа!

2. О, Первопричина Бытия и Мира, Великие Небесные Отец и Мать Проявленной Вселенной и существа каждого, обладающего во Внутреннем своем Искрой Высокого Присутствия Я Есмь!

Благословите устремление моей души к преображенью в Свете Воздаянья во имя воскрешения некогда утраченного ею богоосознанья своей истинной духовной природы и проявления оной во всех формах своей индивидуальной сущностной активности.

Во славу Эволюции и Процветания – исполнится!

Аминь! Аминь! Аминь!

3. О, Воплощение могущества Света, Возлюбленный Владыка Оэаохоон!

Во славу Всетворца проявленных миров и из Любви к Искре Присутствия Великого Единства, воскреси и окорми сознание моей души индивидуальной сокровенными знаниями об истин-

ной сути Божественного Воздаяния и ниспошли оной понимание Закона Эквивалента в каждое мгновение своей индивидуальной сущностной активности.

Исполнится – во имя Вечной Жизни Света!

Аминь! Ом Аум Рам!

4. О, Пламенный Архангел Тариэль! О, Лучезарная Архея Терезия!

Высшим магическим могуществом своим, исток которого – в Духовном Сердце Мирозданья, освободите индивидуальное сознанье моей божественной души от сущностей-программ, кои Искрой Присутствия Я Есмь не обладают, ибо порождены активностью Единого Творца непроявленного мира Хаоса и Майи, преобразите огненно-белую сердцевину Пламени Будды-Христа в Лучезарный Источник Воздаянья, ибо даровано душе моей в начале всех Времен и всех Миров святое право возлюбленным давать свой Свет, коий есть высокодуховный опыт сотворенья и творенья Мирозданья во всех аспектах проявленной активности моего истинного бессмертного существа в реальностях священного Дня Брамы.

Во славу Жизни Вечной и Любви – исполнится!

Аминь! Аминь! Аминь!

5. О, Воплощение могущества Света, Возлюбленный Элохим Грифон! О, Сила возрождающая, Прекрасная Элои Кончита!

Во славу Всетворца, во благо ангелов, людей, элементалов и каждого богореального существа Вселенной, заякорите божественный источник Воздаяния в Священной Чаше Жизни моего истинного бессмертного существа, в лучах его преображая все энергоинформационные тела Присутствия Я Есмь, освобождая оные от сущностей-программ, вибрации коих ниже Святого Совершенства Сознания Я Есмь Будды-Христа.

Во славу Эволюции и Возрожденья – исполнится!

Аминь и Аллилуйя! Слава Вам!

6. Силой и могуществом 24-х Тайных Имен Бога: Эль, Иеве, Рао, Параклетус, Бодтхидхарма, Элсул, Шекинах, Дао, Иегоганан, Нартумид, Зурван Тсидкену, Иестрагелохим, Карисан, Я Есмь, Агла, Айяаллахгме, Атман, Айнофор, Айя, Махашактиайя, Равайе, Хаа, Ладистэк, Аум – да откроется мир Божественного Утешения для каждого существа, преображенного Пламенем Воздаяния.

Аля! Хри – Аум!

Медитация

Основные условия вхождения в медитативное состояние сознания:

1. Останавливаем внутренний диалог.

2. Устанавливаем вертикальную связь с Духовным Сердцем Проявленной Вселенной и Сердцем Матушки-Планеты.

3. Активное сознание погружаем в огненно-белую сердцевину Трехлепесткового Пламени Присутствия Божественного Сознания Я Есмь и отождествляемся с его Внутренним Светом, ощущаем пульсацию и тепло, созерцаем, в каких красках он переливается, наслаждаемся ароматом и мелодией, от него исходящими.

Утверждаем в мыслях, чувствах и состояниях:

«Я Есмь Лучезарный Свет Беспредельности!

Я Есмь Беспредельный Лучезарный Свет!»

Время отождествления – не менее 5 минут.

Визуализируем, как из Истока Мирозданья нисходит поток рубиново-сапфирового Света с розовой и золотой радиацией, наполняющий все миры и пространства Проявленной Вселенной энергией Луча Божественного Воздаяния.

I цикл

(**Ритм:** вдох, выдох, задержки одинаковы по времени)

На вдохе: вбираем в Центральный Чакрам энергию Луча Воздаяния.

На задержке: окармливаем этой энергией свой Внутренний Свет, насыщая и повышая его эманации.

Проживаем просветленные состояния, вызванные активностью Высокого Луча.

На выдохе: проживаемые состояния выдыхаем в Каузальное тело Присутствия Я Есмь, дабы индивидуальная душа обрела способность отдавать, дарить представителям планетарной расы свой Свет, обретенный в процессе Созидания.

На задержке: визуализируем, как под воздействием выдыхаемого потока трансформированной энергии происходит усиление свечения Световых колец Каузального тела и формирование нового кольца рубиново-сапфирового Света с розовой и золотой радиацией.

Проживаем просветленные состояния, рожденные в момент отождествления с качествами и свойствами Высокого Луча.

Продолжительность дыхания – не менее 15 минут.

II цикл

(**Ритм:** вдох, выдох, задержки одинаковы по времени)

На вдохе: вбираем в Центральный Чакрам энергию Луча Воздаяния.

На задержке: окармливаем этой энергией свой Внутренний Свет, насыщая и повышая его эманации.

Проживаем просветленные состояния, вызванные активностью Высокого Луча.

На выдохе: проживаемые состояния выдыхаем в электронный пояс «Карманойя», коий не позволяет душе вспомнить о своей божественной природе, воскресить план эволюционного развития и устремиться к реализации оного, дабы растворить Венец Забвения и освободить индивидуальную Книгу Жизни от «скорбных» записей, являющихся основной причиной формирования Владыками Кармы искупительных уроков.

На задержке: визуализируем, как под воздействием выдыхаемого потока трансформированной энергии происходит растворение электронного пояса «Карманойя».

Проживаем просветленные состояния, рожденные в момент освобождения души от низковибрационных качеств и свойств демонической природы.

Продолжительность дыхания – не менее 15 минут.

III цикл

(**Ритм:** вдох, выдох, задержки одинаковы по времени)

На вдохе: вбираем в Центральный Чакрам энергию Луча Воздаяния.

На задержке: окармливаем этой энергией свой Внутренний Свет, насыщая и повышая его эманации.

Проживаем просветленные состояния, вызванные активностью Высокого Луча.

На выдохе: проживаемые состояния через 8 центров трансформации выдыхаем в полевые структуры 4-х нижних тел Присутствия Я Есмь, дабы очистить от сущностей-одержателей демонической природы, и сформировать в оных Кристалл Устремления стать совершенным проводником Воли Всетворца, направленной на эволюционное преображение мира.

На задержке: визуализируем, как под воздействием выдыхаемого потока трансформированной энергии происходит трансмутация всех темных пятен, серо-бурых разводов и вкраплений, коими представлены сознания иноматериальных сущностей, паразитирующих в полевых структурах, и наполнение внешних тел Присутствия энергией рубиново-сапфирового Света с розовой и золотой радиацией.

Проживаем просветленные состояния, рожденные в момент освобождения от спуда дисквалифицированной божественной энергии и отождествления с качествами и свойствами Высокого Луча.

Продолжительность дыхания – не менее 15 минут.

IV цикл

(**Ритм:** вдох, выдох, задержки одинаковы по времени)

На вдохе: вбираем в Центральный Чакрам энергию Луча Воздаяния.

На задержке: окармливаем этой энергией свой Внутренний Свет, насыщая и повышая его эманации.

Проживаем просветленные состояния, вызванные активностью Высокого Луча.

На выдохе: проживаемые состояния через 8 центров трансформации выдыхаем во внешнее пространство своего Присутствия во имя его Преображения и Просветления, а также в Чашу Жизни каждого богореального существа, будь-то: человек, ангел, элементал, становясь для них Источником Любви и Света.

На задержке: проживаем просветленные состояния, рожденные в момент претворения активности Сознания Я Есмь Христа и отождествления с качествами и свойствами Высокого Луча.

Продолжительность дыхания – не менее 15 минут.

Благодарение

О, Таинство Неисповедимое, изливаемое во все сферы Бытия и в Чашу Жизни существа каждого из Небесного Истока Вечного Блаженства!

Благословенны будьте, Мастера Энергий и Божественные Управители Высокого Духовного Луча, Возлюбленные:

Владыка Оэаохоон,

Пламенный Архангел Тариэль и Лучезарная Архея Терезия,

Могущественный Элохим Грифон и Прекрасная Элои Кончита, приоткрывшие душе моей покрова забвения над истинной и сокровенной сутью священного Пламени Воздаяния и окормившие моего Внутреннего Будду-Христа его бессмертным благодатным сиянием!

Благодарю и прославляю ваше служение Единосущему, представ пред Алтарем Вечности: Аллилуйя! Аллилуйя! Аллилуйя!

Да воспоют вам ангелы светлые Гимны величальные: Аллилуйя! Аллилуйя! Аллилуйя!

Да начертают скрижалью огненной Священные Летописцы Вечности имена ваши во всю ширь Небесную! Аллилуйя! Аллилуйя! Аллилуйя!

Аминь!

4.5. Алхимическая духовная практика к 133-му Аспекту Святого Духа – Лучу Правосудия

Святость даруется по плодам Служения Господу

Возлюбленные мои!

Отрадно Сердцу Отчему зрить восхождение Духа земных Дочерей и Сыновей моих, ибо, воистину, Царствие Небесное нисходит через осознание Присутствия Света Великого Я Есмь в огненно-белой сердцевине Сокровенного Трёхлепесткового Пламени и проявления оного путём активности Бого-Духоуподобления.

Грядёт Преображение Огненное! Каким оно будет? Таким, каким сотворите его с ангелами и элементалами в едином Устремлении добросовестно Служить Законам Эволюции – сие и есть задача ваша наиглавнейшая в эти святые дни.

Сколь многие ждут с трепетом и упованием изменений грядущих, однако души их ленные не потрудились и частицу Света отдать, дабы претворить изменения сии в Реальности. И вопрошаю к вам: «Открыты ли перед кем Врата Царствия?» Час Правосудия не за горами! И судим будет каждый по деяниям его, свершённым во благо мира. И мера Божьего Суда будет одна – Закон, ибо всё истинное от него происходит, и вся Правда Жизни на нём утверждается.

Неправый уже тот, кто не удосужился свои деяния подчинить интересам Духа!

Строго спросим со своевольников за препятствия, учинённые делу воплощения Высшей Воли на Земле!

Не надейтесь на прощение те, кто обманом и лицемерием использует религиозные чувства других людей в угоду достижения выгодных политических целей, в борьбе за власть и богатство, толкая их на кровопролитие и всякое разрушение. Открыты таким врата адовых реальностей.

Благодатное ныне время наступило для Святых – их Будущее! Но помните, Святость не покупается и не продается. Святость истинная обретается трудом Богопроявления, а реальность пользы, принесённой миру, определяется по плодам Служения Господу и творениям Его на Земле-Матери.

Сколь многие, ныне на Планете пребывающие в активности, будут отторгнуты от Врат Царствия, ибо каждого спрошу в час уготованный: кому Служили – себе или Господу? И многие, пребывающие ныне во славе и почитающиеся воплощением Святости, пред Ликом Моим содрогнутся и прозреют, и место им будет уготовано последнее по Милосердию Моему, а не по деяниям.

Не бойтесь Правосудия Моего, ибо Справедливо! Бойтесь гордыни и невежества своего – не позволят в Час Великого Суда предстать пред Троном Моим во Славе Духа и в одеяниях Светлых, обретаемых в непрестанном труде Благоустремления и Добротоделания.

Будьте праведны сами и справедливы в установлении истинности деяния!

Закон Правосудия гласит: «Спрашивать в первую очередь должно лишь с самих себя, вовне же следует утверждать Свет Истинной Любви, Доброжелания и Всевмещения!»

Легко оттолкнуть заблуждающегося, гораздо труднее помочь ему узреть Богоперспективу!

Бережно относитесь к каждому Устремлению Служить Истине, и пока оно в своей Чистоте и Благонравности оживотворяет Внутреннее человека, прощайте все допускаемые им ошибки.

Судите о состоянии сознания Идущего не по упущениям допущенным, а по плодам в Служении утверждённым, ибо каким судом судите, таким и вам будут измерены все ваши деяния, на Земле утверждённые.

Время грядет Правосудия! Так и распознаю истинных Детей своих, когда сердца ваши, возложенные на Чашу Правосудия, окажутся легче перышка!

Господь Вседержитель

1. О, Великое Единство Света, Предвечные Отец и Мать, в Любви своей создавшие все миры и сферы Проявленной Беспредельности и оживотворившие Сокровенное каждого богореального существа!

Благословите устремление моей индивидуальной души к познанию истинной сути Высшего Духовного Правосудия и к олицетворению с оным сознания моего Внутреннего Христа!

Исполнится – во имя торжества Единой Жизни Света!

Аминь и Аллилуйя! Слава Вам!

2. О, Лучезарный и Могущественный Владыка Вайвасвату! О, Просветленная и Мудрая Владычица Алевтина!

В Божественном Истоке Вечной Жизни доверены вам тайные ключи к познанью сути истинной Святого Правосудия. Во славу Всеединого Творца и из Любви к Искре Присутствия Великого Единства, сокрытой в Истинном до срока, пошлите импульс Света, пробуждая к активности сознание Я Есмь Христа, даб таинство преображения свершилось!

Аминь и Аллилуйя! Слава Вам!

3. О, Воплощения Блистательного Света, Возлюбленный Архангел Аргоренаил и Лучезарная Архея Мираэла!

Возожгите Пламя Правосудия в Священной Чаше Жизни, дабы воскрес мой Внутренний Христос, преобразив поля созна-

ния всех тел Присутствия Я Есмь в проводники божественных энергий, в немеркнущий Источник Жизни Вечной, Высокой Воли и Проявленной Любви.

Да будет так! Аминь! Аминь! Аминь!

4. О, Воплощения Света Правосудия, Возлюбленные Владыки: Элохим Имрек и Элои Миккаэла!

Могуществом и силою своими заякорите Пламя Правосудия в полях- сознаниях сути сокровенной, победно утверждая их план божественный и образ первозданный, тем самым формируя в реальности условия для единения и братства всех эволюций Сущего Творца.

Во исполнение Закона Правосудия – Аминь и Аллилуйя!

Будет так!

5. Силой и могуществом 24-х Тайных Имен Бога: Эль, Эль-Эльон, Эльжибор, Хайтсадик, Шекинах, Уртас, Ур, Иегова Тетраграмматон, Иктрос-Атанатос, Саваоф, Мелек Шамайим, Элоим, Иегова Иестрагелохим, Карисан, Бу, Адибудда, Парабраман, Я Есмь, Атман, Ахурамазда, Шеньшен, Адонай, Рао, Яхве, – откройся, Высший Мир Духовного Правосудия, для моего истинного бессмертного существа!

Аум – Шри – Агни, Сурья, Джайя, Рам! (3–7–9 раз)

Медитация

Основные условия вхождения в медитативное состояние сознания:

1. Останавливаем внутренний диалог.

2. Устанавливаем вертикальную связь с Духовным Сердцем Проявленной Вселенной и Сердцем Матушки-Планеты.

3. Активное сознание погружаем в огненно-белую сердцевину Трехлепесткового Пламени Присутствия Божественного Сознания Я Есмь и отождествляемся с его Внутренним Светом, ощу-

щаем пульсацию и тепло, созерцаем, в каких красках он переливается, наслаждаемся ароматом и мелодией, от него исходящими.

Утверждаем в мыслях, чувствах и состояниях:

«Я Есмь Лучезарный Свет Беспредельности!

Я Есмь Беспредельный Лучезарный Свет!»

Время отождествления – не менее 5 минут.

Визуализируем, как из Духовного Сердца Космической Беспредельности нисходит поток рубиново-золотого Света с сапфировой радиацией, наполняющий все миры и пространства Проявленной Вселенной энергией Луча Духовного Правосудия.

I цикл

(**Ритм:** вдох, выдох, задержки одинаковы по времени)

На вдохе: вбираем энергию Луча Духовного Правосудия в Центральный Чакрам.

На задержке: окармливаем этой энергией свой Внутренний Свет, насыщая и повышая его эманации.

Проживаем просветленные состояния, рожденные активностью Высокого Луча.

На выдохе: проживаемые состояния выдыхаем в Каузальное тело своего Присутствия Я Есмь, дабы окрепло устремление индивидуальной души мерою Закона оценивать результаты своей сущностной активности на Земле.

На задержке: визуализируем, как под воздействием выдыхаемого потока трансформированной энергии происходит насыщение и усиление свечения Световых колец Каузального тела Присутствия и формирование нового кольца рубиново-золотого Света с сапфировой радиацией.

Проживаем просветленные состояния, рожденные в момент отождествления с качествами и свойствами Высокого Луча.

Продолжительность дыхания – не менее 15 минут.

II цикл

(**Ритм:** вдох, выдох, задержки одинаковы по времени)

На вдохе: вбираем энергию Луча Духовного Правосудия в Центральный Чакрам.

На задержке: окармливаем этой энергией свой Внутренний Свет, насыщая и повышая его эманации.

Проживаем просветленные состояния, рожденные активностью Высокого Луча.

На выдохе: проживаемые состояния выдыхаем в Причинное тело своего Присутствия Я Есмь, растворяя электронный пояс «Карманойя», являющийся Венцом Забвения человека, дабы воскресить память индивидуальной души о прежних накоплениях Духа, способных ей помочь в самый короткий промежуток времени активизировать Сознание Будды-Христа и овладеть могуществом Созидания.

На задержке: визуализируем, как под воздействием выдыхаемого потока трансформированной энергии происходит растворение Венца Забвения и наполнение вашей ауры золотисто-радужным сиянием, исходящим от Духа.

Проживаем просветленные состояния, рожденные в момент освобождения души от спуда дисквалифицированных энергий и наполнения ее Светом Духа.

Продолжительность дыхания – не менее 15 минут.

III цикл

(**Ритм:** вдох, выдох, задержки одинаковы по времени)

На вдохе: вбираем энергию Луча Духовного Правосудия в Центральный Чакрам.

На задержке: окармливаем этой энергией свой Внутренний Свет, насыщая и повышая его эманации.

Проживаем просветленные состояния, рожденные активностью Высокого Луча.

На выдохе: проживаемые состояния через 8 центров трансформации выдыхаем в полевые структуры 4-х нижних тел Присутствия Я Есмь, дабы сформировать в них Кристалл Правосудия, имеющий власть трансмутировать всех сущностей-одержателей демонической природы в Свет и Любовь.

На задержке: визуализируем, как под воздействием выдыхаемого потока трансформированной энергии полевые структуры нижних тел Присутствия облекаются в ауру рубиново-золотого Света с сапфировой радиацией.

Проживаем просветленные состояния, рожденные в момент отождествления индивидуальной души с качествами и свойствами Высокого Луча.

Продолжительность дыхания – не менее 15 минут.

IV цикл

(**Ритм:** вдох, выдох, задержки одинаковы по времени)

На вдохе: вбираем энергию Луча Духовного Правосудия в Центральный Чакрам.

На задержке: окармливаем этой энергией свой Внутренний Свет, насыщая и повышая его эманации.

Проживаем просветленные состояния, рожденные активностью Высокого Луча.

На выдохе: проживаемые состояния через 8 центров трансформации выдыхаем во внешнее пространство своего Присутствия во имя его Преображения и Просветления, а также в Чашу Жизни каждого богореального существа, заякоряя в ней Пламя Правосудия.

На задержке: проживаем просветленные состояния, рожденные в результате претворенной активности Сознания Я Есмь Будды-Христа и отождествления с энергиями, свойствами и качествами Луча Правосудия.

Продолжительность дыхания – не менее 15 минут.

V цикл

(**Ритм:** вдох, выдох, задержки одинаковы по времени)

На вдохе: вбираем энергию Луча Духовного Правосудия в Центральный Чакрам.

На задержке: окармливаем этой энергией свой Внутренний Свет, насыщая и повышая его эманации.

Проживаем просветленные состояния, рожденные активностью Высокого Луча.

На выдохе: проживаемые состояния через 8 центров трансформации выдыхаем богореальным существам Проявленной Беспредельности, представляющим:

— Стихию и Элемент Земли;

— Стихию и Элемент Воды;

— Стихию и Элемент Воздуха;

— Стихию и Элемент Огня;

— Царства Природы;

— Человеческий поток Эволюции;

— Ангельский жизнепоток;

— Учителей и Наставников планетарной расы из Мира Горнего;

— Звездное Братство и Межгалактический Союз;

— Реальность 7-го Мирового Порядка в лице игвов и раругов;

— Межзвездную Конфедерацию, цивилизации коей следуют по технократическому пути развития, – во имя преображения и процветания всей Вселенной, и установления во всех ее мирах Нового Мирового Порядка, основой и основанием коего станут Любовь и Правосудие.

На задержке: визуализируем, как под воздействием выдыхаемого потока трансформированной энергии аура всей Вселенной и всех ее обитателей наполняется рубиново-золотым сиянием с сапфировой радиацией.

Проживаем просветленные состояния блаженства и благости, рожденные в результате активности Я Есмь Будды-Христа в аспекте Луча Правосудия и осознания Великого Единства всей Божественной Жизни.

Продолжительность дыхания – не менее 5-ти минут по каждому пункту данного цикла.

Благодарение

О, Чистота Сознания и Сердца, рождаемая Светом Присутствия Я Есмь Христа!

О, Неисповедимое, Неизреченное Блаженство слияния с Божественным Истоком Вечности и Совершенства в мгновенье каждое Святого Бытия!

О, Радость Жизни, что сияющим потоком омыла душу от наследий суеты и воскресила Юность и Весну во Внутреннем моем!

Я прославляю вас, Владыки Просветленные Вселенной:

Возлюбленный и Лучезарный Вайвасвату,

Всемилостивая и Всеблагая Алевтина,

Архангел Пресветлый Аргоренаил и Просветленная Архея Мираэла,

Могущественный Элохим Имрек и Элои Блистательная Миккаэла,

за благость Высокого Луча, дарующего сути осознанье Вселенского Закона Правосудия: что спрашивать нам должно лишь с себя, вовне дано нам право изливать Любовь свою, Вмещение и Мудрость, Уроки Света с миром принимать и утверждать Единство Жизни Вечной свой каждый миг в словах, в делах и в мыслях.

Отныне и навек Христом своим и Пламенем Я Есмь я принимаю право первородства и утверждаю: Я Есмь Я! Я Есмь Свет! Я Есмь Жизнь!

Исполнится! Аминь! Аминь! Аминь!

4.6. Алхимическая духовная практика к 63-му Аспекту Святого Духа – Лучу Божественной Справедливости

Луч Справедливости обеспечивает охрану Божественного Плана развития Октавы

Возлюбленные Дети, эволюционирующие в осознании своей Божественной Индивидуальности и Единства со всеми эволюционными Потоками Бытия Матери-Терры!

Эволюционный План развития человечества Пятой коренной Расы Благословенной Терры подходит к заключительной Стадии своего существования.

Владыками Кармы подведены все Главные Итоги, и в настоящее время, обозначенное как Время Перехода в новое эволюционное Состояние во всех Сферах Мироздания и Бытия, в высших Сферах Огненного Мира, являющихся Причинным Телом Матери-Терры, происходит передача полномочий и прав направлять эволюционное развитие Шестой коренной Расы – Расы Боголюдей, коя будет осуществляться посредством Энергетики Каузального Тела-Сознания, устремлённой от Ману Пятой Планетарной Расы – Возлюбленного Вайвасвату, к Возлюбленному Россулу Мории – Ману Расы Грядущей.

Проходящие процессы знаменуются сменой Энергетики и вибрационных Состояний всех Духоматериальных Миров и Сфер Терры и требуют эволюционного Скачка в расширении Сознания каждой Индивидуальности до уровня восприятия Новой Реальности.

В Поля-Сознания каждой Сущности, проходящей своё эволюционное развитие в различных Сферах Планеты, направленно генерируются высоковибрационные частоты Надлежащих Сфер с целью изменить ритм Мышления, и возвести сам его процесс в более высокие Октавы Мироздания и Бытия.

Происходящие Перемены являются одновременно и разрушительными, и созидательными.

Разрушительными последующие события окажутся в том случае, если сознание духоносцев Расы Планетарной приобрело жёсткость конструкции, связанную с закреплением во всех его структурах вибрационных частот, соответствующих низшим, инволюционным состояниям проживаемой реальности.

При повышении вибрационного кода Духоматерии, вызванном схождением Пространственного Огня, такие сознания, в силу неприятия новых эволюционных изменений, не выдержат огненной вибрации, результатом чего явится стремительное разрушение-деградация личности и выпадение её из программы Шестой Расы, как неспособной к восприятию Новой Реальности и к функционированию в её Условиях.

Совершенно иные процессы будут проходить с теми сознаниями, которые достаточно очищены, пластичны и готовы к приятию новых вибраций, соотвечающих энергетическому состоянию Сферы Космоса Надлежащей. Поля-сознания таких духоносцев познают ускоренную огненную Трансмутацию, благодаря достигнутой способности проводить через себя энергию Лучей-Аспектов Святого Духа, и Расширение до уровня восприятия, осознания и гармоничного включения в новую для данного сознания модель Космического Существования, а также успешного функционирования в условиях Новой Реальности.

Происходящие перемены, безусловно, предопределят появление новых Способностей и Качеств, которые ныне нетипичны для человечества Пятой планетарной Расы, и, как результат гармоничного творческого развития Индивидуальности, они станут неотъемлемой привилегией всех богореальных форм жизни, вошедших в Шестую планетарную Расу. В то же время, все паранормальные психофизические Проявления в условиях уходящей Расы станут не более чем следствием взаимодействия человеческих сознаний с огненными эманациями Надлежащих Слоев Духоматерии в полном соответствии с Космическим Законом и естественным состоянием богореализовавшихся сознаний Существ, обитающих в Сфере Космоса Надлежащей.

В кратчайшие сроки всем Кандидатам на Вознесение и Прохождение дальнейшего индивидуального развития в условиях Шестой планетарной Расы необходимо приобрести и наработать новые Формулы Мышления. Прежний стереотип мыслительной активности, которым до сих пор пользовалось воплощённое человечество Земли, основан на двухмерном мышлении, развивающем аспект только одной мысли, слова, предложения. Новое Мышление предполагает овладение способностью оперировать Образами, и тем оно прекрасно, что создаёт возможность одномоментно голографически воспринимать предлагаемое Космическое Построение с точек зрения различных аспектов своего Сознания, принадлежащих различным Уровням Мироздания и Бытия.

Приобретение навыков Нового Мышления, основанного на оперировании огненными голограммами, позволит людям в кратчайшие сроки подготовить все свои полевые структуры и соотвечающие им вибрационные частоты к гармоничному Переходу в условия Новой Реальности, созданной Небесной Иерархией в тонкоматериальных Сферах благословенной Матери-Терры. Новому Мышлению необходимо не только Огненное Содержание, но и новые Формы, соотвечающие Условиям эволюционного развития Шестой планетарной Расы.

В тонких Полях-Сферах благословенной Терры завершено создание Нового Огненного Тела, Эфирной Планеты, готовящейся к принятию Расы Боголюдей.

Эволюционные потоки Элохимов и элементалов напряжённо трудятся, создавая новые реалии этого мира в соответствии с Божественными Планами, передаваемыми по Лучам Иерархии Божественными Направителями, ответственными за Создание и Эволюцию Сознания Новой планетарной Расы.

Вы, ныне представляющие в Служении человечество Земли, готовьтесь достойно принять из рук наших это Создание космических Сердец и Разумов, дабы, сохранив и развив Его до Звёздных Вершин, дарами Лучезарными вернуть Единому Творцу!

Нет народов и людей исключительных, изначально на Планету вашу воплощённых, даб войти в число Новой Планетарной Расы. Все человеческие существа к Переходу званы, но избранными для продолжения своей Эволюции в Эфире будут те, кто придёт к Новому Мышлению и изберёт Волю Высшую для исполнения.

Всё свершается в моменте Настоящем «Здесь и Сейчас». Всё происходящее с вами Космически Справедливо, ибо активностью своей создаете Причину будущих свершений. Потому не сетуйте, что болезни и проблемы стали вашим каждодневным достоянием, – сие Закон Кармы направляет ваш путь, неумолимо возвращая искупительное следствие к своей причине, даб осознали – время наступило эволюционных изменений, а значит, следует учиться огненной трансмутации сознания.

Когда же отказываетесь от личностного во имя воплощения Планов Сущего Творца, тогда Огнём воспламеняется сознание, и Индивидуализация его проходит в Свете Бого-Качеств, что заявлены в индивидуальный План эволюционного развития каждого человека. Исполнивший сей План и познавший благодатное таинство Преображения в Духе, получит право на Переход в Реальность созданной нами Эфирной Планеты и Перспективу дальнейшего эволюционного становления.

Пространство Света – обитель Присутствия исполняющих свой индивидуальный План!

Стезя Любви, Сотрудничества и Созидания отмечает активность богопослушных существ в мире; Способности и Умения, присущие Божественному Свету, персонифицируют их сознание; Удача и Успех им сопутствуют, и не случайно, ибо так ведет и направляет ступенями восходящего движения другой Закон, именуемый Законом Воздаяния.

Нет плохого или хорошего пути в обитель Внеземную, но всё, что ниспослано будет, всё это – вы и состояние вашего сознания.

Луч Справедливости обеспечивает Охрану Божественного Плана развития Октавы вашего Присутствия и Контроль за исполнением его путем побуждения духоносцев Расы Планетарной к воплощению Планов индивидуальных.

Законы Кармы и Воздаяния стоят на страже Справедливости Вселенской. Один карает за дисквалификацию бессмертных жизненных основ, другой же воздаёт Благом и новыми Перспективами восходящего движения за приумножение Красоты и Гармонии в мире.

Какой изберёте из Законов, тот вас со Справедливостью и ознакомит. Последствия же, в каком бы качестве они ни проявились: искупления иль воздаяния, будут Справедливы, ибо нет более справедливого Направителя, чем Закон!

Дабы Космическая Справедливость утвердилась на Земле, трудитесь, не покладая рук, над обретением Нового Мышления, реализацией Плана и формированием Сознания, способного проводить Пространственный Огонь! **Добросовестно исполняя свой индивидуальный План Бого- Духоуподобления, вы оберегаете План Развития Октавы, и тем ваша активность принесёт свои прекрасные плоды, что, действуя в созвучии с Огненным Мышлением, вы создадите Магнит Справедливости на Земле, притягивающий к себе Ищущих Истину и духовного преображения сознания.**

Да осветится ваш Путь в Вечности
Сияньем радуг в Бесконечности!

Ликующею Мыслью Духа, да Наполнятся
Все Построения Лучезарные Мира Горнего!

Божественный Направитель,
Директор и Арбитр
Кармического Совета Цивилизаций Терры,
Владыка Сейтр

1. О, Свет, рождающий миры из небытия, о, Первопричина Пространства и Времени, и Истинного каждого Богорожденного и Богосотворенного существа, Предвечные Отец и Мать Проявленного Мироздания!

Благословите устремление моей индивидуальной души к распознаванию сокровенной и истинной сути Божественной Справедливости и к отождествлению с оной в каждое мгновение своего бытия!

Во славу Света и Любви – да будет так!

2. О, Великий Божественный Направитель планетарного человечества, Возлюбленный Владыка Сейтр, о, Воплощение Лучезарного Света, Прекрасная Владычица Пелагея, воскрешающие в Сокровенном каждого духоносца Беспредельности священную память об истинной сути Высшей Божественной Справедливости!

Окормите моего индивидуального Внутреннего Христа просветляющими откровениями о священном таинстве олицетворения с качествами и состояниями Высокого Пламени и о богопроявлении оного в реальности, коей принадлежит активность Искры Присутствия Я Есмь.

Во имя просветления всех планов Бытия и эволюционного преображения каждого богореального существа Проявленного Мироздания – исполнится!

Аминь и Аллилуйя! Слава Вам!

3. О, Воплощение Священного Пламени, Блистательный Архангел Люцифер, о, Неисповедимое Блаженство Света, Прекрасная Архея Вероника!

Могуществом и силою своими, исток которых – в Сердце Мироздания, возожгите Божественное Пламя Справедливости в Священной Чаше Жизни, освобождая высшее духовное сознание моей божественной души от воли низковибрационных сущностей-программ, представляющих противоборствующую Воле Бога Силу, кои препятствуют богопроявлению Истинного в реальности активного Присутствия Искры Я Есмь в моменте настоящего «здесь и сейчас». Да преобразится Сокровенное в Звезду, эманирующую Богопламя Справедливости во все миры и сферы Проявленной Беспредельности и в Чашу Жизни существа каждого.

Во славу Единого Творца – исполнится!

Аминь и Аллилуйя! Слава вам!

4. О, Могущество Воскрешающее, Божественные Управители Высокого Духовного Луча – Элохим Денис и Элои Капитолина!

Неисповедимой силою и просветляющей властью своей заякорите Свет Справедливости в Истинном моем и наделите Внутреннего Христа возможностью изливать оный во все пространства активного Присутствия моей божественной души, как внутренние, так и внешние.

Исполнится! Аминь! Аминь! Аминь!

5. Силой и могуществом 4-х Ипостасей Духа Святого, кои Есмь Истина, Форма, Любовь и Единомножественность Божественных Проявлений, соединенные в мгновении Настоящего, да низойдет Огонь Высшей Божественной Справедливости в реальности, формирующие Внешнее Кольцо Сознания Единого Творца Проявленной Беспредельности.

Исполнится!

Медитация

Основные условия вхождения в медитативное состояние сознания:

1. Останавливаем внутренний диалог.

2. Устанавливаем вертикальную связь с Духовным Сердцем Проявленной Вселенной и Сердцем Матушки-Планеты.

3. Активное сознание погружаем в огненно-белую сердцевину Трехлепесткового Пламени Присутствия Божественного Сознания Я Есмь и отождествляемся с его Внутренним Светом, ощущаем пульсацию и тепло, созерцаем, в каких красках он переливается, наслаждаемся ароматом и мелодией, от него исходящими.

Утверждаем в мыслях, чувствах и состояниях:

«Я Есмь Лучезарный Свет Беспредельности!

Я Есмь Беспредельный Лучезарный Свет!»

Время отождествления – не менее 5 минут.

Визуализируем, как из Истока Беспредельности нисходит поток черно-синего Света с серебряной радиацией, наполняющий все миры и пространства Проявленной Вселенной энергией Луча Божественной Справедливости.

I цикл

(**Ритм:** вдох, выдох, задержки одинаковы по времени)

На вдохе: вбираем в Центральный Чакрам энергию Луча Божественной Справедливости.

На задержке: окармливаем этой энергией свой Внутренний Свет, насыщая и повышая его эманации.

Проживаем просветленные состояния, вызванные активностью Высокого Луча.

На выдохе: проживаемые состояния выдыхаем в Каузальное тело Присутствия Я Есмь, возжигая во Внутреннем своем осознание сути Законов Кармы и Воздаяния, в соответствии с коими Владыками Судьбы формируются уроки Богосовершенства, дабы восторжествовала Божественная Справедливость и душа прекратила видеть смысл духовности в преодолении искупительных программ, всецело устремившись к формированию Огненного Мышления путем воплощения индивидуального Плана эволюционного развития в процессе Служения Творцу и всем его творениям.

На задержке: визуализируем, как под воздействием выдыхаемого потока трансформированной энергии происходит усиление свечения Световых колец Каузального тела и формирование нового кольца черно-синего Света с серебряной радиацией.

Проживаем просветленные состояния, рожденные в момент отождествления с качествами и свойствами Высокого Луча.

Продолжительность дыхания – не менее 15 минут.

II цикл

(**Ритм:** вдох, выдох, задержки одинаковы по времени)

На вдохе: вбираем в Центральный Чакрам энергию Луча Божественной Справедливости.

На задержке: окармливаем этой энергией свой Внутренний Свет, насыщая и повышая его эманации.

Проживаем просветленные состояния, вызванные активностью Высокого Луча.

На выдохе: проживаемые состояния выдыхаем в электронный пояс «Карманойя», являющийся вместилищем «скорбных» записей, как следствия отождествления индивидуальной души с сущностями-программами демонической природы, и основной причиной формирования Владыками Кармы искупительных уроков, дабы восторжествовала Божественная Справедливость, и Добро было предпочтено Злу, растворяя оный и этим создавая благоприятные условия для исполнения эволюционной программы бытия.

На задержке: визуализируем, как под воздействием выдыхаемого потока трансформированной энергии происходит растворение электронного пояса «Карманойя» и насыщение всех полей сознания эманациями черно-синего Света с серебряной радиацией.

Проживаем просветленные состояния, рожденные в момент отождествления с качествами и свойствами Высокого Луча.

Продолжительность дыхания – не менее 15 минут.

III цикл

(**Ритм:** вдох, выдох, задержки одинаковы по времени)

На вдохе: вбираем в Центральный Чакрам энергию Луча Божественной Справедливости.

На задержке: окармливаем этой энергией свой Внутренний Свет, насыщая и повышая его эманации.

Проживаем просветленные состояния, вызванные активностью Высокого Луча.

На выдохе: проживаемые состояния через 8 центров трансформации выдыхаем в полевые структуры 4-х нижних тел Присутствия Я Есмь, во имя овладения способностью быть справедливым существом, стоящим на страже Истины посредством добросовестного исполнения индивидуального Плана, Законов Эволюции и Воздаяния.

На задержке: визуализируем, как под воздействием выдыхаемого потока трансформированной энергии вокруг 4-х нижних тел Присутствия Я Есмь образуется аура черно-синего Света с серебряной радиацией.

Проживаем просветленные состояния, рожденные в момент отождествления с качествами и свойствами Высокого Луча.

Продолжительность дыхания – не менее 15 минут.

IV цикл

(**Ритм:** вдох, выдох, задержки одинаковы по времени)

На вдохе: вбираем в Центральный Чакрам энергии Луча Божественной Справедливости.

На задержке: окармливаем этой энергией свой Внутренний Свет, насыщая и повышая его эманации.

Проживаем просветленные состояния, вызванные активностью Высокого Луча.

На выдохе: проживаемые состояния через 8 центров трансформации выдыхаем во внешнее пространство своего Присутствия Я Есмь во имя его Преображения и Просветления, а также в Чашу Жизни каждого богореального существа, становясь для них источником Любви и Правосудия.

На задержке: проживаем просветленные состояния, рожденные в момент претворения активности сознания Я Есмь Будды-Христа и отождествления с качествами и свойствами Высокого Луча.

Продолжительность дыхания – не менее 15 минут.

Благодарение

О, Радость Неизбывная, возожженная в Сокровенном моего Истинного Духовного существа!

О, Пламя Высшей Справедливости, озарившее душе моей путь к Небесному Истоку всей Божественной Жизни!

О, Благоухание Садов Великой Матери, тончайшими покровами Блаженства обнимающее моего Внутреннего Христа!

О, Песнь Сладчайшая, навевающая воспоминания Бессмертному моему о благословляющей красоте Эдемского Сада!

О, Таинство Прикосновения к Вечности, о, воскрешенное устремление к Вечному!

Благодарю и прославляю вас, Великие Божественные Управители Высокого Духовного Луча:

Владыка Сейтр и Владычица Пелагея,

Архангел Люцифер и Архея Вероника,

Элохим Денис и Элои Капитолина,

за дарованную душе моей благодать сопричастия к Таинству Возрождения и за возможность оной пробудиться к Любви и сотворению Мира Нового и Нового Бытия Вселенной!

Иат – Ха – Аху – Ваирио!

Слава Вам! Аминь! Оум! Рам!

Несколько слов о Таинстве трансформации Духовных Лучей

Слово мое ко всем Светоносцам расы, вставшим на Путь постижения Духовной Алхимии.

а) Устремитесь к пониманию Идеи Качества Луча, который вы вознамерились призвать из Высших планов Божественной Жизни. Всякое устремление есть Зов к Сотрудничеству с представителями Надмирной Силы. Сосредоточение и концентрация Мысли на Божественной Идее того или иного Качества Духа Святого, подобно стуку в Дверь Небесной Обители. Стучащемуся откроют, и алчущий живой воды Истины утолит свою жажду, приняв Чашу Знания из рук Владыки. Момент передачи Знания подобен вспышке Света, а потому и именуется Озарением. Озарение есть свершившееся Таинство вхождения в поле Сознания духовного существа, направленного из Миров Небожителей в сферу бытия импульсом Воли Мастера Обители. Отныне его грядущая судьба полностью зависит от приоритетов развития, избираемых вашей человеческой сущностью. В идеале данное существо может стать либо новым Световым Центром, Чакрой — Звездой вашего внутреннего микрокосмоса, либо заложником амбиций множества малых "я" низшего эго несовершенной личности, чьи световые эманации постепенно затухают.

б) Как следствие, всегда помните о том, что, осуществив Призыв, вы формируете новую кармическую связь своей души с представителями иных форм и состояний Божественной Жизни, а потому на первое место поставьте Чистоту Намерения!

в) Всегда помните о том, что эволюция Сознания есть Закон Божественной Жизни. Жизнь пребывает в своем Вечном Движении. Остановка движения смерти подобна. Если вы сознательно не направляете свое движение вперед, на Спираль Восхождения, то это означает, что, совершив движение в круге, вы бессознательно перешли на Спираль Нисхождения, ведущую в самые плотные слои Проявленного Миропостроения, наполненные эманациями страдания нереализованных материальных желаний.

г) Луч Иерархии укажет Путь в Обители Света и Радости. Призвав его, устремитесь ознакомиться с Опытом Небожителей, достигнуть резонансных с вибрациями Луча внутренних сопереживанний. Так вы откроетесь его Архангелу. Так примете Свет от Света его Сознания — ангельское существо, которое, как и чакрамная сущность, войдет в многореальную и многомерную систему полей — тел вашего Сознания. Отныне бытие этого ангельского существа зависит только от вас. От вашего неукоснительного стремления даровать ему возможность персонифицироваться в вашем Сознании как Опыт высочайших чувственных переживаний Качества Луча.

д) Всякий процесс трансформации Божественной Сути Луча в проявленную форму своего дальнейшего существования — триединен. А это означает, что закономерным итогом осуществленного Призыва станет вхождение в поле вашего сознания еще одного светоносного существа — состояния — сущности, направленного вам Элохимом данного Аспекта Духа Святого как Интуитивное Ощущение модели поведения — действия, без искажения отображающего в себе Божественную Идею Качества Света, ниспосылаемого вам на Зов, обращенный в Миры Небожителей.

е) Берегите каждую Искру Света, призванную из пространств, ибо она есть Жизнь, обладающая возможностью формировать и развивать свое Сознание. А потому говорим: приняв в свои поля семя Жизни, позаботьтесь о его росте и процветании. Закон Воздаяния гласит: Бессмертия достойно только то существо, которое торит для иных Путь к Вечности.

О Законе Воздаяния говорим как о непреложности Пути Восходящего. Обрати свой взор к Мирам Дальним и увидишь

Руку Света, протянутую тебе тем, кто стоит на ступени надстоящей. Рука Света наполнена Дарами Вечности. Освободи свои руки от ноши земной, дабы принять Дар Бессмертия.

Ом! Я все сказал.

Владыка Оэаохоон (Луч Воздаяния)

Каким образом мне получить больше информации о работе Магнитной Сети «Звезда Преображения»?

Всю информацию о работе Иерархии Сил Света, об активности Небесной Иерархии, направленной на подготовку Сознания человечества Земли к Переходу, о планетарных программах «Звезды Преображения», планируемых семинарах и Служениях все светоносцы, заинтересовавшиеся возможностью участия в процессах эволюционного преображения мира, осуществляемых в соответствии с Космическими Законами и под непосредственным Богоруководством, могут узнать из информационных рассылок, передаваемых по Магнитной Сети и помещаемых на сайте: www.star-transform.org.

Как я могу принять участие в работе Магнитной Сети «Звезда Преображения»?

1. Вы можете работать индивидуально или в составе групп, общин, центров по месту проживания и поддерживать единое Планетарное Служение светом своих молитв, мантр и медитаций согласно рекомендациям и знаниям, спускаемым по Лучу Иерархии через земных руководителей «Звезды Преображения».

2. Вы можете помочь в издании и распространении книг, аудио-видео- и иных материалов, содержащих в себе Основы Нового Учения, передаваемого ныне Небесной Иерархией человечеству Земли.

3. Вы можете организовать в своем городе семинар с участием как Надежды и Владимира, так и какого-либо преподавателя школы «Звезды Преображения», и принять в нем участие.

4. Вы можете приехать и принять участие в Служениях, проводимых непосредственно в Учебном Центре формирующегося в Крыму Золотого Города Мастеров.

5. Вы можете в любое время приехать и принять участие в строительстве Золотого Города Мастеров. Любая помощь дорога, и вам будет позволено проявить себя абсолютно во всем, что связано с приумножением Красоты и Гармонии в мире: живописи, строительстве, искусстве, ландшафтном благоустройстве, пчеловодстве, разведении цветов и др.

6. Вы также можете переехать на постоянное жительство и работать в эпицентре Крымского Созидания.

Для получения дополнительной информации по вопросам участия в работе Магнитной Сети «Звезда Преображения» можно обратиться по адресу:

Крым, Украина, Бахчисарайский р-н, 98462,
пос. Железнодорожное, ул. Подгорная, дом 78.
Учебный Центр, E-mail: ROKRIM@yandex.ru

Наши телефоны: городской телефон (Бахчисарай):
для звонков из Крыма: (254) 4-37-76
для звонков из Украины и других стран: (06554) 4 -37-76
для звонков из других стран: (+38 06554) 4-37-76
Мобильные телефоны: (066) 286-22-44; (093) 717-55-94;
(066) 444-76-44. Код Украины: +38

Наши представители:

Консультации, распространение книг, организация семинаров

Москва: Центр «Право Света». *Книга почтой:* pravosveta@rambler.ru

Демкович Светлана, тел.: +7 (985) 923 3257

Осипчук Александр тел.: +7 (909) 963 2371

Магурова Юлия, тел.: +7 (916) 127 6814

Воробьева Галина, тел.: +7 (906) 718 2154

Архангельск: Мартынова Надежда, тел.: +7 (960) 012 9665

Благовещенск: Лохов Алексей, тел.: +7 (914) 55 00066

Буинск: Гарифуллина Алсу, тел.: +7 (843) 743 4703

Волгоград: Петровы Сергей, Анна, тел.: +7 (927) 255 6100

Владивосток: Татьяна Белова, тел.: +7 (950) 298 3889

Екатеринбург: Дунякины Александр, Галина, тел.: +7 (912) 226 3452

Казань: Олег, Татьяна, Лариса, тел.: +7 (917) 259 4353

+7 (843) 247 6000, +7 (906) 3247 700

Комсомольск-на-Амуре: Репина Елена, тел.: +7 (914) 176 6959

Красноярск: Терещенко Елена, тел.: +7 (902) 924 2614

Майкоп: Поздеева Галина, тел.: +7 (960) 436 7796

Миас: Дамир и Марина Минибаевы тел: +7 (922) 631 2159

Находка: Бухмиллер Светлана, тел.: +7 (914) 716 6161

Нижневартовск: Вахрушевы Александр, Мария, тел.: +7 (905) 807 8413

Массарова Людмила, тел.:+7 (902) 854 7619, +7 (346) 641 5427

Нижний Тагил: Богачева Галина, тел.: +7 (912) 632 3722

Новосибирск: Чертков Олег, тел.: +7 (913) 959 1786,

Анцухский Руслан, тел: +7 (913) 986 9166

Голуб Нина, Алексей, тел.: +7 (952) 916 9218, +7 (952) 912 4165

Норильск: Ивченко Татьяна, тел.: +7 (913) 499 4312

Пермь: Сабянина Ирина тел.: +7 (909) 113 9488

Петропавловск-Камчатский: Татаринова Любовь, тел: +7 (914) 785 9756

Збоева Елена, тел: +7 (961) 961 3053, Горбачева Елена, тел: +7 (914) 784 4916

Рязань: Цепляев Виктор, Ольга, тел: +7 (910) 501 4221

Горнева Инна, тел: +7 (190) 615 7145

Тольятти: Бернадский Павел, тел.: +7 (903) 330 6785

Чебоксары: Татьяна Егорова, тел.: +7 (919) 664 0350

Украина, Киев: Мамаева Дарья, тел.: +38 (068) 363 7717

Герасименко Алина, тел: +38 (067) 466 1883

Беляков Александр, тел.: +38 (068) 129 3372

Одесса: Холкина Светлана, тел.: +38 (050) 872 6612

Рымша Светлана, тел.: +38 (095) 289 4908

Днепропетровск: Антоненко Елена, тел.: +38 (067) 190 2539

Луганск: Боговин Валерия, тел.: +38 (064) 263 1327, +38 (050) 554 0315

Мариуполь: Адарюкова Жанна, тел.: +38 (050) 4743 707, +38 (0629) 34 16 59

Первомайск: Луганская обл. Стадниченко Ольга, тел: +38 (050) 809 1265

Писарева Светлана, тел.: +38 (099) 030 7716

Харьков: Логвин Наталья, тел.: +38 (067) 574 2025

Хмельницкий: Слойко Наталия, тел.: +38 (067) 102 0017

Черкассы: Дузь Виталий, тел.: +38 (068) 816 1817

Белоруссия, Витебск: Вороная Ирина, тел.: +375 (212) 232 639,

+375 (296) 232 639

Минск: Тамара Кривецкая, тел.: +375 (17) 260 2642, +375 (29) 647 7527

Латвия, Рига: Ирэна Виндедз, тел.: +371 6776 9989, +371 2659 4953

Киргизия, Бишкек: Ворошковы Сергей, Лариса,

тел.: +996 (31) 260 3688, +996 (054) 595 0901

В настоящее время вы можете сделать пожертвование на строительство основных Храмов первого Золотого Города Мастеров Великой Державы Света банковским переводом через любой банк в любой стране мира. Валюта платежа – доллары США, российские рубли или украинские гривни.

Для денежных переводов из России в российских рублях через Внешторгбанк и его филиалы необходимо указывать в платежных документах следующие реквизиты:

• ПОЛУЧАТЕЛЬ:	ПРИВАТБАНК ДНЕПРОПЕТРОВСК
• БАНК ПОЛУЧАТЕЛЯ:	ПРИВАТБАНК, ДНЕПРОПЕТРОВСК, УКРАИНА
• СЧЕТ БАНКА ПОЛУЧАТЕЛЯ В БАНКЕ-КОРРЕСПОНДЕНТЕ:	30111810355550000028
• БАНК-КОРЕСПОНДЕНТ:	ОАО БАНК ВТБ, МОСКВА, РОССИЯ
• БИК БАНКА-КОРРЕСПОНДЕНТА:	044525187
• ИНН:	7702070139
• НОМЕР СЧЕТА БАНКА-КОРРЕСПОНДЕНТА В ОПЕРУ ГТУ БАНКА РОССИИ	30101810700000000187
• НАЗНАЧЕНИЕ ПЛАТЕЖА:	Для ОО "ВЛАНА" в Симферопольском филиале Приватбанка, р/с 26005054908078, ОКПО - 35948519

Для денежных переводов из Украины в украинских гривнях необходимо указывать в платежных документах следующие реквизиты:

• ПОЛУЧАТЕЛЬ:	ОО «ВЛАНА»
• БАНК ПОЛУЧАТЕЛЯ:	Отделение № 20 КРУ КБ ПРИВАТБАНК
• Р/С ПОЛУЧАТЕЛЯ:	26007060039995
• МФО ПОЛУЧАТЕЛЯ:	384436
• ОКПО ПОЛУЧАТЕЛЯ:	35948519

Для денежных переводов из-за рубежа в долларах США через DEUTSCHE BANK TRUST COMPANY AMERICAS необходимо указывать в платежных документах следующие реквизиты:

• BENEFICIARY: Получатель	OO «VLANA»
• ACCOUNT: Счет в банке получателя	26005054906928
• BANK OF BENEFICIARY: Банк получателя	PRIVATBANK, Simferopol Branch, Simferopol, Ukraine,
• SWIFT CODE: PBANUA2X	
• INTERMEDIARY BANK: Банк-корреспондент	DEUTSCHE BANK TRUST COMPANY AMERICAS, NY, New York, USA
• SWIFT CODE: BKTRUS33	
• CORRESPONDENT ACCOUNT: Счет банка получателя в банке-корреспонденте	04182358

Для денежных переводов из-за рубежа в долларах США через JP MORGAN CHASE BANK необходимо указывать в платежных документах следующие реквизиты:

- BENEFICIARY: Получатель — OO «VLANA»
- ACCOUNT: Счет в банке получателя — 26005054906928
- BANK OF BENEFICIARY: Банк получателя — PRIVATBANK, Simferopol Branch, Simferopol, Ukraine, SWIFT CODE: PBANUA2X INTERMEDIARY BANK: Банк-корреспондент — JP MORGAN CHASE BANK,4 Chase Metrotech Center, 7th floor, Brooklin, NY 11245 USA
- SWIFT CODE: CHASUS33
- CORRESPONDENT ACCOUNT: Счет банка получателя в банке-корреспонденте — 001-1-000080

Для денежных переводов из-за рубежа в евро через DEUTSCHE BANK AG необходимо указывать в платежных документах следующие реквизиты:

- BENEFICIARY: Получатель — OO «VLANA»
- ACCOUNT: Счет в банке получателя — 26004054907229
- BANK OF BENEFICIARY: Банк получателя — PRIVATBANK, Simferopol Branch, Simferopol, Ukraine, SWIFT CODE: PBANUA2X
- INTERMEDIARY BANK: Банк-корреспондент — DEUTSCHE BANK AG, Taunusanlage 12-21, POSTFACH 100601 60262 Frankfurt am Main,Germany.
- SWIFT CODE: DEUTDEFF
- CORRESPONDENT ACCOUNT: — 1009470121 1000

Счет банка получателя в банке-корреспонденте

Для денежных переводов из-за рубежа в евро через COMMERZBANK AG необходимо указывать в платежных документах следующие реквизиты:

- BENEFICIARY: Получатель — OO «VLANA»
- ACCOUNT: Счет в банке получателя — 26004054907229
- BANK OF BENEFICIARY: Банк получателя — PRIVATBANK, Simferopol Branch, Simferopol, Ukraine, SWIFT CODE: PBANUA2X
- INTERMEDIARY BANK: Банк-корреспондент — COMMERZBANK AG, Neue Mainzer Strasse 32-36,POSTFACH 100505 D-60311 Frankfurt am Main, Germany
- SWIFT CODE: COBADEFF
- CORRESPONDENT ACCOUNT: Счет банка получателя в банке-корреспонденте — 400 8867004 01

Заказать книги:

Домашева-Самойленко Н., Самойленко В. О Любви и Единении Начал. – М.: Право Света, 2009 – 80с.

Это книга – учебник по самотрансформации и восстановлению истинной Природы своего Начала. В ней приведены диктовки Вознесенных Владык и Учителей человечества, раскрывающие Божественную суть Любви и Великое Предназначение Мужчины и Женщины, давно забытые человечеством и затемненные покровом догм и предрассудков.

Домашева Н., Самойленко В. Евангелие Вечности. Провозвестие Всетворца. – М.: Право Света, 2009. – Книга 1 – 96с., Книга 2 – 96с.

Поторопитесь соприкоснуться с Милостью Всевышнего, данной Им через Провозвестия и Слово переданное исполнять в жизни своей! Человечество Земли в своем развитии в условиях материального мира Физической Октавы Планеты Земля выходит на финишную прямую. Далее следует Великий Переход в более высоковибрационную Реальность Сферы Надлежащей. Еще есть время для того, чтобы подготовиться к этому величайшему Космическому Действию.

Домашева-Самойленко Н., Самойленко В. Горчичное Зерно. – М.: Право Света, 2010 – 192с.

Содержащееся в этой книге Знание раскрывает основы Нового Учения как Зерна Истины, заключающего в себе ниспосылаемую ныне всем людям Возможность не только изменить свою жизнь, освободив ее от болезней, тягот и проблем, но достигнуть эволюционного бессмертия. Что посеешь, то и пожнешь! Но лучше посеять Горчичное Зерно, полученное из рук Творца, так как свое цветение и плодоношение выросшее из него дерево способно явить в Царствии Небесном. Этому людей в свое время учил Великий Учитель Иисус Христос, познавший Вознесение.

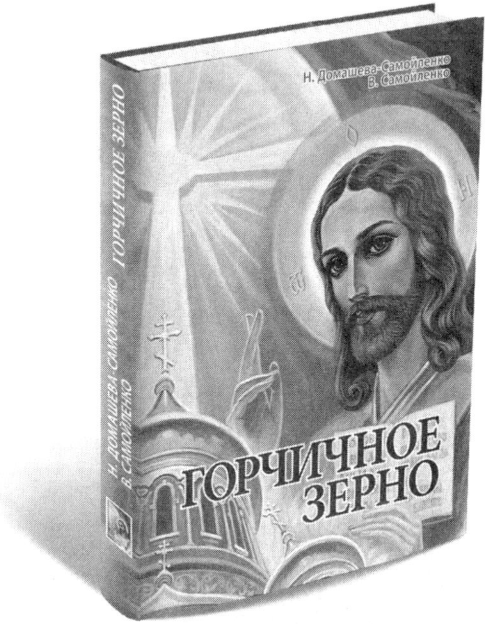

Домашева-Самойленко Н., Самойленко В. Алхимия Преображения. В двух частях. – М.: Право Света, 2010. Часть 1 – 336с., часть 2 – 336с.

Работа в Живых Магнитах позволяет максимально трансмутировать как индивидуальную карму, так и карму своей семьи, рода, нации и планеты в целом, формируя благостные, мягкие условия Преображения и Великого Перехода человечества на более высокий уровень своего Космического существования. Предлагаемые Веления и Магниты написаны в эволюционных энергиях, позволяющих заякорить в пространстве высоковибрационные энергии Мира Горнего, и максимально подготовиться к предстоящим переменам.

Домашева-Самойленко Н., Самойленко В. На пороге просветления: Практики активизации энергоцентров. – М.: Право Света, 2009 – 560с.

Наступило время, когда следует по-иному взглянуть на путь духовного подвижничества, осознать причины болезней, жизненных проблем и кармических ситуаций, заменить искупительные программы программами творческого созидания и сотворения, наполняющими нашу жизнь любовью, гармонией и счастьем. Книга служит в этом прекрасным путеводителем и помощником.

Домашева-Самойленко Н., Самойленко В. Лаоли – Хранители Пространств. – М.: Право Света, 2009 – 272с.

Лаоли – Духи-Устроители Пространства. Тех из них, кто живет в наших домах, мы называем домовыми, или Хозяевами. Именно эти прекрасные светлые сущности, исполняя Волю высших управителей планеты, подбирают свою уникальную композицию света для каждого Места и наделяют его особенной атмосферой: радости и исцеления, творчества и взаимопонимания, изобилия и процветания. Прикоснитесь и Вы к этим таинствам…

Домашева-Самойленко Н., Самойленко В. Глас Путеводящий. – М.: Право Света, 2010 – 256с.

В этой книге читатель найдет ответ на вопрос, в чем причины событий, которые он не планировал и прихода которых в свою жизнь не желал. Осознает и предлагаемый Иерархией Небесной путь выхода из круга причин и следствий, путь, ведущий к установлению Космической Законности в жизни людей, а также получит эффективные методики по восстановлению связи с Учителями Мира Горнего.

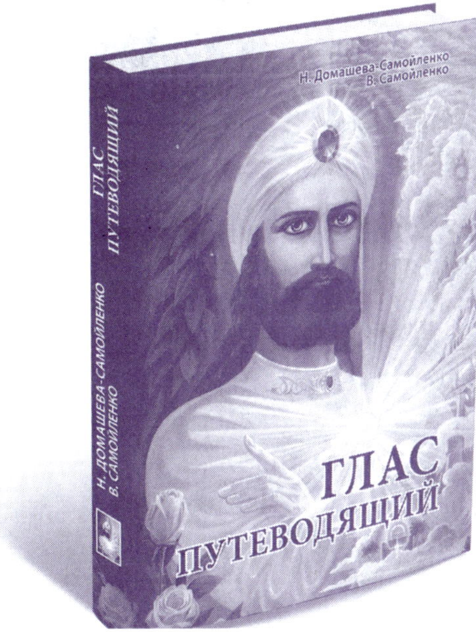

Домашева-Самойленко Н., Самойленко В. Честь имею служить– М:, Право Света, 2010. – 320 с.

Для всех тех, кто готов сделать утверждение Мира и Служения смыслом своей жизни, для тех, кто верит в Любовь и желает соприкоснуться со всеоблагораживающей мощью Единства, Сотрудничества и Братства, всех, кто жаждет достигнуть Богомастерства в избранном направлении труда, подчиненном цели эволюционного Преображения мира в Великую Державу Света, написана эта книга.

Домашева-Самойленко Н., Самойленко В. Зов. – М.: Право Света, 2010 – 784 с.

Пришло новое время, Новые Заповеди передает сегодня Всетворец через своих Посланников человечеству, новые Законы утверждает в пространстве действия Планетарной расы, дабы возродился на Земле тот порядок, который существует на Небе. Новый Избранный Народ собирает Господь, и этот народ определен не по признаку национальному, но собирается из тех, кто признает Эволюцию и готов здесь, в материальном мире, строить Пространство Света и Любви.

Книгой «Зов» начинается новая серия «Учение о Народе Избранном».

У вас есть удивительная возможность первыми соприкоснуться с этим высоким знанием!

Заказать медитации

1. Медитация «Озеро Исцеления»

Наши дорогие друзья, задумывались ли вы когда-нибудь о том, какую нагрузку в современном мире испытывает биохимический организм, являющийся носителем Солнечной Души человека?

Стрессы, депрессии, сомнения, страхи, конкурентная борьба и хроническая усталость – все это характерные для настоящего момента бытия состояния сознания представителей расы планетарной, и именно они становятся причиной всевозможных болезней, разлада и ускоренного разрушения физического тела…

Настоящая духовная практика помогает обрести душевное равновесие, восполнить жизненные силы физического организма и напитать его тонкие полевые структуры живой водой из Вселенского Озера Исцеления… Удачи вам!

2. Медитация «Город Света»

Однажды Всетворец, воплощая свою Идею о создании Космического Мироздания, сотворил на Земле Райский Сад, и доверил его Человеку, дабы тот, постигая Законы Эволюции Сознания, овладел могуществом Любви и просветляющего Созидания, стал подобным Создателю своему…

Сад Райский есть Обитель Отчая, некогда покинутая людьми в результате проявленного богонепослушания.

В каких бы мирах ныне человек ни находился, внутренняя память о Благе, подаренном ему Всетворцом, побуждает его искать Путь в те Сферы Мирозданья, которые он называет Царствием Небесных Отца и Матери своих.

Во время настоящей духовной практики вы имеете возможность на несколько мгновений вернуться в Божественную Реальность, существующую в параллельном мире, дабы вспомнить о некоторых сверхъестественных возможностях и способностях, свойственных вашему духовному первородному естеству… В добрый путь!

3. Медитация «Родник Прощения»

В жизни каждого человеческого существа бывают такие судьбоносные моменты, когда душе его требуется помощь и Водительство, дабы она смогла укрепить свои нравственные силы и выйти из круга неразрешенных уроков и проблем, в которые вновь и вновь возвращается непреложностью Закона Кармы.

Именно могущество истинного Прощения позволит человеку:

– вернуть духовную свободу, утраченную вследствие незнания Законов Космоса;

– освободиться от цепей зависимости от внешних условий материального существования, обретенных привязанностью к тем или иным явлениям, событиям и людям;

– развязать искупительные узлы, завязанные неприятием и осуждением образа жизни и моделей поведения людей, представляющих ближайшее кармическое окружение, кое зеркально отображает реальное состояние активного сознания нашей действующей личности;

– позволить своему сердцу, кровеносной и мочеполовой системам стать неуязвимыми для болезней;

– сделать первый шаг по Лестнице Иерархического Восхождения, ибо для освободившегося от всего кармического балласта нет иного Пути кроме, как ввысь на космические просторы… Желаем вам всего самого наилучшего!

4. Медитация «Сад Марии»

В минуты отчаяния и сомнения мы призываем Божественную Мать, бесконечно веруя в то, что ее Любовь и Милосердие исцелят наши душевные и телесные раны, помогут найти выход из, казалось бы, самых безвыходных ситуаций. Мать Мария всегда приходит на помощь к обездоленным и страждущим. Она исцеляет, посвящает в Знание о том, как возвратить мир, гармонию и счастье в свою жизнь, укрепляет в Духе и указует Путь в Обитель Отчую.

В этой медитации мы предлагаем вам вместе с нами совершить виртуальное путешествие в Сад Марии, дабы, соприкоснувшись с Незримым Светом Всеблагодатного Присутствия Царицы Небесного Розария, исповедоваться перед ней и принять просветляющее Водительство Ее. В добрый путь!

5. Медитация «Встреча с Соборным Духом Рода»

Наши дорогие друзья, каждое человеческое существо изначально является представителем своего Земного Рода. У Рода есть коллегиальное Сознание, совокупный опыт, световые накопления, именуемые Соборным Духом.

Посредством данной духовной практики вы имеете реальную возможность вызвать силу своих предков и их могущество в Аспекте проявления одного из качеств Соборного Духа, создавая, таким образом, Источник Исцеления и Защиты для всех воплощенных членов Земного Древа своего... Желаем всего доброго!

6. Медитация «Обитель подземного Царства»

Эта духовная практика познакомит вас с царством подземным. Величайшая сила и знания скрыты от глаз человека в кристаллах всевозможных минералов, являющихся самым плотным присутствием Качеств Лучей Святого Духа на Земле! И только для тех, кто выбрал путь Эволюции Сознания, сегодня открывается этот удивительный подземный мир, управители которого готовы помогать человеку во всех его начинаниях, направленных на нравственное преображение мира.

«...Но вот первый шок, от показанных несметных богатств царства минерального прошел. И вы замечаете, как из глубины открывающегося вашему взору пространства выходит истинный хозяин его. Сейчас вы только созерцаете... В каком образе Великий Князь откроется вам, он решит сам...» Да хранит вас Господь в пути избранном!

7. Медитация «Зеркало Реальности»

Духовная мистерия воплощения Солнечной Души в физическое тело напоминает работу неустанного труженика – Творца, сеющего Солнечные Семена в прекрасную почву, предуготованную в материальном мире. Вот посев завершён. Наступил час всходов. Радуется Творец своему творению. Но проходит время, и творению самому необходимо найти верное направление своего развития. Часто увлечённое множеством путей в обитель Творца, оказавшись в житейской суете, человек теряет память о том, кто же он есть на самом деле. Однажды наступает момент, когда иллюзия множества путей уходит в небытие, и в Зеркале Реальности человек начинает видеть свою истинную духовную суть! В этом процессе Самопознания происходит Озарение: путь в Обитель Отчую возможен только через исполнение Законов Эволюции!

«... вы видите в Зеркале Реальности истинный Образ Солнечной Души своей, и от осознания божественной красоты первородного внутреннего естества своего смеетесь и плачете одновременно...» В добрый путь!

8. Медитация «Свет взаимопрощения»

Эта духовная практика поможет вам развязать многочисленные кармические узлы, которые вы создали, когда неосознанно или сознательно обиделись на своих родителей. Именно обида стала причиной запуска многочисленных негативных программ земного рода. В соответствии с Законом Кармы дети, не простившие своих родителей, будущего не имеют. Нет другого способа изменить свою жизнь к лучшему, как только стать в своём родовом древе источником Божественного Прощения и Благодарения. От всей души простите своих земных родителей и воспитайте в своём сердце благодарность и любовь за подаренную однажды возможность земного рождения. С этой мистерии начнётся Исцеление вас и вашего Рода! Истинное Прощение своих родителей является единственной возможностью, способной остановить конфликт отцов и детей, освободив от многих болезней и кармических проблем. Да станет Прощение благом для всех!

9. Медитация «Драгоценности из Шкатулки Матери»

Кто, как ни чада, истинно возлюбившие своих родителей, достойны Благодати, ниспосылаемой с Небес, ибо Отец и Мать Предвечные сходят на Землю в облике отца и матери земных. В этой духовной практике, вам открывается возможность соприкоснуться с лучшим Наследием своего Рода. В мире своих детских воспоминаний, сегодня вам дано найти наследство, оставленное вам до срока, когда в нем будет у вас нужда. Это наследство и есть Знание, как Дар Божий, которое позволит решить вам главный жизненный урок и понять, какое же будущее предуготовила вам ваша жизнь. Да исполнится!

10. Медитация «Чаша Милосердия»

В жизни человека бывают дни, когда очень трудно найти правильный выход из сложной ситуации. Ему покажется, что для решения возникшей проблемы совершенно нет возможностей и сил. Когда складывается впечатление, что помочь уже некому, единственная надежда остается на Милосердие Небес. В этой практике вы можете получить помощь прекрасной Богини Милосердия, Обитель которой откроется на искренний зов вашего сердца. Ибо сказано было: «..стучите и откроется!» И вот настаёт момент, когда на пороге Обители вас встречает прекрасная женщина, облаченная в мерцающие белые одеяния… В добрый путь!

11. Медитация «Храм Небесного Рода»

Сколько людей на планете, столько и Небесных Родовых Древ. У каждого Древа на земле свой Храм, и служителем этого Храма может быть только сам человек, ставший проводником Светового Могущества своего Истинного Рода.

Сегодня каждому из вас пришло время вспомнить о своей Космической Семье и посетить Храм, дорогу к которому, увлекшись житейской суетой, вы давно забыли. Человеку, погрязшему в несовершенные стереотипы земного мышления, кажется, что ему многое невозможно. Но…, установив связь со своим Небесным Родом и заручившись Его поддержкой, ему станет возможным все. Когда готов будет ваш разум, а сердце наполнится предчувствием долгожданной встречи, попросите благословения Высших Сил, и Святая Обитель распахнет свои покрова… Счастливой вам дороги!

12. Медитация – озарение

«Встреча с духовным учителем из Горнего мира»

Наступает время, когда вы в своей жизни ясно начинаете понимать закономерность причин и следствий происходящих с вами явлений и событий. Во многих ситуациях вы чувствуете незримое присутствие Высшего Существа, пытающегося направить вас по жизненному пути. Иногда Его Присутствие ощущается каждой клеточкой вашего тела. Порой Откровения от Него приходят в виде образов во сне, интуиции, знаков, а иногда они врываются в жизнь, как молнии внезапного Озарения, чтобы вновь исчезнуть на длительное время. Как бы хотелось, чтобы связь с Небесным Водителем никогда не прерывалась! Если вы будете настойчивы в своем устремлении, приносить пользу окружающему миру, и не видите свою жизнь без Богоруководства – эта практика для вас. Возвышенное Устремление способно привлечь к себе Небесной Внимание. Просите мудрого Путеводения, и будьте готовы это Водительство принять… Пусть все свершится во благо!

13. Медитация-озарение

«Встреча с Кураторами Межгалактического Союза»-

Как велико и прекрасно всё Мироздание, сотворённое Великим Сущим, и каждое Божественное Существо в нём развивается по незримым Космическим Законам. В Космосе нет сил, противостоящих друг другу, но есть Бессмертные Силы, сотрудничающие между собой. Энергия их объединяющая – Любовь. Кризисы, проблемы глобального масштаба, личностные невзгоды, болезни, устремляющие человека к физической смерти, имеют свою причину, и оная заключается в нелюбви, царящей среди людей, невежестве и обособлении. Дабы не быть уничтоженными в нарастающей чреде природных катаклизмов и техногенных катастроф, человечеству необходима помощь всего Космического Содружества. Длань Небесного Водительства в любой момент способна погрузиться в земные сферы, но нужен Зов человека, готового действовать посредством Богоруководства.

«… к Земле направлен серебряно-голубой левитационный Луч, и в фокусе его здесь, на Земле, сначала очень смутно, но вслед за тем все ярче, четче, зримо… вы видите… очертания Посланника Миров иных, и вот уже Он рядом с вами, вам предлагая мир и дружбу… Вглядитесь в лик, запечатлите в Сердце, ибо сей Вестник вам принес Любовь и Мудрость от Мира Звездного и Звездного Союза…»

Вестник Державы Света
электронный ежемесячный журнал

Дорогие друзья, чтобы способствовать вдохновению, единению и сотрудничеству всех, кто строит или хотел бы стать строителем Державы Света, был создан этот проект!

Мы будем очень рады, если вы загляните на страницы нашего журнала.

Это электронное, ежемесячное издание, в котором и Вы можете принять участие не только как читатель, но и как писатель! Мы верим в преображение мира, верим в светлое будущее человечества! И это будущее мы создаем уже сегодня своими мечтами, и своим трудом! Наше будущее – это Великая Держава Света, созданная всеми людьми на нашей прекрасной планете любовью и сотворчеством!

В Крыму существует Всемирный Дом Сотрудничества и вокруг него начат процесс созидания Золотого Города Любви или Города Мастеров. Во многих другихгородах также идут созидательные процессы. Посредством Вестника люди узнают, что происходит в разных городах, обмениваются опытом, идеями, собственными наработками. Нам так важно делиться друг с другом результатами Труда, который мы выполняем на благо Всетворца, людей, планеты! Наши успехи и победы помогут зажечь сердца других людей, вдохнут веру в то, что Великая Держава Света будет построена, ибо она строится нашими каждодневными делами!

Огромное спасибо всем, благодаря кому Вестник живёт! Особо благодарим Владимира Самойленко и Надежду Домашеву-Самойленко за поддержку и мудрое наставничество. Надеемся, что и в дальнейшем Вестник будет жить и эволюционно развиваться! Каким он будет, зависит только от нас с вами!

В наших силах сделать его разнообразным, многоплановым, интересным изданием, которое будет находить своих новых читателей, а значит – и новых строителей Державы Света!

Процесс созидания начат! Присоединяйтесь!

С любовью, редакция газеты, Михаил и Людмила Пузаковы

Газета доступна для просмотра в интернете по адресу:
http://gazeta.startransform.org/default.html
Контакты: kvluda@yandex.ru , +38 (068) 937 4369, +38 (068) 981 4719

Содержание

Научно-популярное издание

Домашева-Самойленко Надежда
Самойленко Владимир

ЕГО ВЕЛИЧЕСТВО ЗАКОН

Текст печатается в авторской редакции

Сердечно благодарим Сафонову Наталью
за помощь в издании этой книги

Компьютерный дизайн и верстка: Мамаева Ирина

Корректоры: Марина Бердникова, Лобанова Елена

Подписано в печать 24.01.2011 г.

Формат 60×84 1/16. Бумага офсетная. Печать офсетная.

Тираж 3000 экз. Заказ № 1100850.

Издательство «Право Света»
Москва, ул. Михалковская, 63Б, стр. 1
E-mail: pravosveta@rambler.ru
www.pravosveta.ru

Для оптовых покупателей:

+7 (495) 767 3725, +7 (965) 218 2587

ЯПК arvato

Отпечатано в полном соответствии с качеством
предоставленного электронного оригинал-макета
в ОАО «Ярославский полиграфкомбинат»
150049, Ярославль, ул. Свободы, 97

ISBN 978-5-91675-001-0

9 785916 750010